高等学校大学计算机课程系列教材

SSM框架技术
开发教程 微课视频版

李凌 主编
张萍 郭熹 副主编

清华大学出版社
北京

内 容 简 介

本书系统、全面地介绍了 SSM 框架中 Spring、SpringMVC、MyBatis 的基本知识、功能组成、运作原理和使用方法。每章对应一个独立的知识点，既有详细的理论讲解，也有配套的案例演示。通过理论结合案例实践，读者可以快速掌握相关技术的使用方法。

全书共 26 章，分为 4 个部分。第 1 部分包括第 1～7 章，主要讲解 MyBatis 框架的相关内容，包括配置文件、映射文件、关联映射、动态 SQL、缓存机制、注解等；第 2 部分包括第 8～15 章，主要讲解 Spring 框架的相关内容，包括容器机制、依赖注入、Bean 的管理、面向切面编程、JDBC 数据库操作、事务管理等；第 3 部分包括第 16～25 章，主要讲解 SpringMVC 框架的相关内容，包括常用注解、参数绑定、返回类型、异常处理、拦截器、前后端数据交互、文件上传下载、RESTful 风格和表单标签等；第 4 部分包括第 26 章，主要讲解 SSM 框架整合的相关知识，包括框架整合的环境搭建、代码编写和调试运行等。

本书可作为高等院校计算机科学与技术、软件工程等相关专业的课程教材，也可作为感兴趣读者的自学读物，还可作为相关行业技术人员的参考用书。

版权所有，侵权必究。举报：010-62782989，beiqinquan@tup.tsinghua.edu.cn。

图书在版编目（CIP）数据

SSM 框架技术开发教程：微课视频版 / 李凌主编. -- 北京：清华大学出版社，2025.3.
（高等学校大学计算机课程系列教材）. -- ISBN 978-7-302-68623-1

Ⅰ．TP312.8

中国国家版本馆 CIP 数据核字第 2025803H6N 号

策划编辑：魏江江
责任编辑：葛鹏程　薛　阳
封面设计：刘　键
责任校对：韩天竹
责任印制：宋　林

出版发行：清华大学出版社
网　　址：https://www.tup.com.cn，https://www.wqxuetang.com
地　　址：北京清华大学学研大厦 A 座　　　邮　编：100084
社 总 机：010-83470000　　　　　　　　　邮　购：010-62786544
投稿与读者服务：010-62776969，c-service@tup.tsinghua.edu.cn
质量反馈：010-62772015，zhiliang@tup.tsinghua.edu.cn
课件下载：https://www.tup.com.cn，010-83470236

印 装 者：三河市科茂嘉荣印务有限公司
经　　销：全国新华书店
开　　本：185mm×260mm　　印　张：22.75　　字　数：568 千字
版　　次：2025 年 5 月第 1 版　　　　　　　印　次：2025 年 5 月第 1 次印刷
印　　数：1～1500
定　　价：69.80 元

产品编号：107865-01

前 言

  党的二十大报告指出：教育、科技、人才是全面建设社会主义现代化国家的基础性、战略性支撑。必须坚持科技是第一生产力、人才是第一资源、创新是第一动力，深入实施科教兴国战略、人才强国战略、创新驱动发展战略，这三大战略共同服务于创新型国家的建设。高等教育与经济社会发展紧密相连，对促进就业创业、助力经济社会发展、增进人民福祉具有重要意义。

  随着互联网的不断发展，软件行业的发展也越来越迅速。使用软件框架技术进行开发可以极大地提升软件开发效率，同时开发初期就提供了一个较好的架构基础，使得软件系统在开发后也可以得到持续的升级维护。SSM 框架是 Java Web 下的主流框架技术。一方面，Spring 框架本身就是一个优秀的开源框架技术，获得了广大 Java 开发者的认同，以 Spring 为基础的 SSM 框架技术也得到了广泛的使用。另一方面，Spring 框架的最新技术（如 SpringBoot 和 SpringCloud 等）对于初学者来说门槛较高，需要先学习更简单易懂的 SSM 框架技术作为基础。本书以此为切入点，通过对 SSM 框架技术的详细讲解，读者可以快速掌握 SSM 框架技术开发软件的使用方法，为进一步掌握相关软件技术打下坚实的基础。

  本书主要特点如下。

  (1) 优选适合 SSM 框架初学者的知识点。SSM 框架技术包含三个子框架，实际涉及的知识点非常多且杂。本书剔除了不适合初学者或关联性不强、实用性不够的内容，优选最具有代表性、最基础、最重要的知识点，进行详细讲解后编排成书。

  (2) 章节内容分布合理。每章的篇幅控制在 10～20 面，内容独立紧凑，讲解一个完整的知识点。各章既包括理论讲解，又包含案例演示。如果作为课程教材，则每章内容刚好适合一次课程的学习。

  (3) 强调实践，可操作性强。本书中的每个案例都详细描述了项目构建的步骤和流程，包括 IDE 编程工具的使用，并在重点步骤处配有操作示意图。对每个重要的代码文件，都配有逐行的代码解析，结合各知识点的视频讲解，读者可以很方便地进行案例重现。

（4）既可以作为教材，也适合作为参考书。本书不同章节的内容，前后既有关联也有一定的独立性。对于每个独立的章节，如有涉及其他章节的知识点，也会在本章内进行适当的解释和讲解。方便读者在没有严格按照顺序学习的情况下，依然可以快速掌握对应章节的知识内容，以作为 SSM 框架的参考书进行使用。

为便于教学，本书提供丰富的配套资源，包括教学课件、教学大纲、程序源码、习题答案和微课视频。

资源下载提示

数据文件：扫描目录上方的二维码下载。

微课视频：扫描封底的文泉云盘防盗码，再扫描书中相应章节的视频讲解二维码，可以在线学习。

本书由李凌主编，张萍、郭熹副主编。其中，李凌主要负责全书主体内容的编写，张萍负责第 1~13 章的内容校对、修改和相关习题的整理，郭熹负责第 14~26 章的内容校对、修改和相关习题的整理。本书在编写过程中，参考了多本 SSM 框架技术方面的优秀教材和相关的网络内容，在此一并向作者表示衷心的感谢。

由于时间仓促，加之作者水平有限，书中难免存在疏漏和不足之处，敬请读者和各位专家学者批评指正。

李 凌

2025 年 2 月

目 录

资源下载

第1章 MyBatis 的基础知识 ··· 1
1.1 MyBatis 概述 ··· 2
1.1.1 传统 JDBC 的问题 ··· 2
1.1.2 ORM 框架技术 ··· 2
1.1.3 MyBatis 的发展和特点 ··· 3
1.2 MyBatis 的工作流程和重要 API ··· 4
1.2.1 MyBatis 的工作流程 ··· 4
1.2.2 MyBatis 的重要 API ··· 5
1.3 MyBatis 的下载和安装 ··· 7
1.3.1 MyBatis 的下载 ··· 7
1.3.2 MySQL 数据库的安装和使用 ··· 8
1.4 MyBatis 的简单应用的使用案例 ··· 13
小结 ··· 17
习题 ··· 17

第2章 MyBatis 的配置文件 ··· 18
2.1 配置文件概述 ··· 19
2.1.1 XML 文件格式 ··· 19
2.1.2 MyBatis 的配置文件层次结构 ··· 19
2.2 配置文件的常用元素 ··· 20
2.2.1 属性 properties 元素 ··· 20
2.2.2 设置 settings 元素 ··· 22
2.2.3 设置 typeAliases 元素 ··· 23
2.2.4 设置 typeHandlers 元素 ··· 25
2.2.5 设置 ObjectFactory 元素 ··· 25
2.2.6 设置 environments 元素 ··· 26
2.2.7 设置 mappers 元素 ··· 28
2.3 MyBatis 的配置文件的使用案例 ··· 29

小结 …………………………………………………………………………………………… 33
习题 …………………………………………………………………………………………… 33

第3章 MyBatis 的映射文件 …………………………………………………………… 34

3.1 映射文件概述 ……………………………………………………………………… 35
3.1.1 映射文件的子元素 …………………………………………………………… 35
3.1.2 映射文件的典型范例 ………………………………………………………… 35

3.2 常用的映射文件元素 ……………………………………………………………… 36
3.2.1 select 元素 …………………………………………………………………… 36
3.2.2 insert 元素 …………………………………………………………………… 37
3.2.3 selectKey 元素 ……………………………………………………………… 38
3.2.4 update 元素 ………………………………………………………………… 39
3.2.5 delete 元素 …………………………………………………………………… 40
3.2.6 sql 元素 ……………………………………………………………………… 40

3.3 #和$的区别 ……………………………………………………………………… 41

3.4 resultMap 结果映射集 …………………………………………………………… 42
3.4.1 resultMap 的定义 …………………………………………………………… 42
3.4.2 resultMap 的引用 …………………………………………………………… 43

3.5 MyBatis 的映射文件的使用案例 ………………………………………………… 44

小结 …………………………………………………………………………………………… 49
习题 …………………………………………………………………………………………… 49

第4章 关联映射 …………………………………………………………………………… 50

4.1 表与表之间的关系 ………………………………………………………………… 51
4.1.1 一对一的表关系 ……………………………………………………………… 51
4.1.2 一对多的表关系 ……………………………………………………………… 51
4.1.3 多对多的表关系 ……………………………………………………………… 52

4.2 使用 MyBatis 实现一对一的跨表查询 …………………………………………… 53
4.2.1 一对一的跨表查询的解决方法 ……………………………………………… 53
4.2.2 一对一的跨表查询的使用案例 ……………………………………………… 54

4.3 使用 MyBatis 实现一对多的跨表查询 …………………………………………… 58
4.3.1 一对多的跨表查询的解决方法 ……………………………………………… 58
4.3.2 一对多的跨表查询的使用案例 ……………………………………………… 59

4.4 使用 MyBatis 实现多对多的跨表查询 …………………………………………… 62
4.4.1 多对多的跨表查询的解决方法 ……………………………………………… 62
4.4.2 多对多的跨表查询的使用案例 ……………………………………………… 62

小结 …………………………………………………………………………………………… 66
习题 …………………………………………………………………………………………… 66

第5章 动态 SQL …………………………………………………………………………… 67

5.1 动态 SQL 概述 …………………………………………………………………… 68

5.2 动态 SQL 的常用元素 ... 68
5.2.1 if 元素 ... 68
5.2.2 choose、when、otherwise 元素 ... 72
5.2.3 where 元素 ... 73
5.2.4 set 元素 ... 75
5.2.5 trim 元素 ... 76
5.2.6 foreach 元素 ... 77
5.2.7 bind 元素 ... 79
小结 ... 80
习题 ... 80

第 6 章 MyBatis 的缓存机制 ... 81
6.1 缓存机制的介绍 ... 82
6.2 MyBatis 的缓存机制 ... 82
6.2.1 MyBatis 框架的一级缓存 ... 82
6.2.2 MyBatis 框架的二级缓存 ... 83
6.3 MyBatis 中缓存机制的使用案例 ... 83
小结 ... 91
习题 ... 91

第 7 章 MyBatis 的注解 ... 92
7.1 MyBatis 框架的注解功能介绍 ... 93
7.2 MyBatis 框架的增删改查注解 ... 94
7.2.1 @Insert 注解 ... 94
7.2.2 @Update 注解 ... 98
7.2.3 @Select 注解 ... 99
7.2.4 @Delete 注解 ... 100
7.3 MyBatis 框架的其他常用注解 ... 101
7.3.1 @Param 注解 ... 101
7.3.2 @Results 和 @Result 注解 ... 102
小结 ... 104
习题 ... 104

第 8 章 Spring 的基础知识 ... 105
8.1 Spring 框架概述 ... 106
8.1.1 Spring 框架简介 ... 106
8.1.2 Spring 框架的发展历史 ... 106
8.2 Spring 框架的特点和结构 ... 107
8.2.1 Spring 框架的特点 ... 107
8.2.2 Spring 框架的功能体系 ... 108
8.2.3 Spring 的下载和安装 ... 110

8.3 Spring 框架的简单应用的使用案例 ········ 114
小结 ········ 118
习题 ········ 118

第9章 Spring 的容器机制 ········ 119

9.1 容器机制简介 ········ 120
9.1.1 容器机制的原理 ········ 120
9.1.2 容器机制的常用接口 ········ 120

9.2 容器机制的具体使用 ········ 121
9.2.1 Spring 容器机制的基本使用案例 ········ 121
9.2.2 Spring 容器的事件机制的使用案例 ········ 124

小结 ········ 128
习题 ········ 128

第10章 Spring 的依赖注入 ········ 129

10.1 依赖注入的理论知识 ········ 130
10.1.1 依赖注入简介 ········ 130
10.1.2 依赖注入的内涵 ········ 130

10.2 依赖注入的实现 ········ 131
10.2.1 属性注入的使用案例 ········ 131
10.2.2 构造器注入的使用案例 ········ 135

小结 ········ 136
习题 ········ 137

第11章 Bean 的作用域和生命周期 ········ 138

11.1 Bean 的定义 ········ 139

11.2 Bean 的属性 ········ 139
11.2.1 Bean 的属性简介 ········ 139
11.2.2 Bean 的属性的使用案例 ········ 140

11.3 Bean 的作用域 ········ 142
11.3.1 Bean 的作用域简介 ········ 142
11.3.2 Bean 的作用域的使用案例 ········ 143

11.4 Bean 的生命周期 ········ 145
11.4.1 Bean 的生命周期简介 ········ 145
11.4.2 Bean 的生命周期的使用案例 ········ 145

小结 ········ 147
习题 ········ 148

第12章 面向切面编程 AOP ········ 149

12.1 面向切面编程简介 ········ 150
12.1.1 面向切面编程的基本思想 ········ 150
12.1.2 AOP 和 OOP 的关联 ········ 150

  12.2 Spring 框架的面向切面编程 ················ 151
    12.2.1 Spring 框架的 AOP 特点 ············· 151
    12.2.2 Spring 框架的面向切面编程的开发方法 ············· 151
  12.3 Spring 框架的面向切面编程的使用案例 ················ 152
  小结 ················ 158
  习题 ················ 158

第 13 章 Spring 的 JDBC 数据库操作 ················ 159

  13.1 Spring 框架的 JDBC 简介 ················ 160
    13.1.1 传统 JDBC 的问题 ············· 160
    13.1.2 Spring 的 JDBC 的基本思想 ············· 160
    13.1.3 Spring 的 JDBC 和 MyBatis 的关联 ············· 160
  13.2 Spring 框架中的 JDBCTemplate ················ 161
    13.2.1 JDBCTemplate 简介 ············· 161
    13.2.2 JDBCTemplate 的使用 ············· 161
  13.3 Spring JDBC 的简单使用案例 ················ 162
  小结 ················ 166
  习题 ················ 166

第 14 章 Spring 的事务管理 ················ 167

  14.1 事务简介 ················ 168
    14.1.1 事务的基本概念 ············· 168
    14.1.2 事务的特性 ············· 168
  14.2 Spring 框架中的事务管理 ················ 169
    14.2.1 Spring 事务管理的特点 ············· 169
    14.2.2 Spring 事务管理的接口和设置 ············· 169
  14.3 Spring 事务管理的简单应用 ················ 170
    14.3.1 Spring 事务管理的使用介绍 ············· 170
    14.3.2 Spring 事务管理的使用案例 ············· 171
  小结 ················ 177
  习题 ················ 178

第 15 章 Spring 的注解 ················ 179

  15.1 Spring 注解管理 Bean ················ 180
    15.1.1 Spring 注解管理 Bean 的方法 ············· 180
    15.1.2 Spring 注解管理 Bean 的使用案例 ············· 180
  15.2 Spring 注解实现 AOP ················ 185
    15.2.1 Spring 注解实现 AOP 的方法 ············· 185
    15.2.2 Spring 注解实现 AOP 的使用案例 ············· 185
  15.3 Spring 注解实现事务管理 ················ 189
    15.3.1 Spring 注解实现事务管理的方法 ············· 189

　　　　15.3.2　Spring 注解实现事务管理的使用案例 …… 189
　小结 …… 193
　习题 …… 193

第 16 章　SpringMVC 的基础知识 …… 194
16.1　SpringMVC 框架简介 …… 195
16.2　SpringMVC 框架的基本思想 …… 195
　　16.2.1　SpringMVC 的工作流程 …… 195
　　16.2.2　SpringMVC 的组件 …… 196
　　16.2.3　SpringMVC 的特点 …… 196
16.3　SpringMVC 框架的使用 …… 197
　　16.3.1　SpringMVC 的开发环境配置 …… 197
　　16.3.2　SpringMVC 的简单使用案例 …… 200
　小结 …… 205
　习题 …… 205

第 17 章　SpringMVC 的常用注解 …… 207
17.1　请求映射类的注解 …… 208
　　17.1.1　@Controller 注解 …… 208
　　17.1.2　@RequestMapping 注解 …… 208
　　17.1.3　@GetMapping 和@PostMapping 注解 …… 209
　　17.1.4　请求映射类的注解的使用案例 …… 209
17.2　参数映射类的注解 …… 216
　　17.2.1　参数映射类的注解简介 …… 216
　　17.2.2　参数映射类的注解的使用案例 …… 217
　小结 …… 220
　习题 …… 221

第 18 章　参数绑定 …… 222
18.1　默认数据类型的参数绑定 …… 223
　　18.1.1　默认数据类型的参数绑定简介 …… 223
　　18.1.2　默认数据类型的参数绑定的使用案例 …… 223
18.2　POJO 对象数据类型的参数绑定 …… 230
　　18.2.1　POJO 对象数据类型的参数绑定简介 …… 230
　　18.2.2　POJO 对象数据类型的参数绑定的使用案例 …… 230
18.3　简单数据类型的参数绑定 …… 233
　　18.3.1　简单数据类型的参数绑定简介 …… 233
　　18.3.2　简单数据类型的参数绑定的使用案例 …… 233
18.4　复杂数据类型的参数绑定 …… 236
　　18.4.1　复杂数据类型的参数绑定简介 …… 236
　　18.4.2　复杂数据类型的参数绑定的使用案例 …… 236

小结 ··· 239
习题 ··· 239

第19章 SpringMVC 的返回类型 ·· 240

19.1 Model 类型 ·· 241
19.1.1 Model 类型简介 ·· 241
19.1.2 Model 类型的使用案例 ··· 241

19.2 ModelAndView 类型 ··· 247
19.2.1 ModelAndView 类型简介 ··· 247
19.2.2 ModelAndView 类型的使用案例 ·· 247

19.3 String 类型 ·· 249
19.3.1 String 类型简介 ·· 249
19.3.2 String 类型的使用案例 ··· 250

19.4 void 类型 ··· 252

小结 ··· 253
习题 ··· 253

第20章 异常处理 ·· 254

20.1 HandlerExceptionResolver 接口 ··· 255
20.1.1 HandlerExceptionResolver 接口简介 ··· 255
20.1.2 HandlerExceptionResolver 接口的使用案例 ·································· 255

20.2 @ExceptionHandler 注解 ··· 262
20.2.1 @ExceptionHandler 注解简介 ·· 262
20.2.2 @ExceptionHandler 注解的使用案例 ·· 262

20.3 @ControllerAdvice 注解 ·· 264
20.3.1 @ControllerAdvice 注解简介 ··· 264
20.3.2 @ControllerAdvice 注解的使用案例 ··· 265

小结 ··· 267
习题 ··· 267

第21章 拦截器 ·· 268

21.1 拦截器介绍 ··· 269

21.2 HandlerInterceptor 接口 ··· 269
21.2.1 HandlerInterceptor 接口简介 ··· 269
21.2.2 HandlerInterceptor 接口的使用案例 ·· 270

21.3 WebRequestInterceptor 接口 ·· 276
21.3.1 WebRequestInterceptor 接口简介 ·· 276
21.3.2 WebRequestInterceptor 接口的使用案例 ····································· 277

小结 ··· 280
习题 ··· 280

第22章 前后端数据交互 JSON ... 281

22.1 数据交互简介 ... 282
22.1.1 基于 XML 的数据交互 ... 282
22.1.2 基于 JSON 的数据交互 ... 283
22.2 SpringMVC 框架中的 JSON ... 284
22.2.1 SpringMVC 中的 JSON 简介 ... 284
22.2.2 SpringMVC 中的 JSON 的使用案例 ... 284
小结 ... 295
习题 ... 295

第23章 文件上传下载 ... 296

23.1 文件上传 ... 297
23.1.1 文件上传简介 ... 297
23.1.2 文件上传的使用案例 ... 297
23.2 文件下载 ... 305
23.2.1 文件下载简介 ... 305
23.2.2 文件下载的使用案例 ... 305
小结 ... 308
习题 ... 308

第24章 RESTful 风格 ... 309

24.1 RESTful 概述 ... 310
24.1.1 Web 开发中的前后端分离 ... 310
24.1.2 RESTful 简介 ... 310
24.2 RESTful 的主要思想 ... 311
24.2.1 RESTful 的特点 ... 311
24.2.2 RESTful 的原则 ... 312
24.2.3 RESTful 的设计规范 ... 312
24.3 SpringMVC 框架下的 RESTful ... 314
24.3.1 SpringMVC 框架下的 RESTful 简介 ... 314
24.3.2 SpringMVC 框架下的 RESTful 的使用方法 ... 314
小结 ... 321
习题 ... 321

第25章 表单标签 ... 322

25.1 SpringMVC 的标签库简介 ... 323
25.2 SpringMVC 的常用标签库 ... 323
25.2.1 form 标签 ... 323
25.2.2 input 标签 ... 323
25.2.3 checkboxes 标签 ... 324
25.2.4 radiobuttons 标签 ... 324

		25.2.5 select 标签	324
		25.2.6 textarea 标签	325
	25.3	SpringMVC 表单标签的使用案例	325
	小结		334
	习题		334

第 26 章　SSM 框架整合　335

	26.1	SSM 框架整合简介	336
		26.1.1 MVC 设计模式	336
		26.1.2 SSM 框架整合的基本思路	336
	26.2	SSM 框架整合的方法	336
		26.2.1 SSM 框架整合的开发环境	336
		26.2.2 SSM 框架整合的准备工作	337
	26.3	SSM 框架整合的使用案例	339
	小结		347
	习题		347

参考文献　348

第 1 章

MyBatis的基础知识

视频讲解

CHAPTER **1**

本章学习目标：
- 了解 ORM 框架的原理。
- 了解 MyBatis 框架的工作流程和重要 API。
- 掌握 MyBatis 的简单程序的编写。

在 SSM 框架体系中，MyBatis 的作用是连接数据库，完成数据的增删改查等操作。和传统的 JDBC 技术相比，MyBatis 是一种 ORM 框架，它可以更加高效地完成数据库的相关操作，使用起来也比较方便。本章介绍 MyBatis 框架的概述、功能体系和工作流程，以及 MyBatis 的下载安装和基本程序的编写。

1.1 MyBatis 概述

1.1.1 传统 JDBC 的问题

JDBC 的全称是 Java DataBase Connectivity，也就是 Java 语言连接数据库的一种技术。JDBC 的本质是 Sun 公司定义的一套接口，是一种面向接口的编程方式。目前市面上主流的数据库技术较多，如 Oracle、MySQL 和 SQL Server 等，它们的底层实现原理不一样。通过 java.sql.* 包下的 JDBC 接口，可以让一种编程语言，也就是 Java 程序接入不同的数据库系统，这就是 JDBC 技术的本质和原理。

虽然传统 JDBC 可以解决基本的 Java 语言访问数据库的问题，但是它也存在着一定的缺陷和局限性。

（1）频繁地开启和关闭数据库连接。传统 JDBC 在每次执行 SQL 语句前，都需要重新建立数据库连接，执行完毕后需要关闭连接。频繁地开启和关闭数据库连接会影响整体的系统性能，降低执行效率。

（2）需要手动编码管理数据库连接。传统 JDBC 不仅需要频繁开启和关闭数据库连接，还需要手动编程来管理数据库的开启连接、事务处理、关闭连接等。这个编程过程比较烦琐，且容易出错。

（3）SQL 语句硬编码。在传统的 JDBC 中，SQL 语句通常和 Java 语句放在一起，且一般都是固定的字符串。这种硬编码的形式不利于后期维护，代码的复用性也较低。

（4）数据的安全性不高。传统 JDBC 的 SQL 语句除了硬编码外，基本都是采用字符串拼接的方式进行构建。这种构建 SQL 语句的方式容易受到恶意软件的攻击（例如 SQL 注入等），从而导致安全隐患问题，影响数据的安全性。

（5）代码重复编写。在传统的 JDBC 开发过程中，由于 SQL 语句的复用性较低，每个新的数据库请求都可能需要重新书写或者构建 SQL 语句，尤其是结果集 ResultSet 的定义，这会导致一定的重复代码编写。

（6）代码可读性较差。在传统 JDBC 的编程过程中，根据数据库的连接请求需要书写不同的 SQL 语句。随着数据库的请求次数和复杂度的增加，对应的 SQL 语句的长度和数量都会递增。这些 SQL 语句和 Java 代码混在一起，就显得比较杂乱，大大地降低了代码的可读性。

由于 JDBC 存在着一些问题，在中大型的企业级软件系统开发中，一般使用更加先进的 ORM 框架技术来替代传统的 JDBC。

1.1.2 ORM 框架技术

针对传统 JDBC 技术的缺陷，计算机专家们开始着手进行改进。改进的思想和路线主要分为两种：第一种是对 JDBC 进行 API 层的接口封装和增强，这种思想不改变 JDBC 使用的大致方式和习惯，也不改变它的底层实现原理，主要是让开发者在编程层面可以更方便地使用；第二种是借鉴面向对象的编程思想，让编程人员可以像操作对象的方式来操作数据库，在这个过程中也尽量把 SQL 语句和 Java 语句进行剥离解耦，这种思想相当于把 JDBC 的传统数据库操作的思路进行了一定的重铸。第二种思想的典型代表就是 ORM 框架技术。

ORM 的全称是 Object Relation Mapping，即对象关系映射。这种技术吸收了面向对象的思想，把对 SQL 的操作转换成对对象的操作，将数据库表数据和 Java 对象之间进行映射，如图 1-1 所示。编程人员可以像操作 Java 对象一样操作数据库，这样就可以提升操作效率，降低代码的耦合度，使整体的系统更方便进行后期的维护和更新。

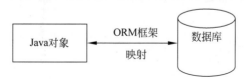

图 1-1 ORM 框架与 Java 类映射示意图

Java 语言本身就是采用了面向对象的编程思路，因此 ORM 框架技术非常适用于原生 Java 语言编程。开发人员在业务层对 Java 对象的操作，可以直接通过 ORM 框架延伸到数据库层面，这样可以大大地降低开发难度，提高开发效率。同时由于数据表和 Java 对象形成了映射，开发过程中也可以省略部分 SQL 语句，将 SQL 语句和 Java 语句剥离，让系统变得更加易于维护。

目前主流的 ORM 框架主要有 Hibernate 和 MyBatis，它们的区别如下。

（1）MyBatis 框架比较小巧、高效、简单，半自动化。Hibernate 框架比较庞大、复杂、间接，同时是全自动 ORM 框架。

（2）MyBatis 框架中 SQL 语句的生成比较自由，Hibernate 框架中的 SQL 生成则偏向全自动。MyBatis 可以灵活定义 SQL 语句，从而满足各种开发需求和性能优化需求。

（3）MyBatis 框架的操作更为简单，上手入门难度较低，相对 Hibernate 框架的入门难度较高。

（4）ORM 框架一般更多的使用场景是和其他开发框架融合在一起进行中大型软件或 Web 开发。其中，Hibernate 框架常用于 SSH 框架，也就是 Struts、Spring 和 Hibernate。MyBatis 框架常用于 SSM 框架，也就是 Spring、SpringMVC、MyBatis。

综合来看，虽然 MyBatis 需要手动编写部分 SQL 语句，但是由于它轻量、简单，功能也较为强大，因此是一个非常好用、优秀的数据库框架技术。

1.1.3　MyBatis 的发展和特点

MyBatis 的前身是 Apache 组织下的一个开源项目 iBatis。2010 年，这个项目从 Apache Software Foundation 迁移到了 Google Code，并改名为 MyBatis。2013 年 11 月，此项目又从 Google 迁移到了 Github，之后由 Github 负责维护。iBatis 一词的来源是 internet 和 abatis 的组合，它是一个基于 Java 的持久层数据框架，它提供的持久层框架技术主要包括 SQL Maps 和 Data Access Object(DAO)。

MyBatis 是一个优秀的 ORM 框架技术，它的特点主要有三个。首先，MyBatis 是支持定制化 SQL、存储过程以及高级映射的优秀的持久层框架。其次，MyBatis 避免了几乎所有的JDBC代码,以及传统JDBC里繁复的手动设置参数和获取数据集的方式。最后,MyBatis可以使用简单的XML或注解方式配置映射,将数据接口和Java对象直接映射成数据库中的数据。

简单来说,MyBatis是轻量级框架,学习使用门槛相对较低,在使用过程中需要手动编写SQL代码,功能强大且灵活,适用于各种中大型软件系统的开发。

1.2 MyBatis的工作流程和重要API

1.2.1 MyBatis的工作流程

在传统JDBC中,执行流程主要分为6个步骤:注册驱动,获取Connection连接,执行预编译,执行SQL语句,封装结果集和释放资源。MyBatis是对传统JDBC的优化,它的执行流程如图1-2所示。

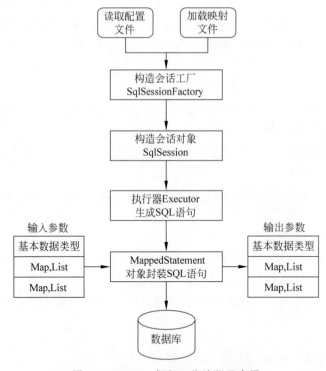

图1-2 MyBatis框架工作流程示意图

具体来说,MyBatis框架的工作流程主要分为以下8个步骤。

(1) 读取MyBatis框架的核心配置文件。文件中一般配置了数据库连接信息、属性信息、Java类的相关信息和别名、类型处理器、插件、环境、映射器等。读取成功后会在Java上下文中封装成一个Configuration对象。

(2) 加载映射文件。映射文件的主要内容是存放SQL语句,MyBatis通过读取配置文件中的映射器路径来加载映射文件。MyBatis框架可以同时加载多个映射文件,一般是通过文件的相对路径来加载,也可以通过包扫描来加载。

（3）构造会话工厂 SqlSessionFactory。这里实际上是使用了建造者的设计模式，通过会话工厂来生成和管理会话对象。一般来说，会话工厂的成功创建代表配置文件和映射文件被正确加载，可以进行后续的正常的 MyBatis 功能使用。

（4）构造会话对象 SqlSession。根据建造者模式，会话对象通过会话工厂直接创建。会话对象里包含执行 SQL 语句的方法，开发者通过调用会话对象 SqlSession 来对数据库进行增删改查操作。需要注意的是，每个线程应该有自己独立的 SqlSession 实例，它不是线程安全的，因此不能被共享。

（5）执行器 Executor 生成 SQL 语句。它是 MyBatis 实际的底层运行核心，主要负责 SQL 语句的生成和缓存的维护。根据会话对象 SqlSession 传递的参数动态地生成需要执行的 SQL 语句，同时负责查询缓存的维护。

（6）MappedStatement 对象封装 SQL 语句。一个 MappedStatement 对象代表了一个实际可运行的 SQL 语句标签，其输入和输出分别对应着相应的参数映射和结果集。

（7）输入参数映射。输入参数主要是指 SQL 语句待确定的某些参数，可以是 int、String 等基本数据类型，也可以是 Map、List、Java 类等复杂数据类型。输入参数和 SQL 语句一起组成完整的数据库请求，执行后产生输出。

（8）输出端的结果集封装。在数据库完成数据的增删改查操作后，可以根据要求将结果进行封装。输出结果可以是普通的基本数据类型，也可以是 Map、List、Java 类等复杂数据类型。常用的封装属性是 resultType 和 resultMap。

虽然 MyBatis 的工作流程相对复杂，但由于它做了较好的封装。在实际用户使用的过程中，只需根据要求调用对应 API 即可，底层实现是感知不到的。这也是为什么说 MyBatis 使用简单但功能强大的原因之一。

1.2.2　MyBatis 的重要 API

从 MyBatis 的工作流程图里可以看到，执行过程中比较重要的对象有 4 个，分别是会话工厂 SqlSessionFactory、会话对象 SqlSession、执行器 Executor 和 MappedStatement 对象。其中，执行器 Executor 和 MappedStatement 对象的执行过程主要是 MyBatis 的底层实现，对开发者是封闭不可见的。因此，使用 MyBatis 最重要的类主要是会话工厂 SqlSessionFactory 和会话对象 SqlSession。

1. SqlSessionFactory 对象

每一个 MyBatis 应用程序都以 SqlSessionFactory 为基础，它存在于 MyBatis 应用的整个生命周期。重复创建 SqlSessionFactory 对象会造成数据库资源的过度消耗。因此，一般一个 MyBatis 应用程序只需要创建一个 SqlSessionFactory 对象即可。

创建 SqlSessionFactory 对象需要使用 SqlSessionFactoryBuilder 类的 build() 方法。具体的使用方法如下。

SqlSessionFactory build(InputStream inputStream)

其中，参数 inputStream 对应 MyBatis 的配置文件的输入流。可以通过 Resources 类的方法，使用配置文件的路径名，来完成输入流的转换。

InputStream inputStream = Resources.getResourceAsStream("文件路径");

创建 SqlSessionFactory 对象后，主要用到两个方法。一方面，openSession()方法可以创建 SqlSession 对象，通过设置不同的参数还可以生成自定义的 SqlSession 对象。另一方面，getConfiguration() 方法可以用于获取 SqlSessionFactory 对象的配置。SqlSessionFactory 对象的主要方法如表 1-1 所示。

表 1-1 SqlSessionFactory 对象的主要方法

方法名称	功能描述
SqlSession openSession()	开启一个事务连接，开启后事务的传播方式和隔离级别等将使用默认设置
SqlSession openSession(Boolean autoCommit)	参数 autoCommit 用于设置是否自动提交
SqlSession openSession(Connection connection)	使用 connection 的参数进行自定义连接
SqlSession openSession(TransactionIsolationLevel level)	指定事务的传播方式和隔离级别
SqlSession openSession(ExecutorType execType)	指定执行器类型
SqlSession openSession(ExecutorType execType,boolean autoCommit)	指定执行器类型和是否自动提交
SqlSession openSession(ExecutorType execType,Connection connection)	指定执行器类型和自定义连接
Configuration getConfiguration()	获取 Configuration 配置对象

2. SqlSession 对象

SqlSession 对象可以说是 MyBatis 的核心对象，它类似于传统 JDBC 中的 Connection 对象，主要作用就是执行数据层的持久化操作。在日常开发过程中，就是使用 SqlSession 对象来完成数据库的增删改查等操作。

SqlSession 对象的生命周期贯穿了数据库访问的整个过程。一般来说，需要手动开启和关闭 SqlSession 对象，尤其是长时间不使用时，需要调用 close()方法来关闭从而节省系统资源。SqlSession 对象的功能较为强大，封装了执行 SQL 语句、提交或回滚事务、使用映射器等方法。SqlSession 对象的常用方法如表 1-2 所示。

表 1-2 SqlSession 对象的常用方法

方法名称	功能描述
T selectOne(String str)	执行单条记录的查询，传入查询的方法，返回映射的对象
T selectOne(String str,Object obj)	执行单条记录的查询，传入查询的方法和参数，返回映射的对象
List selectList(String str)	执行多条记录的查询，传入查询的方法，返回查询结果的集合
List selectList(String str,Object obj)	执行多条记录的查询，传入查询的方法和参数，返回查询结果的集合
Map selectMap(String str1,String str2)	执行查询操作，返回映射查询结果的 Map
Map selectMap(String str1,Object obj, String str2)	执行查询操作，传入查询的方法和参数，返回映射查询结果的 Map
int insert(String str)	执行插入操作，传入方法名，返回数据库中受影响的数据行数

续表

方法名称	功能描述
int insert(String str, Object obj)	执行插入操作，传入方法名和参数对象，返回数据库中受影响的数据行数
int update(String str)	执行更新操作，传入方法名，返回数据库中受影响的数据行数
int update(String str, Object obj)	执行更新操作，传入方法名和参数对象，返回数据库中受影响的数据行数
int delete(String str)	执行删除操作，传入方法名，返回数据库中受影响的数据行数
int delete(String str, Object obj)	执行删除操作，传入方法名和参数对象，返回数据库中受影响的数据行数
commit()	提交事务
commit(boolean var)	可设置是否强制提交事务
rollback()	回滚事务
rollback(boolean var)	可设置是否强制回滚事务
void clearCache()	清理 Session 级别的缓存
void close()	关闭 SqlSession 对象
T getMapper(Class Type)	获取映射器

1.3 MyBatis 的下载和安装

1.3.1 MyBatis 的下载

MyBatis 是一个开源框架，可以通过访问 Github 上的官网进行相关资源的下载，网页如图 1-3 所示。

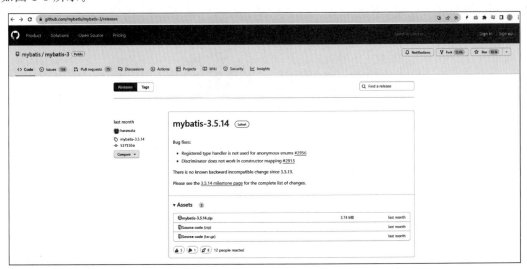

图 1-3 MyBatis 官网的下载页面

从页面中可以找到最新版本和历史版本的 MyBatis 的资源下载链接，读者可以根据具体的使用需求进行下载即可。本书使用的版本为 MyBatis-3.5.2。

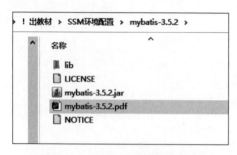

图 1-4 MyBatis 框架的文件资源

一般来说,每个版本都有三个下载链接,分别对应 jar 包资源、Windows 系统下的源码包和 Linux 系统下的源码包。日常使用 MyBatis,只需要下载第一个 jar 包资源即可。

下载后对 zip 压缩包进行解压,可以看到 MyBatis 框架的所有文件资源,如图 1-4 所示。

mybatis-3.5.2.jar 文件是 MyBatis 框架的核心类库,在项目中需要将它导入工程来使用。mybatis-3.5.2.pdf 文件是说明文档,里面详细讲解了 MyBatis 框架的各种功能的使用方法。此外,还有一个 lib 文件夹。由于 MyBatis 的开发实现过程也借助了其他的开源库,lib 文件夹就是存放 MyBatis 所依赖的其他第三方库,在使用的时候,需要和 mybatis-3.5.2.jar 一并导入工程,才能让 MyBatis 框架正常使用。

1.3.2 MySQL 数据库的安装和使用

MyBatis 框架的功能主要是操作数据库,因此在使用的时候需要先准备好数据库的运行环境。本书使用的版本是 MySQL Community Server 的文件夹版本,可以通过 MySQL 的官网进行下载,如图 1-5 所示。

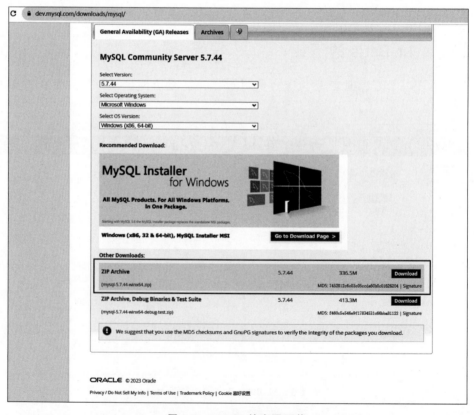

图 1-5 MySQL 的官网下载

下载到本地后,对文件进行解压。然后使用命令行进入根目录下的 bin 文件夹,输入初始化指令 mysqld --initialize-insecure,如图 1-6 所示。

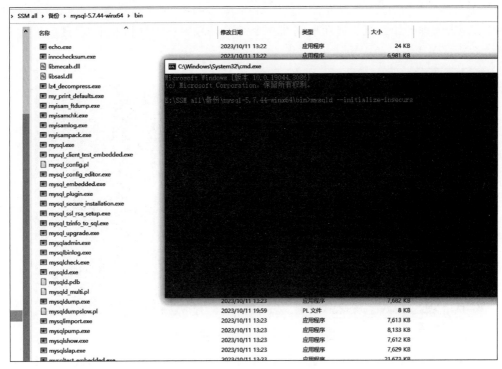

图 1-6　MySQL 的初始化指令

按 Enter 键后,MySQL 即开始运行初始化,稍等片刻后完成。此时返回 MySQL 解压的根目录,可以看到多了一个 data 文件夹,代表初始化成功,如图 1-7 所示。

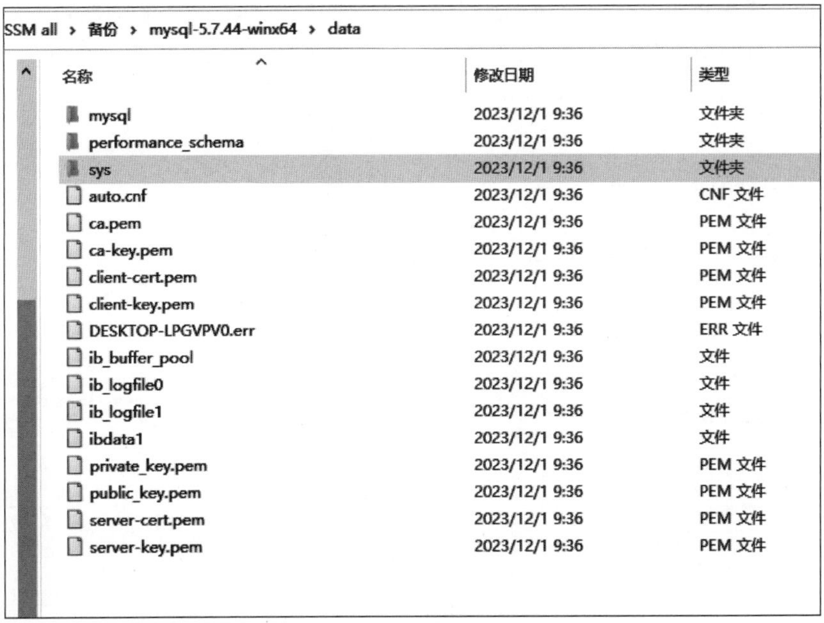

图 1-7　MySQL 初始化完成后创建的 data 文件夹

如果有需要，此时还可以进一步修改 root 用户的密码。本书为方便演示，使用原始的用户密码，即用户名为 root 密码为空。

接下来回到刚刚的命令行界面，输入 MySQL Server 的运行指令 mysqld --console，MySQL 服务器即开始运行。启动期间在命令行可以看到相关详情和指令，最后界面显示如图 1-8 所示则代表启动成功。

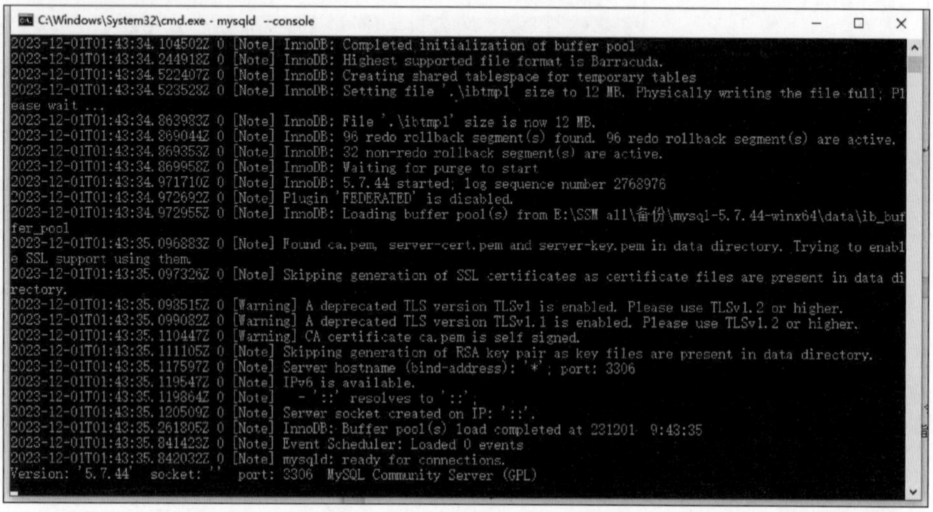

图 1-8 MySQL Server 启动成功

如果需要关闭 Server，在命令行界面按 Ctrl+C 组合键即可结束进程，或者直接关闭命令行窗口也可以。之后需要使用 MySQL 时，进入 bin 界面，打开命令行，输入 mysqld --console 指令即可开启数据库服务。或者使用鼠标右键单击 bin 文件夹下的 mysqld.exe 程序快捷方式，选择"以管理员身份运行"也可以直接在命令行窗口中启动数据库服务。

后续的 SSM 编程需要使用 Java 语言访问 MySQL 数据库，因此需要导入对应的接口 jar 包。本书使用的版本是 mysql-connector-java-5.1.47.jar，这个文件也可以从 MySQL 官网直接下载，下载后解压即可得到对应的 jar 包文件，如图 1-9 所示。

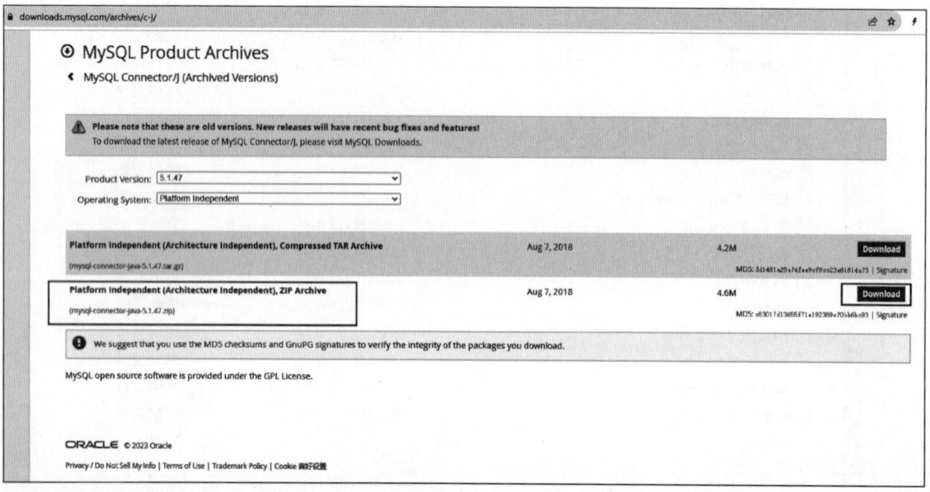

图 1-9 mysql-connector-java-5.1.47.jar

MySQL Server 开启运行后,还需要客户端来访问,这一步可以使用命令行指令用编程来实现,也可以使用带界面的 MySQL Client 客户端。本书使用免费开源的 HeidiSQL 客户端来进行连接,对应的程序可以在官网下载,如图 1-10 所示。

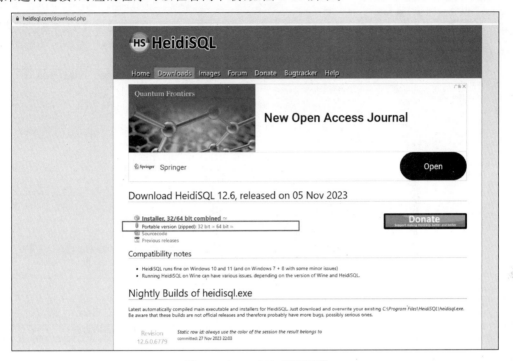

图 1-10　HeidiSQL 官网下载

下载解压后,打开 heidisql.exe 客户端。单击"新建会话",这里可以对数据库连接会话进行配置,包括网络类型、主机名、用户名、密码和端口等,如图 1-11 所示。采用默认的参数即可,确保用户名是 root,密码留空后,单击"打开"按钮。

图 1-11　使用 HeidiSQL 配置数据库连接

连接成功后，就可以创建数据库和数据表，对数据进行增删改查等操作了，如图 1-12 所示。

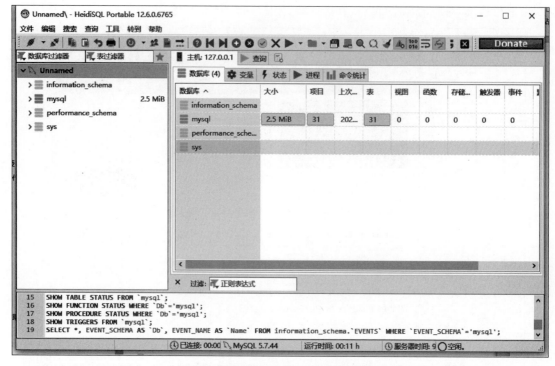

图 1-12 使用 HeidiSQL 成功连接数据库

为了方便后续对 MyBatis 框架的数据库连接功能进行测试，使用 HeidiSQL 客户端创建 ssm 数据库，之后本书里用到的所有数据表均在此数据库中。接下来创建一张学生表 student，对应的字段名和数据类型分别是：INT 类型的 id，VARCHAR 类型的 name，INT 类型的 age 和 VARCHAR 类型的 course。随后插入几条测试数据，用于测试，如图 1-13 所示。

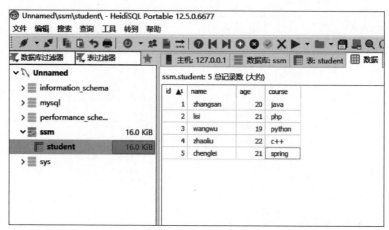

图 1-13 使用 HeidiSQL 创建数据库数据表并插入数据

最后，SSM 框架是 Java 编程的项目，本书借助开源的 IDE 编程环境 Eclipse 来实现项目管理和编译。Eclipse 官网可以找到各个历史版本的下载链接，本书使用的是 2023-03 的 Java 企业级 Web 开发的版本，如图 1-14 所示。下载后，解压到任意文件夹，即可通过 Eclipse.exe 程序来进行项目创建管理和编译运行。

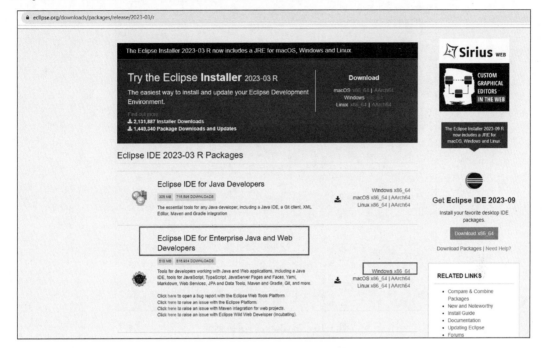

图 1-14　Eclipse 的官网下载

通过上面的流程，主要是完成了三个重要的准备步骤：首先是 MyBatis 的 jar 包下载，其次是 MySQL 数据库和数据的准备，最后是开发环境 Eclipse 的下载。至此，MyBatis 框架使用的准备工作已经完成，接下来可以正常使用 MyBatis 框架编程进行数据库连接操作了。

1.4　MyBatis 的简单应用的使用案例

下面通过一个完整的示例讲解 MyBatis 的基本使用。在这个示例中，主要涉及的知识点是 Java 动态 Web 项目的创建、编译，MyBatis 的配置文件、映射文件和 MyBatis 框架核心 API 的调用。

1. 创建工程

打开 Eclipse，选择新建项目中的 Dynamic Web Project 也就是动态 Web 项目。相关选项和配置使用默认的，不用修改，最后单击 Finish 按钮即完成项目的创建，如图 1-15 所示。

2. 项目的准备工作

项目创建完成后，需要导入两个比较重要的 jar 包，一个是 MyBatis 框架的核心包 mybatis-3.5.2.jar，另一个是 Java 语言访问 MySQL 的接口包 mysql-connector-java-5.1.47.jar。

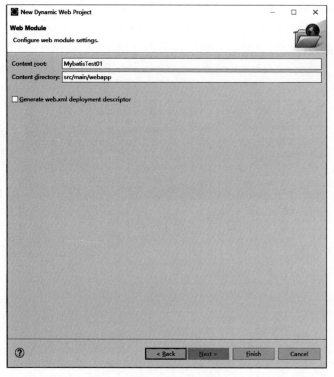

图 1-15　MyBatis 的项目创建

将两个 jar 包文件复制粘贴到项目 WEB-INF 文件夹下的 lib 文件夹里即可。

创建简单 Java 对象（Plain Ordinary Java Object，POJO）的 Java 包 com.pojo，包下面创建 POJO 类 Student.java。创建映射文件的包 com.mapper，包下面创建映射文件 StudentMapper.xml。创建项目测试的包 com.test，包下面创建项目测试的类 TestMain.java。

最后，在项目的 Java 根目录下创建 MyBatis 框架的配置文件 MybatisConfig.xml。完成后项目的结构如图 1-16 所示。

3．编写 POJO 类的代码

一般在 POJO 类中，代码内容主要包括成员变量的定义，构造函数的定义，成员变量访问函数 getter 和 setter 的定义，以及 POJO 对象的打印函数 toString 的定义。本项目中主要是完成成员变量的定义和打印函数 toString 的定义，具体代码如下。

Student.java

01　package com.pojo;

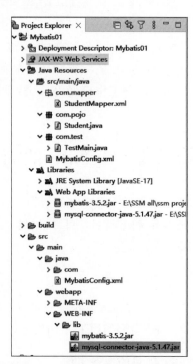

图 1-16　MyBatis01 项目的文件结构示意图

```
02  public class Student {
03      private int id;
04      private String name;
05      private int age;
06      private String course;
07      @Override
08      public String toString() {
09          return "Student [id=" + id + ", name=" + name + ", age=" + age + ", course=" + course + "]";
10      }
11  }
```

4．编写配置文件的代码

配置文件是 XML 格式，内容主要是完成数据库源的信息设置，以及映射文件的信息设置。具体代码如下。

MybatisConfig.xml

```
01  <?xml version="1.0" encoding="UTF-8" ?>
02  <!DOCTYPE configuration
03   PUBLIC "-//mybatis.org//DTD Config 3.0//EN"
04   "http://mybatis.org/dtd/mybatis-3-config.dtd">
05  <configuration>
06      <environments default="ssmmysql">
07          <environment id="ssmmysql">
08              <transactionManager type="JDBC"/>
09              <dataSource type="POOLED">
10                  <property name="driver" value="com.mysql.jdbc.Driver"/>
11                  <property name="url" value="jdbc:mysql://localhost:3306/ssm?useSSL=false"/>
12                  <property name="username" value="root"/>
13                  <property name="password" value=""/>
14              </dataSource>
15          </environment>
16      </environments>
17      <mappers>
18          <mapper resource="com/mapper/StudentMapper.xml"/>
19      </mappers>
20  </configuration>
```

5．编写映射文件的代码

映射文件也是 XML 格式，内容主要是项目对应的 SQL 语句，以及返回的数据集映射等。具体代码如下。

StudentMapper.xml

```
01  <?xml version="1.0" encoding="UTF-8" ?>
02  <!DOCTYPE mapper
03   PUBLIC "-//mybatis.org//DTD Mapper 3.0//EN"
04   "http://mybatis.org/dtd/mybatis-3-mapper.dtd">
05  <mapper namespace="studentMapper">
06      <select id="findStudentById" resultType="com.pojo.Student">
07          select * from student where id = #{id}
08      </select>
09  </mapper>
```

6. 编写项目的测试代码

项目最终是在 Java 环境中编译运行，因此测试代码也是 Java 文件。测试代码的主要内容包括配置文件的加载，SqlSessionFactory 工厂对象和 SqlSession 会话对象的创建，映射文件中 SQL 语句的调用，以及得到的 POJO 对象的打印输出。具体代码如下。

TestMain.java

```java
01  package com.test;
02  import java.io.IOException;
03  import java.io.InputStream;
04  import org.apache.ibatis.io.Resources;
05  import org.apache.ibatis.session.SqlSession;
06  import org.apache.ibatis.session.SqlSessionFactory;
07  import org.apache.ibatis.session.SqlSessionFactoryBuilder;
08  import com.pojo.Student;
09  public class TestMain {
10      public static void main(String[] args) {
11          //TODO Auto-generated method stub
12          try {
13              String mybatisConfigFilename = "MybatisConfig.xml";
14              InputStream in = Resources.getResourceAsStream(mybatisConfigFilename);
15              SqlSessionFactory factory = new SqlSessionFactoryBuilder().build(in);
16              SqlSession sqlSession = factory.openSession();
17              Student stu = sqlSession.selectOne("studentMapper.findStudentById", 1);
18              System.out.println(stu.toString());
19              sqlSession.close();
20          } catch (IOException e) {
21              //TODO Auto-generated catch block
22              e.printStackTrace();
23          }
24      }
25  }
```

7. 项目测试结果

项目中需要访问 MySQL 数据库，先打开前文中提到的 MySQL 下的 bin 文件夹，使用 cmd 命令行运行 mysqld --console 指令，完成 MySQL 服务的启动。

完成各文件的创建和代码的编写后，在 Eclipse 中右键单击测试文件即 TestMain.java，选择 Run As 下的 Java Application，让项目作为 Java 应用启动运行。可以在 Console 终端显示器中看到最终的项目运行结果。将 MySQL 数据库的 student 表中 id 为 1 的数据封装成 Student 类的对象，并打印出来，如图 1-17 所示。

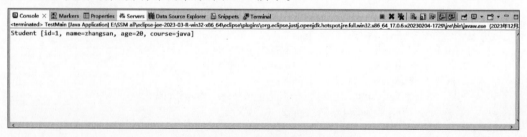

图 1-17　MyBatis 简单应用示意图

小结

本章首先介绍了 ORM 框架的特性和 MyBatis 框架的发展历程；其次介绍了 MyBatis 框架的工作流程和原理，讲解了 MyBatis 框架的重要 API 的使用方法；接下来介绍了 MyBatis 框架的下载和使用方法，以及开发环境的搭建流程；最后，通过一个实际案例，讲解了 MyBatis 框架的简单应用的项目编程方法。通过本章内容的学习，读者应该可以了解什么是 MyBatis 框架，它的优势和特点是什么，如何下载和配置 MyBatis 框架，以及如何在 Eclipse 程序中编写 MyBatis 框架的项目代码并测试运行。

习题

1. SqlSession 对象的（　　）方法可以用于执行多条记录的查询。
   A. SelectOne　　B. SelectList　　C. Commit　　D. Update
2. 吸收了面向对象的思想，将对 SQL 的操作转换为对对象的操作，将数据库表数据和 Java 对象之间进行映射，这种技术称为_____。
3. 简述 MyBatis 框架开发环境的准备步骤。

第2章

MyBatis的配置文件

CHAPTER 2

视频讲解

本章学习目标：
- 了解 MyBatis 配置文件的结构和重要元素组成。
- 掌握 MyBatis 配置文件的编写和使用方法。

在开发 MyBatis 项目的过程中，配置文件的使用是非常重要的。除了在第 1 章里演示过的，需要在配置文件中进行必需的数据源信息的设置以及映射文件的路径外，配置文件还有很多其他的功能。只有写好 MyBatis 的配置文件，才可以正常使用其相关的各种功能，通过 SqlSession 对象来操作数据库，发挥 ORM 框架的优势。本章接下来对 MyBatis 的配置文件进行详细的介绍和讲解。

2.1 配置文件概述

2.1.1 XML 文件格式

当项目中需要使用 MyBatis 框架时,首先就需要调用配置文件,从而完成框架模块的实际加载。通过第 1 章内容可知,MyBatis 的配置文件是 XML 格式。这种文件的典型格式就是一个一个的元素标签,通过嵌套的方式组成固定的结构样式。

使用 XML 文件作为配置文件格式是很多框架技术的共同点,这么做主要是因为将 XML 文件用作配置文件有较多优点。

(1)可读性强。XML 文件使用标签进行数据组织,内容清晰,容易解读。

(2)跨语言和跨平台。XML 文件是纯文本格式,可以方便地被任意文本编辑工具打开编辑或查看。

(3)自描述性强。XML 文件的结构清晰,定义了各元素的含义,文件本身就带有对应元素的解释。

(4)易于扩展。通过 XML 文件,可以方便地编辑元素内容或添加元素来实现相关配置项的扩展,不影响原有结构。

(5)易于验证。XML 文件格式本身是带有约束的,这个约束一般通过 XML 文件顶部的 DTD 或 Schema 来实现。带有约束的 XML 文件格式可以方便地对其内容进行检查,防止出错。

(6)丰富的工具支持。XML 文件除了自身之外,还有连带的 XML 编辑器和 XSLT 转换等工具,都可以方便地使用。

(7)结构化存储。XML 文件格式天然就是层级结构,可以方便地存储数据。也可以对数据进行配置管理,或者传输等操作。

2.1.2 MyBatis 的配置文件层次结构

MyBatis 的官方文档中,定义配置文件的层次结构如下。

MybatisConfig.xml

```
01  <?xml version="1.0" encoding="UTF-8" ?>
02  <!DOCTYPE configuration PUBLIC "-//mybatis.org//DTD Config 3.0//EN" "http://mybatis.org/dtd/mybatis-3-config.dtd">
03  <configuration>
04    <properties>
05      <property name="r" value=""/>
06    </properties>
07    <settings>
08      <setting name="" value="" />
09    </settings>
10    <typeAliases>
11      <typeAlias alias="" type=""/>
12    </typeAliases>
13    <typeHandlers>
```

```
14        < typeHandler handler=""/>
15      </typeHandlers>
16      < objectFactory type=""></objectFactory>
17      < plugins>
18        < plugin interceptor=""></plugin>
19      </plugins>
20      < environments default="">
21        < environment id="">
22          < transactionManager type="" />
23          < dataSource type="">
24            < property name="driver" value="" />
25            < property name="url" value="" />
26            < property name="username" value="" />
27            < property name="password" value="" />
28          </dataSource>
29        </environment>
30      </environments>
31      < databaseIdProvider type=""></databaseIdProvider>
32      < mappers>
33        < mapper resource="" />
34      </mappers>
35    </configuration>
```

在一个完整的 MyBatis 配置文件中,根元素是 configuration,可以配置的子元素有属性 properties 元素,设置 settings 元素,类型别名 typeAliases 元素,类型处理器 typeHandlers 元素,对象工厂 objectFactory 元素,插件 plugins 元素,环境 enviroments 元素,数据厂商标识 databaseIdProvider 元素,映射文件 mappers 元素等。

需要注意的是,MyBatis 配置文件中各个子元素的先后顺序是固定的。例如,属性 properties 元素和设置 settings 元素应该处于所有子元素的最前面,类型别名 typeAliases 元素应该在环境 enviroments 元素前面,映射文件 mappers 元素应该处于最后等。

配置文件需要严格按照对应的格式和顺序来书写,否则 MyBatis 框架在载入时会报错从而导致项目运行异常。

2.2 配置文件的常用元素

2.2.1 属性 properties 元素

properties 是一个用于配置属性的元素。在 MyBatis 的配置文件中,属性可以理解成编程语言里面的变量。通过在配置文件前面定义不同的属性值,文件后面可以通过属性的名称来指向对应的属性值,从而方便对配置文件的关键要素进行更改和维护。属性值的最常使用场景之一就是定义数据源的各个参数,包括 MySQL 的访问地址、用户名和密码等。

一般来说,MyBatis 可以使用两种方式来定义属性值。

1. 通过 property 子元素来定义

properties 是根元素 configuration 的子元素,而 properties 本身可以有 property 子元素。其中每一个子元素对应一个属性定义。每个元素又对应两个需要设定的值(需要区分的是，这里的值也称为 XML 元素的属性值，和 properties 代表的属性值名称一致但含义不同），分别是 name 和 value，它们的含义分别相当于编程语言里的变量名和变量值，在 XML 文件中定义的时候需要加上引号。具体的属性定义代码如下。

```xml
<properties>
    <property name="myDriver" value="com.mysql.jdbc.Driver"/>
    <property name="myUrl" value="jdbc:mysql://localhost:3306/ssm?useSSL=false"/>
    <property name="myUsername" value="root"/>
    <property name="myPassword" value="root"/>
</properties>
```

这样就完成了 4 个属性的定义，对应的值分别是数据库驱动、MySQL 访问地址、用户名和密码。当后续需要用到这几个属性值时，可以通过引用属性的名称 myDriver、myUrl、myUsername 和 myPassword 来使用它们。具体的属性使用代码如下。

```xml
<dataSource type="POOLED">
    <property name="driver" value="${myDriver}" />
    <property name="url" value="${myUrl}" />
    <property name="username" value="${myUsername}" />
    <property name="password" value="${myPassword}" />
</dataSource>
```

其中，引用所定义的属性值的格式为 ${x}，括号内的 x 即代表已定义好的属性名称。也就是说，通过上面的属性值定义和引用，最终完成了在 MyBatis 配置文件中传递变量或参数的目的。在这个例子中，当需要改变所配置的数据库相关参数时，例如，修改数据库地址，或数据库用户名密码，就可以直接修改配置文件里的 properties 元素对应的属性值即可，而配置文件其他部分内容可以保持不变。通过这种方式，就加强了项目的可维护性。

2. 通过外部资源文件来定义

所有的配置文件中需要用到的属性值都可以放在 properties 元素内部定义。当这些值的数量不多时，直接定义是可行的；但是当这些属性值的定义较多或修改比较频繁时，直接定义在配置文件里会造成配置文件的内容过于冗余，查看和编辑其他内容就显得不够方便。这个时候，可以使用外部资源文件来定义属性值，将属性值的定义和配置文件进一步解耦，从而保留配置文件的高可读性，同时也让属性值的修改更加方便。

具体来说，可以在项目的 src 目录下创建一个扩展名为 properties 的属性文件，例如 db.properties，将需要用到的属性值直接用键值对的方式定义在文件里。具体代码如下。

```
jdbc.myDriver = com.mysql.jdbc.Driver
jdbc.myUrl = jdbc:mysql://localhost:3306/ssm?useSSL=false
jdbc.myUsername = root
jdbc.myPassword = root
```

需要注意的是，这里每一个属性值，对应的名称和值都是一个键值对，其中左边就是即将引用的属性名称，右边是即将引用的属性的值；两者用"="号连接，两边都不需要额外的引号。

在完成资源文件内的属性值定义后，需要在配置文件中引用这个资源文件。对应的代码如下。

```xml
<properties resource="db.properties"></properties>
```

properties 元素的 resource 属性用来指向需要引用的外部资源的路径,这里直接使用 db.properties 文件名,意味着文件就放在 src 根目录下。这样就完成了外部资源文件的属性值定义。在完成定义之后的使用方法,和使用子元素定义的属性值使用方法一样,具体代码如下所示。

```
<dataSource type="POOLED">
    <property name="driver" value="${jdbc.myDriver}" />
    <property name="url" value="${jdbc.myUrl}" />
    <property name="username" value="${jdbc.myUsername}" />
    <property name="password" value="${jdbc.myPassword}" />
</dataSource>
```

在这里,取用属性值同样使用的是 ${x} 格式,其中,x 对应的就是外部资源文件 db.properties 中每一个键值对"="左边的属性名,实际对应的值就是键值对"="右边的取值。

需要补充说明的是,建议使用 properties 进行属性值定义时,尽量采取上述两种方法中的一种即可,同时采用两种可能会造成属性名的重复定义。如果发生这种重复定义的情况,MyBatis 的机制是会优先以文件中的属性值定义为准。

2.2.2 设置 settings 元素

设置,顾名思义,就是对 MyBatis 框架的各个参数进行配置。设置使用 settings 元素,它是配置文件中较为复杂的一个元素,通过不同子元素的取值和设置,来控制和调节 MyBatis 框架的运行状态和行为。具体来说,settings 元素对应的可设置项即子元素的说明如表 2-1 所示。

表 2-1 设置 settings 元素的子元素

子 元 素	描 述 说 明	有 效 值
cacheEnabled	配置全局缓存的开关	TRUE,FALSE
lazyLoadingEnabled	配置延迟加载的全局开关	TRUE,FALSE
aggressiveLazyLoading	启动时,任何方法的调用都会触发所在类中所有属性的加载	TRUE,FALSE
multipleResultSetsEnabled	是否允许单一语句返回多结果集	TRUE,FALSE
useColumnLabel	是否使用列表标签代替列名	TRUE,FALSE
useGeneratedKeys	是否使用数据库 JDBC 自动生成主键	TRUE,FALSE
autoMappingBehavior	指定如何自动映射列到字段或属性。NONE 表示取消自动映射,PARTIAL 表示自动映射部分,FULL 会全部自动映射	NONE,PARTIAL,FULL
autoMappingUnknownColumnBehavior	指定发现自动映射目标未知列或未知属性类型的行为。NONE 表示不做任何反应,WARNING 输出提醒日志,FAILING 为映射失败,抛出异常	NONE,WARNING,FAILING
defaultExecutorType	配置默认的执行器。SIMPLE 对应普通的执行器,REUSE 为重用预处理器,BATCH 为批处理器	SIMPLE,REUSE,BATCH
defaultStatmentTimeout	设置驱动等待数据库的响应时间	正整数
defaultFetchSize	设置驱动的结果集获取数量	正整数
safeRowBoundsEnabled	是否允许在嵌套语句中使用分页	TRUE,FALSE

续表

子 元 素	描 述 说 明	有 效 值
mapUnderscoreToCamelCase	是否启用自动驼峰命名规则映射。例如，将带下画线的数据库字段名 db_name 映射为 dbName，设置后可以自动映射	TRUE,FALSE
localCacheScope	利用本地缓存机制防止循环引用和加速重复嵌套查询	SESSION,STATEMENT
jdbcTypeForNull	当没有为参数提供特定的 JDBC 类型时，为空值指定 JDBC 类型，默认为 OTHER	NULL,VARCHAR,OTHER
lazyLoadTriggerMethods	指定哪个对象的方法会触发一次延迟加载	方法名的列表
defaultScriptingLanguage	指定动态 SQL 语句生成的默认语言	类型别名或完全限定类名
logPrefix	指定 MyBatis 增加到日志名称的前缀	任何字符串
logImpl	指定 MyBatis 所用日志的具体实现，一般当需要开启 SQL 日志打印时配置此元素	LOG4J, LOG4J2, COMMONS, LOGGING
configurationFactory	指定一个提供 Configuration 对象的类，用来加载被反序列化对象的懒加载属性值	类型别名或完全限定类名

  setting 元素内的大部分子元素都有默认值，因此在一般情况下，如果是简单使用 MyBatis 的基础功能，可以免去设置 setting 元素的步骤。如果是对特定使用场景有特殊要求，例如，开启延迟加载等，就需要针对特定的子元素进行设置。

  对 MyBatis 的参数进行 setting 元素设置时，根据需要设置的参数，在 XML 文件中为对应子元素指定对应的值即可。下面是一个简单的示例。

```
<settings>
    <setting name="cacheEnabled" value="true"/>
    <setting name="lazyLoadingEnabled" value="true"/>
    <setting name="multipleResultSetsEnabled" value="true"/>
    <setting name="useColumnLabel" value="true"/>
    <setting name="useGeneratedKeys" value="false"/>
    <setting name="autoMappingBehavior" value="PARTIAL"/>
    <setting name="autoMappingUnknownColumnBehavior" value="WARNING"/>
    <setting name="defaultExecutorType" value="SIMPLE"/>
    <setting name="defaultStatementTimeout" value="25"/>
    <setting name="defaultFetchSize" value="100"/>
    <setting name="safeRowBoundsEnabled" value="false"/>
    <setting name="mapUnderscoreToCamelCase" value="false"/>
    <setting name="localCacheScope" value="SESSION"/>
    <setting name="jdbcTypeForNull" value="OTHER"/>
    <setting name="lazyLoadTriggerMethods" value="equals,clone,hashCode,toString"/>
</settings>
```

  上面展示的是简单的 setting 元素示例，如果需要对其他子元素进行设置，对照表格和代码样式进行展开即可。

2.2.3 设置 typeAliases 元素

  当使用 MyBatis 进行开发时，如果查询结果是返回 Java 类对象，则经常需要用到类的名称。相关代码如下。

```
<select id="selectOneStudent" resultType="com.ssm.Student">
    select * from student where id = 1
</select>
```

resultType 对应的取值是类的完全限定名,也就是 Java 类的包名加类名,这种写法显得比较冗余。尤其当包名较长或者返回类型较多时,会降低代码的可读性。为了解决这个问题,MyBatis 框架提供了包名缩写的机制,即 typeAliases 元素,也就是别名。

通过 typeAliases 的设置,可以将任意的包含完整包名路径的类名映射成一个自定义字符串。当需要使用这个类的时候,省略包名路径和完整类名,用别名替代即可。这样可以较好地去除此部分的冗余,提高代码的可读性和可维护性。

一般来说,typeAliases 元素可以采用两种方式进行配置,分别是 typeAliase 子元素和 package 元素。

1. typeAliase 子元素

当需要起别名的类数量不多时,可以针对每一个进行 typeAliase 子元素配置即可。对应的代码如下。

```
<typeAliases>
    <typeAliases alias="stu" type="com.ssm.Student"/>
</typeAliases>
```

经过 typeAliase 的别名定义,后续要用到完整限定类名 com.ssm.Student 时,只需要使用它的别名 stu 即可。具体代码如下。

```
<select id="selectOneStudent" resultType="stu">
    select * from student where id = 1
</select>
```

2. package 元素

typeAliases 元素除了可以使用子元素进行逐个的别名设置之外,当需要设置的包或者类的数量较多时,还可以使用 package 元素进行批量的别名设置。这种方式也称为 package 包扫描,可以针对某个 Java 包下面的所有 Java 类配置别名。对应的代码如下。

```
<typeAliases>
    <package name="com.ssm"/>
</typeAliases>
```

这种方式默认给类的全称起的别名为类名的全小写英文。假设在这种情况下,com.ssm 包下有 com.ssm.Student 和 com.ssm.Teacher 两个类,则这段代码的效果就是给这两个类分别起别名为 student 和 teacher。当需要使用的时候,直接使用别名即可。代码如下。

```
<select id="selectOneTeacher" resultType="teacher">
    select * from teacher where id = 1
</select>
```

这种起别名的方式,别名是系统按照规则自动映射的。如果在包扫描起别名的前提下,需要使用自定义的别名,可以进一步使用@Alias 注解来进行覆盖替换。对应的代码如下。

```
@Alias(value="tch")
public class Teacher{
    ...
}
```

其中,@Alias 就是对应的注解,这里就使用注解后的别名 tch 来替代包扫描生成的 teacher 别名。注解是 SSM 框架里非常重要的编码方式,这在后续的章节内容还会有详细介绍和讲解。在这里,读者只需要简单了解即可。

2.2.4 设置 typeHandlers 元素

在使用 MyBatis 进行数据库访问的过程中,框架在为 SQL 语句设置参数或从结果集取值时,都需要通过类型处理器来完成数据的类型转换。typeHandler 即类型处理器,它的核心功能就是将数据从数据库 JDBC 类型转换成 Java 数据类型,或者反过来将 Java 数据类型转换成数据库 JDBC 类型。

在 MyBatis 框架中,有一些是已经定义好的常用类型处理器,如表 2-2 所示。

表 2-2 常用的 typeHandler 类型处理器

类型处理器	Java 数据类型	JDBC 数据类型
BooleanTypeHandler	java.lang.Boolean,boolean	boolean
ByteTypeHandler	java.lang.Byte,byte	byte
ShortTypeHandler	java.lang.Short,short	short 或 integer
IntegerTypeHandler	java.lang.Integer,int	integer
LongTypeHandler	java.lang.Long,long	long 或 integer
FloatTypeHandler	java.lang.Float,float	float
DoubleTypeHandler	java.lang.Double,double	double

这些是 MyBatis 内部已经定义好的类型处理器,这些数据类型的转换不需要进行设置或显式声明,MyBatis 会自动检测数据类型并完成转换。

在通常情况下,这些默认的类型转换器就已经可以完成绝大部分常规的 MyBatis 使用场景了。但是,当 Java 数据类型和数据库 JDBC 数据类型不匹配且不能使用自定义类型转换器解决时,就需要开发者自定义类型处理器。

自定义类型处理器需要实现 TypeHandler 接口或者集成 BaseTypeHandler 类,此部分内容较为复杂暂时略过。在编写完对应的代码后,可以通过配置文件里的 typeHandlers 元素来进行设置生效。具体代码如下。

```
<typeHandlers>
    <typeHandler javaType="String" jdbcType="VARCHAR" handler="com.ssm.handler.StringToVarcharHandler"/>
</typeHandlers>
```

这里通过 com.ssm.handler.StringToVarcharHandler 类自定义了一个 Java 数据类型 String 和 JDBC 数据类型 VARCHAR 之间的转换映射,通过它就可以完成对应的双向数据类型转换。

2.2.5 设置 ObjectFactory 元素

对象工厂也就是 ObjectFactory,MyBatis 框架需要通过它来创建结果集对象。在大部分默认情况下，MyBatis 框架可以通过其预定义的 DefaultObjectFactory 来完成相关工作。但是在实际开发过程中，如果遇到需要开发者自定义干预结果集对象的创建过程时，就需要自定义 ObjectFactory 对象工厂。

具体来说，完成自定义 ObjectFactory 对象工厂需要两个步骤：首先要编写 ObjectFactory 类，并使之继承 DefaultObjectFactory 类，此部分较为复杂暂时略过；其次需要将写好的 ObjectFactory 类配置到 MyBatis 的配置文件中，也就是写入 ObjectFactory 元素。对应的代码如下。

```
<ObjectFactory type="com.ssm.MyObjectFactory"/>
```

2.2.6　设置 environments 元素

在 MyBatis 的使用过程中，设置文件的 environments 元素主要是用来配置数据库相关的信息。MyBatis 是支持多环境的使用的，这些环境相关的配置信息就需要放在 environments 元素内。不同的环境可以让 MyBatis 访问不同的数据库，同时，修改环境内的相关信息，也可以让 MyBatis 在多个不同的数据库之间进行切换。而这些改动只需要修改 environments 元素内的配置信息即可，对应的 SQL 语句映射是不用改动的，这也是 MyBatis 作为数据库访问框架的优势之一。

1. environments 元素的使用方法

具体来说，environments 元素对应的环境配置信息主要分为两类：事务管理器和数据源信息。其中，事务管理器通过 transactionManager 子元素进行配置，数据源则通过 dataSource 进行配置，也就是数据库的访问信息。具体的代码如下。

```
<environments default="ssmmysql01">
    <environment id="ssmmysql01">
        <transactionManager type="JDBC"/>
        <dataSource type="POOLED">
            <property name="driver" value="${myDriver01}"/>
            <property name="url" value="${myUrl01}"/>
            <property name="username" value="${myUsername01}"/>
            <property name="password" value="${myPassword01}"/>
        </dataSource>
    </environment>
    <environment id="ssmmysql02">
        <transactionManager type="JDBC"/>
        <dataSource type="UNPOOLED">
            <property name="driver" value="${myDriver02}"/>
            <property name="url" value="${myUrl02}"/>
            <property name="username" value="${myUsername02}"/>
            <property name="password" value="${myPassword02}"/>
        </dataSource>
    </environment>
</environments>
```

代码中定义了两个 environment 环境，其 id 值分别为 ssmmysql01 和 ssmmysql02。在第一个环境中，事务管理器 transactionManager 对应的 type 是 JDBC，数据源 dataSource 对应的 type 类型是 POOLED。数据源也就是数据库的 4 个属性数据库驱动 driver、数据库地址 url、用户名 username 和密码 password，其对应的值分别是 ${myDriver01}、${myUrl02}、${myUsername03} 和 ${myPassword04}。第二个环境的配置信息类似。

实际开发过程中可以根据需要来定义多个不同的 environment，每一个对应的 id 值也不同。代码第一行 <environments default="ssmmysql01"> 指的是，在当前的 MyBatis 环境配置中，默认启用的是 id 为 ssmmysql01 的环境 environment。如果需要切换到第二个 id 为 ssmmysql02 的环境，需要手动更改配置后才能启用。

2. 数据源的设置方法

从示例代码中可以看到，不管是事务管理器 transactionManager，还是数据源 dataSource，都需要设定一个 type 类型的值。对于事务管理器来说，常用的 type 类型取值有 JDBC 和 MANAGED。其中，JDBC 事务管理器直接使用了 JDBC 的提交和回滚设置，它依赖于从数据源获取的连接来管理事务的生命周期和作用域。MANAGED 事务管理器则不自主提交或回滚连接，而是让容器来管理事务的生命周期和作用域。在日常开发过程中，一般使用 JDBC 即可满足基本的开发需求。

数据源 dataSource 的 type 类型取值主要是用来配置 MyBatis 获取连接的数据资源的方式。一般可选的取值有三个，分别是 UNPOOLED、POOLED 和 JNDI。

（1）UNPOOLED 代表非连接池连接，它在每次连接时都会新建连接，对于相关的资源没有复用，但是也确保了数据的安全。这种方式适用于对数据连接性能要求不高的简单应用场景，也是本书使用较多的一种情况。具体的属性和对应说明如表 2-3 所示。

表 2-3　UNPOOLED 数据源需要配置的属性

属　性	说　　明
driver	JDBC 数据库驱动的完全限定类名
url	数据库的连接地址（包括端口号）
username	数据库连接账号的账号名称
password	数据库连接账号的账号密码
defaultTransactionIsolationLevel	默认的数据库连接事务的隔离级别

（2）POOLED 代表连接池连接，它利用数据池的方式将数据源进行连接，这样可以适当节省每次创建新的连接时所消耗的初始化和认证等相关时间或资源。这种方式适用于对并发数有要求，或者对数据连接性能有一定要求的引用场景。它的可配置属性项比 UNPOOLED 非连接池类型的要多，具体的属性和对应说明如表 2-4 所示。

表 2-4　POOLED 数据源需要配置的属性

属　性	说　　明
poolMaximumActiveConnections	可以同时存在的活动连接数量，默认为 10
poolMaximumIdleConnections	可以同时存在的空闲连接数量
poolMaximumCheckoutTime	连接池中的连接被强制检出的最长时间，默认为 2000ms
poolTimeToWait	重新获取连接需要等待的时间，如果获取连接的时间大于这个值，系统会打印状态日志并重新连接
poolPingQuery	发给数据库的探测查询，用来检查数据库连接是否正常工作并准备接受请求

续表

属性	说明
poolPingEnabled	是否启用数据库的探测查询
poolPingConnectionsNotUseFor	用来配置数据库的探测查询的频率

（3）JNDI 类型的数据源可以连接外部的应用服务器，它无须配置连接参数，只需要指定外部容器的引用即可。这种类型的数据源的应用场景不多，读者简单了解即可。具体的属性和对应说明如表 2-5 所示。

表 2-5　JNDI 数据源需要配置的属性

属性	说明
initial_context	用来在 InitialContext 中寻找上下文，为可选属性
data_source	用来指定数据源实例位置的上下文路径

2.2.7　设置 mappers 元素

MyBatis 框架在使用的过程中，可以将 SQL 语句从 Java 语句中剥离出来，放到映射文件中。在配置文件中，就是通过 mappers 元素来引用映射文件的。

使用 mappers 引用映射文件的方式主要有两种，一种是通过资源文件的路径来直接引用，另外一种是通过包扫描的方式。这两种方式也分别对应了映射文件的两种实现方法。

1. 引用资源文件的路径

映射文件最常用的实现方法，就是将 SQL 语句写到 XML 形式的映射文件中。这种方式需要用到 mappers 元素下的 mapper 子元素。将映射文件看成一种资源文件，把它在项目中的文件路径引用进来，赋值给 mapper 子元素的 resource 属性即可。需要注意的是，路径中用"/"符号来代表子目录。具体的代码如下。

```
<mappers>
    <mapper resource="com/mapper/StudentMapper.xml" />
</mappers>
```

2. 包扫描

映射文件除了使用 XML 文件来实现外，还可以使用接口的方式来实现。这个时候映射文件就不再是 XML 文件，而是 Java 文件。这种方式需要用到 mappers 元素下的 package 子元素，将映射文件所在的包名赋值给 package 子元素的 name 属性即可。具体的代码如下。

```
<mappers>
    <package name="com.mapper" />
</mappers>
```

这里只描述了映射文件使用 XML 或 Java 接口两种实现方式时，配置文件如何引用映射文件。具体所对应的映射文件的写法，在后续映射文件有关的内容中会详细讲解。

2.3 MyBatis 的配置文件的使用案例

下面通过一个完整的案例,来讲解 MyBatis 框架的配置文件的使用方法。

1. 数据准备

进入 MySQL 的 bin 文件夹,打开 cmd 命令行,输入指令 mysqld --console 开启 MySQL 的服务。打开 HeidiSQL 客户端,连接数据库,新建 student 数据表,并插入以下测试数据,如图 2-1 所示。

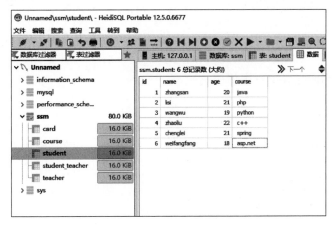

图 2-1　student 数据表中插入测试数据示意图

2. 创建工程

打开 Eclipse 客户端,按照默认参数创建 Dynamic Web Project,即动态 Web 项目。在项目的 main/webapp/WEB-INF/lib 文件夹中,添加 MyBatis 框架所需的 jar 包,包括 mybatis.jar 和 mysql-connector-java.jar。在 Java 文件夹下创建不同的包,用于放置映射文件的 com.mapper、放置 Java 类的 com.pojo、放置测试代码的 com.test。

3. 创建 Java 类文件

在 com.pojo 包下,新建一个 Java 类 Student.java,代码如下。

```
01  package com.pojo;
02  public class Student {
03      private int id;
04      private String name;
05      private int age;
06      private String course;
07      @Override
08      public String toString() {
09          return "Student [id=" + id + ", name=" + name + ", age=" + age + ", course=" + course + "]";
10      }
11  }
```

这是一个简单的 Java 类,成员变量的名称和数据类型,与数据库中的 student 表的字段设置一致。因此,在使用 MyBatis 框架读取数据表中的数据条目时,可以自动拼装生成 Java 对象。

4. 创建数据库配置文件

在项目的代码文件根目录 src/main/java 下,创建数据库的配置文件 db.properties,代码如下。

```
01  jdbc.myDriver = com.mysql.jdbc.Driver
02  jdbc.myUrl = jdbc:mysql://localhost:3306/ssm?useSSL=false
03  jdbc.myUsername = root
04  jdbc.myPassword =
```

数据库配置文件的文件名是 db.properties,实际是作为文本文件编辑。在文件中主要定义了数据库的驱动、访问地址、用户名和密码,此文件后续可以被 MyBatis 框架的配置文件读取,作为数据库的配置信息来使用。

5. 创建配置文件

在 Java 文件夹根目录下创建配置文件 MybatisConfig.xml,代码如下。

```
01  <?xml version="1.0" encoding="UTF-8" ?>
02  <!DOCTYPE configuration
03  PUBLIC "-//mybatis.org//DTD Config 3.0//EN"
04  "http://mybatis.org/dtd/mybatis-3-config.dtd">
05  <configuration>
06    <!-- 属性,两种用法:文件内和引用外部文件 -->
07    <!--   <properties> -->
08    <!--     <property name="myDriver" value="com.mysql.jdbc.Driver"/> -->
09    <!--     <property name="myUrl" value="jdbc:mysql://localhost:3306/ssm?useSSL=false"/> -->
10    <!--     <property name="myUsername" value="root"/> -->
11    <!--     <property name="myPassword" value=""/> -->
12    <!--   </properties> -->
13    <properties resource="db.properties"></properties>
14    <settings>
15      <setting name="cacheEnabled" value="true" />
16      <setting name="lazyLoadingEnabled" value="true" />
17      <setting name="multipleResultSetsEnabled" value="true" />
18      <setting name="useColumnLabel" value="true" />
19      <setting name="useGeneratedKeys" value="false" />
20      <setting name="autoMappingBehavior" value="PARTIAL" />
21      <setting name="autoMappingUnknownColumnBehavior" value="WARNING" />
22      <setting name="defaultExecutorType" value="SIMPLE" />
23      <setting name="defaultStatementTimeout" value="25" />
24      <setting name="defaultFetchSize" value="100" />
25      <setting name="safeRowBoundsEnabled" value="false" />
26      <setting name="mapUnderscoreToCamelCase" value="false" />
27      <setting name="localCacheScope" value="SESSION" />
28      <setting name="jdbcTypeForNull" value="OTHER" />
29      <setting name="lazyLoadTriggerMethods" value="equals,clone,hashCode,toString" />
30    </settings>
31    <!--   <typeAliases> -->
```

```
32      <!--        <typeAlias alias="stu" type="com.pojo.Student"/> -->
33      <!--      </typeAliases> -->
34      <!--      <typeHandlers> -->
35      <!--        <typeHandler javaType="Float" jdbcType="Integer" handler="com.
        Float2IntegerHandler"/> -->
36      <!--      </typeHandlers> -->
37      <!--      <objectFactory type=""></objectFactory> -->
38      <!--      <plugins></plugins> -->
39        <environments default="ssmmysql">
40          <environment id="ssmmysql">
41            <transactionManager type="JDBC"/>
42      <!--        <dataSource type="POOLED"> -->
43      <!--          <property name="driver" value="${myDriver}"/> -->
44      <!--          <property name="url" value="${myUrl}"/> -->
45      <!--          <property name="username" value="${myUsername}"/> -->
46      <!--          <property name="password" value="${myPassword}"/> -->
47      <!--        </dataSource> -->
48            <dataSource type="POOLED">
49              <property name="driver" value="${jdbc.myDriver}"/>
50              <property name="url" value="${jdbc.myUrl}"/>
51              <property name="username" value="${jdbc.myUsername}"/>
52              <property name="password" value="${jdbc.myPassword}"/>
53            </dataSource>
54          </environment>
55        </environments>
56      <!--    <databaseIdProvider type=""></databaseIdProvider> -->
57        <mappers>
58          <mapper resource="com/mapper/StudentMapper.xml"/>
59          <package name="com.mapper"/>
60        </mappers>
61    </configuration>
```

此配置文件中，基本用到了本章讲解的大部分配置文件的元素。

第 06～13 行，是 properties 元素的两种用法，分别是直接定义 property 子元素，以及引用 db.properties 外部文件。由于两个方法都是定义数据库的配置信息，因此在实际开发中，仅保留使用一种即可。这里为了方便演示，注释掉 property 子元素，保留外部文件的引用。

第 14～30 行，是 MyBatis 框架的 setting 设置项，包括缓存开关 cacheEnabled、懒加载 lazyLoadingEnabled 等。

第 31～33 行，是别名 typeAliases 的配置信息。可以通过 typeAlias 元素的 alias 属性，给 Java 类起别名。别名生效后，就可以使用简短的别名来替代 Java 类的全称。

第 34～38 行，分别是 typeHandlers、objectFactory、plugins 的配置信息，这些元素在 MyBatis 框架的基础使用中较少使用，此处仅作为演示，读者了解一下即可。

第 39～55 行，是 environments 的配置信息，其中最主要的是使用 dataSource 子元素来配置数据库信息。由于前面使用了 properties 的两种用法来定义数据库信息，这里也保留了两种引用方法。在实际开发过程中，根据需要选择适合的方法来使用即可。

第 56 行，是 databaseIdProvider 的配置信息。

第 57～60 行，是 mapper 映射文件的配置信息。第 58 行是使用类路径的方式定义映射文件，第 59 行是使用包扫描的方式定义映射文件。在实际开发过程中，一般选用一种方式即可。

需要注意的是,在编辑 MyBatis 框架的配置文件时,子元素的先后顺序必须严格按照 MyBatis 框架的使用说明来排列,类似此配置文件一样。如果子元素顺序不按照此顺序排列,解析时会发生错误。

6. 创建映射文件

在工程的映射文件 Java 包 com.mapper 下,创建项目的映射文件 StudentMapper.xml 代码如下。

```xml
01  <?xml version="1.0" encoding="UTF-8" ?>
02  <!DOCTYPE mapper
03  PUBLIC "-//mybatis.org//DTD Mapper 3.0//EN"
04  "http://mybatis.org/dtd/mybatis-3-mapper.dtd">
05  <mapper namespace="studentMapper">
06    <select id="findStudentById" resultType="com.pojo.Student">
07      select * from student where id = #{id}
08    </select>
09  </mapper>
```

在此映射文件中,定义了一个查询数据的方法 findStudentById。方法需要输入的参数是整数类型的 id 值,返回一个 com.pojo.Student 对象。

如果配置文件中启用了 typeAliases 别名,这里也可以使用别名 stu 来替代 com.pojo.Student 的全称。

7. 创建测试文件

在测试文件的包 com.test 下,创建项目的测试文件 TestMain.java,代码如下。

```java
01  package com.test;
02  import java.io.IOException;
03  import java.io.InputStream;
04  import org.apache.ibatis.io.Resources;
05  import org.apache.ibatis.session.SqlSession;
06  import org.apache.ibatis.session.SqlSessionFactory;
07  import org.apache.ibatis.session.SqlSessionFactoryBuilder;
08  import com.pojo.Student;
09  public class TestMain {
10    public static void main(String[] args) {
11      //TODO Auto-generated method stub
12      try {
13        String mybatisConfigFilename = "MybatisConfig.xml";
14        InputStream in = Resources.getResourceAsStream(mybatisConfigFilename);
15        SqlSessionFactory factory = new SqlSessionFactoryBuilder().build(in);
16        SqlSession sqlSession = factory.openSession();
17        Student stu = sqlSession.selectOne("studentMapper.findStudentById", 3);
18        System.out.println(stu.toString());
19        sqlSession.close();
20      } catch (IOException e) {
21        //TODO Auto-generated catch block
22        e.printStackTrace();
23      }
24    }
25  }
```

在测试文件中,读取配置文件并创建 SqlSession 对象后,即调用查询数据的方法,并打印查询得到的 Student 对象值。

8. 项目测试

在 Eclipse 中,右键单击测试文件 TestMain.java,选择 Run As Java Application,将测试文件作为 Java 项目来运行。控制台输出如图 2-2 所示。

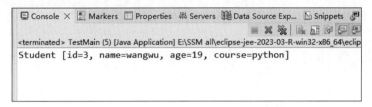

图 2-2　MyBatis 框架的配置文件的使用测试图

可以看到,查询数据的结果正常,MyBatis 框架的配置文件的使用正确。在实际开发过程中,读者也可以根据具体情况,对配置文件中的各项参数做对应的修改。

小结

本章首先通过官方文档,介绍了 MyBatis 框架的配置文件的层次结构;其次,分别介绍了 properties、settings、typeAliases、typeHandlers、ObjectFactory、environments 等元素的含义和具体使用方法;最后通过一个完整的案例讲解了 MyBatis 框架的配置文件的具体使用方法。通过本章的学习,读者可以充分理解 MyBatis 框架的配置文件的主要内容,了解各个重要的属性的功能和设置方法,掌握 MyBatis 框架的配置文件在实际使用中的配置方法。

习题

1. 使用 typeAliases 给 Java 类定义别名时,除了使用 typeAliase 子元素,还可以使用(　　)。

　　A. property 子元素　　　　　　　　B. setting 元素
　　C. 外部文件　　　　　　　　　　　D. package 包扫描

2. 定义数据源 dataSource 时,属性 driver 主要是用来设置_____的值。

3. 简述配置文件中 mapper 元素的使用方法。

第 3 章

MyBatis的映射文件

CHAPTER 3

本章学习目标:
- 了解 MyBatis 框架的映射文件的结构。
- 掌握映射文件的重要元素的功能和使用方法。
- 掌握 resultMap 结果集的使用方法。

MyBatis 框架有很多的优点,其中之一就是可以解决传统 JDBC 访问数据库时 SQL 语句和 Java 语句耦合在一起的情况。在 MyBatis 框架中,SQL 语句是从 Java 语句中剥离出来,单独放在另外的映射文件中的。因此很容易联想到,映射文件的主要作用,就是来管理这些 SQL 语句,从而可以方便 Java 层对 SQL 语句进行调用,完成数据库的增删改查。在这种编程模式下,所有的 SQL 语句放在一起,可以方便地进行管理和维护,同时,也对业务层的 Java 代码影响较小,是一种高效的数据库操作思路。

3.1 映射文件概述

严格来说，MyBatis 中管理 SQL 语句的模块应该称为映射器，而不是映射文件。映射器的实现方式有两种，第一种就是 XML 形式的映射文件，也就是本书主要讲解、应用较为广泛的一种方式；还有另外一种是 Java 接口形式的映射器，主要配合注解来实现，这部分内容会放在后续讲 MyBatis 注解功能的时候再详细展开。本章主要讲解的就是 XML 形式的映射文件。

3.1.1 映射文件的子元素

因为是 XML 文件，所以它的主要结构方式和配置文件类似，都是由一个一个的元素来组成的，具体如表 3-1 所示。

表 3-1 映射文件的子元素

元素名称	描述说明
select	映射数据库查询的 SQL 语句
insert	映射数据库插入的 SQL 语句
update	映射数据库更新的 SQL 语句
delete	映射数据库删除的 SQL 语句
sql	声明一段可以用来被其他语句引用的可复用 SQL 语句块
resultMap	用来描述如何从数据库结果集中加载对象
cache	给定命名空间的缓存配置
cache-ref	其他命名空间缓存配置的引用

3.1.2 映射文件的典型范例

在映射文件中，select、insert、update、delete 这 4 个元素分别对应数据库操作的增删改查，SQL 语句就分别写在这些元素中，这也是映射文件的主体部分。一个相对完整的典型映射文件的具体代码如下。

StudentMapper.xml

```
01  <?xml version="1.0" encoding="UTF-8" ?>
02  <!DOCTYPE mapper
03    PUBLIC "-//mybatis.org//DTD Mapper 3.0//EN"
04    "http://mybatis.org/dtd/mybatis-3-mapper.dtd">
05  <mapper namespace="studentMapper">
06    <select id="selectStudent" parameterType="int" resultType="stu">
07      select * from student where id = #{id}
08    </select>
09    <insert id="insertStudent" parameterType="stu">
10      insert into student (id,name,age,course) values (#{id},#{name},#{age},#{course})
11    </insert>
12    <update id="updateStudent" parameterType="stu">
13      update student set name=#{name},age=#{age},course=#{course} where id = #{id}
14    </update>
```

```xml
15    <delete id="deleteStudent" parameterType="int">
16      delete from student where id = #{id}
17    </delete>
18    <!-- insert 第二种,使用自动生成的id(需要数据库自身支持) -->
19    <insert id="insertStudent02" useGeneratedKeys="true" keyProperty="id">
20      insert into student (name,age,course) values (#{name},#{age},#{course})
21    </insert>
22    <!-- insert 第三种,使用selectKey来自动生成id(不需要数据库自身支持),不常用,略去 -->
23    <sql id="stuField">
24      ${table}.id as "id", ${table}.name as "name", ${table}.age as "age", ${table}.course as "course"
25    </sql>
26    <select id="selectStudent02" parameterType="int" resultType="stu">
27      select
28        <include refid="stuField">
29          <property name="table" value="s"/>
30        </include>
31      from student s where id = #{id}
32    </select>
33    <!-- ResultMap 两种用法:1.数据表的字段名和POJO类属性名不一样,可以手动指定 -->
34    <resultMap id="stu2teaResultMap" type="tea">
35      <id property="id" column="id" />
36      <result property="name" column="name"/>
37    </resultMap>
38    <select id="selectStu2Tea" parameterType="int" resultMap="stu2teaResultMap">
39      select * from student where id = #{id}
40    </select>
41    <!-- ResultMap 两种用法:2.将跨多表查询的值,拼成一个POJO对象(关联映射时再讲)-->
42  </mapper>
```

从上文代码中可以看到,除了元素的属性配置外,元素内也有内容,对应的就是SQL语句。这是映射文件和配置文件最重要的格式区别之一。此外,每个映射文件的mapper元素都有一个属性namespace,这就是当前映射文件的命名空间,不同的映射文件的命名空间必须是不一样的。

3.2 常用的映射文件元素

3.2.1 select 元素

select 元素是MyBatis框架最常使用的元素之一,它主要是映射查询功能的SQL语句。select 元素对应的代码如下。

```xml
<select id="selectStudent" parameterType="int" resultType="com.pojo.Student">
  select * from student where id = #{id}
</select>
```

属性id对应的是SQL语句的唯一标识,在映射文件中,任何的增删改查SQL语句所对应的select、insert、update、delete元素的id值,都必须是唯一不重复的。

属性parameterType对应的是需要传入SQL语句的参数。通过这种方式,SQL语句可以得到一定程度的复用,同样的SQL语句样式,只需要传入不同参数就可以得到不同的查询结果。这也算是 MyBatis 框架的优点体现之一。

属性 resultType 对应的是 SQL 语句查询数据的返回结果。之前介绍 MyBatis 概述的时候提到过,MyBatis 是一种 ORM 框架,这种框架的特性之一,就是将数据库的数据直接映射成 Java 对象。属性 resultType 就是指定查询语句需要返回什么 Java 类,对应的取值是一个 Java 类的完整包名路径。根据前面配置文件的介绍,如果配置文件中使用了 typeAliases 别名的设置,这里的属性 resultType 返回类型,也可以用 Java 类对应的别名来代替,这样更简洁。

这段代码的核心内容就是 select 元素内部的一段 SQL 语句 select * from student where id = #{id},它是一个典型的查询语句。通过传入的参数 id 来查询 student 表的值,并将返回的值拼装成 com.pojo.Student 类的对象,以供业务层的 Java 语句来直接使用。其中,#{id}是占位符,对应的是属性 parameterType 传进来的 int 类型参数值。

表 3-2 中列出了 select 元素的常用属性及其说明,虽然 select 元素的属性较多且较为复杂,但是常用的主要是 id、parameterType、resultType、resultMap 等,读者在学习初期重点掌握这几种即可。

表 3-2 select 元素的常用属性及其说明

属 性	描 述 说 明
id	在同一个命名空间也就是映射文件内,所有的 SQL 语句对应元素的 id 值必须不同,它是唯一的标识符。在 Java 语句调用时通过命名空间和 id 值来指向唯一的 SQL 语句
parameterType	指定传入 SQL 语句的参数类的完全限定名或别名
resultType	指定当前 SQL 语句返回的类的完全限定名或别名。返回的数据类型可以用 resultType 或 resultMap,但不能同时使用
resultMap	映射集的引用,执行强大的映射功能。一般来说,resultType 是定义好的 Java 类对象,而 resultMap 可以是更复杂的自定义 Java 类对象
flushCache	设置调用 SQL 语句后,是否要求 MyBatis 清空之前查询的缓存,默认为 false
useCache	启动二级缓存的开关,默认为 true
timeout	设置数据库访问的超时时间,一旦超时会抛出异常
fetchSize	设定获取记录的总条数
statementType	设置 MyBatis 使用哪个 JDBC 的 Statement 工作,取值为 STATEMENT、PREPARED 或 CALLABLE,默认为 PREPARED
resultSetType	用于设置 resultSet 的取值类型
databaseId	如果设置了 databaseIdProvider,MyBatis 会加载所有的不带 databaseId 或匹配当前 databaseId 的语句
resultOrdered	此设置适用于嵌套结果 select 语句。如果为 true,则假设包含嵌套结果集或者分组,当返回一个主结果行的时候,不会发生对前面结果集错误引用的情况。默认为 false
resultSets	此设置适用于多个结果集的情况,它列出执行 SQL 语句后每个结果集的名称,每个名称用逗号分隔

3.2.2 insert 元素

与 select 元素类似,insert 元素也是映射文件最常用的元素之一,它对应的主要是插入功能的 SQL 语句。和 select 元素不同的是,insert 元素在执行数据的插入操作后,会返回一个整数,来表示进行插入操作后的记录数。insert 元素的使用代码如下。

```
<insert id="insertStudent" parameterType="com.pojo.Student">
    insert into student (id,name,age,course) values (#{id},#{name},#{age},#{course})
</insert>
```

在这里,SQL 语句指定了向 student 数据表中插入一条数据,对应的 id、name、age、course 字段的值分别是♯{id}、♯{name}、♯{age}和♯{course}。但是观察代码,并没有对应的参数传入,取而代之的是 parameterType="com.pojo.Student"。和 select 元素中返回数据类型直接为 Java 类一样,这里也是 MyBatis 作为 ORM 框架的特点之一,传入的参数也可以直接使用 Java 类对象。实际的 SQL 语句的参数值♯{id}、♯{name}、♯{age}和♯{course},分别对应 Java 类对象 com.pojo.Student 中的成员变量值,其命名拼写和需要传入的参数名完全一致,并一一对应。

除了和 select 元素相同的属性外,insert 元素也有几个特有的属性,如表 3-3 所示。

表 3-3 insert 元素的属性

属　　性	描　述　说　明
useGeneratedKeys	开启 JDBC 的 useGeneratedKeys 方法来获取由数据库内部生成的主键,此方法主要适用于 insert 和 update 语句
keyProperty	设定以哪一列作为属性的主键,不能和 keyColumn 同时使用
keyColumn	指定第几列是主键(整数作为参数),不能和 keyProperty 同时使用

如果数据表在设置和创建的时候,已经有对应的主键和自动主键生成规则,在使用 insert 元素的时候,可以指定 MyBatis 让数据库启用这些功能自动生成主键的值,这样就不用再传入主键对应的参数值了。例如,useGeneratedKeys 可以开启使用数据库内部自动生成的主键功能,keyProperty 可以设置对应的主键的属性名,也就是数据表的字段名。对应的代码如下。

```
<insert id="insertStudent02" parameterType="com.pojo.Student" useGeneratedKeys="true" keyProperty="id">
    insert into student (name,age,course) values (#{name},#{age},#{course})
</insert>
```

这段代码里,因为联合使用 useGeneratedKeys 和 keyProperty,启用了数据库主键的自动生成功能,所以 SQL 语句里就可以略去主键对应的 id 的参数值。

3.2.3　selectKey 元素

3.2.2 节提到的自动生成主键的情况,前提是需要数据库在创建的时候,已经完成了设置,但是在实际开发过程中,由于 Java 层和数据库层是两个模块,可能在使用的时候数据库并没有完成相关设置。此时如果还想继续使用数据库的某个字段如 id 值通过自增来完成主键值的生成,就需要用到 selectKey 元素,以手动指定数据库哪个字段属性需要自动生成及如何生成。对应的代码如下。

```
<insert id="insertStudent03" parameterType="com.pojo.Student" useGeneratedKeys="true" keyProperty="id">
    <selectKey keyProperty="id" resultType="int" order="BEFORE">
        select max(id)+1 as id from student
    </selectKey>
```

```
    insert into student (id,name,age,course) values (#{id},#{name},#{age},#{course})
</insert>
```

这个代码的主体部分和基本的 insert 元素的使用一样,其中加入了 selectKey 元素的定义。通过 keyProperty 属性来指定主键的属性名,resultType 对应生成后的主键的数据类型为整数,order 属性对应的是生成主键的策略是发生在 SQL 语句执行前还是执行后。selectKey 元素的内容给出了生成 id 值主键的具体算法,即原有的 id 值＋1 作为新的主键值,具体的生成方式可以根据具体的应用场景来自行设置。

下面给出 selectKey 元素的属性说明表,如表 3-4 所示。

表 3-4 selectKey 元素的属性

属 性	描 述 说 明
keyProperty	希望通过 selectKey 自动生成哪个数据库的哪个属性,一般是 id 值,如果需要多个属性,用逗号分隔开
keyColumn	希望通过 selectKey 自动生成第几列的属性,整型参数
resultType	生成的属性值的数据类型,一般和原属性值的类型保持一致
order	BEFORE 或 AFTER。BEFORE 代表先选择主键设置 keyProperty,然后执行对应的 SQL 语句。AFTER 则反过来
statementType	设置 MyBatis 使用哪个 JDBC 的 Statement 工作,取值为 STATEMENT、PREPARED 或 CALLABLE,默认为 PREPARED

selectKey 元素属于比较进阶的用法,它可以看作整体系统开发过程中,MyBatis 提供的对于数据库层设计缺陷的一种补足方案。一般建议开发者在设计初期就尽量完善数据库的相关设计,通过原生数据库的属性生成规则来使系统正常运行。

3.2.4 update 元素

update 元素对应的主要就是数据库更新功能的 SQL 语句。和 insert 元素一样,update 元素在执行 SQL 语句后,也会返回一个整数,用来表示进行更新操作后的记录数。update 元素的使用代码如下。

```
<update id="updateStudent" parameterType="stu">
    update student set name=#{name},age=#{age},course=#{course} where id = #{id}
</update>
```

这里 update 元素的 parameterType 属性的值 stu,对应的是 com.pojo.Student 的别名,从这里也可以看出别名的方便之处。

update 元素内部的 SQL 语句就是标准的 SQL 语法,这里不再赘述。其中,参数传递的方式和 insert 元素的用法一样,传入的是 Java 类对象,在实际执行过程中,MyBatis 框架会发挥其作为 ORM 框架的优势,将 Java 对象成员变量的值直接对应传入 SQL 语句。

update 元素的属性基本和 insert 一致,具体如表 3-5 所示。

表 3-5 insert 元素的属性

属 性	描 述 说 明
useGeneratedKeys	开启 JDBC 的 useGeneratedKeys 方法来获取由数据库内部生成的主键,此方法主要适用于 insert 和 update 语句

属　性	描　述　说　明
keyProperty	设定以哪一列作为属性的主键,不能和 keyColumn 同时使用
keyColumn	指定第几列是主键(整数作为参数),不能和 keyProperty 同时使用

相关的属性含义和对应用法基本也和 insert 元素一致,此处省略代码,读者有兴趣可以自行尝试一下。

3.2.5　delete 元素

delete 元素对应的主要就是数据库删除功能的 SQL 语句。和 insert、update 元素一样,delete 元素在执行 SQL 语句后,同样会返回一个整数,用来表示进行删除操作后的记录数。delete 元素的使用代码如下。

```
<delete id="deleteStudent" parameterType="int">
    delete from student where id = #{id}
</delete>
```

由于 delete 元素删除的是数据库里面的数据,因此只需要传入一个待删数据条目的主键 id 值即可。

delete 元素的属性基本和 insert、update 一样,具体如表 3-6 所示。

表 3-6　delete 元素的属性

属　性	描　述　说　明
useGeneratedKeys	开启 JDBC 的 useGeneratedKeys 方法来获取由数据库内部生成的主键,此方法主要适用于 insert 和 update 语句
keyProperty	设定以哪一列作为属性的主键,不能 keyColumn 同时使用
keyColumn	指定第几列是主键(整数作为参数),不能和 keyProperty 同时使用

除了使用主键 id 值来删除外,当然也可以使用其他属性值作为删除的参数,具体代码如下。

```
<delete id="deleteStudent02" parameterType="String">
    delete from student where name = #{name}
</delete>
```

这里需要传入一个 String 变量,查找数据库中所有 name 属性值等于参数的数据条目,并全部删除。为了防止误删和漏删,一般还是使用主键来进行删除操作更为恰当。

上面讲的几种元素,主要对应的就是 SQL 语句的增删改查,是映射文件中用得最多、最为普遍的元素,也是映射文件的主体内容。除了这些元素之外,映射文件还有一些其他辅助的元素,下面分别进行介绍和讲解。

3.2.6　sql 元素

之前讲 MyBatis 框架优势的时候,提到过它解决了传统 JDBC 技术的一些缺陷。其中,对 SQL 语句的复用就是 MyBatis 的优势之一。通过 sql 元素,可以定义一段特定的 SQL 代码段,在映射文件中需要使用的时候直接引用即可。这里的 sql 元素,就是体现 SQL 语句的复用,也就是 MyBatis 框架的优势的应用场景之一。

具体来说,由于映射文件中主体内容是 SQL 语句,有些固定的 SQL 语句片段如长串的字段名等,这些 SQL 语句片段可能会在多个 SQL 语句中出现。为了让整体的映射文件方便阅读和后期维护,可以对这部分 SQL 片段进行 sql 元素定义,定义后就相当于一个变量。之后要使用这个 SQL 片段的时候,直接引用前面定义的名称即可,不用重复编写。具体的代码示例如下。

```
<sql id="stuField">
    ${table}.id as "id", ${table}.name as "name", ${table}.age as "age", ${table}.course as "course"
</sql>
```

从上面的 SQL 代码中可以看到,它将特定的表的属性字段名起名为 id、name、age、course 等"别名"。由于这里只是一个 SQL 语句的片段,因此具体的含义暂时还不能完全确定,需要代入完整的 SQL 语句才可以明确。sql 元素有一个 id 属性,值为 stuField。在后续需要用到这段 SQL 语句的地方,只需要根据这个 id 值进行调用即可。具体的示例代码如下。

```
<select id="selectStudent02" parameterType="int" resultType="stu">
    select
    <include refid="stuField">
        <property name="table" value="s"/>
    </include>
    from student s where id = #{id}
</select>
```

这段代码结构主要分为三层,下面进行详细讲解。

最外层是一个 select 元素,它定义了一个数据库 SQL 查询语句,根据传入的整型参数 id 值来进行查询,返回的数据类型是一个 Java 类对象。这里的 Java 类对象用的是经过配置文件 typeAliases 元素定义的别名 stu,实际对应的是 com.pojo.Student。这里 select 元素内的 SQL 语句是 select from student s where id = #{id},显然是不全的。

中间层是在 SQL 语句的内部,用到了一段 include 元素,也就是对 sql 元素的引用。前文定义的 sql 元素的 id 值为 stuField,对应这里 include 元素的 refid 属性值。加入这段代码后,原本的 SQL 语句就变成了 select ${table}.id as "id", ${table}.name as "name", ${table}.age as "age", ${table}.course as "course" from student s where id = #{id}。由于 ${table} 符号的存在,这里依然不是完整的 SQL 语句。

最内层是在 include 元素的内部,用到了一个属性 property。它的作用是对名称为 table 的参数,设定取值 value 为 s。经过这样的处理,最后 SQL 语句就变成了 select s.id as "id", s.name as "name", s.age as "age", s.course as "course" from student s where id = #{id}。这里的 #{id} 对应的是 select 元素需要传入的 parameterType 参数,到这一步 SQL 语句就完整了。

上面的示例只演示了最基本的 sql 元素的用法。在实际使用过程中,需要定义 sql 元素的地方往往是需要多次反复使用的 SQL 片段,其简化代码的效果是较好的。

3.3 #和$的区别

讲解 select 元素的时候,我们知道了可以使用 #{id} 来作为 SQL 语句传入参数的引用。上面 sql 元素的讲解，又增加了一种参数的引用，即 ${table}。

#{} 和 ${} 都可以对参数进行引用，它们的区别在于以下几个方面。

(1) #{} 将传入的参数当成一个字符串，会自动将传入的数据加一个双引号。

如果 SQL 语句是 select * from student where id = #{id}，传入的参数是 5，则 SQL 语句在执行的时候，就会解析成 select * from student where id="5"。由于 5 正好是整数类型，和数据库里 id 值的数据类型一致，因此可以正常运行。

(2) ${} 将传入的参数直接插入 SQL 语句中，不加双引号。

同上，如果 SQL 语句是 select * from student where id = ${id}，传入的参数是 7，则 SQL 语句在执行的时候，就会解析成 select * from student where id = 7。这里的 7 本身就是整型变量，id=7 也是符合要求可以直接正常运行的。

(3) #{id} 因为对参数加入了双引号，因此可以较好地防止 SQL 注入。

SQL 注入指的是，系统对用户输入数据的合法性没有判断或过滤不严，非法用户可以在事先定义好的 SQL 语句的基础上添加额外的 SQL 片段形成新的 SQL 语句，并在管理员不知情的情况下实现非法的数据库操作。

由于 ${} 传递参数的方式，是不对参数添加引号直接插入原 SQL 语句中的，这就给 SQL 注入攻击留下了一定的隐患。而 #{} 对参数添加了双引号，这就意味着传入的参数只能作为某个固定的 String 值来使用，阻止了其成为 SQL 攻击的可能性。当然，#{} 这种传递参数的方式有时候也会造成参数类型的不匹配导致错误，这个时候就需要开发者进行辨别和取舍。总而言之，它们的使用原则是：在可以确保 SQL 语句无误的情况下优先使用 #{}，在它无法胜任的使用场景下，再考虑使用 ${}。

在 3.2.6 节代码对 sql 元素的引用中，如果使用 #{} 会添加双引号，导致拼接的 SQL 语句错误。而这部分引用是在映射文件内部，不对外开放，是完全可控的。因此，在这种情况下，就可以使用 ${} 来进行参数传递。

3.4 resultMap 结果映射集

3.4.1 resultMap 的定义

在前面的代码演示中，MyBatis 映射文件的返回结果是通过对应元素的 resultType 属性值来定义的。典型的例子是，select 查询语句通过查询 ID 值返回一个 Java 对象，对应的代码如下。

```
<select id="selectStudent" parameterType="int" resultType="com.pojo.Student">
    select * from student where id = #{id}
</select>
```

这里的 resultType，代表返回的数据正好和一个 Java 类对象匹配。具体来说，就是 student 数据库的字段和 com.pojo.Student 类的成员变量，命名和数据类型都完全一致。这种情况下，MyBatis 可以自动实现数据的转换，将 SQL 语句的查询结果装配成一个 Java 对象供开发者使用。

但是在实际的开发过程中,有时候需要查询的返回值并没有正好完全对应的 Java 对象,这个时候如果还需要用到 MyBatis 的 ORM 框架特性、返回 Java 对象的数据类型,就需要用到 resultMap 结果映射集来手动完成返回结果的映射。resultMap 的示例代码如下。

```
<resultMap id="stu2teaResultMap" type="com.pojo.Teacher">
    <id property="tid" column="id" />
    <result property="tname" column="name"/>
</resultMap>
```

从这里可以看到,resultMap 有两个属性:id 和 type。id 对应的是 resultMap 的唯一标识,可以用来区分不同的结果映射,也需要在后续使用中引用这个值。type 对应的是需要最终返回的 Java 类对象。

resultMap 有两个常用的子元素,分别是 id 和 result。两者的作用一样,都是将数据库的某个字段和 Java 类对象的某个成员变量进行映射绑定。其中,property 代表 Java 类的属性名,column 代表数据库的字段也就是列名。id 和 result 的区别在于,id 进行绑定的时候,还指定了这个数据库的字段名是唯一主键,因此 resultMap 的设置中,通常有多个 result 子元素,但是一般只有一个 id 子元素。

3.4.2 resultMap 的引用

需要用到 resultMap 的时候也很简单,将对应的 id 值引用,并作为 SQL 语句的返回数据类型即可。具体的代码示例如下。

```
<select id="selectStu2Tea" parameterType="int" resultMap="stu2teaResultMap">
    select * from student where id = #{id}
</select>
```

从这里可以看到,实际数据库查询的是 student 表,而最终的返回数据类型是 com.pojo.Teacher,这两者从命名上看就知道是不同的数据主体。但是在某些特定的使用场景下,可以通过 resultMap 元素,手动将 student 表查询到的数据映射成 com.pojo.Teacher 类。

在实际使用 MyBatis 的过程中,resultMap 的功能是非常强大的。除了上面示例中提到的子元素,还有其他的子元素可以完成更复杂的结果集映射。resultMap 的子元素示例如下。

```
<resultMap>
<constructor>
        <idArg/>
        <arg/>
</constructor>
<id/>
<result/>
<association></association>
<collection></collection>
<discriminator>
        <case></case>
</discriminator>
</resultMap>
```

其中,constructor 代表将查询结果作为参数注入 Java 实例的构造函数中,它下面的 idArg

会将这个参数标记为 ID，arg 则标记为普通参数。两者的区别和前面讲过的 id 和 result 的区别一样。association 元素用来关联其他的对象，collection 元素用来关联其他的对象集合，这两个在后面的关联映射内容中会再详细讲解。discriminator 是鉴别器，主要用来根据结果值进行判断来决定如何映射。

🔑 3.5 MyBatis 的映射文件的使用案例

下面通过一个完整的案例，来讲解 MyBatis 框架的映射文件的使用方法。

1. 数据准备

进入 MySQL 的 bin 文件夹，打开 cmd 命令行，输入指令 mysqld --console 开启 MySQL 的服务。打开 HeidiSQL 客户端，连接数据库，新建 student 数据表，并插入以下测试数据，如图 3-1 所示。

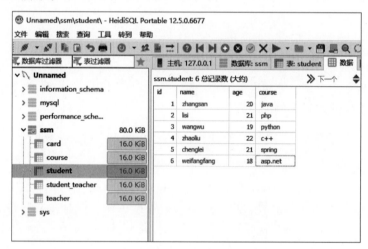

图 3-1　student 数据表中插入测试数据示意图

2. 创建工程

打开 Eclipse 客户端，按照默认参数创建 Dynamic Web Project，即动态 Web 项目。在项目的 main/webapp/WEB-INF/lib 文件夹中，添加 MyBatis 框架所需的 jar 包，包括 mybatis.jar 和 mysql-connector-java.jar。在 Java 文件夹下创建不同的包，用于放置映射文件的 com.mapper、放置 Java 类的 com.pojo、放置测试代码的 com.test。

3. 创建 Java 类文件

在 com.pojo 包下，新建两个 Java 类 Student.java 和 Teacher.java，代码如下。
Student.java

```
01    package com.pojo;
02    public class Student {
03        private int id;
```

```
04      private String name;
05      private int age;
06      private String course;
07      public Student(int id, String name, int age, String course) {
08          super();
09          this.id = id;
10          this.name = name;
11          this.age = age;
12          this.course = course;
13      }
14      @Override
15      public String toString() {
16          return "Student [id=" + id + ", name=" + name + ", age=" + age + ", course=" + course + "]";
17      }
18  }
```

这是一个简单的 Java 类，成员变量的名称和数据类型，与数据库中的 student 表的字段设置一致。因此在使用 MyBatis 框架读取数据表中的数据条目时，可以自动拼装生成 Java 对象。

Teacher.java

```
01  package com.pojo;
02  public class Teacher {
03      private int id;
04      private String name;
05      private float money;
06      @Override
07      public String toString() {
08          return "Teacher [id=" + id + ", name=" + name + ", money=" + money + "]";
09      }
10  }
```

这是另外一个 Java 类，它主要用来演示 resultMap 的用法，通过手动编码将返回的数据拼装转换成 Teacher 对象。

4．创建配置文件

在 Java 文件夹根目录下创建配置文件 MybatisConfig.xml，代码如下。

```
01  <?xml version="1.0" encoding="UTF-8" ?>
02  <!DOCTYPE configuration
03  PUBLIC "-//mybatis.org//DTD Config 3.0//EN"
04  "http://mybatis.org/dtd/mybatis-3-config.dtd">
05  <configuration>
06      <typeAliases>
07          <typeAlias alias="stu" type="com.pojo.Student"/>
08          <typeAlias alias="tea" type="com.pojo.Teacher"/>
09      </typeAliases>
10      <environments default="ssmmysql">
11          <environment id="ssmmysql">
12              <transactionManager type="JDBC"/>
13              <dataSource type="POOLED">
14                  <property name="driver" value="com.mysql.jdbc.Driver"/>
15                  <property name="url" value="jdbc:mysql://localhost:3306/ssm?useSSL=false"/>
```

```
16          < property name="username" value="root" />
17          < property name="password" value="" />
18        </dataSource >
19      </environment >
20    </environments >
21    < mappers >
22        < mapper resource="com/mapper/StudentMapper.xml" />
23  <!--     < mapper class="com.mapper.studentMapper"/> -->
24  <!--     < package name="com.mapper"/> -->
25    </mappers >
26  </configuration >
```

第 06~09 行,是 typeAliases 的配置信息,作用是分别将 com.pojo.Student 和 com.pojo.Teacher 起别名为 stu 和 tea,从而可以让映射文件中的引用更加简单。

第 11~20 行,是 environments 的配置信息,主要内容是通过子元素 dataSource 配置数据库的信息。

第 21~25 行,是 mappers 映射文件的配置信息。第 22 行是通过映射文件的路径来配置;第 23 行是通过 Java 包的接口路径来配置;第 24 行是通过包名来进行配置。在实际开发过程中,根据需要选用一种即可。

5. 创建映射文件

在工程的映射文件 Java 包 com.mapper 下,创建项目的映射文件 StudentMapper.xml 代码如下。

```
01  <?xml version="1.0" encoding="UTF-8" ?>
02  <!DOCTYPE mapper
03  PUBLIC "-//mybatis.org//DTD Mapper 3.0//EN"
04  "http://mybatis.org/dtd/mybatis-3-mapper.dtd">
05  < mapper namespace="studentMapper">
06    < select id="selectStudent" parameterType="int" resultType="stu">
07      select * from student where id = #{id}
08    </select >
09    < insert id="insertStudent" parameterType="stu">
10      insert into student (id,name,age,course) values (#{id},#{name},#{age},#{course})
11    </insert >
12    < update id="updateStudent" parameterType="stu">
13      update student set name=#{name},age=#{age},course=#{course} where id = #{id}
14    </update >
15    < delete id="deleteStudent" parameterType="int">
16      delete from student where id = #{id}
17    </delete >
18    <!-- insert 第二种,使用自动生成的 id(需要数据库自身支持) -->
19    < insert id="insertStudent02" parameterType="stu" useGeneratedKeys="true" keyProperty="id">
20      insert into student (name,age,course) values (#{name},#{age},#{course})
21    </insert >
22    <!-- insert 第三种,使用 selectKey 来自动生成 id(不需要数据库自身支持),不常用略去 -->
23    < insert id="insertStudent03" parameterType="stu" useGeneratedKeys="true" keyProperty="id">
24      < selectKey keyProperty="id" resultType="int" order="BEFORE">
25        select max(id)+1 as id from student
26      </selectKey >
27      insert into student (name,age,course) values (#{name},#{age},#{course})
```

```
28      </insert>
29      <sql id="stuField">
30          ${table}.id as "id", ${table}.name as "name", ${table}.age as "age", ${table}.course as "course"
31      </sql>
32      <select id="selectStudent02" parameterType="int" resultType="stu">
33          select
34              <include refid="stuField">
35                  <property name="table" value="s"/>
36              </include>
37          from student s where id = #{id}
38      </select>
39      <!-- ResultMap 两种用法:1.数据表的字段名和POJO类属性名不一样,可以手动指定 -->
40      <resultMap id="stu2teaResultMap" type="tea">
41          <id property="id" column="id" />
42          <result property="name" column="name"/>
43      </resultMap>
44      <select id="selectStu2Tea" parameterType="int" resultMap="stu2teaResultMap">
45          select * from student where id = #{id}
46      </select>
47      <!-- ResultMap 两种用法:2.将跨多表查询的值,拼成一个POJO对象(关联映射的时再讲) -->
48  </mapper>
```

此映射文件中,定义了很多对数据库的操作方法,封装了对应的 SQL 语句实现。

第 06~08 行,定义了一个查询数据的方法 selectStudent,输入参数是 int 类型的 id 值,输出值是 stu,即 com.pojo.Student 对象,对应的 SQL 语句是第 07 行代码。

第 09~11 行,定义了一个插入数据的方法 insertStudent,输入参数是 stu,即 com.pojo.Student 对象,对应的 SQL 语句是第 10 行代码。

第 12~14 行,定义了一个更新数据的方法 updateStudent,输入参数是 stu,即 com.pojo.Student 对象,对应的 SQL 语句是第 13 行代码。

第 15~17 行,定义了一个删除数据的方法 deleteStudent,输入参数是 int 类型的 id 值,对应的 SQL 语句是第 16 行代码。

第 18~21 行,定义了一个插入数据的方法 insertStudent02,输入参数是 stu,即 com.pojo.Student 对象,对应的 SQL 语句是第 20 行代码。在这个插入方法中,使用了 useGeneratedKeys 和 keyProperty,因此可以在插入数据时自动生成 id 主键。

第 22~28 行,定义了另一个插入数据的方法 insertStudent03,输入参数是 stu,即 com.pojo.Student 对象,对应的 SQL 语句是第 27 行代码。在这个插入方法中,不仅使用 useGeneratedKeys 和 keyProperty 启用了数据库的自动生成主键功能,还进一步通过第 24~26 行的 selectKey 元素,定义了自动生成主键的具体计算方法。

第 29~31 行,定义了一个 sql 元素,即可以重复使用的 SQL 语句片段。

第 32~38 行,定义了一个查询方法,通过 include 元素在 SQL 语句中引用了这个 sql 元素对应的 SQL 片段。

第 39~46 行,演示了 ResultMap 的使用方法。

第 40~43 行,定义了一个名为 stu2teaResultMap 的 resultMap,它在查询到 student 数据表的字段值后,可以直接拼装成 tea 类型,即 com.pojo.Teacher 对象。由于 student 数据表的字段和 com.pojo.Teacher 类的成员变量的定义不是完全对应,因此 MyBatis 框架无法完成自动转换，此时就需要借助 ResultMap 来进行详细的定义后才能转换。

第 44～46 行，将定义好的 resultMap 作为查询方法的返回值即可使用。

ResultMap 元素还可以在跨表查询中使用，这些内容将在后续章节中进一步讲解。

6．创建测试文件

在测试文件的包 com.test 下，创建项目的测试文件 TestMain.java，代码如下。

```
01    package com.test;
02    import java.io.IOException;
03    import java.io.InputStream;
04    import org.apache.ibatis.io.Resources;
05    import org.apache.ibatis.session.SqlSession;
06    import org.apache.ibatis.session.SqlSessionFactory;
07    import org.apache.ibatis.session.SqlSessionFactoryBuilder;
08    import com.pojo.Student;
09    import com.pojo.Teacher;
10    public class TestMain {
11      public static void main(String[] args) {
12        //TODO Auto-generated method stub
13        try {
14          String mybatisConfigFilename = "MybatisConfig.xml";
15          InputStream in = Resources.getResourceAsStream(mybatisConfigFilename);
16          SqlSessionFactory factory = new SqlSessionFactoryBuilder().build(in);
17          SqlSession sqlSession = factory.openSession();
18          Student stu = sqlSession.selectOne("studentMapper.selectStudent", 1);
19          System.out.println(stu.toString());
20          Student stu02 = sqlSession.selectOne("studentMapper.selectStudent02", 2);
21          System.out.println(stu02.toString());
22          Student stu03 = new Student(5, "xufeng", 22, "ssm");
23          sqlSession.insert("studentMapper.insertStudent", stu03);
24          System.out.println(stu03.toString());
25          Student stu04 = new Student(5, "wangxin", 19, "springboot");
26          sqlSession.update("studentMapper.updateStudent", stu04);
27          System.out.println(stu04.toString());
28          sqlSession.delete("studentMapper.deleteStudent", 5);
29          Student stu05 = sqlSession.selectOne("studentMapper.selectStudent", 5);
30          System.out.println(stu05.toString());
31          Student stu06 = sqlSession.selectOne("studentMapper.selectStudent", 3);
32          System.out.println(stu06.toString());
33          Teacher tea = sqlSession.selectOne("studentMapper.selectStu2Tea", 3);
34          System.out.println(tea.toString());
35          sqlSession.close();
36        } catch (IOException e) {
37          //TODO Auto-generated catch block
38          e.printStackTrace();
39        }
40      }
41    }
```

在此测试文件中，对映射文件中定义的所有方法都进行了调用，包括数据的增删改查、插入数据后自动生成主键、ResultMap 的使用等。

7．项目测试

在 Eclipse 中，右键单击测试文件 TestMain.java，选择 Run As Java Application，将测

试文件作为 Java 项目来运行。控制台输出如图 3-2 所示。

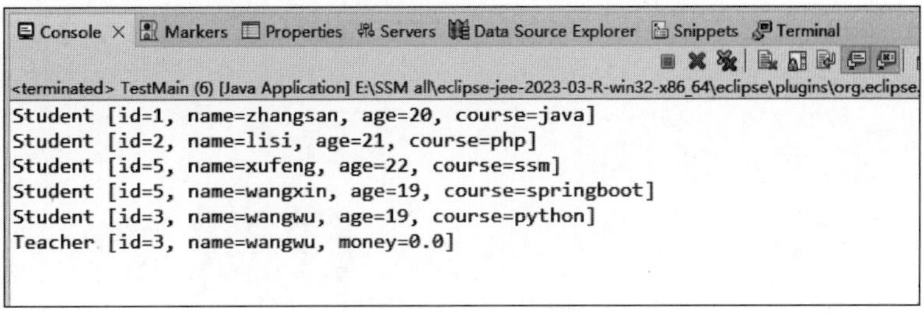
Console × Markers Properties Servers Data Source Explorer Snippets Terminal
<terminated> TestMain (6) [Java Application] E:\SSM all\eclipse-jee-2023-03-R-win32-x86_64\eclipse\plugins\org.eclipse.
Student [id=1, name=zhangsan, age=20, course=java]
Student [id=2, name=lisi, age=21, course=php]
Student [id=5, name=xufeng, age=22, course=ssm]
Student [id=5, name=wangxin, age=19, course=springboot]
Student [id=3, name=wangwu, age=19, course=python]
Teacher [id=3, name=wangwu, money=0.0]

图 3-2　MyBatis 框架的映射文件的使用测试图

可以看到，对数据库的增删改查都使用正常，自动生成主键和 ResultMap 也都运行正常。需要注意的是，使用 ResultMap 进行 Java 对象拼装时，由于没有定义 money 映射的数据表字段值，因此成员变量的取值默认为 0.0。

小结

本章首先介绍了 MyBatis 框架的映射文件的作用和基本结构；其次详细介绍了映射文件中的各种元素，包括 insert、delete、update、select、resultMap 等元素的使用方法，详细讲解了映射文件中 # 和 $ 的区别；最后，通过一个完整的案例，讲解了 MyBatis 框架的映射文件的代码编写和实际使用方法。通过本章的学习，读者可以了解 MyBatis 框架的映射文件和配置文件的区别，掌握映射文件中各种元素的功能和用法，进一步巩固基础的 MyBatis 框架项目的代码编程和调试方法。

习题

1. 映射文件中，sql 元素的作用是(　　)。
   A. 给定命名空间的缓存配置
   B. 用来描述如何从数据库结果集中加载对象
   C. 映射数据库插入的 SQL 语句
   D. 声明一段可复用的 SQL 语句块
2. 对于映射文件的 select 元素，________属性可以用来指定传入 SQL 语句的参数类的完全限定名或别名。
3. 简述 resultMap 元素的使用方法。

视频讲解

第 4 章

关 联 映 射

CHAPTER 4

本章学习目标:
- 了解表与表之间的关系。
- 理解跨表查询的相关概念。
- 掌握一对一、一对多、多对多等关系的映射方法。

在前面的课程内容中,已经详细讲解了如何使用 SQL 语句在 MyBatis 框架中,对数据库进行简单的增删改查操作。在实际操作过程中,除了对单表进行数据库操作外,有时候还会涉及跨表查询操作。在 MyBatis 框架中,是支持直接进行跨表查询的,但是相关的设置和使用和简单的单表查询操作不同。接下来,就先从表与表之间的关系和跨表查询做介绍,之后讲解 MyBatis 框架中对不同情况的处理和相关元素的使用方法。

4.1 表与表之间的关系

在数据库的设计过程中,经常存在两个或多个表之间存在着关联关系的情况。如果遇到跨表查询或操作的时候,就需要考虑表与表之间不同的关系,来进行针对性的处理。一般来说,表与表之间的关系主要分为一对一、一对多和多对多三种。

4.1.1 一对一的表关系

一对一的表关系,就是有两张关联表,其中表 A 的一条数据,只能匹配关联表 B 的一条数据,反过来,表 B 的一条数据也只能匹配关联表 A 的一条数据。例如,在学校信息系统里,有一张表是教师表,里面存放了教师的个人信息,如姓名、年龄、工号、性别等,同时还存放了一个工卡号数据。工卡号这个字段,就关联了另外一张表工卡表。在工卡表里,每一张卡对应一个工卡号,同时还有卡的余额等信息。

在这种情况下,一个教师对应一张工卡,反过来一张工卡只能对应一个教师。教师表和工卡表就形成了典型的一对一关系。示意图如图 4-1 所示。

在一对一的表关系下,一般的处理办法就是在其中一张表里,用一个字段来存放另外一张表的主键。这个字段在这里也可以被称为外键。在刚刚的例子中,教师表里就添加了一个工卡号的字段,这个字段就对应了工卡这张表的主键,因此它就是外键。

图 4-1 一对一关系示意图

添加了这个后,就可以方便地通过教师这张表,既查询教师的相关信息,还可以通过他的工卡号,进一步查询工卡表的余额等信息,从而实现了跨表查询。

4.1.2 一对多的表关系

一对多的表关系,就是有两张关联表,其中表 A 的一条数据,可以匹配表 B 的多条数据;但是反过来表 B 的一条数据,只能匹配关联表 A 的一条数据。还是以学校信息系统为例,有一张表是教师表,像前面所讲解的那样存放了教师的个人信息,如 ID、姓名、年龄、工号、性别等。还有另外一张表课程表,课程表里存放的是和课程相关的信息,如课程名称、课时、考试方式等,还有对应的上课教师 ID。上课教师 ID 这个字段,就关联了教师这张表。

在这种情况下,一门课程在课程表里对应一个单独的条目,也就是课程 ID 是独一无二的,但是课程对应的上课教师 ID 却是可以重复多次出现的。如课程 1 对应教师 1,课程 2 也对应教师 1。也就是说,教师 1 在上课程 1 的同时也兼任课程 2 的讲授。一个教师,可以对应多个课程,但是反过来一个课程只能对应一个教师,这就是典型的一对多关系。示意图如图 4-2 所示。

在一对多的表关系下,一般的处理办法就是在"多"的一方对应的表里,用一个字段来存放另外一张表的主键,也就是外键。在刚刚的例子中,课程表里就添加了一个教师 ID 的字段,这个字段就对应了教师表的主键。添加了这个后,就可以方便地通过课程表,既查询课程的相关信息,还可以通过对应的教师 ID 查询授课老师的信息。同时,还可以针对同一个

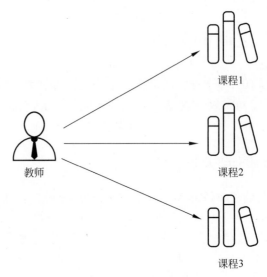

图 4-2　一对多关系示意图

教师,查询课程表的所有相关数据,统计他所教授的所有课程,从而实现一对多的跨表查询。需要注意的是,一对多和一对一的表关系的不同之处在于,一对多的跨表查询只能在"多"的一方添加外键,而一对一的跨表查询可以在任意一方添加外键,这一点需要读者着重注意。

4.1.3　多对多的表关系

多对多的表关系,就是有两张关联表,其中表 A 的一条数据,可以匹配表 B 的多条数据。同时,反过来,表 B 的一条数据,也可以匹配关联表 A 的多条数据。还是以学校信息系统为例,分别有两张表:学生表和教师表。像前面所讲解的那样,教师表存放了教师的个人信息,如 ID、姓名、年龄、工号、性别等,学生表里存放了学生的个人信息,如 ID、姓名、班级、性别等。在实际的设计中,一个学生可能会上多个教师的课程,一个教师也肯定会教授多个学生,因此是一个典型的多对多关系。但是,如果沿着上面的思路,会发现无论是在学生表里添加外键,还是在教师表里添加外键,都无法完美地解决这种关系映射。例如,在学生表里添加教师 ID 的外键,这样一个学生可以至少关联一个教师,当多个学生关联同一个教师时,就实现了一个教师对应多个学生的情况,但是无法实现一个学生对应多个教师的情况。反过来,就算在教师表里添加学生 ID 的外键,也只能解决一个学生对应多个教师的情况,但是无法实现一个教师对应多个学生的情况。对应的示意图如图 4-3 所示。

在多对多的表关系情况下,单凭两张表内的外键设计已经无法解决问题了,需要再重新设计一张表,用来表示两个表的关系,这个表称为关联

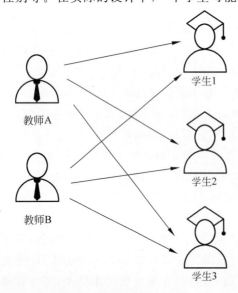

图 4-3　多对多关系示意图

表。回到刚刚的问题,需要设计一张教师和学生对应关系的表,表里存放的分别是教师 ID 和学生 ID,每一个数据条目对应这个教师教授学生或者说学生上这个教师的课,形成一对一关系。如果要查询一个教师所教授的所有学生,就从关系表里找到这个教师 ID 对应的所有学生 ID,然后依次使用学生 ID 查询学生表的具体数据,就完成了任务。同理,如果要查询一个学生上过课的所有教师,就从关系表里找到这个学生 ID 对应的所有教师 ID,然后依次使用教师 ID 查询教师表的具体数据。通过这种方式,就完美地解决了多对多的表关系的跨表查询。

与一对一和一对多的表关系的处理情况不同的是,多对多的表关系无法仅通过外键来解决问题,需要额外设计一张关联表。关联表不仅可以解决两个表的多对多关系,如果设计多个关联字段的话还可以解决多个表之间的多对多关系,这种情况就相对更加复杂了,本书不涉及相关讨论。

上面讲到的内容主要是在数据库设计过程中,针对不同的表与表关系,来进行设计上的改进和应对。事实上,每一种方案或者设计上的改进,在 MyBatis 中使用 SQL 语句做跨表查询的时候,对框架的具体使用也会有所不同,下面就对此部分内容做详细讲解。

4.2 使用 MyBatis 实现一对一的跨表查询

4.2.1 一对一的跨表查询的解决方法

一对一的跨表查询是跨表查询三种情况中最简单的一种,前面已经讲到,如果是数据库层面的设计,只需要在两张表任意一方加入外键即可解决跨表查询的问题。当需要使用 MyBatis 框架完成跨表查询时,对返回的结果集就需要做手动设置进行映射,使用 resultType 元素中的 association 子元素来完成。

作为 resultType 元素的子元素,association 元素需要和 resultType 放到一起使用。使用的代码格式大致如下。

```
<resultMap id="" type="">
    <id property="" column="" />
    <result property="" column="" />
    <association property="" javaType="" >
        <id property="" column="" />
        <result property="" column="" />
    </association>
</resultMap>
```

resultMap 元素的 id 和 type 分别对应了返回结果集的唯一标识符和映射的 Java 类。下面的 id 和 result 子元素分别将 Java 类对象的成员变量和数据库字段进行一一映射,其中,id 在映射的基础上还意味着它是主键。

这段代码里,association 作为 resultType 的子元素,它自身也有两个属性和两个子元素。属性 property 用于指定所映射类的属性,属性 javaType 用于所映射的类的属性的数据类型;子元素 id 和 result 与 resultMap 的子元素 id 和 result 的含义和用法相似,都是将 Java 类对象的成员变量和数据库字段进行映射。association 还有其他一些属性,具体如

表 4-1 所示。

表 4-1 association 元素的属性

属　　性	描　述　说　明
property	用于指定所映射的类的属性，即成员变量
column	用于指定数据表中的字段，一般和 property 形成映射
javaType	指定所映射的类的属性的数据类型
jdbcType	指定数据表中字段的数据类型
fetchType	在关联查询时是否延迟加载
select	用于指定引入嵌套查询的子 SQL 语句
autoMapping	是否自动映射
typeHandler	指定一个类型处理器

4.2.2 一对一的跨表查询的使用案例

下面用一个完整的示例来讲解 association 的使用，这里的问题场景对应前面讲到的如图 4-1 所示的一对一的表关系。

1. 数据库设计

在前面的章节内容中，已经详细讲过数据库的打开和连接访问。首先打开数据库所在的 bin 文件夹，启动 cmd 命令行，输入 mysqld --console 启动数据库服务。然后保持命令行窗口开启状态，打开 HeidiSQL Portable 客户端，输入用户名、密码、数据库 URL 和端口号进行连接。

根据前面图 4-1 相关描述，创建一个教师表 teacher 和一个工卡表 card，并适当插入若干测试数据，如图 4-4 和图 4-5 所示。

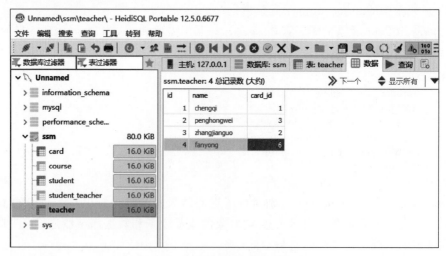

图 4-4 教师表数据示意图

至此数据表设计已经完成，需要注意的是，测试全程需要保持 MySQL 的服务开启，也就是不要关闭 cmd 对话框，否则数据库会连接失败。

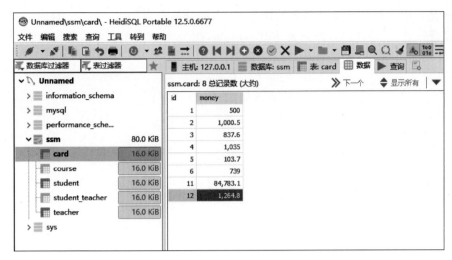

图 4-5　工卡表数据示意图

2．创建工程

根据前面章节所讲内容，创建一个 Dynamic Web Project 即动态 Web 项目，导入 MyBatis 框架所需的 jar 包。

在项目根目录下，创建 com.pojo 包用于放置 Java 类，创建 com.mapper 包用于放置映射文件，创建 com.test 包用于放置测试类。创建 MyBatis 框架的配置文件 MybatisConfig.xml，用于完成框架的配置。

3．创建 Java 类

在 com.pojo 包下创建一个工卡类，用于映射教师的工卡信息。相关的成员变量名和数据类型，需要与数据库中 card 表的字段名和数据类型保持一致。

Card.java

```
01  package com.pojo;
02  public class Card {
03      private int id;
04      private float money;
05      public int getId() {
06          return id;
07      }
08      public void setId(int id) {
09          this.id = id;
10      }
11      public float getMoney() {
12          return money;
13      }
14      public void setMoney(float money) {
15          this.money = money;
16      }
17  }
```

继续在 com.pojo 包下，创建一个教师类，用于映射教师的基本信息，其中会包含教师工卡的信息。相关的成员变量名和数据类型，大部分与数据库中 teacher 表的字段名和数据类型保持一致。不同的是，数据表外键 card_id，在 Java 类中需要对应外键所对应的具体的 Java 类，这里也就是 Card.java 类。

Teacher.java

```
01  package com.pojo;
02  public class Teacher {
03      private int id;
04      private String name;
05      private Card card;
06      public String getName() {
07          return name;
08      }
09      public void setName(String name) {
10          this.name = name;
11      }
12      @Override
13      public String toString() {
14          return "Teacher [id=" + id + ", name=" + name + ", money=" + card.getMoney() + "]";
15      }
16  }
```

4．创建配置文件

配置文件名为 MybatisConfig.xml，放在根目录下。

```
01  <?xml version="1.0" encoding="UTF-8" ?>
02  <!DOCTYPE configuration
03   PUBLIC "-//mybatis.org//DTD Config 3.0//EN"
04   "http://mybatis.org/dtd/mybatis-3-config.dtd">
05  <configuration>
06    <typeAliases>
07      <package name="com.pojo"/>
08    </typeAliases>
09    <environments default="ssmmysql">
10      <environment id="ssmmysql">
11        <transactionManager type="JDBC"/>
12        <dataSource type="POOLED">
13          <property name="driver" value="com.mysql.jdbc.Driver"/>
14          <property name="url" value="jdbc:mysql://localhost:3306/ssm?useSSL=false"/>
15          <property name="username" value="root"/>
16          <property name="password" value=""/>
17        </dataSource>
18      </environment>
19    </environments>
20    <mappers>
21      <mapper resource="com/mapper/TeacherMapper.xml"/>
22    </mappers>
23  </configuration>
```

配置文件中，声明了 typeAliases 对 com.pojo 进行包扫描，因此所有的 Java 类对象，在映射文件中都可以用别名来指代。同时，映射文件的路径和文件名为 com/mapper/TeacherMapper.xml。

5．创建映射文件

在 com.mapper 包下，创建用于一对一跨表查询的映射文件 TeacherMapper.xml。映射文件是 XML 格式，具体内容如下。

TeacherMapper.xml

```
01  <?xml version="1.0" encoding="UTF-8" ?>
02  <!DOCTYPE mapper
03   PUBLIC "-//mybatis.org//DTD Mapper 3.0//EN"
04   "http://mybatis.org/dtd/mybatis-3-mapper.dtd">
05  <mapper namespace="teacherMapper">
06    <!-- 一对一 -->
07    <resultMap id="teacher_cardResultMap" type="teacher">
08       <id property="id" column="id" />
09       <result property="name" column="name" />
10       <association property="card" javaType="card" >
11          <id property="id" column="id" />
12          <result property="money" column="money" />
13       </association>
14    </resultMap>
15    <select id="selectTeacher" parameterType="int" resultMap="teacher_cardResultMap">
16       select t.*, c.money from teacher t, card c where t.id = #{id} and t.card_id = c.id
17    </select>
18  </mapper>
```

映射文件中的 resultMap 是使用 MyBatis 完成一对一映射的跨表查询的关键。resultMap 元素的 id 值为 teacher_cardResultMap，后续的 select 元素查询的返回类型就需要用到这个 id 值，对应第 15 行代码。resultMap 元素的 type 值对应的是 Java 类，这里对应的全名是 com.pojo.Teacher，因为配置文件中取了别名，因此可以缩写为 teacher。resultMap 下的子元素 id 和 result，分别设置将数据表的 id 和 name 字段映射到 Java 类的 id 和 name 成员变量，对应第 08 和 09 两行代码。

association 元素有两个属性 Property 和 javaType，含义是将 com.pojo.Teacher 类里的成员变量 card，映射成 com.pojo.Card。由于使用了别名，因此后面的 com.pojo.Card 也可以缩写为 card，对应的就是 javaType 属性值。association 有两个子元素 id 和 result，分别将数据表的 id 字段映射到 com.pojo.Card 类的 id 成员变量，将数据表的 money 字段映射到 com.pojo.Card 类的 money 变量。这部分对应第 10~13 行代码。

第 16 行代码对应的是一个典型的跨表查询的 SQL 语句，它将 teacher 表中的全部数据和 card 表的 money 数据查询出来，拼接到一起。

6．创建测试类

在 com.test 包下，创建用于测试的程序，通过跨表查询数据库，返回一个复合的 Java 类对象。其中，跨表的数据部分，对应 Java 对象内另外一个 Java 对象类型的成员变量。

```
01  package com.test;
02  import java.io.IOException;
03  import java.io.InputStream;
04  import org.apache.ibatis.io.Resources;
05  import org.apache.ibatis.session.SqlSession;
```

```
06    import org.apache.ibatis.session.SqlSessionFactory;
07    import org.apache.ibatis.session.SqlSessionFactoryBuilder;
08    import com.pojo.*;
09    public class TestMain {
10        public static void main(String[] args) {
11            //TODO Auto-generated method stub
12            try {
13                String mybatisConfigFilename = "MybatisConfig.xml";
14                InputStream in = Resources.getResourceAsStream(mybatisConfigFilename);
15                SqlSessionFactory factory = new SqlSessionFactoryBuilder().build(in);
16                SqlSession sqlSession = factory.openSession();
17                //普通查询
18                Student stu = sqlSession.selectOne("studentMapper.selectStudent", 3);
19                System.out.println(stu.toString());
20                //跨表,一对一
21                Teacher tea = sqlSession.selectOne("teacherMapper.selectTeacher", 2);
22                System.out.println(tea.toString());
23                sqlSession.close();
24            } catch (IOException e) {
25                //TODO Auto-generated catch block
26                e.printStackTrace();
27            }
28        }
29    }
30
```

第13～16行代码是典型的MyBatis载入配置文件,并启动SqlSession对象的标准流程,之前内容已经详细讲过。第18、19两行代码演示的是对数据库做基本的简单查询,目的是和跨表查询一对一的情况做对比。第21、22两行代码就是对数据库做跨表的一对一的多表查询。从使用层面来看,经过了映射文件的相关定义后,在Java业务层的代码,跨表查询的使用和普通查询的使用几乎是一样的,都很方便,这也是MyBatis框架的优势所在。

执行代码后,可以看到,控制台正确输出了简单查询的Student对象和一对一跨表查询的Teacher对象的相关数据,程序正确运行,如图4-6所示。

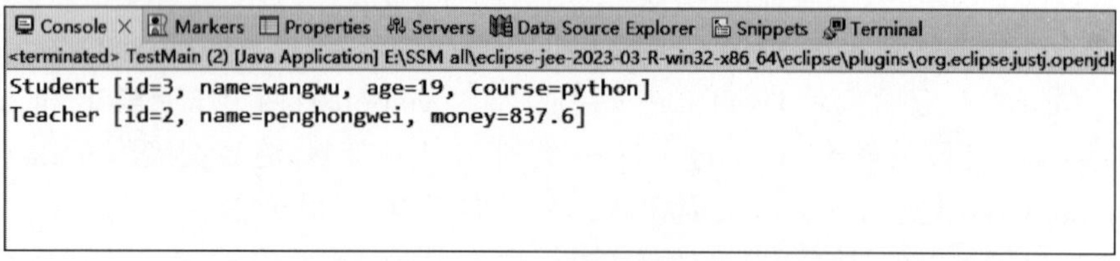

图 4-6 执行一对一跨表查询的结果示意图

4.3 使用MyBatis实现一对多的跨表查询

4.3.1 一对多的跨表查询的解决方法

一对多的跨表查询的方式相比一对一的要复杂一些,如果是一对一,数据库层面设计的时候,在两张表任意一方加入外键即可。如果是一对多,注意必须是在多的一方加入外键,

反之不行。同时,当需要使用 MyBatis 框架完成一对多的跨表查询时,也需要对返回的结果集做手动设置进行映射,这里需要使用 resultType 元素中的 collection 子元素来完成。

和 association 一样,作为 resultType 元素的子元素,collection 元素也需要和 resultType 放到一起使用。使用的代码格式大致如下。

```
<resultMap id="" type="">
    <id property="" column=""/>
    <result property="" column=""/>
    <collection property="" column="" javaType="">
        <id property="" column=""/>
        <result property="" column=""/>
    </collection>
</resultMap>
```

resultMap 元素的属性和子元素的含义及用法已经讲解过。collection 作为 resultType 的子元素,它的属性和子元素的含义和用法基本与 association 一致,最大的区别在于它所映射的 Java 类对象对应的成员变量往往是复数形式,也就是 List 链表的数据结构。关于 collection 元素的详细属性定义较为复杂,这里略过,读者在初学阶段只需要掌握它在跨表查询中的具体使用方式即可。

4.3.2 一对多的跨表查询的使用案例

下面用一个完整的示例来讲解 collection 的使用,这里的问题场景对应前面讲到的如图 4-2 所示的一对多的表关系。

1. 数据库设计

使用 HeidiSQL 客户端打开数据库,根据前面图 4-2 相关描述,在教师表的基础上创建一个课程表 course,并适当插入若干测试数据,如图 4-7 所示。

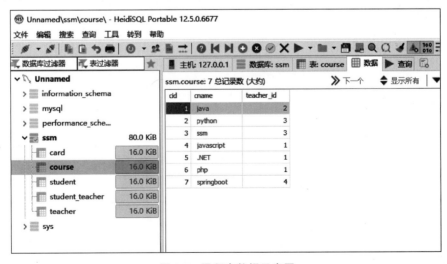

图 4-7 课程表数据示意图

这里的字段 cid 表示课程的 id,cname 表示课程名称,teacher_id 对应的就是教师的 id,也就是 teacher 表的外键。

2. 创建工程

由于上一个一对一跨表查询的案例已经创建了工程,这里直接沿用相同的工程,在它的基础上添加代码或文件即可。

3. 创建 Java 类

在 com.pojo 包下,创建一个课程类 Course.java,用于映射课程的信息。相关的成员变量名和数据类型,需要与数据库中 course 表的字段名和数据类型保持一致。

```
01  package com.pojo;
02  public class Course {
03      private int cid;
04      private String cname;
05      private int teacher_id;
06      public String getName() {
07          return cname;
08      }
09      public void setName(String cname) {
10          this.cname = cname;
11      }
12  }
```

Course.java 类的创建和编写相对比较常规。继续在 com.pojo 包下,创建一个新的教师类 Teacher02.java,新的教师类和前面的 Teacher.java 类不同,前面的类和数据表的字段一一对应,主要是为了演示教师表与工卡表的一对一跨表查询。这里的 Teacher02.java 类舍去了工卡的对应关系,加入了课程表 course 的对应关系,主要用于演示一对多的跨表查询。

```
01  package com.pojo;
02  import java.util.List;
03  public class Teacher02 {
04      private int id;
05      private String name;
06      private List<Course> courseList;
07      private String getCourselistString() {
08          String courselistString = "";
09          for (Course course : courseList) {
10              courselistString += '/' + course.getName();
11          }
12          return courselistString;
13      }
14      @Override
15      public String toString() {
16          return "Teacher02 [id=" + id + ", name=" + name + ", courseList=" +
    getCourselistString() + "]";
17      }
18  }
```

在这里,加入了 List 链表类型的成员变量 courseList,也就是说,一个教师教学多个课程,teacher 表中的一个数据对应多个 course 表中的数据,是典型的一对多的关系。

4．创建配置文件

配置文件沿用原工程根目录下的 MybatisConfig.xml，由于没有更换数据源或 MyBatis 的其他设置，配置文件可以保持不变。

5．创建映射文件

由于一对多的映射这里也用到了教师表，因此可以沿用原映射文件，在 TeacherMapper.xml 的基础上添加或修改代码即可。修改后的具体内容如下。

TeacherMapper.xml

```
01  <?xml version="1.0" encoding="UTF-8" ?>
02  <!DOCTYPE mapper
03      PUBLIC "-//mybatis.org//DTD Mapper 3.0//EN"
04      "http://mybatis.org/dtd/mybatis-3-mapper.dtd">
05  <mapper namespace="teacherMapper">
06      <!-- 一对一 -->
07      <resultMap id="teacher_cardResultMap" type="teacher">
08          <id property="id" column="id" />
09          <result property="name" column="name" />
10          <association property="card" javaType="card">
11              <id property="id" column="id" />
12              <result property="money" column="money" />
13          </association>
14      </resultMap>
15      <select id="selectTeacher" parameterType="int" resultMap="teacher_cardResultMap">
16          select t.*,c.money from teacher t,card c where t.id = #{id} and t.card_id = c.id
17      </select>
18      <!-- 一对多 -->
19      <resultMap id="teacher_courselistResultMap" type="teacher02">
20          <id property="id" column="id" />
21          <result property="name" column="name" />
22          <collection property="courseList" ofType="course">
23              <id property="cid" column="cid" />
24              <result property="cname" column="cname" />
25          </collection>
26      </resultMap>
27      <select id="selectTeacher02" parameterType="int" resultMap="teacher_courselistResulMap">
28          select t.*,c.* from teacher t,course c where t.id = #{id} and c.teacher_id = t.id
29      </select>
30  </mapper>
```

添加的主要是第 18～29 这几行代码。一对多的跨表查询也要用到 resultMap 元素，它的属性 id 值对应返回的数据集映射的唯一标识，在后续查询的 select 元素中会用到，对应第 27 行代码。属性 type 值对应的是返回的 java 类，由于启用了别名，因此 com.pojo.Teacher02 可以缩写为 teacher02。代码的第 20、21 两行，分别将 Teacher02.java 类的两个简单成员变量 id 和 name 分别映射到数据表中的 id 和 name 字段。

接下来是 collection 元素的定义，属性 property 对应的是 Teacher02.java 类的复杂成员变量的名称，它是 List 链表的数据类型。collection 属性 ofType 代表的是这个链表的内容的数据类型，也就是说，这个链表是什么数据类型的链表 List。代码里取值是 course，全称为 com.pojo.Course，代表着这里的链表是多个 com.pojo.Course 类对象的链表。这就是第 22 行代码对于 collection 定义的详细含义。后面第 23、24 两行代码分别代表将 com.pojo.Course 类的两个成员变量 cid 和 cname 与数据表 course 的两个字段 cid 和 cname 进行映射。

第 27~29 行代码对应的是一个典型的跨表查询的 SQL 语句，它传入一个教师的 id 值，查询教师的基本信息，并跨表查询 course 表，找到该教师教授的所有课程。将查询到的这些数据按照 collection 元素的定义，遵循一对多查询的规则，拼装成最终的 Teacher02.java 类对象输出到 Java 业务层。

6. 创建测试类

测试类继续沿用原来的 TestMain.java，加上一对多的测试代码如下。

```
Teacher02 tea02 = sqlSession.selectOne("teacherMapper.selectTeacher02", 1);
System.out.println(tea02.toString());
```

执行代码后，可以看到，控制台正确输出了一对多跨表查询的 Teacher02.java 对象的详细数据，包括 id 和 name 基本信息，也包括跨 course 表查询得到的一对多课程信息，程序正确运行，如图 4-8 所示。

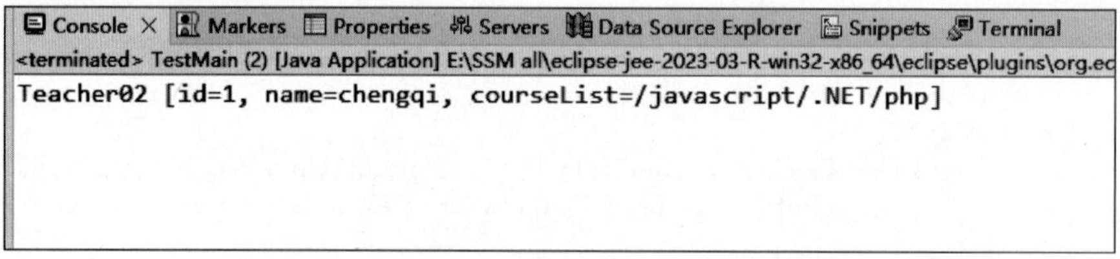

图 4-8 执行一对多跨表查询的结果示意图

🔑 4.4 使用 MyBatis 实现多对多的跨表查询

4.4.1 多对多的跨表查询的解决方法

多对多的跨表查询是跨表查询三种情况中最复杂的一种，但是在理解的时候，可以看作双向的一对多。也就是在原本一对多的查询基础上，多的一方反过来也存在一对多，双向一对多最终的呈现就是多对多的关系。基于这个理解，在实际的编程实现过程中，除了需要添加关系表来完成多对多的关系映射外，在使用 MyBatis 框架的过程中，基本流程和思路和一对多的实现是大致一样的，主要也是用到了 collection 元素。

4.4.2 多对多的跨表查询的使用案例

下面用一个完整的示例来讲解多对多的跨表查询的实现，这里的问题场景对应前面讲到的如图 4-3 所示的多对多的表关系。

1. 数据库设计

连接数据库后,根据前面图 4-3 相关描述,学生表和教师表都已经创建好了。需要新建一个关联表,用来表示学生和教师的多对多关系,也就是说,一个学生可能上多个教师的课程,一个教师可能教授过多个学生。这里创建一张名为 student_teacher 的关联表,并适当插入若干测试数据,如图 4-9 所示。

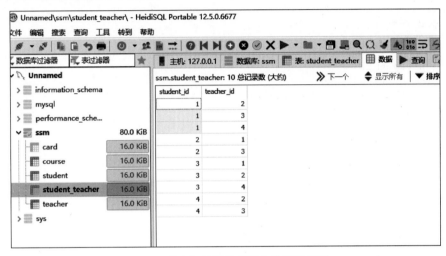

图 4-9　学生与教师的关联表数据示意图

仔细观察表数据,可以看到 id 为 1 的学生,分别对应了教师 id 值为 2、3、4。教师 id 为 2 的,对应的学生 id 值分别是 1、3、4。这就是典型的多对多关系。为了区分学生和教师,对应的字段名分别为 student_id 和 teacher_id。

2. 创建工程

沿用前面案例的工程即可。

3. 创建 Java 类

在这里,对应的 Java 类可以沿用原来定义的 Student.java 和 Teacher.java 两个类,但是为了更好地演示,也可以新建两个新的类,专门用于多对多跨表查询的映射。

Stuinfo.java

```
01  package com.pojo;
02  import java.util.List;
03  public class Stuinfo {
04      private int sid;
05      private String sname;
06      private List<Teacher> teacherList;
07      private String getTeacherlistString() {
08          String teacherlistString = "";
09          for (Teacher teacher : teacherList) {
10              teacherlistString += '/' + teacher.getName();
11          }
12          return teacherlistString;
```

```
13     }
14     @Override
15     public String toString() {
16         return " Stuinfo [sid = " + sid + ", sname = " + sname + ", teacherList = " +
   getTeacherlistString() + "]";
17     }
18 }
```

Teainfo.java

```
01 package com.pojo;
02 import java.util.List;
03 public class Teainfo {
04     private int tid;
05     private String tname;
06     private List<Student> studentList;
07     private String getStudentlistString() {
08         String studentlistString = "";
09         for (Student student : studentList) {
10             studentlistString += '/' + student.getName();
11         }
12         return studentlistString;
13     }
14     @Override
15     public String toString() {
16         return " Teainfo [tid = " + tid + ", tname = " + tname + ", studentList = " +
   getStudentlistString() + "]";
17     }
18 }
```

在这两个类里,基本信息只保留了各自的 id 和 name,学生对应的是 sid 和 sname,教师对应的是 tid 和 tname。然后各自添加了对应的 List 链表的成员变量,用于映射一对多的关系,通过双向的一对多来实现多对多。

4. 创建配置文件

同样,可以沿用原来的配置文件 MybatisConfig.xml,唯一需要注意的是,因为多对多新建了一个映射文件,需要将这个新的映射文件路径添加到配置文件的 mapper 子元素中,具体的代码如下。

```
<mappers>
    <mapper resource="com/mapper/StudentMapper.xml" />
    <mapper resource="com/mapper/TeacherMapper.xml" />
</mappers>
```

5. 创建映射文件

在 com.mapper 包下,创建用于多对多跨表查询的映射文件 StudentMapper.xml。映射文件是 XML 格式,具体内容如下。

StudentMapper.xml

```
01 <?xml version="1.0" encoding="UTF-8" ?>
02 <!DOCTYPE mapper
03   PUBLIC "-//mybatis.org//DTD Mapper 3.0//EN"
```

```
04     "http://mybatis.org/dtd/mybatis-3-mapper.dtd">
05   <mapper namespace="studentMapper">
06     <select id="selectStudent" parameterType="int" resultType="student">
07       select * from student where id = #{id}
08     </select>
09     <!-- 多对多,查询一个学生对应的多个老师 -->
10     <resultMap id="teachersResultMap" type="stuinfo">
11       <id property="sid" column="sid" />
12       <result property="sname" column="sname" />
13       <collection property="teacherList" ofType="teacher">
14         <id property="id" column="tid" />
15         <result property="name" column="tname" />
16       </collection>
17     </resultMap>
18     <select id="selectStuinfoBySid" parameterType="int" resultMap="teachersResultMap">
19       select s.id as sid, s.name as sname, t.id as tid, t.name as tname
20       from student s, teacher t, student_teacher s_t
21       where s.id = #{id} and s_t.student_id = s.id and s_t.teacher_id = t.id
22     </select>
23     <!-- 多对多,查询一个老师对应的多个学生 -->
24     <resultMap id="studentsResultMap" type="teainfo">
25       <id property="tid" column="tid" />
26       <result property="tname" column="tname" />
27       <collection property="studentList" ofType="student">
28         <id property="id" column="sid" />
29         <result property="name" column="sname" />
30       </collection>
31     </resultMap>
32     <select id="selectTeainfoByTid" parameterType="int" resultMap="studentsResultMap">
33       select s.id as sid, s.name as sname, t.id as tid, t.name as tname
34       from student s, teacher t, student_teacher s_t
35       where t.id = #{id} and s_t.student_id = s.id and s_t.teacher_id = t.id
36     </select>
37   </mapper>
```

在这个映射文件中,定义了两个 resultMap,同时也含有两个 collection,它们分别对应了根据一个学生查找对应的多个教师,以及根据一个教师查找对应的多个学生。以根据学生来查找老师为例,对应的 resultMap 的 id 值为 teachersResultMap,对应的 Java 类是 com.pojo.Stuinfo.java,启用别名后缩写为 stuinfo。resultMap 的子元素 id 和 result 分别将 Stuinfo.java 的成员变量 sid 和 sname 分别映射到数据表 student 中的 sid 和 sname。这里特别需要注意的是,原 student 表是没有 sid 和 sname 的,为了对 student 表和 teacher 表进行区分,在后面查询的 SQL 语句中对 student 表里的 id 和 name 起了别名,对应代码第 19 行,这里才可以使用 sid 和 sname,如果没有在 SQL 中给字段起别名,这里的定义就出错了。

接下来是 resultMap 的子元素 collection,属性 property 对应的是 Stuinfo.java 类的成员变量 teacherList。属性 ofType 取值为 teacher,这里的 teacher 为别名,全称是 com.pojo.Teacher.java。含义是 teacherList 是链表,链表的内部数据类型就是 Teacher.java,也就是对应多个教师信息。

第 18～22 行就是一段 SQL 代码,传入学生的 id 值后,返回一个 teachersResultMap 的结果集,里面包含学生的基本信息还有跨表查询得到的教师信息。这里为了方便代码阅读,对 student 表、teacher 表，还有各自的 id、name 等字段，都起了别名，读者书写和阅读代码的时候需要多加注意。

6. 创建测试类

沿用原来的测试类，分别加入根据学生查询多个教师信息和根据教师查询多个学生信息的 Java 代码即可，具体如下。

```
//跨表,多对多
Stuinfo stuinfo = sqlSession.selectOne("studentMapper.selectStuinfoBySid", 2);
System.out.println(stuinfo.toString());
Teainfo teainfo = sqlSession.selectOne("studentMapper.selectTeainfoByTid", 3);
System.out.println(teainfo.toString());
```

执行代码后，可以看到，控制台输出了根据学生的 id 值，查询到了学生的基本信息和对应的多个教师信息；同时根据教师的 id 值，查询到了教师的基本信息和对应的多个学生信息。完成了多对多的跨表查询，程序正确运行如图 4-10 所示。

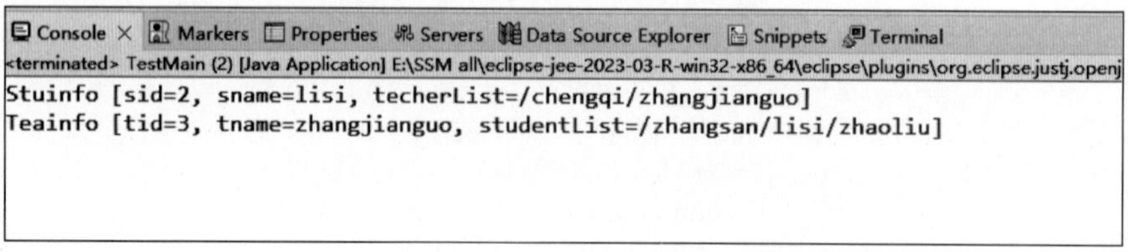

```
Stuinfo [sid=2, sname=lisi, techerList=/chengqi/zhangjianguo]
Teainfo [tid=3, tname=zhangjianguo, studentList=/zhangsan/lisi/zhaoliu]
```

图 4-10　执行多对多跨表查询的结果示意图

小结

本章首先介绍了表与表之间的三种关系，对应的典型示例和跨表查询的解决思路；随后详细介绍了在一对一跨表查询、一对多跨表查询、多对多跨表查询三种情况下，MyBatis 框架的 association 和 collection 的元素使用方法，以及每种情况下对应的案例示范。通过本章的学习，读者可以分辨数据库中表与表的不同关系，在 MyBatis 框架实现增删改查的基础上，进一步掌握跨表查询的编程实现方法。

习题

1. 有两张关联表，其中表 A 的一条数据，可以匹配表 B 的多条数据；但是反过来表 B 的一条数据，只能匹配关联表 A 的一条数据。这是什么表关系？（　　）
   A. 一对一　　　　B. 一对多　　　　C. 多对多　　　　D. 无关系
2. 当处理一对多或多对多关系时，resultMap 中需要使用_____子元素。
3. 简述使用 MyBatis 完成一对一跨表查询的方法和步骤。

第 5 章

动态 SQL

视频讲解

CHAPTER 5

本章学习目标：
- 了解动态 SQL 的大致原理。
- 掌握常见动态 SQL 元素的使用方法。
- 掌握不同动态 SQL 元素的区别和联系。

在传统 JDBC 的使用过程中，有一个较大的缺点，就是针对每次的数据库访问，都需要重新编写对应的 SQL 语句。在一个具体的软件系统中，数据库的访问都是千变万化、数目繁多的，这就要求开发者编写大量的 SQL 语句。这些 SQL 语句的管理本身就是一个问题，随着语句的增多，代码的可维护性、可阅读性都大大下降，不利于项目的长期维护升级。

开发人员通过研究发现，实际上很多的 SQL 语句虽然最终操作目的不一样，但是在某些地方都有相似之处，例如，针对某个字段或某几个字段查询数据表的某个条目。这些较为类似的 SQL 语句可否想办法将它们归纳到一起？这样或许就能够适当地降低 SQL 代码这部分的复杂度。顺着这个思路，慢慢就出现了动态 SQL 的概念。

5.1 动态 SQL 概述

动态 SQL,顾名思义,就是 SQL 语句不再是完全写死的 String 变量,而是可以根据具体的使用场景进行动态拼接的一种技术方案。在 MyBatis 框架中,提供了较为完善的动态 SQL 技术,开发人员可以根据需要进行灵活的动态 SQL 语句的拼接。这样可以较好地提升 SQL 语句的可维护性和可阅读性,提高 SQL 语句的复用性。

MyBatis 框架的常用动态 SQL 元素如表 5-1 所示。

表 5-1 MyBatis 框架的动态 SQL 元素

属　　性	描　述　说　明
if	单条件分支判断语句,相当于 Java 语句中的 if else
choose、when 和 otherwise	多条件分支判断语句,相当于 Java 语句中的 switch case
trim、where、set	辅助元素,用于处理 SQL 语句的拼装问题
foreach	循环语句,相当于 Java 语句中的 for 循环
bind	定义 OGNL 表达式的语句

需要注意的是,动态 SQL 的处理方式是对 SQL 语句本身进行拼接,因此表中相关的元素都是在映射文件中进行使用的。

5.2 动态 SQL 的常用元素

5.2.1 if 元素

if 元素是单条件分支判断语句,它相当于 Java 中的 if else 语句。if 元素一般和 test 属性一起使用,当 if 元素的判断条件成立时,test 属性对应的 SQL 语句生效;当 if 元素的判断条件不成立时,test 属性对应的 SQL 语句不生效。

在实际的使用过程中,if 元素一般用于某个完整 SQL 语句的附加条件的判断。例如,需要查询数据库中的某条数据,可以使用姓名或年龄来进行查询。假如这里的姓名是必须提供的参数,而年龄是可选的参数,那么就可以将年龄这个可选参数对应的 SQL 语句放入 if 元素中。通过这种方式,可以在一个 SQL 语句中,同时包含使用姓名和年龄查询、单独使用姓名查询这两种方式,也就是通过一个 SQL 语句实现了 JDBC 两个 SQL 语句的功能,这正是动态 SQL 机制的优势所在。

下面通过一个完整的案例,来讲解 if 元素在 MyBatis 框架中的具体使用方法。

1. 数据准备

进入 MySQL 的 bin 文件夹,打开 cmd 命令行,输入指令 mysqld --console 开启 MySQL 的服务。打开 HeidiSQL 客户端,连接数据库,新建 student 数据表,并插入以下测试数据,如图 5-1 所示。

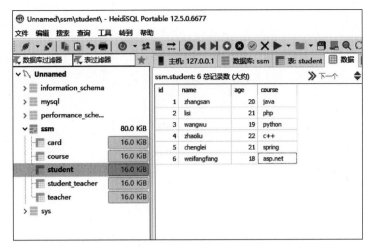

图 5-1　student 数据表中插入测试数据示意图

2．创建工程

打开 Eclipse 客户端，按照默认参数创建 Dynamic Web Project 即动态 Web 项目。在项目的 main/webapp/WEB-INF/lib 文件夹中，添加 MyBatis 框架所需的各种 jar 包，具体和前面章节案例所讲一致。在 Java 文件夹下创建不同的包，用于放置映射文件的 com.mapper，放置 Java 类的 com.pojo，放置测试代码的 com.test。

3．创建配置文件

在 Java 文件夹根目录下创建配置文件 MybatisConfig.xml，配置文件中的内容大体和前面章节的内容一致，主要就是完成别名的设置，数据源的地址、用户名和密码等设置，以及映射文件的路径设置。

```
01  <?xml version="1.0" encoding="UTF-8" ?>
02  <!DOCTYPE configuration
03    PUBLIC "-//mybatis.org//DTD Config 3.0//EN"
04    "http://mybatis.org/dtd/mybatis-3-config.dtd">
05  <configuration>
06    <typeAliases><package name="com.pojo"/></typeAliases>
07    <environments default="ssmmysql">
08      <environment id="ssmmysql">
09        <transactionManager type="JDBC"/>
10        <dataSource type="POOLED">
11          <property name="driver" value="com.mysql.jdbc.Driver"/>
12          <property name="url" value="jdbc:mysql://localhost:3306/ssm?useSSL=false"/>
13          <property name="username" value="root"/>
14          <property name="password" value=""/>
15        </dataSource>
16      </environment>
17    </environments>
18    <mappers>
19      <mapper resource="com/mapper/StudentMapper.xml"/>
20    </mappers>
21  </configuration>
```

4. 创建映射文件

在工程的映射文件 Java 包 com.mapper 下,创建项目的映射文件 StudentMapper.xml。

```xml
01  <?xml version="1.0" encoding="UTF-8" ?>
02  <!DOCTYPE mapper
03    PUBLIC "-//mybatis.org//DTD Mapper 3.0//EN"
04    "http://mybatis.org/dtd/mybatis-3-mapper.dtd">
05  <mapper namespace="studentMapper">
06    <select id="findStudentById" resultType="student">
07      select * from student where id = #{id}
08    </select>
09    <!-- 动态 SQL,if 元素 -->
10    <select id="findStudent02" parameterType="String" resultType="student">
11      select * from student where id = 2
12      <if test="name!=null and name!=''">
13        and name = #{name}
14      </if>
15    </select>
16  </mapper>
```

第 06~08 行代码是一个普通的 SQL 查询语句,通过传入一个 int 类型的 id 值,查询数据库后返回一个 com.pojo.Student 类型的 Java 对象。由于配置文件起了别名,这里 Java 类型可以缩写为 student。

第 09~15 行代码是演示 if 元素的使用方法的 select 元素。这里 select 元素的 id 属性对应查询语句的引用标识,parameterType 是查询语句对应的输入参数的数据类型,resultType 是返回的数据类型,也就是 Java 类的名称别名。第 11 行代码 select * from student where id = 2,含义是从 student 表进行查询,这里的 where id=2 是为了方便测试写的 where 子句,主要是为了 if 元素生效后的子句进行拼接。在实际使用过程中,这里的 where 子句也可以根据开发者的意愿替换成其他的 where 条件子句。

第 12~14 行是 if 元素用法的核心代码。if 元素有一个 test 属性,它主要用于条件判断的条件定义。在这里判断条件是 name!=null and name!='',也就是查询的 student 表的 name 字段的参数存在且不为空。当满足这个条件时,if 元素生效,if 元素的内容也就是对应的第 13 行 SQL 语句会和第 11 行 SQL 代码拼接到一起。换言之,当条件 name!=null and name!='' 为真时,对应的 SQL 语句代码是 select * from student where id = 2 and name = #{name},if 元素生效;当条件不为真时,对应的 SQL 语句代码是 select * from student where id = 2,if 元素不生效。

5. 创建测试文件

TestMain.java

```java
01  package com.test;
02  import java.io.IOException;
03  import java.io.InputStream;
04  import java.util.ArrayList;
05  import java.util.HashMap;
06  import java.util.List;
07  import org.apache.ibatis.io.Resources;
```

```
08    import org.apache.ibatis.session.SqlSession;
09    import org.apache.ibatis.session.SqlSessionFactory;
10    import org.apache.ibatis.session.SqlSessionFactoryBuilder;
11    import com.pojo.Student;
12    public class TestMain {
13        public static void main(String[] args) {
14            //TODO Auto-generated method stub
15            try {
16                String mybatisConfigFilename = "MybatisConfig.xml";
17                InputStream in = Resources.getResourceAsStream(mybatisConfigFilename);
18                SqlSessionFactory factory = new SqlSessionFactoryBuilder().build(in);
19                SqlSession sqlSession = factory.openSession();
20                //普通查询
21                Student stu = sqlSession.selectOne("studentMapper.findStudentById", 5);
22                System.out.println(stu.toString() + '\n');
23                //动态 SQL,if 元素
24                Student stu0201= sqlSession.selectOne("studentMapper.findStudent02");
25                System.out.println(stu0201.toString() + '\n');
26                Student stu0202= sqlSession.selectOne("studentMapper.findStudent02", "lisi");
27                System.out.println(stu0202.toString() + '\n');
28                sqlSession.close();
29            } catch (IOException e) {
30                //TODO Auto-generated catch block
31                e.printStackTrace();
32            }
33        }
34    }
```

在测试文件中,主体代码是 MyBatis 框架的正常使用,包括相关 Java 包的导入、SqlSession 的创建和关闭等,前面章节已经详细讲解过,这里不再赘述。

第 20~22 行代码对应的是一个 select 元素的普通查询的使用,这里主要用来和 if 元素的使用进行对比。第 23~27 行是对含有 if 元素的查询语句的使用,其中,第 24 行代码里没有传入 String 变量,也就是数据表 student 中 name 字段不存在,此时 if 元素不生效。第 26 行代码这里传入了 String 变量,name 字段不为空,此时 if 元素生效。

执行以上代码,控制台会输出对应的 Student 对象的 String 值,如图 5-2 所示。

```
Student [id=5, name=chenglei, age=21, course=spring]

Student [id=2, name=lisi, age=21, course=php]

Student [id=2, name=lisi, age=21, course=php]
```

图 5-2 if 元素的代码执行结果示意图

第 24 行和第 26 行代码都是调用的同一条 select 元素,但是一个传入参数一个不传参数,都可以正常执行。本质就是它们底层执行的 SQL 代码不一样,这也就证实了 if 元素加入后,可以实现对 SQL 代码的复用。这里由于数据表中 id=2 和 name=lisi 对应的是一条数据,所以有没有 if 元素查询到的结果是一致的,读者也可以自行设计其他的测试数据使得 if 元素使用前后的测试结果不一致。

在这个使用场景里,可以认为 name 字段是查询条件的一个可选参数,当传入 name 字

段时会作为联合查询条件一起查找数据结果。当没有 name 字段时,查询已有的条件,同样可以生效。这就是动态 SQL 里 if 元素的典型使用场景,通过它来完成基本的 SQL 语句的复用。

5.2.2 choose、when、otherwise 元素

if 元素对应的是单条件分支判断,只能处理是或否两种情况。当需要进行多条件分支判断时,就需要用到 choose、when、otherwise 元素了。

和 if 元素类似,choose、when、otherwise 元素也是放在映射文件的 SQL 语句中进行使用,和其他的子句一起完成 SQL 语句的多条件拼接。

同样用一个案例来演示 choose、when、otherwise 元素的使用。大体的项目创建方式和文件组织和 if 元素的一致,这里就直接沿用原项目进行更改。

1. 修改映射文件

在映射文件 StudentMapper.xml 中,加入 choose、when、otherwise 元素的相关定义代码,具体如下。

```xml
<!-- 动态 SQL,choose,when,otherwise 元素 -->
<select id="findStudent03" parameterType="HashMap" resultType="student">
    select * from student where 1 = 1
    <choose>
        <when test = "name!=null and name!="">
            and name = #{name}
        </when>
        <when test = "age!=null and age!="">
            and age = #{age}
        </when>
        <when test = "course!=null and course!="">
            and course = #{course}
        </when>
        <otherwise>
            and id = 3
        </otherwise>
    </choose>
</select>
```

为了配合 choose、when、otherwise 元素的多条件分支,这里的 select 元素的使用比之前的基础用法复杂。select 元素的属性 parameterType 对应的是 SQL 语句传入的参数的数据类型,这里定义的是 HashMap 哈希表。哈希表的数据存储方式类似于"键值对",每一个键 key 对应一个取值 value。当需要传入参数的时候,把多个参数按照键值对的方式封装到 HashMap 哈希表里,具体的使用在测试文件中会再继续讲解。

choose、when、otherwise 元素的使用中,最基本的是 choose 元素,when 和 otherwise 是作为 choose 元素的子元素存在的。其中,每一个 when 元素对应一个条件分支,判断的条件用 test 属性来标注。在上面的代码中,一共有三个条件分支,每一个都是分别对不同的字段进行判断,看当前字段是否存在且不为空。如果存在且不为空,则判定条件为真,when 元素的内容,也就是对应的 SQL 子句生效,会加入拼接。以 name 字段为例,用 name!=null and name!=""对它进行判断,如果不为空,则在原 SQL 语句的基础上加入 and name =

#{name}拼接,将 name 字段对应的值作为查询的参数。otherwise 元素则是对 when 元素的补充。当所有的 when 元素判定的条件都不为真时,则 otherwise 元素生效,里面的 SQL 子句加入拼接。

在理解 choose、when、otherwise 元素的时候,可以类比为 Java 中的 switch case 语句。switch 是对条件进行判断,每一个 case 代表一个条件分支,当每一个 case 分支都不满足的时候就执行 default 分支。这里的 swith、case、default 的含义就大致上分别与 choose、when、otherwise 一一对应。

2. 修改测试文件

在测试文件 TestMain.java 中,加入 choose、when、otherwise 元素的相关使用代码,具体如下。

```
//动态 SQL,choose,when,otherwise 元素
//parameterType 需要传入多个参数时
HashMap<String, Object> params = new HashMap<String, Object>();
//params.put("name", "lisi");
params.put("age", 19);
System.out.println(params.toString());
Student stu03 = sqlSession.selectOne("studentMapper.findStudent03", params);
System.out.println(stu03.toString() + '\n');
```

如前所示,映射文件的 select 元素中的参数是 HashMap 哈希表,因此这里测试文件需要先定义一个哈希表的参数 HashMap<String,Object> params。String 对应哈希表的"键"的数据类型是字符串,Object 对应哈希表的"值"的数据类型是 Java 类,由此形成特定的键值对哈希表作为传入的参数。params.put()函数可以往哈希表中放入键值对参数,根据前面映射文件中 choose 元素的分支,这里的参数可以分别对 name、age、course 进行设置(也可以加入任意其他参数,但不会生效)。

根据需要完成三个字段的设置后,就可以调用 select 元素的 SQL 语句进行查询,借助 MyBatis 框架的特性,查询得到的结果是一个 Java 类对象。

执行以上测试代码,控制台会打印输出对应 Java 对象的 String 值,如图 5-3 所示。

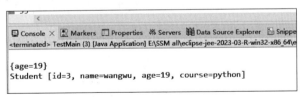

图 5-3 choose、when、otherwise 元素的代码执行结果示意图

执行结果演示的是 age=19 的查询条件,读者也可以根据代码,尝试其他的查询条件,如 name=lisi 等,执行结果会根据查询条件的不同产生不同的结果。在这个过程中,映射文件内的 SQL 语句是没有变化的,只是查询的参数不同就可以得到不同的查询结果,这就是启动动态 SQL 机制后达到的对 SQL 语句的复用,是 MyBatis 框架的优点体现。

5.2.3 where 元素

根据已经学习的 SQL 语句知识,where 子句是一种常用的 SQL 子句,可以拼接到对应

的 SQL 语句后面。在查询语句中,where 子句可以作为查询条件,如 select * from student where sid = 1。当 where 子句后面的查询条件存在多个时,则需要有对应的连接词进行连接,如 select * from student where sname = lisi and age = 19。

动态 SQL 的本质就是根据编程人员的意愿实现灵活的 SQL 语句的复用和拼接,在这个过程中,单查询条件和多查询条件中多出来的连接词需要更灵活、智能化地处理,这个时候就可以使用 where 元素来完成。

下面是一个完整的 where 元素的使用案例。同样地,这里继续沿用原项目进行更改。

1. 修改映射文件

在映射文件 StudentMapper.xml 中,加入 where 元素的相关定义代码,具体如下。

```xml
<!-- 动态 SQL,where 元素 -->
<select id="findStudent05" parameterType="HashMap" resultType="student">
select * from student
<where>
<if test="name!=null and name!=''">
and name = #{name}
</if>
<if test="course!=null and course!=''">
and course = #{course}
</if>
</where>
</select>
```

在这里,一个较长的 SQL 语句被动态 SQL 元素分隔成了几个不同的子句,其中比较关键的就是 where 元素定义的查询条件的子句。在 where 元素下面是两个 if 元素,分别表示不同的查询条件子句。任意一个 if 元素的查询条件生效时,where 元素会智能地进行判断,如果该子句紧接着 where 元素,则会自动删去 and 单词;如果该子句是接在 where 子句后,则会保留 and 单词。同时 where 元素会自动进行识别,如果有任意子句生效,则会在子句和 select * from student 之间添加 where 单词;如果没有子句生效,则没有 where 单词。

这里的表述稍显烦琐,实际就是 where 元素可以根据具体的 if 元素判断为真、是否有查询条件的子句生效,来动态、智能地进行 SQL 语句的拼接,从而让最后生成的 SQL 语句可以顺利传入数据库执行,防止语法错误。

2. 修改测试文件

在测试文件 TestMain.java 中,加入 where 元素的相关使用代码,具体如下。

```java
//动态 SQL,where 元素
HashMap<String, Object> params03 = new HashMap<String, Object>();
params03.put("name", "wangwu");
params03.put("course", "python");
System.out.println(params03.toString());
Student stu05 = sqlSession.selectOne("studentMapper.findStudent04", params03);
System.out.println(stu05.toString() + '\n');
```

这里对 name 和 course 都分别进行了设置,也就是 where 元素里 if 元素的两个判断条件都为真。根据前面对 where 元素使用方式的分析,最终得到的 SQL 语句就是 select * from student where name = #{name} and course = #{course}。读者可以手动将此

SQL 语句输入数据库,会发现执行结果和最终项目代码的执行结果是一致的。

在 Eclipse 里,右击选择项目作为 Java Application 运行,SQL 语句得到正确执行输出对应的查询结果,如图 5-4 所示。

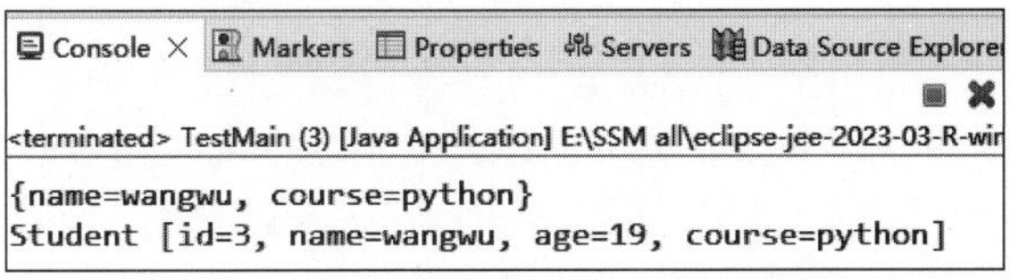

图 5-4　where 元素的代码执行结果示意图

5.2.4　set 元素

在 SQL 语句的语法中,和 where 子句类似的还有其他情况。where 一般是用于查询语句的子句,而在更新语句中需要用到 set 语法。例如,update student set name ＝ lisi where sid ＝ 1,就是将 student 表中 sid 为 1 的数据条目的 name 字段修改为 lisi。当有多个修改字段时,SQL 语句发生变化,如 update student set name ＝ lisi,course ＝ java where sid ＝ 1,同时修改 name 和 course,在这里除了添加修改语句外还增加了一个逗号作为分隔符。

where 元素是针对查询语句的拼接,智能地处理拼接细节。set 元素的用法和作用与此相似,set 元素是针对更新语句的拼接,也可以智能地处理拼接细节,防止 SQL 语法错误。

下面是一个完整的 set 元素的使用案例。同样地,这里继续沿用原项目进行更改。

1. 修改映射文件

在映射文件 StudentMapper.xml 中,加入 set 元素的相关定义代码,具体如下。

```
<!-- 动态 SQL,set 元素 -->
< update id="updateStudent" parameterType="HashMap">
update student
< set >
< if test = "name!=null and name!=''">
name = #{name},
</if>
< if test = "course!=null and course!=''">
course = #{course},
</if>
</set>
where id = #{id}
</update>
```

和刚刚举例说明的 SQL 语句含义类似,这里定义一个更新语句。它根据传入的不同参数,来决定是否对相关字段做修改。set 元素可以动态、智能地往 SQL 语句中添加 set 单词,并智能判断逗号是否保留或删去。

2. 修改测试文件

在测试文件 TestMain.java 中,加入 set 元素的相关使用代码,具体如下。

```
//动态 SQL,set 元素
HashMap< String, Object > params04 = new HashMap< String, Object >();
```

```
params04.put("id", 6);
params04.put("name", "fangjianhua");
params04.put("age", 23);
params04.put("course", "springboot");
System.out.println(params04.toString());
sqlSession.update("studentMapper.updateStudent", params04);
sqlSession.commit(); //不加这一句不会更新
Student stu06 = sqlSession.selectOne("studentMapper.findStudentById", params04.get("id"));
System.out.println(stu06.toString() + '\n');
```

这里对 id 为 6 的数据条目做修改,需要修改的字段包括 name、age 和 course,将它们封装成 HashMap 哈希表键值对参数,传入 SQL 语句。动态 SQL 中的 set 元素和 if 元素生效,会智能地拼接出最终的 SQL 语句 update student set name = fangjianhua, course = springboot where id = 6。读者可以手动将此 SQL 语句输入数据库,会发现执行结果和最终项目代码的执行结果是一致的。

在 MyBatis 中,对 SQL 语句的执行需要调用 SqlSession 对象。查询语句可以直接调用后执行,但是对于更新操作来说,调用后需要手动执行 sqlSession.commit()才会让更新操作生效。这一点需要多加注意。

在 Eclipse 里,右击选择项目作为 Java Application 运行,SQL 语句得到正确执行,输出对应的查询结果,如图 5-5 所示。

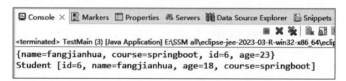

图 5-5 set 元素的代码执行结果示意图

5.2.5 trim 元素

where 元素和 set 元素的使用方法类似,都是智能辅助 SQL 语句的拼装,分别对应查询的 where 子句和更新的 set 子句。除了这两种情况外,SQL 语句的拼装过程中,可能还有其他需要动态、智能调节的情况,这个时候就可以使用更加普适的 trim 元素。

trim 元素是一种辅助拼接 SQL 语句的元素。SQL 语句在代码层面可以看作 String 字符串,当单个 SQL 语句需要和其他子句进行拼接时,可能会产生冗余,或需要删去多余的 String 字符串单词。为了更好地实现拼接,这时候就需要使用 trim 元素来对具体的 SQL 语句进行微调。trim 元素的属性如表 5-2 所示。

表 5-2 trim 元素的属性

属 性	描 述 说 明
prefix	给指定的 SQL 语句增加前缀
prefixOverrides	给指定的 SQL 语句删去前缀
suffix	给指定的 SQL 语句增加后缀
suffixOverrides	给指定的 SQL 语句删去后缀

trim 元素的本质就是对指定的 SQL 语句进行前后缀的删除和添加,因此前面 where 元素和 set 元素实际都是可以使用 trim 元素来实现的,本质上来说,它们都属于 trim 元素

的特殊情况。

下面用一个完整的案例来讲解 trim 元素的具体使用。同样地,这里继续沿用原项目进行更改。

1. 修改映射文件

在映射文件 StudentMapper.xml 中,加入 trim 元素的相关定义代码,具体如下。

```xml
<!-- 动态 SQL,trim 元素 -->
<select id="findStudent04" parameterType="HashMap" resultType="student">
select * from student
<trim prefix="where" prefixOverrides="and">
<if test="name!=null and name!=''">
and name = #{name}
</if>
<if test="course!=null and course!=''">
and course = #{course}
</if>
</trim>
</select>
```

这里的使用场景和前面的 where 元素的类似,都是一个 SQL 查询语句的拼接。当 if 元素判定的条件为真时,where 子句生效,需要添加 where 前缀,并删去 where 和子句之间的 and 前缀。因此在 trim 元素的定义中,将需要添加的前缀设为 prefix="where",将需要删除的前缀设为 prefixOverrides="and"。

通过分析,这里最终的实现效果和 where 案例中应该是一致的。

2. 修改测试文件

在测试文件 TestMain.java 中,加入 trim 元素的相关使用代码,具体如下。

```java
//动态 SQL,trim 元素
HashMap<String, Object> params02 = new HashMap<String, Object>();
params02.put("name", "zhangsan");
params02.put("course", "java");
System.out.println(params02.toString());
Student stu04 = sqlSession.selectOne("studentMapper.findStudent04", params02);
System.out.println(stu04.toString() + '\n');
```

对应的测试代码和 where 元素中的部分也类似,主要就是将查询条件封装成 HashMap 哈希表键值对。通过 trim 元素的使用也可以完成 where 元素中动态、智能拼接 SQL 语句、消除语法错误的功能,最终程序可以成功执行,结果如图 5-6 所示。

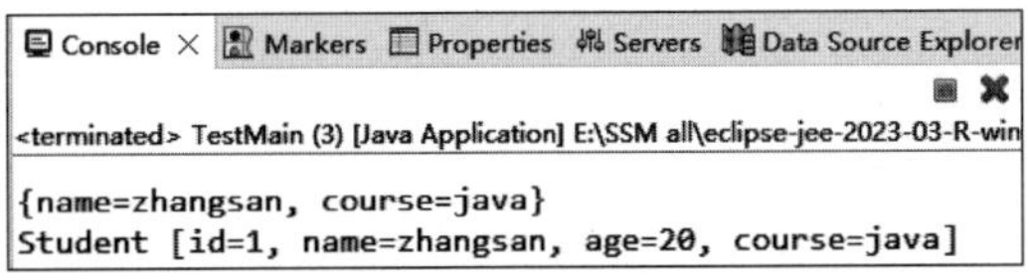

图 5-6 trim 元素的代码执行结果示意图

5.2.6 foreach 元素

foreach 元素是一个和循环相关的动态 SQL 元素。它的作用是对参数的集合进行遍历,循环调用参数集合中的所有参数。需要强调的是,这个遍历只是将参数集中的参数悉数解析出来拼接到 SQL 语句中,最终执行的是拼接完成后的一个 SQL 语句,而并不是通过循环参数集来多次执行单条 SQL 语句。

在 MyBatis 框架中,foreach 元素支持的参数集的数据类型包括数组、List 链表、Set 集合等。使用 foreach 元素需要对循环的参数集合的解析做好相关定义,包括参数集的下标、元素、间隔符、起止符等,具体的属性如表 5-3 所示。

表 5-3 foreach 元素的属性

属 性	描 述 说 明
collection	需要解析的参数集的参数名称
item	指定循环中的当前元素
index	当前元素在参数集中的位置下标
open、close	包装参数集的起止符号
separator	参数集中各个参数的分隔符

下面是一个完整的 foreach 元素的使用案例。同样地,这里继续沿用原项目进行更改。

1. 修改映射文件

在映射文件 StudentMapper.xml 中,加入 foreach 元素的相关定义代码,具体如下。

```xml
<!-- 动态 SQL,foreach 元素 -->
<select id="findStudentsByIdList" resultType="student">
select * from student where id in
<foreach item="id" index="index" collection="list" open="(" separator="," close=")">
#{id}
</foreach>
</select>
```

从代码中可以看到,参数集的元素是 id,参数集的变量名是 list,下标是 index,起止符和分隔符分别是"("、")"和",",实际上这里就可以分析出来参数是一个整型变量的数组 ArrayList。使用了 foreach 元素后,会将参数集合中的 id 值都解析出来,作为一个集合。这里定义的查询语句会通过 where id in 集合来对集合中所有的 id 值进行遍历查询。

2. 修改测试文件

在测试文件 TestMain.java 中,加入 foreach 元素的相关使用代码,具体如下。

```java
//动态 SQL,foreach 元素
ArrayList<Integer> list = new ArrayList<Integer>();
list.add(2);
list.add(3);
list.add(6);
System.out.println(list.toString());
List<Student> studentList = sqlSession.selectList("studentMapper.findStudentsByIdList", list);
for (Student student : studentList) {
System.out.println(student.toString());
}
System.out.println('\n');
```

使用 ArrayList<Integer>来定义一个整数类型的数组,作为 id 的集合来存放参数。通过list.add()函数将需要查询的id值逐一添加到数组中。最后作为查询参数,调用SQL语句执行查询。

需要注意的是,由于是参数集合的遍历后执行查询,查询结果可能是多个Java对象,因此不能调用sqlSession.selectOne(),而需要调用它的复数形式sqlSession.selectList()。对查询结果进行输出的时候,同样需要用循环语句,对复数形式的Java对象进行逐一输出打印。最后执行代码,结果如图5-7所示。

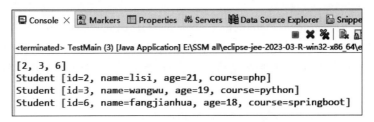

图 5-7　foreach 元素的代码执行结果示意图

5.2.7　bind 元素

bind元素的用法相比前面的动态SQL元素要简单,它的使用场景相对更加单一。当需要定义一个OGNL表达式时,为了防止重复书写表达式,实现类似Java变量的先定义后引用的效果,就需要用到bind元素。

在很多的bind元素的使用场景中,都是通过它来定义一个模糊查询的表达式。

下面通过一个完整的案例来演示其使用方法。同样地,这里继续沿用原项目进行更改。

1. 修改映射文件

在映射文件StudentMapper.xml中,加入bind元素的相关定义代码,具体如下。

```xml
<!-- 动态 SQL,bind 元素 -->
<select id="findStudentLike" resultType="student">
<bind name="name_pattern" value="'%'+name+'%'"/>
select * from student where name like #{name_pattern}
</select>
```

这里定义了一个bind元素的OGNL表达式,名称是name_pattern。表达式的具体取值,通过bind元素的value属性来定义,是"'%'+name+'%'"。这样就完成了bind元素的定义,在后续要使用的时候,直接在SQL语句中引用刚刚定义的bind元素的OGNL表达式的名称即可。例如,select * from student where name like #{name_pattern},这里的#{name_pattern},MyBatis框架在执行SQL语句的时候,会自动将其解析为刚定义的表达式,也就是"'%'+name+'%'"。

由于这里只是简单演示,代码的使用稍显不合理。但是如果程序中的表达式很多且需要考虑长期维护和代码可读性,启用bind元素进行逐一区分,先定义后使用,就显得非常有必要了。

2. 修改测试文件

在测试文件TestMain.java中,加入bind元素的相关使用代码,具体如下。

```
//动态 SQL,bind 元素,模糊查询
//String nameString = "n";
String nameString = "ng";
List < Student > studentList02 = sqlSession.selectList(" studentMapper.findStudentLike",
nameString);
for (Student student : studentList02) {
System.out.println(student.toString());
}
System.out.println('\n');
```

这里将 ng 作为参数传入了 mapper 文件中的 SQL 语句,根据 bind 元素的定义,最后得到的 SQL 语句是 select * from student where name like "％ng％"。查询所有姓名中含有 "ng"的学生的信息,将所有得到的查询信息打印输出到控制台。最后执行代码,结果如图 5-8 所示。

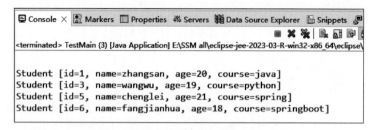

图 5-8 bind 元素的代码执行结果示意图

小结

本章首先介绍了动态 SQL 的应用场景和功能描述,随后详细介绍了动态 SQL 各种元素的相关知识,包括 if、choose、when、otherwise、where、set、trim、foreach、bind 等每种元素的功能介绍和使用方法,并通过使用案例演示了每种元素的具体编程和调试方法。通过本章的学习,读者可以了解动态 SQL 的使用原理,常用的元素和对应的功能,以及在 MyBatis 框架中如何通过编码实现动态 SQL 的应用。

习题

1. (　　)动态元素是多条件分支判断语句,相当于 Java 语句中的 switch case。
   A. choose、when 和 otherwise　　　　B. trim、where、set
   C. foreach　　　　　　　　　　　　　D. bind
2. trim 元素的_____属性,可以用于给指定的 SQL 语句删去前缀。
3. 简述动态 SQL 中 bind 元素的作用和使用方法。

第 6 章

MyBatis的缓存机制

视频讲解

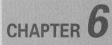

本章学习目标：
- 了解缓存的相关概念和原理。
- 理解 MyBatis 的两层缓存的概念。
- 掌握 MyBatis 的缓存使用方法。

为了提高系统访问数据库的效率，降低服务器的磁盘 IO 压力，开发企业级 Web 应用时可以采用缓存机制。启用缓存机制可以在一定程度上，减轻服务器和数据库的负载，提升数据库的访问性能。

由于 Mybatis 框架的主要功能就是对数据库进行操作，需要频繁访问数据库，因此 MyBatis 框架也提供了缓存机制供开发者使用。

6.1 缓存机制的介绍

缓存是计算机领域使用较为广泛的一个概念,在浏览器、操作系统、文件编辑软件等很多地方都有可能会用到。缓存的本质核心是以空间换时间的算法,即通过在系统中使用额外的缓存空间,从而提升数据访问的效率,降低数据访问的时间消耗。

在大部分软件的使用场景下,硬件空间资源往往是相对充足的,而数据访问的时间消耗是比较吃紧的,此时就可以启用缓存机制,利用多余的空间资源来换取一定程度的访问效率提升,从而可以提高整体软件系统的用户体验。

对于 Web 应用来说,往往同一时间有多个用户在访问服务器后台。如果多个用户同时对数据库进行增删改查的操作,则服务器和数据库的负载压力较大,此时就需要启用缓存机制。因此,对于一般的企业级 Web 应用来说,缓存机制是一个必不可少的功能组件。

6.2 MyBatis 的缓存机制

MyBatis 框架提供了完善的缓存功能。当 MyBatis 框架启动时,它会在内存中开辟一块区域,该区域会记录保存服务器对数据库的访问操作。如果在数据库未更新的情况下重复查询数据库,则直接从缓存中获取查询的数据返回给客户端,从而避免不必要的数据库查询操作,降低数据库的 IO 压力,提升 Web 应用的执行效率。

在 MyBatis 框架中,缓存可以进一步分为一级缓存和二级缓存,如图 6-1 所示。

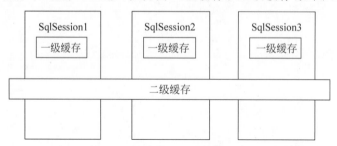

图 6-1 MyBatis 框架中的一级缓存和二级缓存

6.2.1 MyBatis 框架的一级缓存

在 MyBatis 框架中,一级缓存是 SqlSession 级别的缓存。当使用 MyBatis 框架时,需要通过 SqlSessionFactory 创建的 SqlSession 对象,来调用并执行 SQL 语句,完成数据库的操作。一级缓存就是在同一个 SqlSession 对象下,对数据库的操作可以共享缓存数据。如果是不同的 SqlSession 对象,则它们是不同的缓存数据。

例如,在一个 Web 应用中,有 SqlSession1 和 SqlSession2 两个对象,通过 SqlSession1 来对数据库做查询条件为 A 的数据查询操作。保持数据库不变,再次通过 SqlSession1 来对数据库做查询条件为 A 的数据查询操作,则此次查询会调用 SqlSession1 的缓存数据,并不会真的查询数据库。此时,如果换成通过 SqlSession2 来对数据库做查询条件为 A 的数据查询操作,虽然数据依然没有更新,且 SqlSession1 的缓存数据中有对应的查询结果,但是由于 SqlSession2 和 SqlSession1 是不同的缓存,不共享缓存数据,此时会通过数据库查询获取查询结果。这就是 MyBatis 的一级缓存,也称为 SqlSession 级别的缓存。

6.2.2 MyBatis 框架的二级缓存

在 MyBatis 框架中,二级缓存是 Mapper 级别的缓存。当使用 MyBatis 框架时,通过 SqlSession 对象来调用并执行 Mapper 映射文件的接口,来完成数据库的操作。二级缓存就是当重复调用同一个 Mapper 接口时,即便是不同的 SqlSession 对象,也可以共享缓存数据。

例如,在一个 Web 应用中,有 SqlSession1 和 SqlSession2 两个对象。使用 SqlSession1 对象来对数据库进行查询条件为 A 的数据查询操作,之后使用 SqlSession2 来同样对数据库进行查询条件为 A 的数据查询操作。此时虽然更换了 SqlSession 对象,无法共享一级缓存的数据。但是它们都调用了同一个 Mapper 接口,因此它们依然可以共享二级缓存的缓存数据。此时如果二级缓存处于开启状态,则数据直接从二级缓存中获取返回给客户端,不用真的打开数据库进行查询操作。

在一般情况下,缓存机制除了考虑数据访问操作的效率之外,也需要确认系统数据的安全性。在 MyBatis 框架中,一级缓存使用要求较为严格,它既需要访问同一 Mapper 接口,也需要使用相同的 SqlSession 对象。因此,MyBatis 框架中的一级缓存是默认开启的。二级缓存不需要 SqlSession 对象相同,只需要调用相同的 Mapper 接口就可以使用缓存数据,使用上没有一级缓存严格。因此,MyBatis 框架中的二级缓存是默认关闭的,需要开发人员手动开启。

6.3 MyBatis 中缓存机制的使用案例

下面通过一个完整的案例,来演示并验证 MyBatis 框架中一级缓存和二级缓存的使用方法。

1. 数据准备

进入 MySQL 的 bin 文件夹,打开 cmd 命令行,输入指令 mysqld--console 开启 MySQL 的服务。打开 HeidiSQL 客户端,连接数据库,新建 student 数据表,并插入以下测试数据,如图 6-2 所示。

2. 创建工程

打开 Eclipse 客户端,按照默认参数创建 Dynamic Web Project,即动态 Web 项目。在项目的 main/webapp/WEB-INF/lib 文件夹中,添加 MyBatis 框架所需的各种 jar 包。需要注意的是,由于本案例需要用到 log4j 组件查看 MyBatis 框架对数据库的操作行为和缓存的工作状态,这里导入 jar 包时,除了 mybatis.jar 和 mysql-connector-java.jar,还需要导入 MyBatis 下载后 lib 文件夹的其他 jar 包,如图 6-3 所示。

导入 jar 包后,在 Java 文件夹下创建不同的包,用于放置映射文件的 com.mapper,放置 Java 类的 com.pojo,放置测试代码的 com.test。

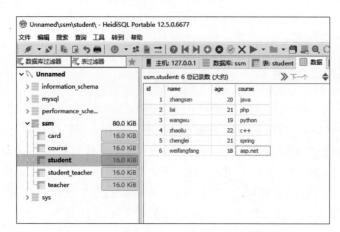 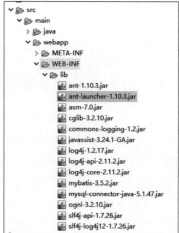

图 6-2　student 数据表中插入测试数据示意图　　图 6-3　项目所需的 jar 包示意图

3. 创建 Java 类

在 com.pojo 包下,新建一个 Java 类 Student.java,代码如下。

```
01  package com.pojo;
02  public class Student {
03      private int id;
04      private String name;
05      private int age;
06      private String course;
07      public int getId() {
08          return id;
09      }
10      public void setId(int id) {
11          this.id = id;
12      }
13      public String getName() {
14          return name;
15      }
16      public void setName(String name) {
17          this.name = name;
18      }
19      public int getAge() {
20          return age;
21      }
22      public void setAge(int age) {
23          this.age = age;
24      }
25      public String getCourse() {
26          return course;
27      }
28      public void setCourse(String course) {
29          this.course = course;
30      }
31      @Override
32      public String toString() {
```

```
33         return "Student [id=" + id + ", name=" + name + ", age=" + age + ", course=" + course + "]";
34     }
35 }
```

这是一个普通的Java类,为了方便应用MyBatis框架的ORM特性,Java类的成员变量名称和数据类型,与数据库中student表的字段一一对应,这样MyBatis框架就可以像操作Java对象一样来操作数据库。

在com.pojo包下,再新建一个Java类Student2.java,用于二级缓存功能的演示。代码如下。

```
01 package com.pojo;
02 import java.io.Serializable;
03 public class Student2 implements Serializable {
04     private int id;
05     private String name;
06     private int age;
07     private String course;
08     public int getId() {
09         return id;
10     }
11     public void setId(int id) {
12         this.id = id;
13     }
14     public String getName() {
15         return name;
16     }
17     public void setName(String name) {
18         this.name = name;
19     }
20     public int getAge() {
21         return age;
22     }
23     public void setAge(int age) {
24         this.age = age;
25     }
26     public String getCourse() {
27         return course;
28     }
29     public void setCourse(String course) {
30         this.course = course;
31     }
32     @Override
33     public String toString() {
34         return "Student [id=" + id + ", name=" + name + ", age=" + age + ", course=" + course + "]";
35     }
36 }
```

这个Java类也是用于MyBatis框架中映射数据库的,因此基本代码和Student.java一样。不同的是第03行,加上了Serializable序列化的接口声明。在MyBatis框架开启二级缓存后,会用到Java对象的序列化操作,因此这里需要添加Serializable序列化声明。

4.创建配置文件

在Java文件夹根目录下创建配置文件MybatisConfig.xml,配置文件中的内容大体和前面章节的内容一致，主要就是完成别名的设置，数据源的地址、用户名和密码等设置，以及映射文件的路径设置。

```xml
01  <?xml version="1.0" encoding="UTF-8" ?>
02  <!DOCTYPE configuration
03   PUBLIC "-//mybatis.org//DTD Config 3.0//EN"
04   "http://mybatis.org/dtd/mybatis-3-config.dtd">
05  <configuration>
06    <typeAliases>
07      <package name="com.pojo"/>
08    </typeAliases>
09    <environments default="ssmmysql">
10      <environment id="ssmmysql">
11        <transactionManager type="JDBC" />
12        <dataSource type="POOLED">
13          <property name="driver" value="com.mysql.jdbc.Driver" />
14          <property name="url" value="jdbc:mysql://localhost:3306/ssm?useSSL=false" />
15          <property name="username" value="root" />
16          <property name="password" value="" />
17        </dataSource>
18      </environment>
19    </environments>
20    <mappers>
21      <mapper resource="com/mapper/StudentMapper.xml" />
22    </mappers>
23  </configuration>
```

在同样的路径下，再创建一个配置文件 MybatisConfig2.xml，用于二级缓存的设置。代码如下：

```xml
01  <?xml version="1.0" encoding="UTF-8" ?>
02  <!DOCTYPE configuration
03   PUBLIC "-//mybatis.org//DTD Config 3.0//EN"
04   "http://mybatis.org/dtd/mybatis-3-config.dtd">
05  <configuration>
06    <settings>
07      <setting name="cacheEnabled" value="true"/>
08    </settings>
09    <typeAliases>
10      <package name="com.pojo"/>
11    </typeAliases>
12    <environments default="ssmmysql">
13      <environment id="ssmmysql">
14        <transactionManager type="JDBC" />
15        <dataSource type="POOLED">
16          <property name="driver" value="com.mysql.jdbc.Driver" />
17          <property name="url" value="jdbc:mysql://localhost:3306/ssm?useSSL=false" />
18          <property name="username" value="root" />
19          <property name="password" value="" />
20        </dataSource>
21      </environment>
22    </environments>
23    <mappers>
24      <mapper resource="com/mapper/StudentMapper2.xml" />
25    </mappers>
26  </configuration>
```

内容和 MybatisConfig.xml 大致相同,区别是第 06~08 行,在 setting 的设置项中,设置 cacheEnabled 为 true 后,MyBatis 框架的二级缓存配置就处于开启状态。在 MyBatis 的设置项中,cacheEnabled 项默认值就是 true,此部分代码在实际开发过程中也可以省略。

5. 创建映射文件

在工程的映射文件 Java 包 com.mapper 下,创建项目的映射文件 StudentMapper.xml。

```
01  <?xml version="1.0" encoding="UTF-8" ?>
02  <!DOCTYPE mapper
03  PUBLIC "-//mybatis.org//DTD Mapper 3.0//EN"
04  "http://mybatis.org/dtd/mybatis-3-mapper.dtd">
05  <mapper namespace="studentMapper">
06    <select id="findStudentById" resultType="student">
07      select * from student where id = #{id}
08    </select>
09    <update id="updateStudent" parameterType="student">
10      update student set name=#{name},age=#{age},course=#{course} where id=#{id}
11    </update>
12  </mapper>
```

第 06~08 行,定义了一个数据查询的方法,方法名为 findStudentById,返回数据类型为 com.pojo.Student 对象,参数是 int 类型的 id 值。

第 09~11 行,定义了一个数据更新的方法,方法名为 updateStudent,数据参数是 com.pojo.Student 对象。

在 com.mapper 包下,再创建一个映射文件 StudentMapper2.xml,用于二级缓存的数据操作方法实现,代码如下。

StudentMappe2r.xml

```
01  <?xml version="1.0" encoding="UTF-8" ?>
02  <!DOCTYPE mapper
03  PUBLIC "-//mybatis.org//DTD Mapper 3.0//EN"
04  "http://mybatis.org/dtd/mybatis-3-mapper.dtd">
05  <mapper namespace="studentMapper">
06    <cache></cache>
07    <select id="findStudentById" resultType="student2">
08      select * from student where id = #{id}
09    </select>
10    <update id="updateStudent" parameterType="student2">
11      update student set name=#{name},age=#{age},course=#{course} where id=#{id}
12    </update>
13  </mapper>
```

大致内容和 StudentMapper.xml 一样,定义了数据查询和数据更新的方法。不同的是第 06 行,这里的<cache></cache>标签,就是手动开启二级缓存的开关。

由于在 MyBatis 框架中,不同的 Mapper 可以放在不同的映射文件,当某个映射文件中加入<cache></cache>标签,即代表此 Mapper 启用了二级缓存。如果没有此标签,代表此 Mapper 默认关闭了二级缓存。

6. 创建 log4j 的配置文件

在 Java 文件夹根目录下，创建 log4j 组件的配置文件 log4j.properties，代码如下。

```
01  # Global logging configuration
02  log4j.rootLogger=ERROR, stdout
03  # mapper.namespace
04  log4j.logger.studentMapper=DEBUG
05  # MyBatis logging configuration...
06  # log4j.logger.com.mapper.StudentMapper=TRACE
07  # log4j.logger.org.mybatis.example.BlogMapper=TRACE
08  # Console output...
09  log4j.appender.stdout=org.apache.log4j.ConsoleAppender
10  log4j.appender.stdout.layout=org.apache.log4j.PatternLayout
11  log4j.appender.stdout.layout.ConversionPattern=%5p [%t] - %m%n-
```

配置文件中，以 # 开头的为注释行。配置文件的主要内容是第 02、04、09~11 行，它们的作用是开启 MyBatis 框架操作数据库的打印信息，同时监控 studentMapper 这个映射文件的接口使用方法。

经过以上的设置后，在程序的控制台就可以清晰地看到数据库和缓存相关的调用过程，可以验证缓存机制的作用。

7. 创建测试文件

在 com.test 包下，分别创建一级缓存和二级缓存的测试文件 TestMain.java 和 TestMain2.java，代码如下。

TestMain.java

```
01  package com.test;
02  import java.io.IOException;
03  import java.io.InputStream;
04  import java.util.HashMap;
05  import org.apache.ibatis.io.Resources;
06  import org.apache.ibatis.session.SqlSession;
07  import org.apache.ibatis.session.SqlSessionFactory;
08  import org.apache.ibatis.session.SqlSessionFactoryBuilder;
09  import com.pojo.Student;
10  public class TestMain {
11      public static void main(String[] args) {
12          //TODO Auto-generated method stub
13          try {
14              String mybatisConfigFilename = "MybatisConfig.xml";
15              InputStream in = Resources.getResourceAsStream(mybatisConfigFilename);
16              SqlSessionFactory factory = new SqlSessionFactoryBuilder().build(in);
17              SqlSession sqlSession = factory.openSession();
18              //一级缓存, sqlSession 级别
19              //重复查询, 中间无数据更新, 第二次会调用缓存
20              System.out.println("\n=========== 第一次查询 ===========");
21              Student stu = sqlSession.selectOne("studentMapper.findStudentById", 3);
22              System.out.println(stu.toString());
23              System.out.println("=========== 第二次查询 ===========");
24              Student stu02 = sqlSession.selectOne("studentMapper.findStudentById", 3);
25              System.out.println(stu02.toString());
```

```java
26          //重复查询,中间有数据更新,第二次不会调用缓存
27          System.out.println("\n============ 第一次查询 ============");
28          Student stu03 = sqlSession.selectOne("studentMapper.findStudentById", 3);
29          System.out.println(stu03.toString());
30          stu03.setAge(19);
31          sqlSession.update("studentMapper.updateStudent", stu03);
32          sqlSession.commit();
33          System.out.println("============ 第二次查询 ============");
34          Student stu04 = sqlSession.selectOne("studentMapper.findStudentById", 3);
35          System.out.println(stu04.toString());
36          sqlSession.close();
37      } catch (IOException e) {
38          //TODO Auto-generated catch block
39          e.printStackTrace();
40      }
41    }
42 }
```

TestMain2.java

```java
01 package com.test;
02 import java.io.IOException;
03 import java.io.InputStream;
04 import java.util.HashMap;
05 import org.apache.ibatis.io.Resources;
06 import org.apache.ibatis.session.SqlSession;
07 import org.apache.ibatis.session.SqlSessionFactory;
08 import org.apache.ibatis.session.SqlSessionFactoryBuilder;
09 import com.pojo.Student;
10 import com.pojo.Student2;
11 public class TestMain2 {
12    public static void main(String[] args) {
13      //TODO Auto-generated method stub
14      try {
15          String mybatisConfigFilename = "MybatisConfig2.xml";
16          InputStream in = Resources.getResourceAsStream(mybatisConfigFilename);
17          SqlSessionFactory factory = new SqlSessionFactoryBuilder().build(in);
18          //二级缓存,mapper 级别
19          //重复查询,更换 sqlSession,第二次会调用 mapper 缓存
20          SqlSession sqlSession = factory.openSession();
21          System.out.println("\n============ 第一次查询 ============");
22          Student2 stu = sqlSession.selectOne("studentMapper.findStudentById", 3);
23          System.out.println(stu.toString());
24          sqlSession.close();
25          SqlSession sqlSession2 = factory.openSession();
26          System.out.println("============ 第二次查询 ============");
27          Student2 stu02 = sqlSession2.selectOne("studentMapper.findStudentById", 3);
28          System.out.println(stu02.toString());
29          sqlSession2.close();
30          //重复查询,更换 sqlSession 且更新数据,第二次不会调用 mapper 缓存
31          SqlSession sqlSession3 = factory.openSession();
32          System.out.println("\n============ 第一次查询 ============");
33          Student2 stu3 = sqlSession3.selectOne("studentMapper.findStudentById", 3);
34          System.out.println(stu3.toString());
35          stu3.setAge(19);
36          sqlSession3.update("studentMapper.updateStudent", stu3);
37          sqlSession3.commit();
```

```
38              sqlSession3.close();
39              SqlSession sqlSession4 = factory.openSession();
40              System.out.println("============ 第二次查询 ============");
41              Student2 stu04 = sqlSession4.selectOne("studentMapper.findStudentById", 3);
42              System.out.println(stu04.toString());
43              sqlSession4.close();
44          } catch (IOException e) {
45              //TODO Auto-generated catch block
46              e.printStackTrace();
47          }
48      }
49  }
```

两个测试文件都比较简单,流程为:使用同一 SqlSession 或 Mapper 对象,对同一数据进行两次查询,观察缓存机制的启用状态;然后对数据进行更新操作,再次进行数据查询,观察缓存机制的启用状态。

8．项目测试结果

保持数据库服务处于开启状态,在 Eclipse 中右键单击 MyBatis 一级缓存的测试文件,选择 Run As,然后选择 Java Application,让项目以 Java 程序运行。此时控制台输出如图 6-4 所示。

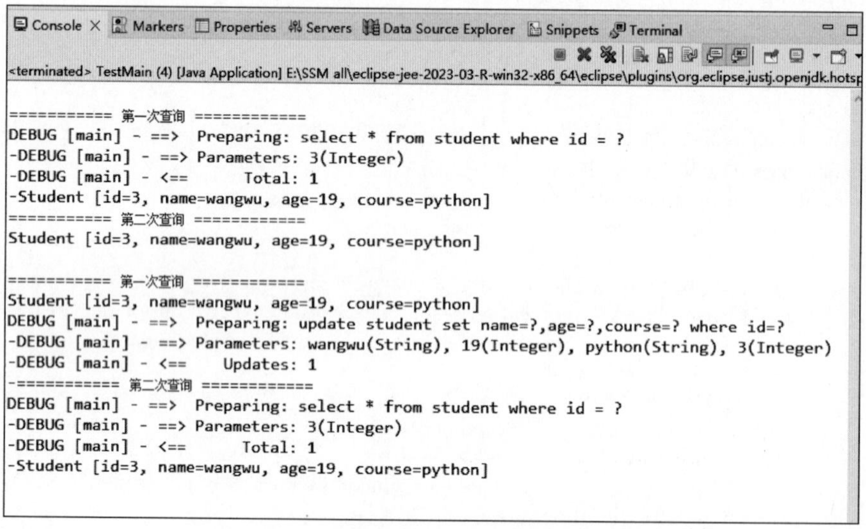

图 6-4　MyBatis 框架的一级缓存的使用示意图

可以看到,凡是带有 DEBUG 标签的,就是 log4j 监控到的 MyBatis 框架对数据库的操作信息。前面的第一次查询和第二次查询是连续进行的,此时一级缓存启用,因此第二次查询没有经过数据库操作。后面的第一次查询和第二次查询中间插入了数据更新操作,此时不能使用缓存数据,因此第二次查询继续经过了数据库操作。

在 Eclipse 中右键单击 MyBatis 二级缓存的测试文件,选择 Run As,然后选择 Java Application,让项目以 Java 程序运行。此时控制台输出如图 6-5 所示。

在二级缓存的打印信息中,除了数据库操作,还有一个 Cache Hit Ratio 值,此数据代表缓存中的数据被读取的比例。

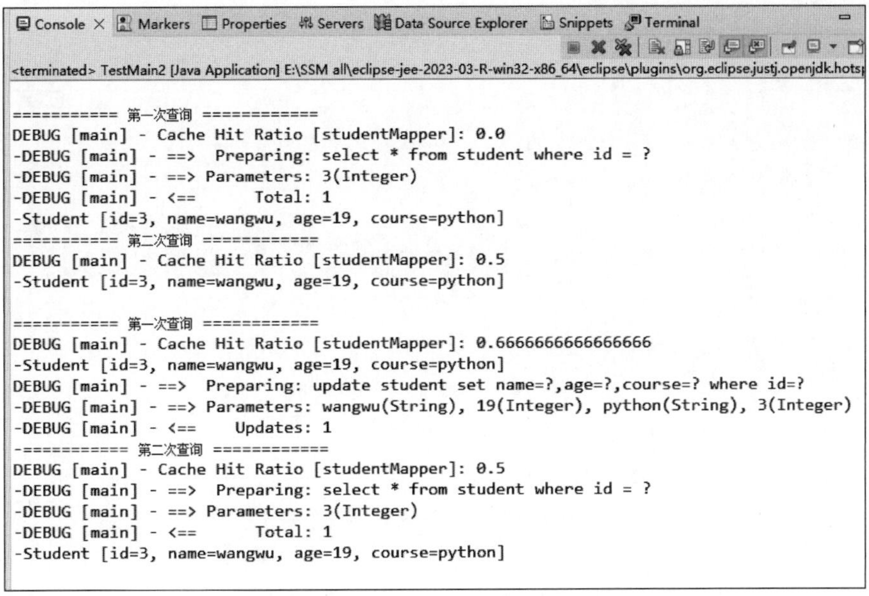

```
 Console X  Markers  Properties  Servers  Data Source Explorer  Snippets  Terminal
<terminated> TestMain2 [Java Application] E:\SSM all\eclipse-jee-2023-03-R-win32-x86_64\eclipse\plugins\org.eclipse.justj.openjdk.hotsp
=========== 第一次查询 ============
DEBUG [main] - Cache Hit Ratio [studentMapper]: 0.0
-DEBUG [main] - ==>  Preparing: select * from student where id = ?
-DEBUG [main] - ==> Parameters: 3(Integer)
-DEBUG [main] - <==      Total: 1
-Student [id=3, name=wangwu, age=19, course=python]
=========== 第二次查询 ============
DEBUG [main] - Cache Hit Ratio [studentMapper]: 0.5
-Student [id=3, name=wangwu, age=19, course=python]

=========== 第一次查询 ============
DEBUG [main] - Cache Hit Ratio [studentMapper]: 0.6666666666666666
-Student [id=3, name=wangwu, age=19, course=python]
DEBUG [main] - ==>  Preparing: update student set name=?,age=?,course=? where id=?
-DEBUG [main] - ==> Parameters: wangwu(String), 19(Integer), python(String), 3(Integer)
-DEBUG [main] - <==    Updates: 1
------=========== 第二次查询 ============
DEBUG [main] - Cache Hit Ratio [studentMapper]: 0.5
-DEBUG [main] - ==>  Preparing: select * from student where id = ?
-DEBUG [main] - ==> Parameters: 3(Integer)
-DEBUG [main] - <==      Total: 1
-Student [id=3, name=wangwu, age=19, course=python]
```

图 6-5　MyBatis 框架的二级缓存的使用示意图

二级缓存的测试用例和一级缓存类似，前面的两次查询使用了不同的 SqlSession 对象但相同的 Mapper 对象，因此第二次查询时可以使用二级缓存中的数据，没有经过数据库操作。后面的两次查询中间插入了数据更新操作，因此第二次查询时依然要使用数据库操作。

小结

本章首先介绍了缓存的概念，讲解了缓存机制的原理；其次讲解了 MyBatis 框架中的一级缓存和二级缓存的概念和区别，以及对应的使用方法；最后，通过一个完整的使用案例，讲解了 MyBatis 框架中，如何分别开启和使用一级缓存和二级缓存，并借助 log4j 组件，在程序测试时，通过控制台输出来查看缓存的使用状态。通过本章的学习，读者可以理解缓存机制的原理，掌握 MyBatis 框架中一级缓存和二级缓存的区别，学会在项目中使用 MyBatis 框架的缓存功能。

习题

1. 在 MyBatis 框架中，一级缓存是（　　）级别的缓存。
   A. Class　　　　　B. Object　　　　　C. SqlSession　　　　　D. Mapper
2. 在 MyBatis 框架的配置文件中，加入_____元素，可以开启二级缓存的使用。
3. 简述一级缓存和二级缓存的区别。

第 7 章

MyBatis的注解

CHAPTER 7

本章学习目标：
- 了解注解的相关概念和使用方法。
- 理解注解和配置文件各自的特点。
- 掌握 MyBatis 常用的注解的使用方法。

在 MyBatis 框架中，基本功能是解析和运行 SQL 语句，实现对数据库的操作和访问。在前面的章节内容中，这些功能主要都是通过配置文件和映射文件来结合实现的，也就是相关的功能代码都放在 XML 文件中。在实际开发过程中，除了使用 XML 文件来实现 MyBatis 的功能外，还可以使用注解的方式来实现。

7.1 MyBatis 框架的注解功能介绍

注解可以看作一种特殊的编程语法，它的主要特点是有@符号，将相关功能用@＋关键词的形式直接写入 Java 代码。由于不需要解析和配置 XML 文件，使用注解实现 MyBatis 相关功能的时候，执行效率相对更高。同时，由于不需要开发人员在 XML 和 Java 两种文件中切换，注解编程也更简单，可以提升代码的可读性。

MyBatis 框架的很多功能都支持直接使用注解实现，尤其是和 SQL 语句相关的功能，都可以使用注解来替代 XML 文件的方式。如表 7-1 所示是 MyBatis 框架的常用注解。

表 7-1 MyBatis 框架的常用注解

注　解	属　性	对应的 XML 元素	描　述
@Results	value，是 Result 注解的数组	\<resultMap\>	多个结果映射列表
@Result	is、column、property、javaType、jdbcType、typeHandler、one、many。one 用于表示一对一关联，many 用于表示一对多关联	\<result\>	在列和属性或字段之间的单独结果映射
@One	select，已映射语句的完全限定名	\<association\>	复杂类型的单独属性值映射
@Many	select，映射器方法的完全限定名	\<collection\>	复杂类型的集合属性映射
@Options	useCache、flushCache、resultSetType、statementType、fetchSize、timeout、useGeneratedKeys、keyProperty	映射语句的属性	映射语句的属性
@Select @Insert @Update @Delete	value，是字符串数组用来组成单独的 SQL 语句	\<select\>\<insert\>\<update\>\<delete\>	与对应的元素功能一致，调用 SQL 语句执行数据库的增删改查
@SelectProvider @InsertProvider @UpdateProvider @DeleteProvider	type，类的完全限定名；method，类的方法名	\<select\>\<insert\>\<update\>\<delete\> 允许创建动态 SQL	指定一个类名和一个方法在执行时返回运行的 SQL
@Param			映射器需要多个参数时，使用它进行参数匹配

从表中可以看到，MyBatis 框架支持的注解是比较多的，基本可以全面实现映射文件中 XML 元素对应的功能和使用场景。作为初学者，较常使用的主要是@Select、@Insert、@Update、@Delete、@Result、@Param 等和 SQL 语句关联较大的注解。下面对这些注解的使用进行详细讲解。

7.2 MyBatis 框架的增删改查注解

7.2.1 @Insert 注解

@Insert 注解对应之前映射文件中的< insert >元素,实现数据库的插入操作。在 MyBatis 框架中,注解的实现依赖于 Java 文件,也就是 mapper 的接口类。@Insert 注解的 SQL 语句直接写在 Java 接口的函数声明上面即可,增加了代码的可读性和可维护性。

在实际开发的过程中,还可以根据具体需要,添加数据插入操作的其他进阶属性或选项,例如,是否启用自动生成主键、指定主键对应的数据表字段等。

下面通过一个完整的案例,来讲解@Insert 元素在 MyBatis 框架中的具体使用方法。

1. 创建工程

打开 Eclipse 客户端,按照默认参数创建 Dynamic Web Project,即动态 Web 项目。在项目的 main/webapp/WEB-INF/lib 文件夹中,添加 MyBatis 框架所需的各种 jar 包,具体和前面章节案例所讲一致。在 Java 文件夹下创建不同的包,用于放置映射文件的 com.mapper,放置 Java 类的 com.pojo,放置测试代码的 com.test。

2. 创建配置文件

在 Java 文件夹根目录下创建配置文件 MybatisConfig.xml,配置文件中的内容大体和前面章节的内容一致,主要就是完成别名的设置,数据源的地址、用户名和密码等设置,以及映射文件的路径设置。

```
01  <?xml version="1.0" encoding="UTF-8" ?>
02  <!DOCTYPE configuration
03    PUBLIC "-//mybatis.org//DTD Config 3.0//EN"
04    "http://mybatis.org/dtd/mybatis-3-config.dtd">
05  < configuration >
06    < typeAliases >
07      < package name="com.pojo"/>
08    </typeAliases>
09    < environments default="ssmmysql">
10      < environment id="ssmmysql">
11        < transactionManager type="JDBC" />
12        < dataSource type="POOLED">
13          < property name="driver" value="com.mysql.jdbc.Driver" />
14          < property name="url" value="jdbc:mysql://localhost:3306/ssm?useSSL=false" />
15          < property name="username" value="root" />
16          < property name="password" value="root" />
17        </dataSource>
18      </environment>
19    </environments>
20    < mappers >
21      < mapper class="com.mapper.StudentMapper" />
22    </mappers>
23  </configuration>
```

这里的别名是采用了包扫描的形式,也就是 com.pojo 包下的所有 Java 类都可以在映射文件中使用简短的别名。

在配置文件第 20~22 行,将映射文件的路径设置为 com.mapper.StudentMapper,这是一个典型的 Java 包。对比之前的 XML 文件的路径,写法是< mapper resource＝"com/mapper/StudentMapper.xml" />,两者是不同的,这一点需要读者注意。由于采用了注解的编程方法,因此本章的所有案例中都没有 XML 映射文件,取而代之的就是 Java 接口类。

3. 创建映射文件

在工程的映射文件 Java 包 com.mapper 下,创建一个 Java 的接口类 StudentMapper.java,作为项目的映射文件。

```
01   package com.mapper;
02   import org.apache.ibatis.annotations.*;
03   import com.pojo.*;
04   public interface StudentMapper{
05       @Insert("insert into student(id,name,age,course) values(#{id},#{name},#{age},#{course})")
06       int insertStudent(Student student);
07   }
```

第 02 行,import org.apache.ibatis.annotations.* 代表导入注解的相关包,本章用到的所有注解、相关定义和实现都在此包中。

第 04 行,public interface 声明的是一个接口,而不是一个 Java 类。从面向对象编程的相关知识可知,接口和类的区别在于,接口里只需要对函数进行声明,定义函数的参数、函数名、返回类型即可,具体实现可以放在接口的继承类中。

第 05 行,注解的相关代码需要写在对应的接口函数声明的上面。使用@Insert 注解前,需要确保注解相关的包正确导入。注解后面的括号里,就是此接口函数对应的 SQL 语句实现,使用双引号作为字符串来编写。插入数据的 SQL 语句为 insert into student(id,name,age,course) values(#{id},#{name},#{age},#{course}),需要传入 4 个参数分别是 student 表的 id、name、age、course 字段。由于接口函数实际传入的是 Student 类对象,因此对象的成员变量就可以作为这几个参数一一对应传入即可。

第 06 行,这是一个典型的接口函数声明。函数名是 insertStudent,用于向数据库插入一条数据。需要传入的参数是 Student 类型的 Java 对象,返回值的数据类型是 int。

4. 创建 pojo 类

在工程 pojo 类的 Java 包 com.pojo 下,创建一个 Student.java,用于和数据库的 student 表进行对应。

```
01   package com.pojo;
02   public class Student{
03       private int id;
04       private String name;
05       private int age;
06       private String course;
```

```
07    public Student(int id, String name, int age, String course) {
08        super();
09        this.id = id;
10        this.name = name;
11        this.age = age;
12        this.course = course;
13    }
14    public int getId() {
15        return id;
16    }
17    public void setId(int id) {
18        this.id = id;
19    }
20    public String getName() {
21        return name;
22    }
23    public void setName(String name) {
24        this.name = name;
25    }
26    public int getAge() {
27        return age;
28    }
29    public void setAge(int age) {
30        this.age = age;
31    }
32    public String getCourse() {
33        return course;
34    }
35    public void setCourse(String course) {
36        this.course = course;
37    }
38    @Override
39    public String toString() {
40        return "Student [id=" + id + ", name=" + name + ", age=" + age + ", course=" + course + "]";
41    }
42 }
```

第 03~06 行代码，分别声明了 Student 类的成员变量，其命名和数据类型均与数据库中 student 表的字段一一对应，这样在后续执行 SQL 语句的时候，MyBatis 框架就可以进行自动识别和转换。

其他的代码主要都是对 pojo 类的补足，包括属性的 getter、setter、toString 函数等，这些代码可以利用 Eclipse 软件的功能自动生成。具体方法是：在 pojo 类中，完成成员变量的声明后，右键单击代码区域，选择 Source，然后选择对应的 Generate 指令即可，如图 7-1 所示。

5. 创建测试文件

在工程的测试文件 Java 包 com.test 下，创建一个包含主函数入口的 Java 类 TestMain.java，作为项目的测试文件。

```
01 package com.test;
02 import java.io.IOException;
03 import java.io.InputStream;
```

第 7 章　MyBatis 的注解　97

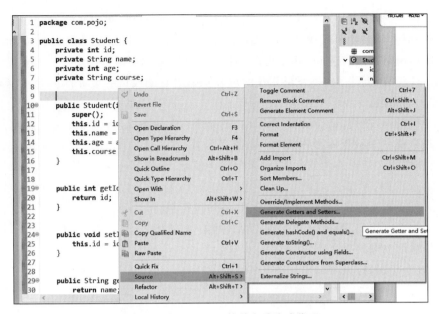

图 7-1　使用 Eclipse 软件自动生成代码

```
04    import org.apache.ibatis.io.Resources;
05    import org.apache.ibatis.session.SqlSession;
06    import org.apache.ibatis.session.SqlSessionFactory;
07    import org.apache.ibatis.session.SqlSessionFactoryBuilder;
08    import com.mapper.StudentMapper;
09    import com.pojo.*;
10    public class TestMain {
11        public static void main(String[] args) {
12            //TODO Auto-generated method stub
13            try {
14                String mybatisConfigFilename = "MybatisConfig.xml";
15                InputStream in = Resources.getResourceAsStream(mybatisConfigFilename);
16                SqlSessionFactory factory = new SqlSessionFactoryBuilder().build(in);
17                SqlSession sqlSession = factory.openSession();
18                StudentMapper mapper = sqlSession.getMapper(StudentMapper.class);
19                int dbReturn=-1;                    //返回值
20                int theStudentId = 77;              //编辑的学生 id
21                //@Insert
22                Student stu = new Student(theStudentId, "zhouxiaowen", 27, "vue.js");
23                dbReturn = mapper.insertStudent(stu);
24                sqlSession.commit();
25                stu = mapper.selectStudentById(theStudentId);
26                System.out.println(stu.toString());
27                sqlSession.close();
28                System.out.println("--------------------------");
29            } catch (IOException e) {
30                //TODO Auto-generated catch block
31                e.printStackTrace();
32            }
33        }
34    }
```

在测试文件中，主体代码是 MyBatis 框架的正常使用，包括相关 Java 包的导入、SqlSession 的创建和关闭等，前面章节已经详细讲解过，这里不再赘述。

第 18 行代码，在 XML 映射文件调用 SQL 语句的过程中，可以直接使用 SqlSession 对象的方法。但是如果使用注解，需要先通过 sqlSession.getMapper 函数获取 mapper 对象，之后的 SQL 语句直接通过 mapper 内定义的接口函数来调用即可。

第 22 行代码，创建了一个 Student 的对象 stu，对它的成员变量进行设置，用于 SQL 语句需要传入的参数。

第 23 行代码，使用 mapper 对象调用 insertStudent 接口，传入 stu 对象。此方法返回的 int 类型数据代表数据库操作成功的数据条目数，在具体的使用场景中，可以通过这个 int 值来判断数据插入是否成功或失败，这里仅作为演示，无实际意义。

第 24 行代码，由于是对数据库进行插入操作，数据发生变化，需要调用 sqlSession.commit 来提交插入操作，让数据库对 SQL 语句进行执行。

第 25~26 行代码，提前定义了插入的数据条目 id 值，这里对 id 值进行查询，看是否插入成功，并输出查询结果。

执行以上代码，控制台输出如图 7-2 所示。

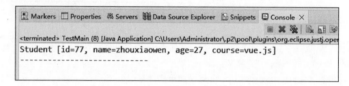

图 7-2　使用 @Insert 注解对数据进行插入并查询是否插入成功

数据正常插入并查询成功，也可以对比执行代码前后数据库的变化，得到更直观的验证。

在使用 @Insert 注解进行数据插入的过程中，除了以上演示的基础使用外，还可以使用 @Options 注解对插入的其他数据进行配置，例如，使用自动生成主键并指定主键对应的字段为 id（自动生成主键需要对数据表进行相关设置后生效）。对应的代码如下。

```
@Insert("insert into student(id,name,age,course) values(#{id},#{name},#{age},#{course})")
@Options(useGeneratedKeys = true, keyProperty = "id")
int insertStudent(Student student);
```

这里的代码仅供参考，作为初学者，读者基本了解即可。

7.2.2　@Update 注解

@Update 注解对应之前映射文件中的 <update> 元素，实现数据库的更新操作。

下面通过一个完整的案例，来讲解 @Update 元素在 MyBatis 框架中的具体使用方法。

1. 创建工程和配置文件

为了方便对不同的注解功能进行演示，这里沿用本章前面内容已经创建好的工程，配置文件也基本不需要做改动，直接使用即可。

2. 创建映射文件

在原工程的映射文件 com.mapper.StudentMapper.java 中，添加 @Update 注解的相

关定义代码。

```
@Update("update student set name=#{name},age=#{age},course=#{course} where id=#{id}")
int updateStudent(Student student);
```

和@Insert 注解类似，这里的更新接口传入一个 Student 的类，其成员变量的值将作为 SQL 语句的参数。返回一个 int 类型的值，代表更新成功的数据条目。

更新操作对应的 SQL 语句是 update student set name＝#{name},age＝#{age}, course＝#{course} where id＝#{id}，使用双引号引用后，作为字符串参数放在@Update 注解的括号内。

3. 创建 pojo 类

直接沿用原工程的 pojo 类即可。

4. 创建测试文件

在工程的测试文件 com.test.TestMain.java 中，添加数据更新的相关操作代码。

```
//@Update
Student stu2 = new Student(theStudentId, "zhouxiaowu", 24, "react.js");
dbReturn = mapper.updateStudent(stu2);
sqlSession.commit();
stu2 = mapper.selectStudentById(theStudentId);
System.out.println(stu2.toString());
```

theStudentId 是测试用的 id 值，将此 id 对应的数据条目进行更新操作。通过 mapper 对象调用 updateStudent 接口，来执行 SQL 语句。使用 sqlSession.commit 提交后，通过查询数据来验证是否更新成功。

执行上述代码，控制台输出如图 7-3 所示。

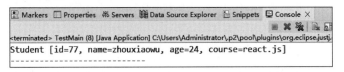

图 7-3　使用@Update 注解对数据进行更新并查询是否插入成功

数据正常更新并查询成功，同样地，读者也可以对比执行代码前后数据库的变化，得到更直观的验证。

7.2.3　@Select 注解

@Select 注解对应之前映射文件中的<select>元素，实现数据库的查询操作。

由于查询的注解实现相对比较简单且实用，前面的案例中实际上已经接触过了。下面通过一个完整的案例，来具体讲解@Select 元素在 MyBatis 框架中的具体使用方法。

1. 创建工程和配置文件

为了方便对不同的注解功能进行演示，这里沿用本章前面内容已经创建好的工程，配置文件也基本不需要做改动，直接使用即可。

2. 创建映射文件

在原工程的映射文件 com.mapper.StudentMapper.java 中，添加@Select 注解的相关定义代码。

```
@Select("select * from student where id=#{id}")
Student selectStudentById(int id);
```

查询接口需要传入一个 int 类型的 id 值，作为查询的 SQL 语句的传入参数。返回 Student 类型的对象，作为查询的结果。

查询操作对应的 SQL 语句是 select * from student where id=#{id}，使用双引号引用后，作为字符串参数放在@Select 注解的括号内。

3. 创建 pojo 类

直接沿用原工程的 pojo 类即可。

4. 创建测试文件

在工程的测试文件 com.test.TestMain.java 中，添加数据查询的相关操作代码。

```
//@Select
Student stu3 = mapper.selectStudentById(theStudentId);
System.out.println(stu3.toString());
```

theStudentId 是测试用的 id 值，将此 id 对应的数据条目进行查询操作。通过 mapper 对象调用 selectStudentById 接口，来执行 SQL 语句。查询语句不对数据改动，不需要 sqlSession.commit 提交。

执行上述代码，控制台输出如图 7-4 所示。

图 7-4 使用@Select 注解对数据进行查询

数据正常查询并打印成功，同样地，读者也可以对比数据库里的数据条目，得到更直观的验证。

7.2.4 @Delete 注解

@Delete 注解对应之前映射文件中的<delete>元素，实现数据库的删除操作。

下面通过一个完整的案例，来讲解@Delete 元素在 MyBatis 框架中的具体使用方法。

1. 创建工程和配置文件

为了方便对不同的注解功能进行演示，这里沿用本章前面内容已经创建好的工程，配置文件也基本不需要做改动，直接使用即可。

2. 创建映射文件

在原工程的映射文件 com.mapper.StudentMapper.java 中，添加@Delete 注解的相关

定义代码。

```
@Delete("delete from student where id=#{id}")
int deleteStudentById(int id);
```

这里的删除接口需要传入一个 int 类型的 id，返回一个 int 类型的值，代表删除成功的数据条目。

删除操作对应的 SQL 语句是 delete from student where id=#{id}，使用双引号引用后，作为字符串参数放在@Delete 注解的括号内。

3. 创建 pojo 类

直接沿用原工程的 pojo 类即可。

4. 创建测试文件

在工程的测试文件 com.test.TestMain.java 中，添加数据删除的相关操作代码。

```
//@Delete
dbReturn = mapper.deleteStudentById(theStudentId);
sqlSession.commit();
Student stu4 = mapper.selectStudentById(theStudentId);
System.out.println(stu4.toString());
```

theStudentId 是测试用的 id 值，将此 id 对应的数据条目进行删除操作。通过 mapper 对象调用 deleteStudentById 接口，来执行 SQL 语句。使用 sqlSession.commit 提交后，通过查询数据来验证是否删除成功。

执行上述代码，控制台输出如图 7-5 所示。

图 7-5　使用@Delete 注解对数据进行删除并查询是否删除成功

程序出错，提示"stu4" is null，也就是删除后此 id 对应的数据条目不存在，删除操作成功执行。同样地，读者也可以对比执行代码前后数据库的变化，得到更直观的验证。

7.3　MyBatis 框架的其他常用注解

7.3.1　@Param 注解

与前面的增删改查的注解操作不一样，@Param 注解是一种辅助型的注解，主要用于对参数进行绑定设置。下面通过一个完整的案例，来讲解@Param 元素在 MyBatis 框架中的具体使用方法。

1. 创建工程和配置文件

为了方便对不同的注解功能进行演示,这里沿用本章前面内容已经创建好的工程,配置文件也基本不需要做改动,直接使用即可。

2. 创建映射文件

在原工程的映射文件 com.mapper.StudentMapper.java 中,删去原来的查询函数并使用@Param 注解来编写新的查询函数,相关代码如下。

```
@Select("select * from student where id=#{sid}")
Student selectStudentById(@Param("sid") int id);
```

在这里,查询函数的代码和之前不同的地方在于,SQL 语句需要传入的参数是 sid,而 Java 接口传入的参数是 id。这两个参数的命名不一致,因此 MyBatis 框架无法自动识别绑定,此时就需要使用@Param 注解,将两者进行手动绑定。

@Param 注解写在参数前,括号里是 SQL 语句的参数名。其他地方和原来的查询函数基本一致。

3. 创建 pojo 类

直接沿用原工程的 pojo 类即可。

4. 创建测试文件

在工程的测试文件 com.test.TestMain.java 中,添加数据查询的相关操作代码。

```
//@Select
Student stu3 = mapper.selectStudentById(theStudentId);
System.out.println(stu3.toString());
```

这里的查询代码和之前的完全一致,@Param 注解主要是对 mapper 映射文件的内容进行改变,实际的查询接口的调用不会发生变化。

执行上述代码,控制台输出如图 7-6 所示。

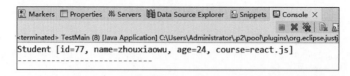

图 7-6 使用@Param 注解对参数进行手动绑定并查询是否绑定成功

数据正常查询并打印成功,提示参数可以正常传入 SQL 语句。同样地,读者也可以对比数据库里的数据条目,得到更直观的验证。

7.3.2 @Results 和@Result 注解

和@Param 一样,@Results 和@Result 注解也是辅助型的注解,主要用于对返回的数据集进行绑定设置。下面通过一个完整的案例,来讲解@Results 和@Result 注解在 MyBatis 框架中的具体使用方法。

1. 创建工程和配置文件

为了方便对不同的注解功能进行演示,这里沿用本章前面内容已经创建好的工程,配置文件也基本不需要做改动,直接使用即可。

2. 创建 pojo 类

@Results 和@Result 注解主要是用在返回的 Java 类的成员变量和数据表中字段名不一样的时候,此案例中需要创建一个新的 POJO 类,重新设置它的成员变量。

在 com.pojo 包下,创建新的类,代码如下。

Student2.java

```
01  package com.pojo;
02  public class Student2 {
03      private int sid;
04      private String sname;
05      private int sage;
06      private String scourse;
07      @Override
08      public String toString() {
09          return "Student2 [sid=" + sid + ", sname=" + sname + ", sage=" + sage + ", scourse=" + scourse + "]";
10      }
11  }
```

新的 POJO 类里,成员变量分别是 sid、sname、sage、scourse,和数据库中 student 表的 4 个字段完全不同。

3. 创建映射文件

在原工程的映射文件 com.mapper.StudentMapper.java 中,重新写一个新的查询接口,并在此基础上添加@Results 和@Result 注解的相关代码,如下。

```
@Select("select * from student where id=#{id}")
@Results({
    @Result(column="id", property="sid"),
    @Result(column="name", property="sname"),
    @Result(column="age", property="sage"),
    @Result(column="course", property="scourse"),
})
Student2 selectStudent2ById2(int id);
```

接口函数的返回数据类型是 Student2,如之前讲解,此 POJO 类的成员变量和 student 数据表的字段不同。因此,在@Select 查询注解的下方,使用@Results 注解表示将启用手动绑定映射关系,以此来保证返回的 Student2 对象的正常。

每一个@Result 代表独立的某个成员变量,如何映射到数据表的字段。属性 column 代表数据库的字段名称,属性 property 代表 Java 类的成员变量名,它们形成一一对应的关系。

4. 创建测试文件

在工程的测试文件 com.test.TestMain.java 中,添加新的数据查询接口的相关操作代码。

```
//@Select 2
Student2 stu5 = mapper.selectStudent2ById2(4);
System.out.println(stu5.toString());
```

这里的查询代码本质上和之前的一致，只是 mapper 对象调用的方法名改成了 mapper.selectStudent2ById2。直接查询 id 为 4 的学生数据，然后打印出来。

执行上述代码，控制台输出如图 7-7 所示。

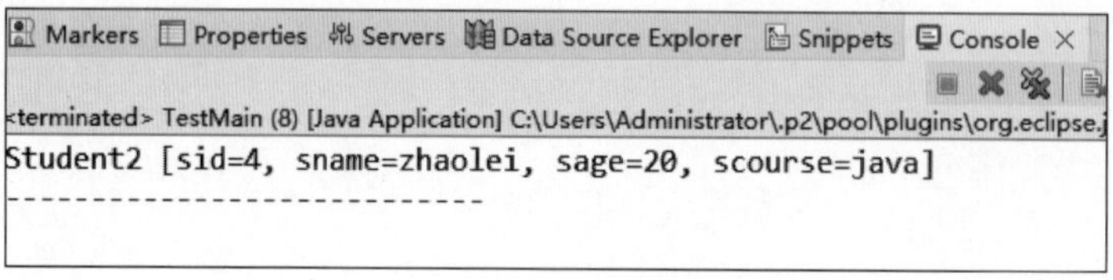

图 7-7 使用@Results 和@Result 注解对返回数据类型进行手动映射并查询是否映射成功

数据正常查询并打印成功。同样地，读者也可以对比数据库里的数据条目，得到更直观的验证。

小结

本章讲解了 MyBatis 框架中，除了 XML 映射文件外的另外一种编程方式，也就是注解。注解是将相关的映射代码或 SQL 语句，直接写在 Java 文件里的一种编程方式。这种方式在代码的编写上更加简单直观，同时不需要对 XML 文件解析，提升了执行效率。通过对@Insert、@Update、@Delete、@Select、@Param、@Results、@Result 等注解的功能和编程方法进行讲解，读者可以掌握在 MyBatis 框架下使用注解功能的步骤和实现方法，从而理解注解和 XML 两种编程方式的区别和联系，在实际项目开发过程中，可以灵活选择适合的方式实现编程。

习题

1. @Select 注解对应的是数据库的（　　）操作。
   A. 增加数据　　　B. 删除数据　　　C. 改动数据　　　D. 查询数据
2. 使用@Insert 注解对数据表插入数据时，如果还需要指定主键，则还需要配合使用什么注解？_____
3. 简述@Param 注解的使用场景及编程使用方法。

第 8 章

Spring的基础知识

视频讲解

CHAPTER 8

本章学习目标:
- 了解 Spring 框架的发展历史功能体系。
- 掌握 Spring 框架的下载和安装方法。
- 掌握 Spring 框架的简单应用的实现方法。

"框架技术"这个词最初来源自建筑行业,指的是一栋建筑的支撑性结构,也可以理解为建筑的半成品。在软件行业里,开发人员发现在不同的软件系统里,有很多底层或者架构方面的部分都是可以重复使用的。当开发新的软件时,可以利用之前做过的软件框架作为基础,在此之上再进行细化,这样可以极大地提升开发效率。这就是软件框架技术的由来。

根据不同的应用场景和开发语言,目前都有较为适用的软件框架技术。例如,Vue.js 是一种网页前端技术的框架,.NET 是微软公司推出的网页后端技术框架,Django 是 Python 语言开发网站的一种技术框架,node.js 是一种网页后端的 JavaScript 语言开发框架等。

Spring 框架是 Java 语言开发网站目前最主流、使用最广泛的框架技术之一。从本章开始,会详细介绍 Spring 框架的各种特点和使用方法,读者可以学习使用 Spring 框架开发网站的基本技能和相关知识。

8.1 Spring 框架概述

8.1.1 Spring 框架简介

Spring 是一个开源框架,由 Rod Johnson 开发并于 2004 年发布了 Spring 框架的第一个版本。经过多年的发展,Spring 已经成为 Java 网页开发中最重要的框架之一。

Spring 是为了解决企业应用开发的复杂性而创建的一种框架技术。它的设计初衷主要是为了解决业务逻辑层和其他层的松耦合问题,将面向接口的编程思想贯穿整个系统应用。Spring 框架的主要优势之一就是其分层架构,分层架构允许使用者选择使用哪一个组件,同时为 J2EE 应用程序开发提供集成的框架。Spring 框架使用基本的 JavaBean 来完成以前只可能由 EJB 完成的事情。Spring 的用途不仅限于服务器端的开发,实际上任何 Java 应用都可以从 Spring 中受益,尤其是它的简单性、可测试性和松耦合的开发优势。Spring 的理念是不去重新发明轮子。它的核心思想是控制反转(IOC)和面向切面(AOP),至于什么是 IOC 和 AOP,后面还会详细讲解。

8.1.2 Spring 框架的发展历史

2004 年 3 月,Spring 框架的第一个版本正式发布。当时的 Spring 1.0 只包含一个完整的项目,作者 Rod Johnson 将所有的功能都集成在一个项目中,包含核心的 IOC、AOP,还有其他的一些功能,例如 JDBC、Mail、ORM、事务管理、SpringMVC 等。当时的 Spring 框架在设计之初,就已经支持很多第三方框架的接入,如 Hibernate、iBATIS 等。当时的 Spring 框架仅支持 XML 文件配置的开发方式。

Spring 2.0 于 2006 年 10 月发布,那时 Spring 框架的下载量已经超过了 100 万人次。在第二个版本中,作者新增了一些特性包括可扩展的 XML 配置功能用于简化 XML 配置,对注解的支持,全面支持 Java 5,额外的 IOC 容器扩展点,还是有动态语言 BeanShell 等。2007 年 11 月,Spring 所在的 Interface21 公司更名为 SpringSource,之后的 2009 年以 4.2 亿美元被 VMWare 收购,这期间发布了 Spring 2.5。

Spring 3.0 于 2009 年 12 月发布,也是由此开始至今,Spring 框架被正式托管到 Github 网站。在 3.0 版本里,Spring 框架新增了很多重要特性,如重组模块系统,支持 Spring 表达式语言,基于 Java 的 bean 配置,支持嵌入式数据库,支持 REST 和支持 JavaEE 等。随后的 2011 年和 2012 年,项目团队陆陆续续也发布了 Spring 框架的小更新,期间 Spring 框架的创始人 Rod Johnson 离开了团队。

2013 年 12 月,Spring 4.0 正式发布。4.0 版本是 Spring 框架技术的一大进步,更新的特性包括对 Java 8 的全面支持,支持 Lambda 表达式,更新的第三方库依赖,提供了对 @Scheduled 和 @PropertySource 重复注解的支持,提供了空指针终结者 Optional;对核心容器也进行了更新,包括支持泛型的依赖注入,Map 的依赖注入,Lazy 延迟依赖的注入,List 依赖注入,对 CGLib 动态代理进行了增强等;新的 SpringMVC 基于 Servlet 3.0 开发,并引入了新的 RestController 注解，同时新增了支持 REST 客户端的异步无阻塞请求、对 WebSockets 的支持等。

2017 年 9 月，Spring 5.0 正式发布。这是 Spring 目前的最新版本，也是本书使用的版本。在 Spring 框架的 5.0 版本里，全面支持 JavaEE 7，兼容 JDK 9，同时运行环境要求 Java 8 以上，全面支持 Servlet 3.1。Spring 5.0 最重要的特性之一是新增了响应式编程，支持 WebFlux 框架，支持 Kotlin 语言等。

Spring 框架一直在保持更新，读者阅读本书的时候最新版本可能和作者撰写时已经不一样了，但是一般来说，只要是大的版本号一致，基本功能都是差不太多不影响实际开发的。截止到作者写书的 2024 年 1 月，Spring 框架仍然有着强大的生命力，应用也依然广泛，它还是使用 Java 语言开发 Web 的首选框架之一，学好 Spring 框架技术可以说是每一个 Java 程序员的必经之路。

8.2 Spring 框架的特点和结构

8.2.1 Spring 框架的特点

Spring 框架之所以这么流行，是因为它有着非常多的优点，在程序员开发软件的过程中，可以充分地利用它的优势，来提升开发效率。具体来说，Spring 框架的优势有以下几点。

1. 简化开发，降低耦合度

Spring 框架提供了 IOC 容器，开发者可以将对象之间的依赖关系交给 Spring 框架控制，避免硬编码造成的过度耦合。在使用 Spring 框架后，编程人员可以不再为单实例模式类、属性文件解析等底层、重复的需求编写代码，可以更专注地进行业务层的开发。

2. 支持 AOP 编程

AOP 就是面向切面编程，通过 Spring 框架提供的 AOP 功能可以方便地进行面向切面的编程，这可以解决很多传统面向对象编程 OOP 中遇到的一些问题。AOP 相关的知识会在后续章节中详细展开讲解。

3. 支持声明式事务

传统的事务管理比较呆板和烦琐，在 Spring 框架中提供了一些更加简洁、方便的事务管理方式，可以很好地提升开发的效率。

4. 方便的程序测试

Spring 框架可以用非容器依赖的编程方式进行几乎所有的测试工作。同时，Spring 框架支持 JUnit，可以方便地进行单元测试。

5. 方便集成各种优秀框架

Spring 框架对优秀的第三方框架的支持是非常开放且完善的,开发人员在使用 Spring 框架的过程中,可以方便地接入其他第三方的框架,从而简化编程工作。事实上,前面章节讲到的 MyBatis 框架就是 Spring 框架支持接入的优秀第三方框架之一。

6. 轻量级的框架

从体量上看,Spring 5 框架的完整 jar 包大小只有 82MB,非常轻量;从开销上看,使用 Spring 框架也不会造成过多的系统开销。因此,Spring 框架是一个功能强大且轻量的软件框架。

7. 非入侵式的框架

就算开发人员在开发网站的过程中使用了 Spring 框架,系统的整体架构也可以完全不依赖 Spring 的特定类而独立运行,Spring 框架的特性和功能是锦上添花,但不使用它也不影响系统的正常运行。

8. 降低 JavaEE 的 API 接口的使用难度

虽然 JavaEE 已经有了很多很强大的 API,但是部分接口对于开发人员的使用仍然不够友好。Spring 框架对 JavaEE 的很多接口提供了封装,使得编程过程中,对接口的使用会更加方便。

由此可见,正是因为 Spring 框架有这么多的优点,才吸引了全世界的 Java 开发人员都学习并在项目中实际使用 Spring 框架技术。

8.2.2 Spring 框架的功能体系

Spring 框架的功能可以细分为 20 多个不同的模块,这些模块按照功能体系可以分为核心容器 Core Container、数据访问/集成 Data Access/Intergration、Web、面向切面编程 AOP 和 Aspects、设备 Instrumentation、消息 Messaging 和测试 Test 等。Spring 框架的功能体系示意图如图 8-1 所示。

图 8-1 中展示的是 Spring 框架的主要核心功能模块,在实际开发过程中,开发人员可以根据项目的需求,选择合适的功能模块来使用。下面对各个模块进行基本的介绍。

1. 核心容器 Core Container

核心容器在 Spring 框架的功能体系中起到支撑的作用,是其他功能模块的基础。核心容器主要由 4 个模块组成:spring-beans、spring-core、spring-context、spring-spel。spring-beans 管理 Bean 工厂和 Bean 的装配;spring-core 管理依赖注入 IOC 与 DI 的基本实现;spring-context 扩展了 BeanFactory,添加了 Bean 生命周期管理、框架事件体系及资源加载透明化,ApplicationContext 是该模块的接口,和超类 BeanFactory 不同,它实例化后自动对所有单实例 Bean 进行实例化与依赖关系的装配;spring-spel 是 Spring 框架统一表达式语言 EL 的扩展模块,可以查询、管理运行中的对象,同时也可以方便地调用对象方法、操作数

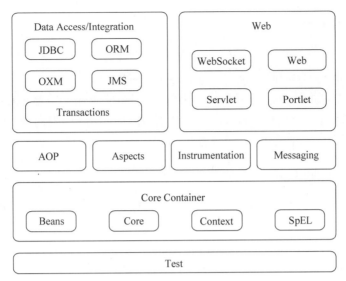

图 8-1　Spring 框架的功能体系结构图

组和集合等。

除了以上模块，核心容器里的 spring-context-indexer 模块是对 Spring 的类管理组建和 Classpath 扫描，spring-context-support 模块是对 Spring 框架 IOC 容器的扩展支持，以及 IOC 子容器。

2. 数据访问与集成 Data Access/Integration

数据访问与集成的主要功能和作用是完成数据库访问、操作和管理，主要由 spring-jdbc、spring-tx、spring-orm、spring-jms、spring-oxm 5 个部分组成。

spring-jdbc 模块提供了 JDBC 抽象层，消除了冗长的 JDBC 编码，并提供对特定错误代码的解析；spring-tx 模块支持事务管理和实现，其中，编程式事务包含 beginTransaction()、commit()、rollback() 等事务管理方法，声明式事务则通过注解或配置由 Spring 框架自动处理；spring-orm 模块提供了对主流的对象关系映射 API 的集成，包括 JPA、Hibernate 等，使得 Spring 框架可以更方便地接入第三方 ORM 框架；spring-oxm 模块提供了对 OXM 实现的支持，如 JAXB、XML Beans、XStream 等；spring-jms 模块包含生产(produce)和消费(consume)消息的功能，后续的 Spring 4.1 开始还集成了 spring-messaging。

3. Web

Web 功能的实现基于 ApplicationContext 基础之上，它提供了 Web 应用开发的各种工具组件，主要包括 spring-web、spring-webmvc、spring-websocket 和 spring-webflux 等模块。

spring-web 模块为 Spring 框架提供了基础的 Web 支持，建立于核心容器之上，通过 Servlet 或者 Listeners 来初始化 IOC 容器；spring-webmvc 模块是一个 Web-Servlet 模块，通过它来实现 Spring MVC(Model-View-Controller) 的 Web 应用；spring-websocket 模块主要管理与 Web 前端的全双工通信的协议；spring-webflux 模块是一个新的非堵塞函数式 Reactive Web 框架，可以用来建立异步、非阻塞、事件驱动的服务，且有较好的扩展性。

4. 面向切面编程 AOP

AOP 模块为 Spring 框架提供了面向切面的编程实现，提供了方法拦截器和代码解耦等功能，主要由 spring-aop 和 spring-aspects 等模块组成。

spring-aop 模块也是 Spring 框架的一个核心模块，它是面向切面编程 AOP 的主要实现模块；spring-aspects 模块里集成了 AspectJ，主要为 Spring 框架的 AOP 提供多种面向切面编程的实现方法，如前置方法、后置方法等。

5. 设备 Instrumentation

该模块对应的 jar 包是 spring-instrument，它是基于原生 Java 中的 java.lang.instrument 进行设计的，算是 AOP 的一个辅助模块。模块的主要作用是在虚拟机 JVM 启用时，生成一个代理类，编程人员可以通过代理类在运行时改变类的相关功能，从而实现 AOP 的功能。

6. 消息 Messaging

该模块对应的 jar 包是 spring-messaging，它是从 Spring 4 开始新加入的模块，主要职责是为 Spring 框架集成一些基础的报文传送功能。

7. 测试 Test

该模块对应的 jar 包是 spring-test，它的功能主要是通过 JUnit 和 TestNG 组件来支持单元测试和集成测试，为项目测试提供支持。它提供了一致性的加载和缓存 Spring 上下文，也提供了用于单独测试代码的模拟对象。

8.2.3 Spring 的下载和安装

Spring 是一个开源的软件框架，开发者可以方便地从网上下载其源码、jar 包和相关的文档，导入自己的项目进行使用。

读者可以打开 Spring 框架的官方网站查看相关信息，包括项目介绍、使用方法等，也可以直接进入 Github 主页，如图 8-2 所示。

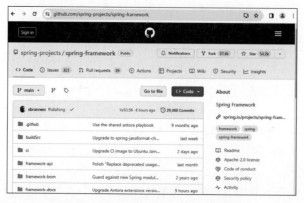

图 8-2　Spring 框架的 Github 项目主页

在项目主页的下方,找到 Access to Binaries,单击跳转链接,如图 8-3 所示。

图 8-3　Spring 框架的资源下载跳转链接

在新页面的下方找到 Spring 框架的仓库链接,单击跳转链接,如图 8-4 所示。

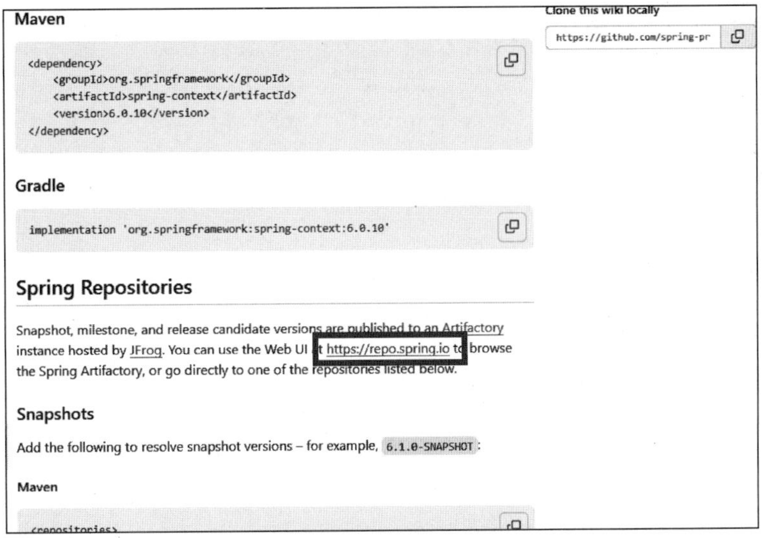

图 8-4　Spring 框架的仓库链接

在新的页面里,可以通过网页的 UI 界面找到 Spring 框架的所在目录,如图 8-5 所示。当然,读者也可以跳过前面访问 Github 主页的阶段,直接访问项目仓库。

图 8-5　找到 Spring 框架的所在目录

继续单击展开项目结构，可以看到不同版本的 Spring 框架的项目文件夹，如图 8-6 所示。

图 8-6　找到不同版本的 Spring 框架项目文件夹

根据读者自己需要，可以找到对应版本的 Spring 框架的压缩包，单击下载即可，如图 8-7 所示。

将 Spring 压缩包下载到本地后解压，发现其内部有以下文件，如图 8-8 所示。其中，license.txt、notice.txt 和 readme.txt 是一些项目相关的说明文档，可以暂时忽略。docs 文件夹里是 Spring 框架的不同功能模块的使用和开发说明，读者在学习过程中也可以通过这里找到 Spring 框架开发者对不同组件的官方讲解。schema 文件夹里存放的主要是 Spring 框架在使用过程中可能会用到的 XML 文件的 schema 约束，作用是限制 XML 文件的元素、属性、数据类型等相关定义，使得写好的 XML 配置文件可以让 Spring 框架正常运行。

图 8-7　下载对应版本的 Spring 框架的压缩包

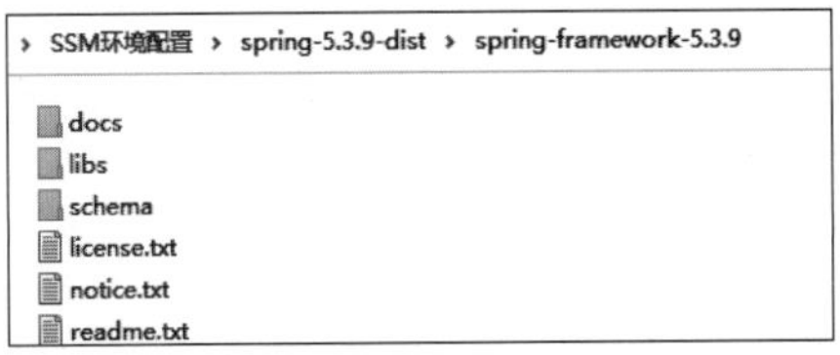

图 8-8　Spring 框架压缩包的内部文件

libs 文件夹是最重要的文件夹，这里面存放了实际开发 Spring 项目会用到的 jar 包，如图 8-9 所示。从文件夹里可以看到，每一个功能组件都对应三个文件。以 spring-aop 为例，spring-aop-5.3.9.jar 是项目需要导入的 jar 包，spring-aop-5.3.9-javadoc.jar 是此功能组件的说明文档，spring-aop-5.3.9-sources.jar 是此功能组件的源码。Spring 框架的不同功能组件都拆分成了不同的 jar 包，在开发过程中，需要编程人员根据具体需要选择导入哪些 jar 包。

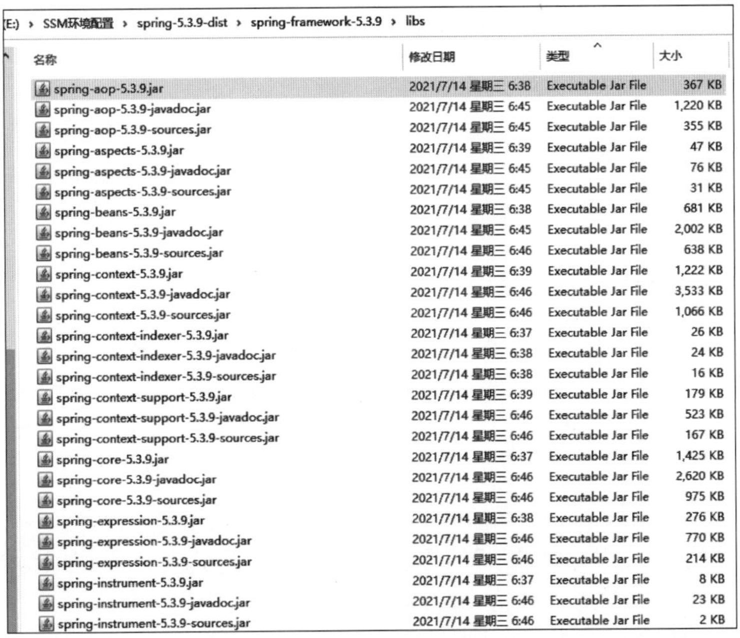

图 8-9　Spring 框架的 libs 文件夹

Spring 框架功能的正常运行还需要 Commons Logging 组件,可以从官网下载对应的 jar 包,如图 8-10 所示。

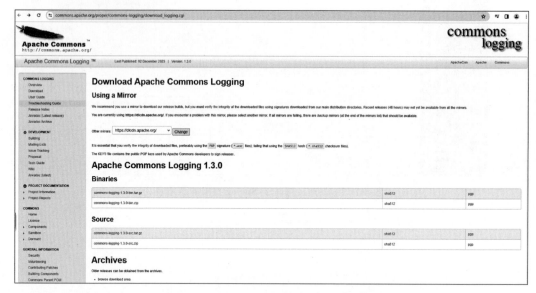

图 8-10　Commons Logging 组件的下载页面

Binaries 下面的两个链接,.tar.gz 对应 Linux 系统下的压缩包,这里下载.zip 文件即可。解压后找到对应的 commons-logging 的 jar 包,之后的项目开发过程中需要用到。

8.3　Spring 框架的简单应用的使用案例

下面通过一个完整的示例讲解 Spring 框架的简单使用。

1. 创建工程

打开 Eclipse,选择新建项目中的 Dynamic Web Project 也就是动态 Web 项目。相关选项和配置使用默认的,给项目起一个名称,最后单击 Finish 按钮即完成项目的创建。这一步和之前使用 MyBatis 框架的步骤基本一致。

2. 项目的准备工作

项目创建完成后,根据需要导入对应的 jar 包。本案例演示最简单基础的 Spring 框架的使用,因此导入基本的 Spring 组件的 jar 包和 commons-logging 的 jar 包即可,最后的项目 libs 文件夹如图 8-11 所示。

3. 编写 Java 类的代码

在 Spring 框架的使用中,一般习惯称 Java 类为 Bean。Spring 框架的功能组件较多,本案例演示的基本应用主要是对 Bean 的初始化和创建。

在项目代码的根目录下创建一个用于放 Bean 类的包 com.pojo,新建一个 Bean 类

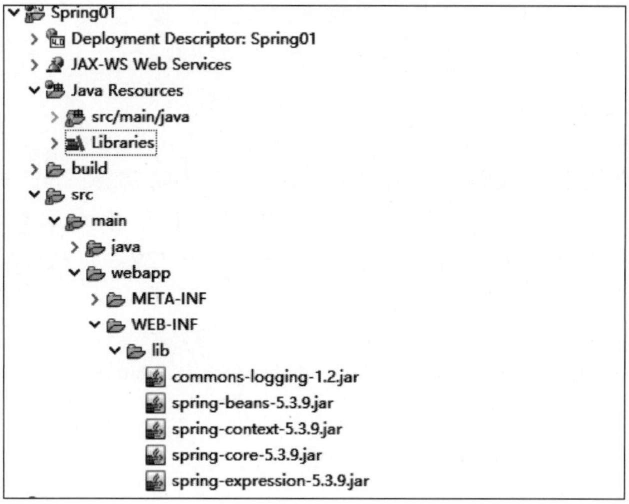

```
  Spring01
  ├ Deployment Descriptor: Spring01
  ├ JAX-WS Web Services
  ├ Java Resources
  │  ├ src/main/java
  │  └ Libraries
  ├ build
  └ src
     └ main
        ├ java
        └ webapp
           ├ META-INF
           └ WEB-INF
              └ lib
                 ├ commons-logging-1.2.jar
                 ├ spring-beans-5.3.9.jar
                 ├ spring-context-5.3.9.jar
                 ├ spring-core-5.3.9.jar
                 └ spring-expression-5.3.9.jar
```

图 8-11　Spring 框架的简单应用所需的 jar 包示意图

Student.java。类的内容主要包括成员变量的定义，构造函数的定义，成员变量访问函数 getter 和 setter 的定义，以及 POJO 对象的打印函数 toString 的定义。读者可以自行输入也可以借助 Eclipse 来生成，具体代码如例 2-1 所示。

```
01  package com.pojo;
02  public class Student {
03     private String name;
04     private String course;
05     public Student() {
06        super();
07        //TODO Auto-generated constructor stub
08        name="John";
09        course="vue.js";
10        System.out.println("------ Student Object Init() ------");
11     }
12     public String getName() {
13        return name;
14     }
15     public void setName(String name) {
16        this.name = name;
17     }
18     public String getCourse() {
19        return course;
20     }
21     public void setCourse(String course) {
22        this.course = course;
23     }
24     @Override
25     public String toString() {
26        return "Student [name=" + name + ", course=" + course + "]";
27     }
28  }
```

第 08～09 行，在对象的构造函数中，给属性设置了默认值。这里主要是为了和后续 Spring 框架配置文件的设定值做区分。

第10行,在创建 com.pojo.Student 对象时,会输出一段文本。这里主要也是为了后续演示懒加载的时候,方便读者区分和识别。

4. 编写配置文件的代码

在项目代码的根目录也就是 src/main/java 下,创建 Spring 框架的配置文件 applicationContext.xml。在配置文件中,主要是完成相关的命名空间设置、XML 的 schema 配置,以及项目中需要用到的 Java Bean 的定义和配置。具体代码如下。

```
01  <?xml version="1.0" encoding="UTF-8"?>
02  <beans xmlns="http://www.springframework.org/schema/beans"
03      xmlns:xsi="http://www.w3.org/2001/XMLSchema-instance"
04      xsi:schemaLocation="http://www.springframework.org/schema/beans
05      http://www.springframework.org/schema/beans/spring-beans.xsd">
06      <bean id="stu01" class="com.pojo.Student">
07          <property name="course">
08              <value>mysql</value>
09          </property>
10      </bean>
11  <!--    <bean id="stu02" class="com.pojo.Student" lazy-init="true"> -->
12      <bean id="stu02" class="com.pojo.Student">
13          <property name="name">
14              <value>Kelly</value>
15          </property>
16      </bean>
17  </beans>
```

第01行代码是 XML 文件的格式声明,这是每个 XML 文件都必须有的且需要放在文件第一行。

第02~05行代码是命名空间和 XML schema 的配置,这部分内容和当前项目使用的 Spring 框架的功能组件有关。项目中用到不同模块时,这里的内容也要相应做出调整。

第06~10行代码是使用配置文件定义的第一个 bean 对象。属性 id 对应当前对象的唯一标识,属性 class 对应的是此对象的 Java 类。子元素 property 是对当前对象的属性值进行配置,name 对应的就是属性名称,子元素 value 对应的是此属性的取值。这里相当于定义了一个 id 为 stu01 的 com.pojo.Student 的对象,并将属性 course 设置为 mysql。

第11~16行代码是使用配置文件定义的第二个 bean 对象,大部分与第一个 bean 对象的定义一致,区别是这里用到了一个懒加载的设置 lazy-init。

Spring 框架最重要的功能就是容器机制,本案例就是通过普通 Java Bean 的创建来演示容器机制,也就是 Spring 框架的简单使用方法。具体容器机制和 IOC 等相关概念,后续章节还会再详细讲解,本案例中读者仅需关注项目的创建和编程方式即可。

5. 编写项目的测试代码

在根目录下创建 Java 包 com.test,新建测试文档 TestMain.java,内部代码如下。

```
01  package com.test;
02  import org.springframework.context.ApplicationContext;
03  import org.springframework.context.support.ClassPathXmlApplicationContext;
04  import com.pojo.Student;
05  public class TestMain {
```

```
06      public static void main(String[] args) {
07          //TODO Auto-generated method stub
08          System.out.println("------ ready to context ------");
09          ApplicationContext context = new ClassPathXmlApplicationContext("applicationContext.xml");
10          System.out.println("------ context over ------\n");
11          System.out.println("------ ready to getBean ------");
12          Student student = context.getBean("stu01", Student.class);
13          Student student2 = context.getBean("stu02", Student.class);
14          System.out.println("------ getBean over ------\n");
15          System.out.println(student.toString());
16          System.out.println(student2.toString());
17      }
18  }
```

第 09 行代码,通过读入配置文件,来启动 Spring 框架的容器。在 Spring 框架中,容器可以通过上下文对象 ApplicationContext 来获取,构造函数 ClassPathXmlApplicationContext 需要传入配置文件的路径和文件名。

第 12、13 行代码,通过 context 对象获取容器机制生成的 Java Bean。context.getBean 需要传入两个参数,第一个是 Bean 对象的 id 值,第二个是 Bean 对象的 Java 类名。

6. 项目测试结果

项目代码编写完成后,在 TestMain.java 文件中单击右键,单击 Run As,选择 Java Application。项目运行结果如图 8-12 所示。

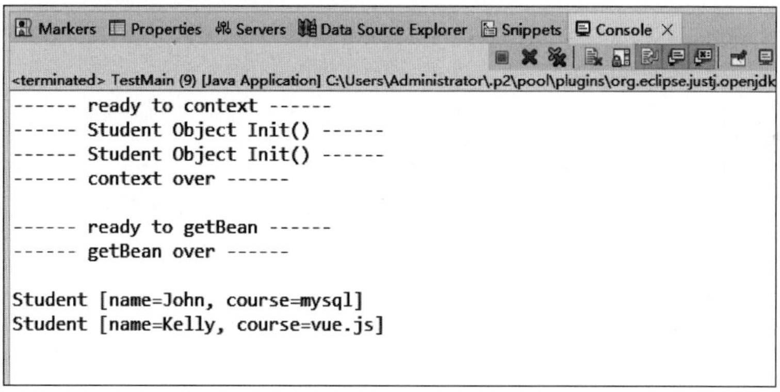

图 8-12 Spring 框架的简单应用运行示意图

从图中可以看到,在 context 对象生成的时候,也就是 Spring 框架启动的时候,就已经输出 Student Object Init(),完成了 Java Bean 对象的初始化;后续的两个对象的 string 值,也显示配置文件中对属性的设置是正确运行生效的。整个代码中没有像传统 OOP 面向对象编程里调用类的构造函数 new 一个对象,或者显式调用对象属性的 setter 函数对属性进行设置,这就是 Spring 框架的容器机制的基本使用方法。将对象的创建和设置放到配置文件中,使得业务层的代码更精简,降低代码耦合度并提升代码的维护性。

为了进一步演示 Spring 框架的容器机制,可以在配置文件中,将第二个 Java Bean 的懒加载开启,< bean id="stu02" class="com.pojo.Student" lazy-init="true">。在 Bean 的声明中,加入 lazy-init 属性,并设置为 true。

重新运行项目,结果如图 8-13 所示。

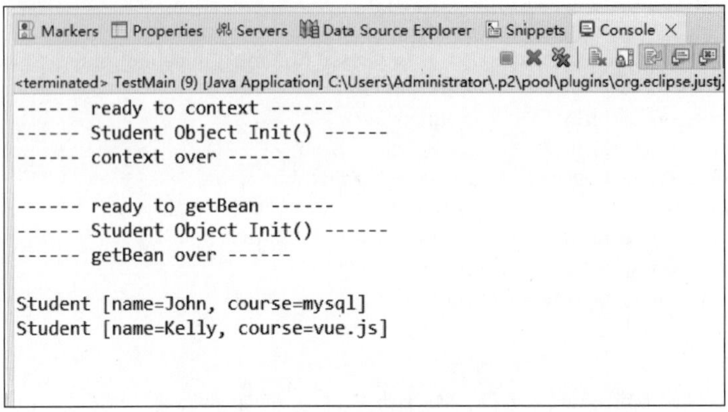

```
------ ready to context ------
------ Student Object Init() ------
------ context over ------

------ ready to getBean ------
------ Student Object Init() ------
------ getBean over ------

Student [name=John, course=mysql]
Student [name=Kelly, course=vue.js]
```

图 8-13　Spring 框架的简单应用和懒加载的运行示意图

可以看到,在 context 对象创建的时候,仅输出了一句 Student Object Init(),完成了一个 Java Bean 对象的初始化。另外一个对象,由于加入了懒加载的设置,它是在调用 getBean 获取对象的时候,才完成初始化的。这就是 Spring 框架中,容器机制对于 Java Bean 的管理的具体实现方法,相关的理论知识在后续章节中还会详细展开讲解。

小结

本章首先介绍了什么是 Spring 框架,以及它的发展历史;其次讲解了 Spring 框架的优势和特点,Spring 框架的功能体系和主要的模块组成,介绍了 Spring 框架如何进行下载安装和开发环境配置;最后,通过一个完整的案例,讲解了如何在项目中进行基础的 Spring 框架的使用。通过本章的学习,读者可以理解什么是 Spring 框架,了解它的主要功能和内涵是什么,理解是什么特点让它成为现在 Java Web 开发最流行热门的框架技术之一;同时可以掌握 Spring 框架的下载安装方法,掌握在项目中使用 Spring 框架并进行调试运行的方法。

习题

1. 在 Spring 框架的功能体系中起到支撑的作用,作为其他功能模块的基础的是(　　)。
   A. 核心容器 Core Container　　　B. 数据访问与集成 Data Access/Integration
   C. 面向切面编程 AOP　　　　　　D. 消息 Messaging

2. Spring 框架提供了_____,使得开发者可以将对象之间的依赖关系交给 Spring 框架控制,避免硬编码造成的过度耦合。

3. 简述 Spring 框架的特点。

第 9 章

Spring的容器机制

CHAPTER 9

本章学习目标：
- 理解 Spring 框架的容器机制。
- 掌握 BeanFactory 的常用接口编程方法。
- 掌握 ApplicationContext 的常用接口编程方法。

Spring 框架最重要的核心功能之一，就是它提供了容器机制。从前面的内容可以得知，Spring 框架内有很多不同的功能组件，这些功能组件都有各自独立的 jar 包。有了容器机制后，不同的功能组件在 Spring 框架内都以 Bean 的方式进行管理，不同的 Bean 对应不同的功能组件。Spring 框架底层的容器负责创建这些 Bean，并管理它们的配置和生命周期。

在 Spring 框架中，Bean 是一个较为宽泛的概念。Spring 框架自带的功能组件可以称为 Bean，开发人员自己定义的 Java 类对象，也可以称为 Bean。开发者都可以将这些组件或自定义对象，交给 Spring 框架的容器机制进行管理。Bean 在 Spring 框架的容器中创建、运行，这种编程方式将对象的创建和生命周期管理从业务逻辑层面剥离，可以有效地降低代码耦合度，使得开发人员可以更加专注业务层的逻辑开发。

除了第 8 章所演示的创建 Bean 的案例外，容器机制还可以进行属性的设置功能，即依赖注入，这些相关的内容在后续章节中还会深入讲解。

9.1 容器机制简介

9.1.1 容器机制的原理

一般来说,软件系统的主要编程思想之一就是 OOP 面向对象编程。在传统的 OOP 中,每一个类都有对应的构造函数。如果要用到某个类的对象,就需要调用它的构造函数,来创建一个对象。同时,在使用的过程中,还需要关注此对象声明的作用域,它是某个函数内的局部变量,还是更加广泛的全局变量。最后,开发者在使用过程中还需要关注它的生命周期,如果对象被释放,内存回收,那就无法再使用该对象了。

在普通情况下,这些对象的创建、配置、和生命周期管理的相关代码和业务逻辑代码都耦合在一起。当项目体量增大,对象的数量较多、种类繁杂的时候,这些代码就给开发人员带来一定的麻烦。既影响了业务层逻辑代码的阅读和维护,又容易在管理不同对象的时候混淆或引入 bug,从而导致程序出错。

为了解决这个问题,Spring 框架的核心功能之一就是提供了容器机制。一方面,Spring 框架本身就提供了很多的功能,这些功能的配置开发需要通过一个个独立的对象来实现,这些对象的管理、创建等问题就可以交给容器机制,从而将开发者解放出来,让他们可以更专注地开发业务层的逻辑。另一方面,开发者也可以利用容器机制来管理自定义的 Java 类对象,借用容器机制的优势,将对象的创建和生命周期管理代码从业务层剥离,可以有效提升项目的可维护性。

9.1.2 容器机制的常用接口

容器机制需要通过接口来实现,常用的核心接口有两个,BeanFactory 和 ApplicationContext。其中,BeanFactory 顾名思义,就是 Bean 的工厂,也就是对象的创建和管理的容器本身,这是 Spring 框架最基本的接口。ApplicationContext 是 BeanFactory 的子接口,也可以称为 Spring 上下文。

在某些特定的使用场景下,BeanFactory 和 ApplicationContext 有所区别,但实际上它们都可以看作 Spring 框架的容器机制的体现,开发者需要灵活使用这两个接口,来完成 Bean 的创建、配置和管理等相关操作。如表 9-1 所示是 BeanFactory 接口的常用方法列表。

表 9-1 BeanFactory 接口的方法

方 法 名 称	描 述
getBean(String name)	根据名称获取 Bean
getBean(String name,Class < T > type)	根据名称和类型获取 Bean
isSingleton(String name)	判断是否为单实例
isPrototype(String name)	判断是否为多实例
isTypeMatch(String name,Class <? > type)	判断名称、类型是否匹配
Class <?> getType(String name)	根据名称获取类型
String [] getAliases(String name)	根据实例名称获取别名
boolean containsBean(String name)	根据 Bean 的名称判断是否含有指定的 Bean

如表 9-1 所示，主要都是对 Bean 对象进行管理、获取等操作。其中对 Bean 的属性设置（也叫依赖注入）、作用域、生命周期管理等操作，后续章节还会再详细讲解，本章主要关注容器的创建和容器中 Bean 的获取和基本使用。

ApplicationContext 是 BeanFactory 的子类，因此表 9-1 中的方法，ApplicationContext 对象也都可以直接继承使用。对比 BeanFactory，ApplicationContext 对象的功能更加强大。它为接口提供了国际化访问功能，提供资源文件系统的访问支持，可同时加载多个配置文件，引入事件机制，让容器在上下文中提供对应用事件的支持，以声明式的方式启动并创建 Spring 容器。此外，ApplicationContext 接口可以为单例的 Bean 实行初始化，并对成员变量执行 setter 方法完成属性注入，提升了程序获取 Bean 实例的性能等。

对于大部分使用 Spring 框架的 Java 应用而言，使用它来作为 Spring 框架的容器都是更加方便的选择。因为 ApplicationContext 本身就包含 BeanFactory 的全部接口，在某些地方还有功能增强，本书也推荐读者优先使用 ApplicationContext。一般来说，可以在程序启动时，通过 ApplicationContext 的接口来载入配置文件，从而启动 Spring 框架的容器和容器中的 Bean。

在实际开发过程中，可以根据具体的应用场景，来选择不同的创建 ApplicationContext 对象的方法，如表 9-2 所示。

表 9-2　ApplicationContext 接口的实现类

类　名	描　述
ClassPathXmlApplicationContext	从类路径加载配置文件，创建 ApplicationContext 对象
FileSystemXmlApplicationContext	从文件系统加载配置文件，创建 ApplicationContext 对象
AnnotationConfigApplicationContext	从注解中加载配置文件，创建 ApplicationContext 对象
WebApplicationContext	在 Web 应用中使用，从相对于 Web 根目录的路径中加载配置文件，创建 ApplicationContext 对象
ConfigurableWebApplicationContext	对 WebApplicationContext 的扩展，允许通过配置的方式实例化 WebApplicationContext

9.2　容器机制的具体使用

9.2.1　Spring 容器机制的基本使用案例

下面通过一个具体案例来演示 Spring 框架的容器机制，即 BeanFactory 和 ApplicationContext 的基本使用。

1．创建工程

打开 Eclipse，选择新建项目中的 Dynamic Web Project 也就是动态 Web 项目。相关选项和配置使用默认的，给项目起一个名称，最后单击 Finish 按钮即完成项目的创建。

2．项目的准备工作

找到项目的 lib 文件夹，路径为项目根目录下的 src/main/webapp/WEB-INF/lib，从之前下载 Spring 框架的文件夹里找到项目所需的 jar 包,复制到项目 lib 文件夹下,完成 jar 包的导入,如图 9-1 所示。

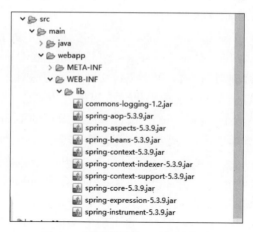

图 9-1　项目所需的 jar 包示意图

3. 编写 Java 类的代码

在项目里新建一个 Java 包 com.pojo,创建自定义 Bean 的 Java 类 com.pojo.Student.java,代码如下。

```
01    package com.pojo;
02    public class Student {
03      private String name;
04      public Student() {
05        super();
06        //TODO Auto-generated constructor stub
07        System.out.println("----- POJO 对象 初始化 -----");
08      }
09      public String getName() {
10        return name;
11      }
12      public void setName(String name) {
13        this.name = name;
14        System.out.println("------- POJO 对象 设置参数 -------");
15      }
16      @Override
17      public String toString() {
18        return "Student [name=" + name + "]";
19      }
20    }
```

Java 类里有一个成员变量为 String 类型的 name,主要用于后续的演示。类里需要编写构造函数、getter 和 setter 函数、打印函数等,同时可以根据需要在不同函数里加入对应的打印信息,这样程序运行到对应地方就可以打印不同信息,便于后续测试和演示。

4. 编写配置文件的代码

在项目代码的根目录也就是 src/main/java 下,创建配置文件 beans.xml。在配置文件中,主要是完成相关的命名空间设置、XML 的 schema 配置,以及项目中需要用到的 Java

Bean 的定义和配置。具体代码如下。

beans.xml

```xml
01  <?xml version="1.0" encoding="UTF-8"?>
02  <beans xmlns="http://www.springframework.org/schema/beans"
03      xmlns:xsi="http://www.w3.org/2001/XMLSchema-instance"
04      xsi:schemaLocation="http://www.springframework.org/schema/beans
05      http://www.springframework.org/schema/beans/spring-beans.xsd">
06      <bean id="stu01" class="com.pojo.Student">
07          <property name="name" value="Chris" />
08      </bean>
09      <bean id="stu02" class="com.pojo.Student">
10          <property name="name">
11              <value>Kelly</value>
12          </property>
13      </bean>
14  </beans>
```

第 01～05 行代码是 XML 文件的格式声明、命名空间和 XML schema 的配置等。

第 06～13 行代码是使用配置文件定义的两个 Bean 对象，均是 com.pojo.Student 类的对象。区别在于成员变量或者说属性的配置方式不同，第一个对象直接使用 value 属性进行配置，第二个对象使用 value 子元素进行配置。这里两种方式都可以使用。

5．编写项目的测试代码

在根目录下创建 Java 包 com.test，新建测试文档 TestMain.java，内部代码如下。

```java
01  package com.test;
02  import org.springframework.beans.factory.support.DefaultListableBeanFactory;
03  import org.springframework.beans.factory.xml.XmlBeanDefinitionReader;
04  import org.springframework.context.ApplicationContext;
05  import org.springframework.context.support.ClassPathXmlApplicationContext;
06  import org.springframework.core.io.ClassPathResource;
07  import com.pojo.Student;
08  public class TestMain {
09      public static void main(String[] args) {
10          //TODO Auto-generated method stub
11          //BeanFactory 的初始化
12          var beansXml = new ClassPathResource("beans.xml");
13          var beanFactory = new DefaultListableBeanFactory();
14          new XmlBeanDefinitionReader(beanFactory).loadBeanDefinitions(beansXml);
15          System.out.println("----- BeanFactory 初始化 -----");
16          Student student = beanFactory.getBean("stu01", Student.class);
17          System.out.println(student.toString());
18          System.out.println("\n");
19          //ApplicationContext 的初始化(BeanFactory 的子接口,应用更广泛)
20          ApplicationContext context = new ClassPathXmlApplicationContext("beans.xml");
21          System.out.println("----- ApplicationContext 初始化 -----");
22          Student student2 = context.getBean("stu02", Student.class);
23          System.out.println(student2.toString());
24      }
25  }
```

为了方便读者对 BeanFactory 和 ApplicationContext 进行区分，这里对于同一个配置文件 beans.xml，采用了两种不同的初始化方式和获取 Bean 对象的方式。

第 11~17 行代码,是使用 BeanFactory 的接口来读取配置文件,并完成 Spring 框架的初始化,然后通过 beanFactory 的 getBean 方法获取 Bean 对象,并打印信息。

第 19~23 行代码,是使用 ApplicationContext 的接口来读取配置文件,并完成 Spring 框架的初始化,然后通过 context 的 getBean 方法获取 Bean 对象,并打印信息。

6. 项目测试结果

项目代码编写完成后,在 TestMain.java 文件中单击右键,单击 Run As,选择 Java Application。项目运行结果如图 9-2 所示。

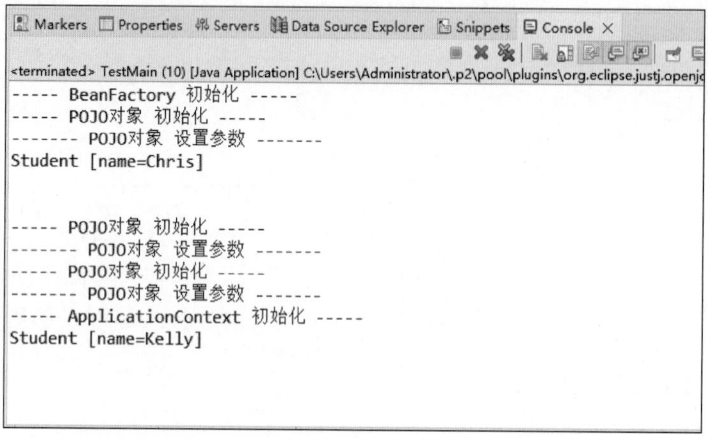

```
Markers  Properties  Servers  Data Source Explorer  Snippets  Console ×
<terminated> TestMain (10) [Java Application] C:\Users\Administrator.p2\pool\plugins\org.eclipse.justj.openjd
----- BeanFactory 初始化 -----
----- POJO对象 初始化 -----
-------- POJO对象 设置参数 --------
Student [name=Chris]


----- POJO对象 初始化 -----
-------- POJO对象 设置参数 --------
----- POJO对象 初始化 -----
-------- POJO对象 设置参数 --------
----- ApplicationContext 初始化 -----
Student [name=Kelly]
```

图 9-2 Spring 框架的简单应用运行示意图

从测试结果可以得出以下结论:一方面,BeanFactory 和 ApplicationContext 都可以顺利完成 Spring 框架的容器初始化和 Bean 对象的创建、配置工作,也可以在业务层方便地获取 Bean 对象;另一方面,可以看到 BeanFactory 中是容器先创建和初始化,在调用 getBean 的时候再完成 Bean 对象的创建和配置,而 ApplicationContext 是在容器初始化的同时,就先完成了 Bean 对象的创建和配置。

从这里就可以看出 ApplicationContext 设计思路的不同,它将容器和容器内所有对象的创建和初始化放到一起,这样在后续 getBean 获取对象的时候,可以提升执行效率。对比 TestMain.java 里的相关代码,也可以发现 ApplicationContext 的代码更加简洁。因此,对于开发者来说,直接使用 ApplicationContext 来进行容器的相关开发使用,往往是更优的选择。

9.2.2 Spring 容器的事件机制的使用案例

在 Spring 框架的容器中,除了创建和管理 Bean 对象外,还有一些其他的功能,如事件机制。ApplicationContext 的事件机制是通过观察者设计模式来实现的,通过 ApplicationEvent 类和 ApplicationListener 接口,可以实现 ApplicationContext 的事件处理。具体的方式就是,如果容器中有一个 ApplicationListenterBean 对象,每当 ApplicationContext 容器发布 ApplicationEvent 事件时,ApplicationListenterBean 将被触发。

实际上,Spring 框架的事件机制与所有的事件机制的原理都基本相似,它们都需要由事件源、事件和事件监听器来组成。在 Spring 容器的事件机制中，事件源就是 ApplicationContext 容器本身，事件由 Java 程序显式调用或触发。

下面通过一个具体案例演示 Spring 框架容器的事件机制的使用。

1．创建并准备工程

为了方便演示，这里直接沿用本章前一个案例的项目即可。

2．编写 event 事件类的代码

在 com.pojo 包下，新建一个事件类 TestEvent.java，这个类需要继承自 ApplicationEvent.java，在创建的时候可以通过 Eclipse 选择需要继承的类，如图 9-3 所示。

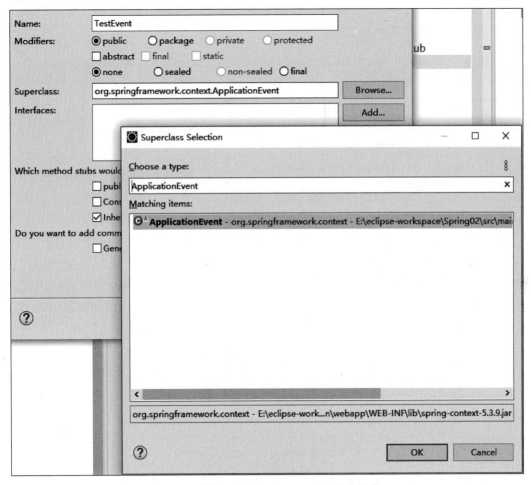

图 9-3 选择 ApplicationEvent.java 作为父类

灵活使用 IDE 的功能，可以有效辅助开发者提升开发效率。当然不使用辅助工具，直接新建并编写代码也可以，具体代码如下。

```
01  package com.pojo;
02  import org.springframework.context.ApplicationEvent;
03  public class TestEvent extends ApplicationEvent{
04      private String message;
```

```
05    public TestEvent(String arg0) {
06        super(arg0);
07        //TODO Auto-generated constructor stub
08        message = arg0;
09    }
10    @Override
11  public String toString() {
12      return "TestEvent [message=" + message + "]";
13   }
14  }
```

第 04 行代码,创建了一个 String 类型的成员变量,用于事件传递消息的演示。

第 08 行代码,在构造事件对象的时候,传入 String 参数,并将参数赋值给 message 成员变量。

3．编写监听器的代码

新建一个 com.event 包,然后新建 TestNotifier.java。监听类需要继承 ApplicationListener 接口,这一步也可以利用 Eclipse 的辅助功能完成,如图 9-4 所示。

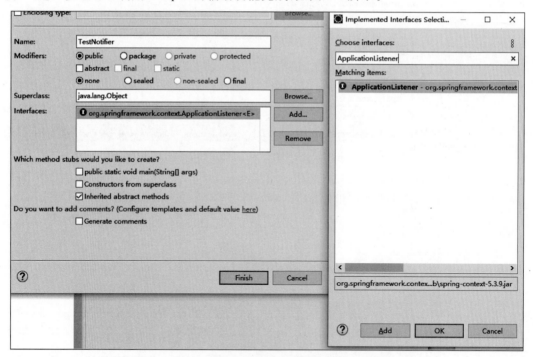

图 9-4　添加 ApplicationListener 接口

添加接口后,就会自动在类里添加需要实现的接口函数。具体代码如下。

applicationContext.xml

```
01  package com.event;
02  import org.springframework.context.ApplicationListener;
03  import com.pojo.TestEvent;
04  public class TestNotifier implements ApplicationListener<TestEvent> {
05      @Override
06      public void onApplicationEvent(TestEvent event) {
```

```
07      //TODO Auto-generated method stub
08      System.out.println("==== 事件接收,处理开始 ====");
09      if (event!=null) {
10        System.out.println(event.toString());
11      } else {
12        System.out.println("TestNotifier onApplicationEvent():event==null!");
13      }
14      System.out.println("==== 事件接收,处理结束 ====");
15    }
16  }
```

当接收到事件后,会触发 onApplicationEvent(TestEvent event)函数的执行。这里主要就是输出相关的代码,用于演示事件的执行。也可以对 event 事件做判定,如果不为空则打印出 message 消息。

4. 编写配置文件的代码

为了和前一个案例做区分,这里新建一个配置文件 appliationContext.xml。

```
01  <?xml version="1.0" encoding="UTF-8"?>
02  <beans xmlns="http://www.springframework.org/schema/beans"
03     xmlns:xsi="http://www.w3.org/2001/XMLSchema-instance"
04     xsi:schemaLocation="http://www.springframework.org/schema/beans
05       http://www.springframework.org/schema/beans/spring-beans.xsd">
06     <bean class="com.event.TestNotifier" />
07  </beans>
```

第 01~05 行代码是 XML 文件声明、命名空间和 XML schema 的配置。

第 06 行代码声明了一个 com.event.TestNotifier 的 Bean 对象,在这里声明意味着对象交给 Spring 的容器机制来创建和管理。

5. 编写项目的测试代码

在 com.test 测试的包下,新建另外一个测试文件 TestMain2.java。代码如下。

```
01  package com.test;
02  import org.springframework.context.ApplicationContext;
03  import org.springframework.context.support.ClassPathXmlApplicationContext;
04  import com.pojo.TestEvent;
05  public class TestMain2 {
06    public static void main(String[] args) {
07      //TODO Auto-generated method stub
08      //ApplicationContext 的事件
09      ApplicationContext context = new ClassPathXmlApplicationContext("applicationContext.xml");
10      TestEvent testEvent = new TestEvent("事件携带的消息示例");
11      System.out.println("=== 准备广播事件 ===");
12      context.publishEvent(testEvent);
13    }
14  }
```

第 09 行代码,通过读入配置文件,来启动 Spring 框架的容器。在 Spring 框架中,容器可以通过上下文对象 ApplicationContext 来获取,构造函数 ClassPathXmlApplicationContext 需要传入配置文件的路径和文件名。

第10行代码,创建一个 TestEvent 对象。构造函数里的 String 变量,会通过参数设置给对象的 message 成员变量,在接收到事件后,可以打印出来。

第12行代码,通过 ApplicationContext 的 publishEvent 方法,显式地广播事件,从而触发事件监听器的相关代码。

6. 项目测试结果

项目代码编写完成后,在 TestMain2.java 文件中单击右键,单击 Run As,选择 Java Application。项目运行结果如图 9-5 所示。

图 9-5　Spring 容器的事件机制示意图

可以看到,调用 publishEvent 方法广播事件后,TestNotifier 类中的 onApplicationEvent 方法被触发。依次打印输出开始接收事件、事件本身的 String 信息和事件接收结束等预设的信息,程序正常运行。

小结

本章主要介绍了 Spring 框架的容器机制的原理,讲解了容器机制里最重要的两个接口的使用方法 BeanFactory 和 ApplicationContext 的区别,最后介绍 Spring 容器的事件机制的使用等相关知识。通过本章的学习,读者可以进一步理解 Spring 框架的优势,掌握容器机制的相关知识和编程方法,理解 BeanFactory 和 ApplicationContext 两者在编程上的区别,最后掌握 Spring 容器中事件机制的编程方法。

习题

1. Spring 框架最重要的核心功能之一是提供(　　)。
   A. Java 运行环境　　　　　　　　　　B. OOP 面向对象编程
   C. 事务管理　　　　　　　　　　　　D. 容器机制
2. Spring 框架的容器机制主要有两个接口,分别是 BeanFactory 和_____。
3. 简述 Spring 框架的容器机制的概念和使用方法。

第10章

Spring的依赖注入

CHAPTER 10

本章学习目标：
- 理解依赖注入的概念。
- 掌握容器机制和依赖注入的关系。
- 掌握属性注入和构造器注入的编程方法。

在编写软件系统的过程中，应用最多最广泛的基本编程思路是OOP面向对象编程。当软件系统的体量增大时，不同的类或对象就存在不同的关系。例如继承关系，就是一个类是另一个类的子类，子类可以继承父类的成员变量和成员函数，并可以加入新的成员变量和成员函数。有时涉及对象 A 需要调用对象 B 的情形，在 Spring 框架中这种情形称为依赖关系，即对象 A 依赖对象 B。本章讲解的依赖注入，就是此类应用场景下 Spring 框架所提供的解决方案。

10.1 依赖注入的理论知识

10.1.1 依赖注入简介

在传统的 OOP 编程中,如果存在依赖关系,就需要在 A 的构造函数或成员变量中创建对象 B,并在用到依赖关系的时候,显式调用对象 B 的相关方法。这种编程方式将对象 A 和对象 B 耦合在了一起,对象 B 的创建和生命周期管理受到对象 A 的限制。为了解决这个问题,Spring 框架使用依赖注入来解决不同对象的依赖关系。

依赖注入的基本思想是,存在依赖关系的两个对象,可以同时独立地存在于 Spring 框架的容器中,分别被容器机制进行管理。当对象 A 需要调用对象 B 的方法时,将对象 B "注入"到对应的引用处,然后调用对象 B 的方法。这种编程方法可以有效地对不同对象的依赖关系进行解耦,从而有效提升程序的可维护性。

结合前面的知识内容,Spring 框架有两个核心功能:第一就是容器机制,在 Spring 框架中可以把不同的对象交给 Spring 容器进行创建和管理;第二就是依赖注入,对于存在依赖关系的不同对象,Spring 框架可以在容器中进行解耦管理这种依赖关系。

10.1.2 依赖注入的内涵

依赖注入可以对 Bean 注入普通的简单数据类型的属性值,也可以将一个 Bean 注入成其他 Bean 的引用。依赖注入是一种优秀的解耦方式,它让 Spring 的 Bean 以配置文件的方式组织在一起,而不是以硬编码的方式耦合在一起。

依赖注入还有另外一种说法,称为 IOC 控制反转。在 Spring 框架中,控制反转和依赖注入实际上是同一个概念。

在传统的编程方式下,对象 A 调用对象 B 的方法,一般需要在对象 A 的内部显示 new 一个对象 B,然后才能调用。对象的创建、管理和使用都耦合在一起了。使用 Spring 框架的依赖注入后,可以独立地在容器中创建对象 A 和对象 B,预留出对象 A 中对于对象 B 的引用。当需要使用的时候,将对象 B 注入这个预留的引用中,即可以完成对象 A 对对象 B 方法的调用。在这种情况下,对象 A 和对象 B 的控制权就由相关的代码移交给了创建它们的容器,也就是控制发生了反转,这就是 IOC 控制反转这个概念的由来。控制反转提供了依赖注入的实现思路,它们是一个概念的两种说法。

为了更好地理解控制反转和依赖注入,这里举一个例子进行说明。假如有两个对象:人 person 和斧子 axe。人可以用斧子作为工具,即 person 可以调用 axe 的砍伐 chop()方法。在原始社会时代,人需要自己造斧子,然后斧子成为这个人的私人工具,他就可以拿着这把斧子进行砍伐工作。这个过程类似软件编程里的传统思路,一个对象需要创建另外一个对象,才可以调用它的方法,如图 10-1 所示。

后来随着时代进步,一方面有了专门的工厂,可以大批量地制造专业的斧子。另外,个人制造斧子费时费力,也不够锋利耐用,专业性不强,效率也低下。渐渐地,当人需要使用斧子砍伐的时候,不再是自己去造一把斧子,而是改变思路,去买一把斧子。买斧子的时候,工

图 10-1　调用对象创建被调用对象

厂早就将斧子已经造好了,只是这个时候斧子的所有人变为购买者这个人。此时,虽然这个人没有制造这把斧子,但是这把工厂制造的斧子已经属于他了,他就可以拿着斧子进行砍伐了,如图 10-2 所示。

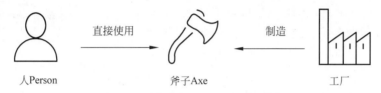

图 10-2　调用对象不创建被调用对象

在这种情况下,就对应 Spring 的依赖注入模式。工厂就相当于 Spring 框架的容器,它负责创建和管理 Person 和 Axe 对象。购买行为相当于依赖注入,在人购买斧子后,Spring 容器将 Axe 对象注入 Person 对象中。然后 Person 对象就可以直接调用 Axe 对象的砍伐 chop()方法。

在这种依赖注入的编程方式下,人和斧子都是独立的对象,对象的创建都交给容器进行管理。假如有多个人和多把斧子,此时就可以借助容器机制,灵活地将不同的斧子分给不同的人,或者容器回收斧子然后派发新的斧子。这样整个代码就都没有耦合在一起,编写业务逻辑的时候,思路就更清晰,代码也就更容易维护和阅读。

在 Spring 框架中,依赖注入的编程实现方法有很多,这里着重讲解两个最基本最常用的,分别是属性值注入和构造器注入。属性值注入对应的是对象成员变量的 getter 和 setter 方法,通过函数接口完成注入。构造器注入对应的是对象的构造函数的参数,通过参数传递来完成注入。这两种注入的方式在编程上相差不大,可以根据具体的应用场景来灵活选择使用。下面通过两个具体的编程案例来进行详细讲解。

10.2　依赖注入的实现

10.2.1　属性注入的使用案例

属性注入通过 Java 类成员变量的 getter 和 setter 函数来实现,使用起来较为简单方便,是依赖注入最常用的方式之一。在本案例中,为了更好地演示项目开发的流程和规范,使用先设计接口后编码实现的方式来进行项目开发。

1. 创建工程

打开 Eclipse,选择新建项目中的 Dynamic Web Project 也就是动态 Web 项目。相关选项和配置使用默认的,给项目起一个名称,最后单击 Finish 按钮完成项目的创建。

2. 项目的准备工作

找到项目的 lib 文件夹，路径为项目根目录下 src/main/webapp/WEB-INF/lib，从之前下载 Spring 框架的文件夹里找到项目所需的 jar 包，复制到项目 lib 文件夹下，完成 jar 包的导入，如图 10-3 所示。

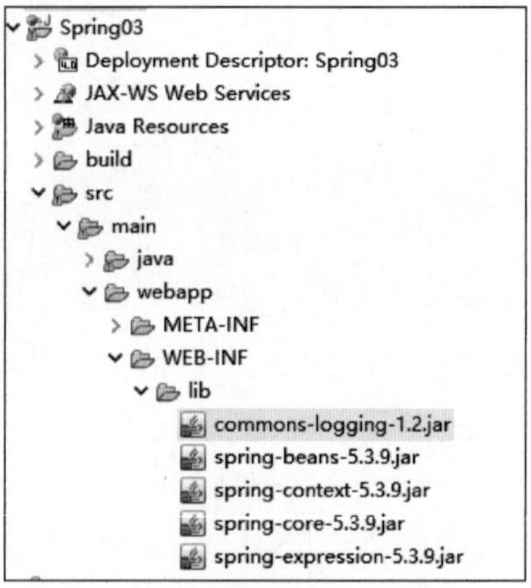

3. 编写接口类的代码

在项目的根目录下，新建一个接口类的包 com.service，包里新建两个接口类：Computer.java 是被调用类的接口，Person.java 是调用类的接口。

图 10-3 项目所需的 jar 包示意图

Person.java

```
01    package com.service;
02    public interface Person {
03        void useComputer();
04    }
```

Computer.java

```
01    package com.service;
02    public interface Computer {
03        void work();
04    }
```

接口定义都较为简单，Computer 接口中有一个 work() 函数，Person 接口中有一个 useComputer() 函数，用于调用其他对象。

4. 编写实现类的代码

编写好接口类后，接下来编写针对接口的实现类。在项目根目录下创建实现类的包 com.pojo，分别新建两个实现类：Laptop.java 是 Computer.java 的实现类，Student.java 是 Person.java。读者在开发项目的时候需要注意，当类或接口较多时，应尽量规范命名，使得从命名上也可以大致分辨不同类或接口的关系。

```
01    package com.pojo;
02    import com.service.Computer;
03    import com.service.Person;
04    public class Student implements Person {
05        private String name;
06        private Computer computer;
07        //搭配属性注入,需要 setter 函数
08        public Student() {
09            super();
10            //TODO Auto-generated constructor stub
11        }
12        public void setName(String name) {
13            this.name = name;
14        }
15        public void setComputer(Computer computer) {
16            this.computer = computer;
```

```
17    }
18    @Override
19    public void useComputer() {
20      //TODO Auto-generated method stub
21      System.out.println("Student: " + name + " useComputer()");
22      computer.work();
23    }
24 }
```

第 04 行代码，implements Person 声明了该类是继承了 Person.java，因此类里面必须含有 Person.java 的函数，对应第 18~23 行代码。

第 05、06 行代码，对应 Student 类的两个成员变量，一个是普通成员变量 name，一个是其他的 Java 类对象 Computer。

第 12~17 行代码，分别对应两个成员变量的 setter 函数，这个在属性注入的时候，会被 Spring 框架的底层容器机制调用。

第 18~23 行代码是接口的方法，内容是打印出 name 属性，并调用成员变量 computer 的 work() 方法，实现一个对象 A 调用另外一个对象 B 的方法。

```
01 package com.pojo;
02 import com.service.Computer;
03 public class Laptop implements Computer {
04   @Override
05   public void work() {
06     //TODO Auto-generated method stub
07     System.out.println("Use laptop as a computer to work(coding or photoshop).");
08   }
09 }
```

Laptop.java 由于是被调用类，代码相对较简单，它继承了 Computer.java，需要实现接口里定义的 work() 方法。

5．编写配置文件的代码

在项目代码的根目录也就是 src/main/java 下，创建 Spring 框架的配置文件 applicationContext.xml。在配置文件中，主要是完成相关的命名空间设置、XML 的 schema 配置，以及项目中需要用到的 Java Bean 的定义和配置。具体代码如下。

applicationContext.xml

```
01 <?xml version="1.0" encoding="UTF-8"?>
02 <beans xmlns="http://www.springframework.org/schema/beans"
03   xmlns:xsi="http://www.w3.org/2001/XMLSchema-instance"
04   xsi:schemaLocation="http://www.springframework.org/schema/beans
05   http://www.springframework.org/schema/beans/spring-beans.xsd">
06   <bean id="stu01" class="com.pojo.Student">
07     <property name="name" value="Allen" />
08     <property name="computer" ref="surface" />
09   </bean>
10   <bean id="surface" class="com.pojo.Laptop" />
11 </beans>
```

第 10 行代码，定义了一个 id 为 surface 的 Java 对象，对应 com.pojo.Laptop 类，它就是最终会被调用的 Java 对象。

第06~09行代码,定义了调用者的Java对象。id为stu01,对应com.pojo.Student类。然后通过property子元素,设置name属性取值为Allen,设置computer属性取值为第10行代码定义的id为surface的Java对象。

这里的第07、08两行代码,就是属性注入的具体实现方法。需要注意的是,对于普通的属性值,直接用value指定对应的取值即可。如果是注入一个Java对象,则需要首先定义一个被注入或者说被调用的Java对象,然后用ref来指定id值,即可完成注入。

6. 编写项目的测试代码

在根目录下创建Java包com.test,新建测试文档TestMain.java,内部代码如下。

```
01  package com.test;
02  import org.springframework.context.ApplicationContext;
03  import org.springframework.context.support.ClassPathXmlApplicationContext;
04  import com.pojo.Student;
05  import com.pojo.Student2;
06  public class TestMain {
07      public static void main(String[] args) {
08          //TODO Auto-generated method stub
09          ApplicationContext context = new ClassPathXmlApplicationContext("applicationContext.xml");
10          Student student = context.getBean("stu01", Student.class);
11          student.useComputer();
12      }
13  }
```

第09行代码,通过读入配置文件,来启动Spring框架的容器。在Spring框架中,容器可以通过上下文对象ApplicationContext来获取,构造函数ClassPathXmlApplicationContext需要传入配置文件的路径和文件名。

第10行代码,由于Spring的容器已经启动,定义好的Bean对象会直接被容器创建。这里只需要使用context.getBean来获取Bean对象即可。

第11行代码,通过student.useComputer()来调用student对象中的成员变量laptop对象。

7. 项目测试结果

项目代码编写完成后,在TestMain.java文件中单击右键,单击Run As,选择Java Application。项目运行结果如图10-4所示。

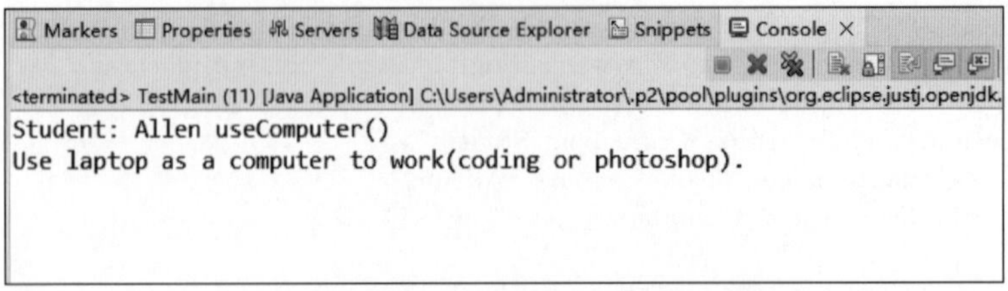

图 10-4 Spring框架的属性注入运行示意图

从图中可以看到,student对象和laptop对象都正常运行并输出打印相关内容。使用依赖注入最大的优势,就是业务代码中没有两个对象的创建和管理的相关代码,同时被调用对象和调用对象之间也没有硬编码耦合,可以随时通过配置文件中的 ref 来指向另外一个不同的对象 id 从而完成新的调用关系。这种解耦的编程方式,有助于项目的长期维护。

10.2.2　构造器注入的使用案例

除了属性注入可以实现依赖注入,还可以使用构造器注入。顾名思义,构造器注入需要在 Java 类中声明带有参数的构造函数,通过构造函数的参数传递来完成依赖注入操作。

除了注入方式的不同,其他方面和属性注入基本一致。下面通过一个具体案例演示构造器注入的使用方法。

1. 创建工程和准备项目

为方便演示,直接沿用前面案例中属性注入的项目进行编程。

2. 编写实现类的代码

在前面的案例中,由于使用了属性注入,Java 类中必须实现成员变量的 setter 函数。本案例中使用构造器注入,因此 Java 类中可以不实现 setter 函数,但是必须有带参数的构造函数。

```
01  package com.pojo;
02  import com.service.Computer;
03  import com.service.Person;
04  public class Student2 implements Person{
05      private String name;
06      private Computer computer;
07      //搭配构造器注入,需要带参数的构造函数
08      public Student2(String name, Computer computer){
09          super();
10          this.name = name;
11          this.computer = computer;
12      }
13      @Override
14      public void useComputer(){
15          //TODO Auto-generated method stub
16          System.out.println("Student2 >>: " + name + " useComputer()");
17          computer.work();
18      }
19  }
```

其他代码和 Student.java 基本一致,区别在第 08～12 行代码。定义了带有参数的构造函数,参数 name 和 computer 分别赋值给对应的成员变量。

3. 编写配置文件的代码

在原项目的配置文件中,加入新的调用者对象和被调用者对象,代码如下。

```
<bean id="stu02" class="com.pojo.Student2">
    <constructor-arg name="name" value="Henry" />
    <constructor-arg name="computer" ref="macbook" />
</bean>
<bean id="macbook" class="com.pojo.Laptop" />
```

这里定义了一个新的被调用者，id 为 macbook，对应的类是 com.pojo.Laptop。调用者的 id 是 stu02，对应的类是 com.pojo.Student2。

由于使用了构造器注入，com.pojo.Student2.java 类中没有属性的 setter 函数，因此这里要使用 constructor-arg 子元素。对于基本属性直接用 value 定义取值即可，对于 Java 对象的属性，需要用到 ref 来指向对象的 id 值。

4．编写项目的测试代码

在原来的测试文档 com.test.TestMain.java 中，加入新的测试代码，具体如下。

```
Student2 student2 = context.getBean("stu02", Student2.class);
student2.useComputer();
```

在容器启动完成后，直接通过 getBean 来获取对象，然后使用 useComputer() 来调用其他对象的方法。

5．项目测试结果

项目代码编写完成后，在 TestMain.java 文件中单击右键，单击 Run As，选择 Java Application。项目运行结果如图 10-5 所示。

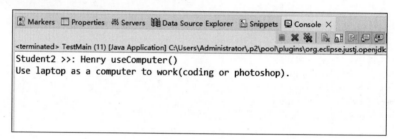

图 10-5　Spring 框架的构造器注入运行示意图

从图中可以看到，student 对象和 laptop 对象也都正常运行并输出打印相关内容。使用构造器，也可以顺利完成依赖注入的实现。从编码实现的角度来说，使用属性注入和构造器注入几乎没有太大区别。一般的 Java 类中都会预先定义好属性的 getter 和 setter 函数，但是并不常直接定义带有所有成员变量作为参数的构造函数，因此属性注入的应用场景相对更广泛一点。

小结

本章首先介绍了依赖注入的应用场景和大致概念，指出它是类与类之间存在调用关系时的一种解决方案；其次通过举例，详细讲解了依赖注入的具体内涵；接下来通过两个实际的使用案例，分别讲解了属性注入和构造器注入的使用方法。通过本章的学习，读者可以了解什么是依赖注入，Spring 框架中的依赖注入可以用于解决什么问题；理解依赖注入的不同实现方法，各自对应的应用场景；最后通过实际的案例，掌握依赖注入的编程实现方法。

习题

1. 在 Spring 框架中,通过( )解决不同对象的依赖关系。
   A. 面向切面编程　　　　　　　　B. 依赖注入
   C. SpringMVC　　　　　　　　　D. 消息机制
2. 依赖注入也称_____,两者是同一个概念。
3. 简述属性注入和构造器注入的使用区别。

视频讲解

CHAPTER 11

第 11 章

Bean的作用域和生命周期

本章学习目标：
- 理解 Bean 的定义和属性。
- 理解 Bean 的作用域和生命周期。
- 掌握 Spring 框架下管理 Bean 的编程方法。

在 Spring 框架中，称容器中的 Java 对象为 Bean。在前面的章节中，已经讲解过 Bean 的基础使用。实际上，Spring 框架还定义了很多其他的 Bean 的管理方式，例如，对 Bean 进行属性配置、管理 Bean 的作用域、管理 Bean 的生命周期等，下面将对这些内容进行详细讲解。

11.1 Bean 的定义

关于 Bean 的定义和基本使用，在前面章节中已经有所涉及。一般来说，Spring 框架的 Bean 主要分为两类：一类是 Spring 框架自带的 Bean，这些 Java 对象往往对应着 Spring 框架的某个功能模块，如 SpringMVC 的视图解析器，就需要定义在 Spring 框架的容器中，且是一个系统预定义的 Java 类。

另一类是开发者自定义的 Java 类，也可以称为 pojo 类。在前面案例中曾编写过的 com.pojo 包下的 Student.java 类就是这种情况。当需要使用这种 Java 对象时，可以将它作为 Spring 框架的 Bean 对象，定义在 Spring 框架的配置文件中。

在配置的时候，使用的元素就是 bean。里面需要配置的参数一般至少需要两个：id 对应这个 Bean 对象在此容器中的唯一标识，每个容器中的所有 Bean 对象的 id 值必须有且唯一；class 对应这个 Bean 对象的 Java 类路径，定义的时候需要把这个 Java 类的包名前缀加上。

完成了 Bean 的定义后，在业务层的 Java 代码就可以直接获取这个 Bean 对象。可以使用 ApplicationContext 的 getBean 方法来获取对应的 Bean 对象。由于容器机制已经完成了对象的创建和配置，获取 Bean 对象后就可以直接调用相关方法或编写后续逻辑代码。如前面所述，这种对于 Bean 的管理方式，可以大大地提升编程效率，降低代码耦合度。

11.2 Bean 的属性

11.2.1 Bean 的属性简介

目前所讲到的 Spring 框架中 Bean 的配置，主要都来自 XML 配置文件中的定义。配置文件中的每一个 bean 元素，就对应一个 Bean 对象。除了前面提到的 id 和 class 之外，bean 元素还有很多其他可以配置的属性，如表 11-1 所示。

表 11-1 bean 元素的属性

属 性	描 述
class	指定 Bean 对应的类路径，包含包名
name	指定 Bean 对象的名称标识
scope	指定 Bean 对象的作用域
id	指定 Bean 对象的唯一标识，容器中的所有 Bean 对象都需有且唯一
lazy-init	指定是否延迟加载，默认关闭
init-method	指定 Bean 对象的初始化方法
destroy	指定 Bean 对象的销毁方法

表中的所有属性，都可以在配置文件中，对定义 Bean 对象的 XML 元素进行设置。

例如，在默认状态下，启动 Spring 容器的时候，就已经完成了 Bean 对象的创建和设置。如果需要在 Spring 容器启动的时候不创建 Bean 对象，而是等到 getBean 获取 Bean 对象的时候再创建,这个时候就需要用到 lazy-init 属性。

11.2.2 Bean 的属性的使用案例

下面用一个案例来对 Bean 的属性的使用进行详细讲解。

1. 创建工程

打开 Eclipse,选择新建项目中的 Dynamic Web Project 也就是动态 Web 项目。相关选项和配置使用默认的,给项目起一个名称,最后单击 Finish 按钮完成项目的创建。

2. 项目的准备工作

找到项目的 lib 文件夹,路径为项目根目录下 src/main/webapp/WEB-INF/lib,从之前下载 Spring 框架的文件夹里找到项目所需的 jar 包,复制到项目 lib 文件夹下,完成 jar 包的导入,如图 11-1 所示。

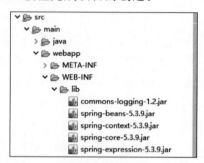

图 11-1 项目所需的 jar 包示意图

3. 编写 Java 类的代码

在项目里新建一个 Java 包 com.pojo,创建 Bean 对象对应的 Java 类 com.pojo.Student.java,代码如下。

```
01    package com.pojo;
02    public class Student {
03        private String name;
04        private String course;
05        public Student() {
06            super();
07            //TODO Auto-generated constructor stub
08            name="John";
09            course="vue.js";
10            System.out.println("------ Student Object Init() ------");
11        }
12        public String getName() {
13            return name;
14        }
15        public void setName(String name) {
16            this.name = name;
17        }
18        public String getCourse() {
19            return course;
20        }
21        public void setCourse(String course) {
22            this.course = course;
23        }
24        @Override
25        public String toString() {
26            return "Student [name=" + name + ", course=" + course + "]";
27        }
28    }
```

第 03～04 行代码,在 Java 类里定义了两个成员变量。

第 05~11 行代码,在 Java 类的构造函数中,设置了成员变量的初始默认值,如果后续没有使用 setter 函数对成员变量进行设置,它们会保持默认值。第 10 行代码在构造函数结束前打印信息,提示开发者已经完成了对象的初始化。

其他的代码就是完善 getter 和 setter 函数,并完善对象的打印函数。读者可以自行输入,也可以使用 Eclipse 的代码生成功能来快速完成。

4. 编写配置文件的代码

在项目代码的根目录也就是 src/main/java 下,创建配置文件 applicationContext.xml。在配置文件中,主要是完成相关的命名空间设置、XML 的 schema 配置,以及项目中需要用到的 Java Bean 的定义和配置。具体代码如下。

```xml
01  <?xml version="1.0" encoding="UTF-8"?>
02  <beans xmlns="http://www.springframework.org/schema/beans"
03      xmlns:xsi="http://www.w3.org/2001/XMLSchema-instance"
04      xsi:schemaLocation="http://www.springframework.org/schema/beans
05      http://www.springframework.org/schema/beans/spring-beans.xsd">
06      <bean id="stu01" class="com.pojo.Student" lazy-init="true">
07          <property name="name" value="Lucy" />
08      </bean>
09      <bean name="stu02" class="com.pojo.Student">
10          <property name="course" value="jQuery" />
11      </bean>
12  </beans>
```

第 01~05 行代码是 XML 文件的格式声明、命名空间和 XML schema 的配置等。

第 06~12 行代码是使用配置文件定义的两个 Bean 对象,均是 com.pojo.Student 类的对象。第一个 Bean 对象中,将 lazy-init 属性设置为 true,延迟加载即懒加载生效。第二个 Bean 对象中不对此属性做设置,延迟加载默认关闭。

5. 编写项目的测试代码

在根目录下创建 Java 包 com.test,新建测试文档 TestMain.java,内部代码如下。

```java
01  package com.test;
02  import org.springframework.context.ApplicationContext;
03  import org.springframework.context.support.ClassPathXmlApplicationContext;
04  import com.pojo.Student;
05  public class TestMain {
06      public static void main(String[] args) {
07          //TODO Auto-generated method stub
08          ApplicationContext context = new ClassPathXmlApplicationContext("applicationContext.xml");
09          System.out.println("###############################");
10          //id 和 name;lazy-init
11          Student student = context.getBean("stu01", Student.class);
12          System.out.println(student.toString());
13          Student student2 = context.getBean("stu02", Student.class);
14          System.out.println(student2.toString()+"\n");
15      }
16  }
```

第08行代码，和之前章节中Spring框架的使用流程一致，载入配置文件，完成ApplicationContext对象的创建。

第09行代码，在完成容器创建和获取Bean对象之间，打印输出信息，方便演示。

第10~14行代码，通过id值获取配置文件中的两个Bean对象，并依次打印Bean对象的信息。这个过程中由于触发了对象的创建，因此原本定义在Student.java类中的构造函数也会相应地输出信息。

6. 项目测试结果

项目代码编写完成后，在TestMain.java文件中单击右键，单击Run As，选择Java Application。项目运行结果如图11-2所示。

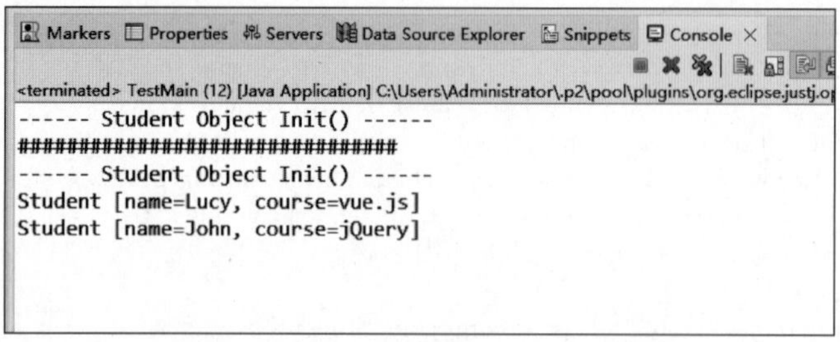

图11-2 Bean的属性设置的测试示意图

可以看到，Student.java的构造函数运行了两次，且在分隔符号前后两侧。说明在Spring容器创建的时候，只创建了一个Bean对象。另一个Bean对象，由于设置了lazy-init的延迟加载，是程序调用getBean获取对象的时候才进行创建的。

这就是Spring框架中对Bean对象的属性进行设置后，所产生的不同效果。读者在开发过程中，可以根据不同的应用场景，在配置文件中对Bean的属性进行相应设置。

11.3 Bean的作用域

11.3.1 Bean的作用域简介

在Bean的属性中，id值代表它在容器中的唯一标识。一般来说，不同的Bean对象需要配置不同的id值，在配置文件中需要有不同的bean元素来进行设置。这是在常规情况下，Spring框架的基本使用方法。但是，在某些特定场景下可能需要对同一个id值重复调用getBean方法，这个时候对于获取到的Bean对象的具体实例，就需要用到Bean的作用域的概念来进行进一步的详细规范和定义了。

具体来说，对同一个id值重复调用getBean来获取对象，可能存在两种可能：第一种就是获取到的始终是同一个Bean对象实例，第二种就是每次调用的时候获取到的是新的Bean对象实例。在Spring框架中，前一种称为单例模式的作用域，后一种称为原型模式的作用域。

在Spring框架中，Bean一共有几种作用域可选，具体如表11-2所示。

表 11-2　bean 元素的作用域

属　　性	描　　述
singleton	单例模式,此时同一 id 在容器中对应的是同一个共享的实例对象,所有的 getBean 方法都会返回此对象实例
prototype	原型模式,就算每次调用 getBean 时使用同一个 id 值,容器都会返回一个新的对象实例
request	主要用于 Web 开发,一个 HTTP 请求对应一个 Bean 对象。每一个 HTTP 请求都有自己对应的 Bean 对象,不同的请求 Bean 对象有不同的实例
session	主要用于 Web 开发,一个 Session 会话对应一个 Bean 对象
global session	主要用于 Web 开发,一个全局 Session 会话对应一个 Bean 对象

在默认情况下,也就是不指定作用域的时候,Spring 框架里的 Bean 都是单例模式的作用域。每次调用 getBean 来获取同一个 id 值对应的 Bean 对象时,得到的都是同一个 Bean 对象实例。对 Bean 对象内部变量的修改,都会在容器中保留,并在下次调用 getBean 的时候,继续返回给业务逻辑层。

原型模式也是一种常用的作用域。在这种情况下,就算对同一个 id 值调用 getBean,每次调用的时候,容器都会生成一个全新的 Bean 对象实例。对当前 Bean 对象内部变量的修改,在下次调用 getBean 的时候都不被保留,得到的是另一个 Bean 对象实例。

request、session 和 global session 是另外三种作用域,如表 11-2 所示,它们主要对应 Web 网页开发过程中的 Bean 实例对象的作用域。

11.3.2　Bean 的作用域的使用案例

下面通过一个案例来详细讲解 Bean 的作用域的设置方法。

1. 创建工程和项目准备工作

为方便演示,这里沿用前面的项目即可。

2. 编写配置文件的代码

在项目代码的根目录也就是 src/main/java 下,创建新的配置文件 applicationContext2.xml,具体代码如下。

```
01    <?xml version="1.0" encoding="UTF-8"?>
02    <beans xmlns="http://www.springframework.org/schema/beans"
03        xmlns:xsi="http://www.w3.org/2001/XMLSchema-instance"
04        xsi:schemaLocation="http://www.springframework.org/schema/beans
05        http://www.springframework.org/schema/beans/spring-beans.xsd">
06        <bean id="student1" class="com.pojo.Student" />
07        <bean id="student2" class="com.pojo.Student" scope="prototype"/>
08    </beans>
```

第 01～05 行代码是 XML 文件的格式声明、命名空间和 XML schema 的配置等。

第 06 行代码,在容器中配置了一个普通的 Bean,id 值为 student1。

第 07 行代码,在容器中另外配置了一个 Bean,它也是 com.pojo.Student 类的对象。通过属性 scope,将作用域设置为 prototype,也就是原型模式。这里需要注意,由于作用域的取值是一个 String 变量,读者在编码的时候需要仔细检查不能输入出错。

3. 编写项目的测试代码

在 Java 包 com.test 下,新建测试文档 TestMain2.java,内部代码如下。

```
01  package com.test;
02  import org.springframework.context.ApplicationContext;
03  import org.springframework.context.support.ClassPathXmlApplicationContext;
04  import com.pojo.Student;
05  public class TestMain2 {
06      public static void main(String[] args) {
07          //TODO Auto-generated method stub
08          ApplicationContext context = new ClassPathXmlApplicationContext("applicationContext2.xml");
09          //scope(默认为 singleton,改为 prototype)
10          Student student1_1 = context.getBean("student1", Student.class);
11          Student student1_2 = context.getBean("student1", Student.class);
12          Student student2_1 = context.getBean("student2", Student.class);
13          Student student2_2 = context.getBean("student2", Student.class);
14          System.out.println(student1_1==student1_2);
15          System.out.println(student2_1==student2_2);
16      }
17  }
```

第 08 行代码,和之前章节中 Spring 框架的使用流程一致,载入配置文件,完成 ApplicationContext 对象的创建。

第 10、11 行代码,连续对 id 值 student1 连续两次调用 getBean 来获取对象实例,得到 student1_1 和 student1_2。

第 12、13 行代码,连续对 id 值 student2 连续两次调用 getBean 来获取对象实例,得到 student2_1 和 student2_2。

第 14、15 行代码,分别对 student1_1 和 student1_2、student2_1 和 student2_2 进行对比,查看是否是同一对象实例,并输出结果。

4. 项目测试结果

项目代码编写完成后,在 TestMain2.java 文件中单击右键,单击 Run As,选择 Java Application。项目运行结果如图 11-3 所示。

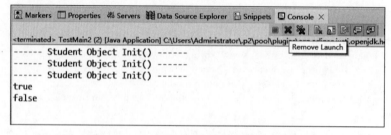

图 11-3 Bean 的作用域设置的测试示意图

可以看到,代码调用了 4 次 getBean 来获取对象,但是构造函数只运行了三次。代表 Spring 容器只创建了三个 Student 对象,有一次调用 getBean 获取对象的时候,容器是直接返回已有的对象,而不是重新创建对象。

测试结果显示,student1_1 和 student1_2 是同一个对象实例,对应默认状态下 Bean 对象的单例模式 singleton 作用域;而 student2_1 和 student2_2 不是同一个对象实例,对应手动设置后 Bean 对象的原型模式 prototype 作用域。

11.4 Bean 的生命周期

11.4.1 Bean 的生命周期简介

在 Spring 容器中,除了可以配置 Bean 对象的属性和作用域,还可以管理 Bean 的生命周期。在传统的 OOP 面向对象的编程模式中,一个对象的创建和销毁都是开发者通过代码可以直接把控的。可以直接在构造函数或者对象销毁前,编写函数运行对应的代码,从而直接实现对 Java 对象的生命周期的管理。

Spring 框架中使用容器进行 Bean 对象的管理,由于 IOC 控制反转的机制,对象的生命周期管理不再由开发者直接控制,而是交给容器进行统一管理和控制。Spring 框架对容器中的 Bean 对象已经预留了生命周期管理的接口,开发者根据规范进行编码接入,就可以方便地完成 Bean 对象的生命周期管理。

一般来说,Bean 对象的生命周期管理,主要就是在创建和销毁 Bean 对象时,开发者可以进行编码运行特定的代码,完成数据统计、内存回收、打印信息等相关操作。Spring 框架提供了两种方法来进行 Bean 对象的生命周期管理:实现接口函数和配置自定义函数。

11.4.2 Bean 的生命周期的使用案例

下面通过一个具体案例,讲解 Spring 框架中对 Bean 对象的生命周期管理的编程方法。

1. 创建工程和项目准备工作

为方便演示,这里沿用前面的项目即可。

2. 编写 Java 类的代码

在项目的 com.pojo 包下,创建一个新的 Java 类 Teacher.java,具体代码如下。

```
01  package com.pojo;
02  import org.springframework.beans.factory.DisposableBean;
03  import org.springframework.beans.factory.InitializingBean;
04  public class Teacher implements InitializingBean, DisposableBean {
05      private String name = "Jack";
06      @Override
07      public void destroy() throws Exception {
08          //TODO Auto-generated method stub
09          System.out.println("-DisposableBean, destroy()-");
10      }
11      @Override
12      public void afterPropertiesSet() throws Exception {
```

```
13        //TODO Auto-generated method stub
14        System.out.println("-InitializingBean, afterPropertiesSet()-");
15     }
16     public void initialTeacher() {
17        System.out.println("==initialTeacher==");
18     }
19     public void destroyTeacher() {
20        System.out.println("==destroyTeacher==");
21     }
22   }
```

第 04 行代码,从类的声明可以看到,Teacher.java 类继承了两个接口。InitializingBean 接口对应第 12 行代码,Bean 对象完成创建和属性设置后,开发者可以在这里加入相关代码。DisposableBean 接口对应第 07 行代码,Bean 对象在销毁前,开发者可以在这里加入相关代码。

第 16～21 行代码,是自定义的两个函数,分别对应 Bean 对象初始化和销毁前需要运行的代码,结合后面的配置文件定义,可以完成 Bean 对象的生命周期管理。

在此案例中,同时使用了继承接口和自定义函数两种方法来完成 Bean 对象的生命周期管理,在实际开发过程中,读者可根据具体的应用场景,任选一种即可。

3. 编写配置文件的代码

在项目代码的根目录也就是 src/main/java 下,创建新的配置文件 applicationContext3.xml,具体代码如下。

applicationContext3.xml

```
01   <?xml version="1.0" encoding="UTF-8"?>
02   <beans xmlns="http://www.springframework.org/schema/beans"
03       xmlns:xsi="http://www.w3.org/2001/XMLSchema-instance"
04       xsi:schemaLocation="http://www.springframework.org/schema/beans
05       http://www.springframework.org/schema/beans/spring-beans.xsd">
06       <bean id="teacher" class="com.pojo.Teacher" init-method="initialTeacher" destroy-method="destroyTeacher">
07       </bean>
08   </beans>
```

第 01～05 行代码是 XML 文件的格式声明、命名空间和 XML schema 的配置等。

第 06 行代码,在容器中配置了一个普通的 Bean,id 值为 teacher,class 类路径为 com.pojo.Teacher。属性 init-method 对应生命周期里的 Bean 对象创建完成后,取值为 Java 类里定义的函数名 initialTeacher。属性 destroy-method 对应生命周期里的 Bean 对象销毁前,取值为 Java 类里定义的函数名 destroyTeacher。

4. 编写项目的测试代码

在 Java 包 com.test 下,新建测试文档 TestMain3.java,内部代码如下。

```
01   package com.test;
02   import org.springframework.context.ApplicationContext;
03   import org.springframework.context.support.AbstractApplicationContext;
04   import org.springframework.context.support.ClassPathXmlApplicationContext;
05   import com.pojo.Student;
```

```
06    import com.pojo.Teacher;
07    public class TestMain3{
08        public static void main(String[] args){
09            //TODO Auto-generated method stub
10            System.out.println("# ready to get context #");
11            ApplicationContext context = new ClassPathXmlApplicationContext("applicationContext3.xml");
12            System.out.println("# get context over #");
13            //Bean 的生命周期
14            System.out.println("# ready to get bean #");
15            Teacher teacher = context.getBean("teacher", Teacher.class);
16            System.out.println("# get bean over #");
17            //关闭容器,Bean 实例将被销毁
18            ((AbstractApplicationContext)context).registerShutdownHook();
19        }
20    }
```

测试代码大致和前面案例的内容一致，主要就是完成容器的创建然后获取 Bean 对象。为了方便演示，这里在每一步都加入了对应的打印信息，方便了解每一步的运行状态和先后顺序。

第 18 行代码，这里的 registerShutdownHood 是容器的手动关闭函数，这里为了演示 Bean 对象的销毁程序，需要将容器关闭，一般情况下不建议使用。

5．项目测试结果

项目代码编写完成后，在 TestMain3.java 文件中单击右键，单击 Run As，选择 Application。项目运行结果如图 11-4 所示。

图 11-4　Bean 的生命周期管理的测试示意图

可以看到，在容器准备创建的过程中，先调用接口的初始化方法，再调用自定义函数的初始化方法。在容器准备销毁的过程中，也是先调用接口的销毁方法，再调用自定义函数的销毁方法。

在实际开发过程中，读者可以选择使用接口或者自定义函数中的一种即可完成 Bean 对象的生命周期管理，从而完成数据统计、内存回收等相关辅助操作。

小结

本章首先介绍了 Bean 的定义，Spring 框架的容器中的两种 Bean 对象的区别；其次介

绍了Bean的属性的大致内容,通过案例讲解了Bean的属性的设置和使用方法；接下来介绍了Bean的作用域的大致内容,通过案例讲解了Bean的作用域的设置和使用方法；最后介绍了Bean的生命周期,并通过案例讲解了Bean的生命周期的设置和使用方法。通过本章的学习,读者对于Bean的含义可以有更深的认识,可以理解Spring框架下Bean的属性、作用域和生命周期的主要内容,并掌握各自对应的编程使用方法。

习题

1. 使用ApplicationContext对象的(　　)方法可以获取对应的Bean对象。
   A. getClass　　　B. getPojo　　　C. getBean　　　D. getObject
2. 配置文件中,bean元素的_____属性,用来指定Bean对象的初始化方法。
3. 简述Bean的作用域及各自的含义。

第 12 章

面向切面编程AOP

视频讲解

CHAPTER 12

本章学习目标:
- 了解面向切面编程的基本思想。
- 理解 Spring 框架下的切点和切面的相关概念。
- 掌握 Spring 框架下实现 AOP 编程的编程方法。

Spring 框架有两个最基础最核心的功能,一个是容器机制,IOC 控制反转;另一个就是 AOP 面向切面编程。面向切面编程并不是 Spring 框架的特有创新,事实上,这种编程思路已经出现很久且应用广泛了。

AOP(Aspect Oriented Programming,面向切面编程)可以从代码中横向抽取逻辑,将业务逻辑线中重复出现且需要长期维护的代码段独立出来,这样可以有效对代码解耦,提高项目的可维护性。在实际开发过程中,数据统计、日志打印、登录态、权限控制等应用场景下,都可以使用 AOP 来解决相关问题。

12.1 面向切面编程简介

12.1.1 面向切面编程的基本思想

传统的编程思维主要分为面向过程编程和面向对象编程。面向过程编程,对应的是命令行时代或比较简单的编程语言(如 BASIC 语言)的编程。在面向过程编程思想中,软件程序都是由一行一行代码来控制的,整体的软件运行是一个线性的概念。随着软件规模的扩大,面向过程编程很难预设所有的线性场景,也不方便开发人员进行思考和编码。这个时候就出现了面向对象编程(OOP)。在面向对象的编程方式中,开发人员可以按照现实世界里的物体的概念来进行软件开发,将软件抽象成一个一个独立的功能模块,再对模块进行开发封装和组合。这样就可以从一个个很小的对象,慢慢组装成一个大的软件系统,完成复杂的应用场景。同时,面向对象编程中引入父类和子类继承的概念,引入了接口,可以对功能模块进行复用,可以多个开发人员协作开发,降低代码的耦合度。面向对象编程是现在几乎所有应用软件系统的基本编程思路,是开发人员必须掌握的编程思维。

随着软件系统的不断开发,在面向对象编程的过程中又出现了新的问题。开发人员发现,面向对象编程的功能模块在运行的时候,由于模块与模块之间是独立的,不同的代码都被封装在模块内部。但实际有一些特殊的功能流程,在不同模块间都有出现,且重复出现。后来,研究人员想到了一种解决办法,就是将不同模块间重复的业务逻辑横向抽取出来,独立成一个新的模块,这种编程思路,就是面向切面编程,如图 12-1 所示。

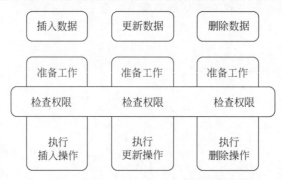

图 12-1 面向切面编程(AOP)的应用场景示例

12.1.2 AOP 和 OOP 的关联

面向切面编程和面向对象编程并不是互相替代的关系,不是说使用了 AOP,就不使用 OOP。

事实上,OOP 会在很长一段时间内,是中大型软件系统编程的主要思想,AOP 只是在 OOP 的基础上做了补充。它可以让 OOP 在某些特定的应用场景下,进一步降低代码耦合度,提升开发效率,提升代码的可维护性。

一个优秀的软件系统,应该是结合了 OOP 和 AOP 的优势,在恰当的场景下使用合适的编程思维。

12.2 Spring 框架的面向切面编程

12.2.1 Spring 框架的 AOP 特点

一般来说，AOP 主要有以下优点：降低模块之间的耦合度，提升代码的复用性，提升系统的扩展性，使非业务代码更集中、便于管理，业务代码更精练、开发人员效率更高。

在 Spring 框架中，AOP 主要是通过代理模式来实现的。代理模式分为静态代理和动态代理。在静态代理中，客户或者说开发者通过代理角色来操作真实角色。开发者不去直接操作真实对象，而是通过代理对象来操作，这样可以将不同真实对象的相似工作都交由代理角色完成，在业务逻辑或者业务拓展时，思路更加清晰简便。缺点就是当软件规模增大后，代理类较多，开发效率降低。

为了解决静态代理的问题，软件专家们又提出了动态代理的概念。在动态代理中，不再需要像静态代理一样提前预设使用场景并写好代理类，动态代理可以在运行时动态生成代理类，这样既保留了代理的特性，又解放了开发者，是一种较好的编程机制。

Spring 框架中的 AOP 就是通过动态代理来实现的，它的优势包括：使得被代理的真实角色更加精练，可以不再关注公共事务；公共事务交由代理完成，实现业务的细化和分工；公共业务在拓展时思路更加清晰，操作更简洁；一个动态代理对应一个接口，即对应一类相关业务；一个动态代理也可以同时代理多个类，只要实现同一接口即可，这是对代理业务的归纳汇总。

12.2.2 Spring 框架的面向切面编程的开发方法

在 Spring 框架的面向切面编程中，有以下名词术语需要大致了解。
（1）关注点：跨越多个模块的功能或流程，也就是 AOP 需要横向抽取出来的部分。
（2）切面：关注点被模块化的特殊对象，是一个类。
（3）通知：切面中在不同时间点需要完成的任务，是类中包含的各种方法。
（4）目标：被通知的对象。
（5）代理：向目标对象应用通知后创建的对象。
（6）切点：在代码执行过程中，需要展开切面插入执行的定义。
（7）连接点：与切点匹配的执行点。

结合以上定义，Spring 框架中的 AOP 开发流程，可以简单理解为以下步骤。首先定义切点，也就是原软件系统代码执行的某个特殊点，需要横向抽取逻辑出来的地方；其次定义切面，新建一个 Java 类，将切点触发后的通知函数在类里面定义好；然后关联切面和切点，让 Spring 框架底层绑定触发机制；最后将需要抽取出来的代码整理好，写入切面的通知方法中，这样当代码执行到切点后，就会根据具体情况触发对应的切面里的通知函数。相当于代码抽取到切面里，但是执行还是在切点处执行，即完成了面向切面编程的实现。

在实际开发过程中，Spring 框架中切面的通知函数主要包含以下几种，如表 12-1 所示。

表 12-1　Spring 框架 AOP 的通知类型

通 知 类 型	对应的关键字	描　　述
前置通知	Before	在目标方法调用之前调用此通知
后置通知	After	在目标方法调用之后调用此通知
返回通知	After-returning	在目标方法成功返回后调用此通知
异常通知	After-throwing	在目标方法出现异常时调用此通知
环绕通知	Around	通知包裹目标方法，使得在目标方法执行前后都可以调用此方法

使用 Spring 框架的面向切面编程进行开发时，开发者可以不用关注底层的动态代理实现，只需要按照要求对相关的切面切点和通知方法进行配置即可，大大降低了 AOP 的编程难度。

12.3　Spring 框架的面向切面编程的使用案例

下面通过一个案例来讲解 Spring 框架中 AOP 的编程实现方法。

1. 创建工程

打开 Eclipse，选择新建项目中的 Dynamic Web Project 即动态 Web 项目。相关选项和配置使用默认的，给项目起一个名称，最后单击 Finish 按钮即完成项目的创建。

2. 项目的准备工作

找到项目的 lib 文件夹，路径为项目根目录下 src/main/webapp/WEB-INF/lib，从之前下载 Spring 框架的文件夹里找到项目所需的 jar 包，复制到项目 lib 文件夹下，完成 jar 包的导入，如图 12-2 所示。

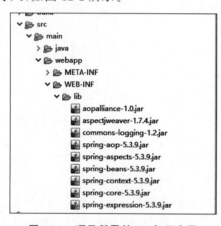

图 12-2　项目所需的 jar 包示意图

commons-logging 和 spring 开头的 jar 包是前面章节内容讲过的，直接从下载的 Spring 框架的文件夹里找到对应 jar 包复制到项目 lib 文件夹下即可。

如前文所述，AOP 并不是 Spring 框架的原创，事实上，Spring 框架实现 AOP 也借助了其他的开源工具，如 aopalliance 和 aspectjweaver。这两个 jar 包可以从对应官网下载，也可以直接从 MAVEN 仓库下载，如图 12-3 和图 12-4 所示。

3. 编写 Java 类的代码

在项目里新建一个 Java 包 com.pojo，创建 Bean 对象对应的 Java 类 com.pojo.Student.java，代码如下。

```
01    package com.pojo;
02    public class Student {
03        private String name;
```

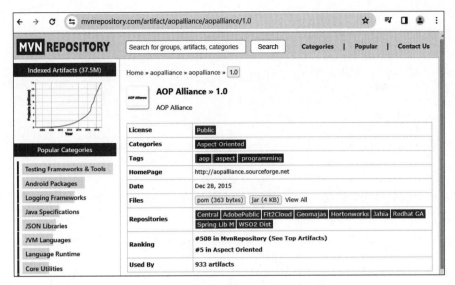

图 12-3　aopalliance 的 jar 包下载示意图

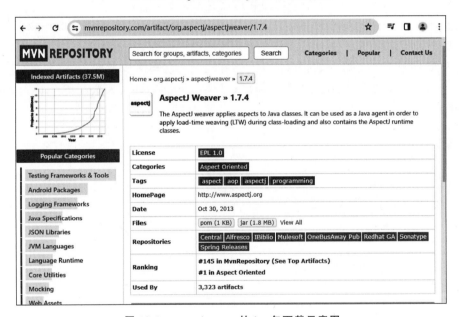

图 12-4　aspectjweaver 的 jar 包下载示意图

```
04    private String course;
05    public Student() {
06        super();
07        //TODO Auto-generated constructor stub
08        name="John";
09        course="vue.js";
10        System.out.println("------ Student Object Init() ------");
11    }
12    public String getName() {
13        return name;
14    }
15    public void setName(String name) {
16        this.name = name;
```

```
17    }
18    public String getCourse() {
19        return course;
20    }
21    public void setCourse(String course) {
22        this.course = course;
23    }
24    @Override
25    public String toString() {
26        return "Student [name=" + name + ", course=" + course + "]";
27    }
28 }
```

这是一个比较简单、常规的 Java 类。类里面有两个成员变量,在对象的构造函数里对成员变量设置了初始的默认值,并打印了初始化的提示信息。后面是常规的 getter 和 setter 函数,可以完成属性的读写;以及 toString 函数,可用于打印对象的信息。

4. 编写切点的代码

创建 Java 包 com.service,用于切面和切点的相关定义。

在实际开发过程中,切点可以是任意特定的函数,根据开发者的具体应用场景来决定。在本案例中,使用软件系统中比较关键的数据库更改的函数,定义为切点。为了更好地模拟实际的开发场景,这里将操作数据库的类分成接口和实现类两步来写。

在 com.service 包下创建数据库操作的接口类 com.service.StudentService.java,具体代码如下。

StudentService.java

```
01 package com.service;
02 public interface StudentService {
03     public void addStudent();
04     public void deleteStudent();
05     public void updateStudent();
06     public void queryStudent();
07 }
```

接下来,在 com.service 包下创建数据库操作的实现类 com.service.StudentServiceImpl.java,具体代码如下。

```
01 package com.service;
02 public class StudentServiceImpl implements StudentService {
03     @Override
04     public void addStudent() {
05         //TODO Auto-generated method stub
06         System.out.println("已增加用户数据");
07 //        throw new ArithmeticException("===出现异常情况===");
08     }
09     @Override
10     public void deleteStudent() {
11         //TODO Auto-generated method stub
12         System.out.println("已删除用户数据");
13     }
14     @Override
15     public void updateStudent() {
```

```
16        //TODO Auto-generated method stub
17        System.out.println("已更新用户数据");
18    }
19    @Override
20    public void queryStudent(){
21        //TODO Auto-generated method stub
22        System.out.println("已查询用户数据");
23    }
24 }
```

在实际开发过程中,数据库操作的实现类里,可能是调用 JDBC 也可能是调用 MyBatis 框架来执行 SQL 语句。这里为了方便演示,省略相关步骤,直接打印文字即可。

5. 编写切面的代码

在 Spring 框架中,通知函数主要可以分为上文表格所述的几种情况,切面的 Java 类就是将通知函数封装在里面即可。

在 com.service 包下新建切面对应的 Java 类 TestAdvice.java,具体代码如下。

```
01   package com.service;
02   import org.aspectj.lang.ProceedingJoinPoint;
03   public class TestAdvice{
04      public void before(){
05          System.out.println("TestAdvice 的 前置通知 方法执行");
06      }
07      public void after(){
08          System.out.println("TestAdvice 的 后置通知 方法执行");
09      }
10      public void around(ProceedingJoinPoint point) throws Throwable{
11          System.out.println("TestAdvice 的 环绕通知之前 方法执行");
12          point.proceed();
13          System.out.println("TestAdvice 的 环绕通知之后 方法执行");
14      }
15      public void afterReturning(){
16          System.out.println("TestAdvice 的 返回通知 方法执行");
17      }
18      public void afterThrowing(){
19          System.out.println("TestAdvice 的 异常通知 方法执行");
20      }
21 }
```

在这个切面类中,依次定义了前置通知、后置通知、环绕通知、返回通知和异常通知。其中,前置通知、后置通知、返回通知和异常通知的写法类似,都是一个不带参数和返回值的简单函数,切点运行后触发对应的时间点直接执行即可。

第 10~14 行对应环绕通知,它的写法相对比较特殊。环绕通知需要传递一个 ProceedingJoinPoint 的参数,作为切点函数的指针。在环绕通知内,通过 point.proceed() 来调用切点执行,在执行前后可以插入其他的相关代码。在更复杂的使用场景下,调用 proceed()后会产生返回值,这个返回值也可以在环绕通知内部获取,为了方便演示,此案例暂时略过。

6. 编写配置文件的代码

这一步是 Spring 框架里 AOP 的核心步骤。通过前面的编程,已经分别定义了切点和切面,接下来需要在配置文件中将切点和切面关联绑定起来。

在项目代码的根目录也就是 src/main/java 下,创建配置文件 applicationContext.xml,具体代码如下。

```xml
01  <?xml version="1.0" encoding="UTF-8"?>
02  <beans xmlns="http://www.springframework.org/schema/beans"
03      xmlns:xsi="http://www.w3.org/2001/XMLSchema-instance"
04      xmlns:aop="http://www.springframework.org/schema/aop"
05      xsi:schemaLocation="http://www.springframework.org/schema/beans
06      http://www.springframework.org/schema/beans/spring-beans.xsd
07      http://www.springframework.org/schema/aop
08      https://www.springframework.org/schema/aop/spring-aop.xsd">
09      <bean id="studentServiceImpl" class="com.service.StudentServiceImpl"/>
10      <bean id="testAdvice" class="com.service.TestAdvice"/>
11      <aop:config>
12          <aop:pointcut id="pointcut" expression="execution(* com.service.StudentServiceImpl.*(..))"/>
13          <aop:aspect ref="testAdvice">
14  <!--        <aop:pointcut id="point" expression="execution(* com.service.StudentServiceImpl.*(..))"/> -->
15              <aop:before method="before" pointcut-ref="pointcut"/>
16              <aop:after method="after" pointcut-ref="pointcut"/>
17              <aop:around method="around" pointcut-ref="pointcut"/>
18              <aop:after-returning method="afterReturning" pointcut-ref="pointcut"/>
19              <aop:after-throwing method="afterThrowing" pointcut-ref="pointcut"/>
20          </aop:aspect>
21      </aop:config>
22  </beans>
```

第 01~05 行代码是 XML 文件的格式声明、命名空间和 XML schema 的配置等。细心的读者已经发现了,由于使用了新的功能组件 AOP,这里的相关配置信息和前面章节的内容是不同的,加入了 aop 有关的命名空间和 schema 配置信息。

第 09 行代码定义了一个 Bean 对象,它是数据库操作函数的实现类,对应后面即将定义的切点。

第 10 行代码也定义了一个 Bean 对象,它是通知函数的封装类,对应后面即将定义的切面和切面里的通知类型。

第 11~21 行代码,就是 Spring 框架中对 AOP 的配置代码。在配置文件中,通过 aop:config 元素来定义 AOP 的相关设置。第 12 行代码,aop:pointcut 定了切点,id 对应切点的唯一标识。expression 对应切点的表达式定义,这里的定义是 execution(* com.service.StudentServiceImpl.*(..)),也就是执行 com.service.StudentServiceImpl 类下的任意函数、不带参数、任意返回值,作为切点。第 13 行代码,aop:aspect 定义了切面,ref 指向了第 10 行代码定义的通知类,也就是 testAdvice。第 15~19 行代码,分别使用 aop:before 前置通知、aop:after 后置通知、aop:around 环绕通知、aop:after-returning 返回通知、after-throwing 异常通知,绑定了切面通知类里的 before、after、around、afterReturning、afterThrowing 函数方法。pointcut-ref 属性对应切点,指向第 12 行代码定义的切点 id 值 pointcut。

从配置文件中可以看到,AOP 虽然功能复杂,但是编程实现的过程做了封装,开发者不需要理解底层的代理实现机制,因此,Spring 框架的 AOP 编程是比较方便简洁的。这也是 Spring 框架的优势之一。

7. 编写项目的测试代码

在根目录下创建 Java 包 com.test，新建测试文档 TestMain.java，内部代码如下。

```
01  package com.test;
02  import org.springframework.context.ApplicationContext;
03  import org.springframework.context.support.ClassPathXmlApplicationContext;
04  import com.service.StudentService;
05  import com.service.StudentServiceImpl;
06  public class TestMain {
07      public static void main(String[] args) {
08          //TODO Auto-generated method stub
09          ApplicationContext context = new ClassPathXmlApplicationContext("applicationContext.xml");
10          //  StudentServiceImpl serviceImpl = context.getBean("studentServiceImpl", StudentServiceImpl.class);
11          //  StudentService studentService = context.getBean("studentServiceImpl", StudentService.class);
12          StudentService studentService = context.getBean("studentServiceImpl", StudentService.class);
13          studentService.addStudent();
14          System.out.println(" the end ");
15      }
16  }
```

测试代码比较简单，直接启动容器后，通过 getBean 获取 Bean 对象。根据前面的代码分析，对象中的任意函数都可以作为切点触发，因此直接调用 studentService.addStudent() 来触发切面里的通知函数即可。

8. 项目测试结果

项目代码编写完成后，在 TestMain.java 文件中单击右键，单击 Run As，选择 Java Application。项目运行结果如图 12-5 所示。

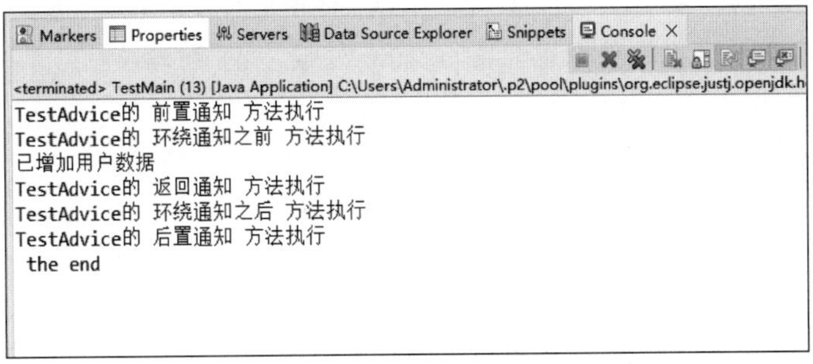

```
<terminated> TestMain (13) [Java Application] C:\Users\Administrator\.p2\pool\plugins\org.eclipse.justj.openjdk.h
TestAdvice的 前置通知 方法执行
TestAdvice的 环绕通知之前 方法执行
已增加用户数据
TestAdvice的 返回通知 方法执行
TestAdvice的 环绕通知之后 方法执行
TestAdvice的 后置通知 方法执行
 the end
```

图 12-5　Spring 框架的 AOP 的测试示意图

切点内实际执行时的输出是"已增加用户数据"，根据测试结果可以看到，在这句话输出前，执行了前置通知，然后执行了环绕通知之前的方法。在增加用户数据后，分别按顺序执行了返回通知、环绕通知之后的方法和后置通知方法。

在实际的开发过程中，读者就可以根据具体的应用场景，在这些函数里加入数据统计、权限验证、身份识别等相关独立的适合横向抽取的逻辑代码，从而完成代码解耦。

除了这几个通知外，还有一个异常通知。进入 com.service.StudentServiceImpl.java

文件,在 addStudent()函数中手动加入异常事件,代码为 throw new ArithmeticException("＝＝＝出现异常情况＝＝＝")。然后回到测试文件重新执行测试,项目运行结果如图 12-6 所示。

图 12-6　Spring 框架的 AOP 的异常通知的测试示意图

由于 studentService.addStudent()方法中手动抛出异常,在运行的时候,就会进入异常通知函数,在这种情况下,前置通知、环绕通知之前的方法和后置通知、异常通知都会执行,但是环绕通知之后的方法、返回通知没有执行。在实际开发过程中,读者可以在异常通知内打印异常出错的代码,找到原因或打印 log 文件方便后期排查,也可以进行界面引导或软件重启等操作。

小结

本章首先介绍了面向切面编程(AOP)的定义,讲解了面向切面编程的基本思想,以及 AOP 和 OOP 的区别与联系;其次介绍了 Spring 框架下的面向切面编程的特点和开发方法;最后,通过一个完整的案例,讲解了 Spring 框架下的面向切面编程的使用方法。通过本章的学习,读者可以了解什么是面向切面编程(AOP),理解它的使用场景以及它和 OOP 的关联,理解面向切面编程的基本思想和 Spring 框架下的 AOP 特点,掌握 Spring 框架下面向切面编程的实现方法。

习题

1. 以下关于 AOP 的说法,错误的是(　　)。
   A. 降低模块之间的耦合度
   B. 提升代码的复用性,提升系统的扩展性
   C. 将非业务代码更集中、便于管理
   D. 业务代码更精练、开发人员效率更高
2. 在 Spring 框架的 AOP 通知类型中,在目标方法成功返回后调用的通知称为_____。
3. 简述 Spring 框架中使用 AOP 的步骤和方法。

第13章

Spring的JDBC数据库操作

视频讲解

CHAPTER 13

本章学习目标:
- 了解SpringJDBC的设计思路和原理。
- 理解JDBCTemplate的常用函数的使用方法。
- 掌握Spring JDBC的编程方法。

在软件系统的开发过程中,数据库或者说持久层的使用都是非常重要的。软件的所有数据,都需要通过数据库系统固化存储到硬盘上,用户的所有信息和操作也都需要通过数据连接来启动和维持。

Spring框架作为一个功能齐全的强大Java开发框架,提供了专属的操作数据库的功能组件,这就是SpringJDBC。开发者可以通过SpringJDBC来完成基于Spring框架的软件系统的数据库的相关操作,包括数据接口管理、SQL语句执行等,从而可以提升持久层的开发效率。

13.1 Spring 框架的 JDBC 简介

13.1.1 传统 JDBC 的问题

当开发人员着手开发软件系统时,数据库往往是采用 SQL 语句进行编码,从而实现数据的增删改查等操作,而业务层往往使用的是面向对象的高级编程语言如 Java 等来实现不同的界面和业务逻辑功能。这两种开发语言同处一个软件系统,两者如何进行顺畅的信息交换,就成了软件系统开发中遇到的一个问题。

传统 JDBC 在一定程度上解决了这个问题,它让开发者可以使用 Java 语言来驱动和解析 SQL 语句,提供了 Java 语言环境下对数据库进行操作和管理的方法。但是,如前面章节所讲,传统 JDBC 中,存在着表关系维护复杂、代码烦琐、SQL 语句硬编码、代码复用率较低等问题。

13.1.2 Spring 的 JDBC 的基本思想

为了解决这个问题,软件开发者们想到了两种思路。一种是弃用传统 JDBC 通过驱动 SQL 语句来管理数据的方式。为了更好地方便业务层的逻辑开发,适应面向对象编程的思维方式,研究人员决定使用映射的方式来管理数据。将数据库中的多个孤立数据,直接和 Java 类对象的成员变量形成映射。这就是 ORM 框架的由来。在 ORM 框架中,数据库中的数据条目直接和 Java 对象进行一一映射,可以大大地提升开发效率,降低代码耦合度。前面章节所讲的 MyBatis 就是 ORM 框架的典型代表之一。

另一种思路,并不弃用传统 JDBC,而是对其进行改进。针对传统 JDBC 使用过程中的缺点,进行封装和修正,使得新的接口更易用。这就是 SpringJDBC 的由来。在 SpringJDBC 中,对传统 JDBC 进行了封装和增强。一方面,可以进行适当的 SQL 代码复用,在 SpringJDBC 中管理数据的代码显得更加精练简洁。另一方面,SpringJDBC 封装了很多底层实现,简化了传统 JDBC 的调用方法,使得基于 SpringJDBC 的编码方式更加高效且不易出错。

13.1.3 Spring 的 JDBC 和 MyBatis 的关联

需要注意的是,MyBatis 框架和 SpringJDBC 并不是互相替代的关系,两者并没有特别明显的孰优孰劣之分。一般来说,如果是数据表附和 ORM 框架应用场景,可以方便地映射成 Java 对象时,优先考虑使用 MyBatis 框架来实现相关功能。如果是数据操作较为烦琐细碎的应用场景,只需要轻量地完成部分数据操作且数据不方便映射为 Java 对象时,就可以优先考虑 SpringJDBC 来实现。在同一个软件系统中,根据开发者的需求和喜好,有可能根据实际的应用场景,需要将 SpringJDBC 和 MyBatis 两者结合使用。

13.2 Spring 框架中的 JDBCTemplate

13.2.1 JDBCTemplate 简介

为了方便开发人员对数据操作进行编程，Spring 框架提供了一个模板类 JDBCTemplate。类的全称是 org.springframework.jdbc.core.JdbcTemplate，它是 Spring 框架核心功能的组成部分之一。

JDBCTemplate 类功能强大，它提供了所有操作数据库的基本方法，包括新建或删除数据表、数据的增删改查、常规的 SQL 语句执行等。其次，它对传统 JDBC 进行了简化和封装，开发者使用 JDBCTemplate 可以更方便地进行开发而不用担心底层细节，同时也有助于避免常见错误。它在运行的时候会执行核心 JDBC 工作流程，让应用层代码提供 SQL 语句并操作数据库返回结果，省去了很多传统 JDBC 的复杂步骤，使得开发人员可以更加专注地投入到业务层的逻辑开发中。此外，借助于 Spring 框架的容器机制，SpringJDBC 的功能实现都可以通过 Bean 对象来实现，且开发者不需要额外编码去管理这个对象，只需要在配置文件中按要求进行设置然后直接使用即可，大大提升了开发效率。

从官网进入 JDBCTemplate 类的主页，可以查看其所有的内置函数方法，如图 13-1 所示。

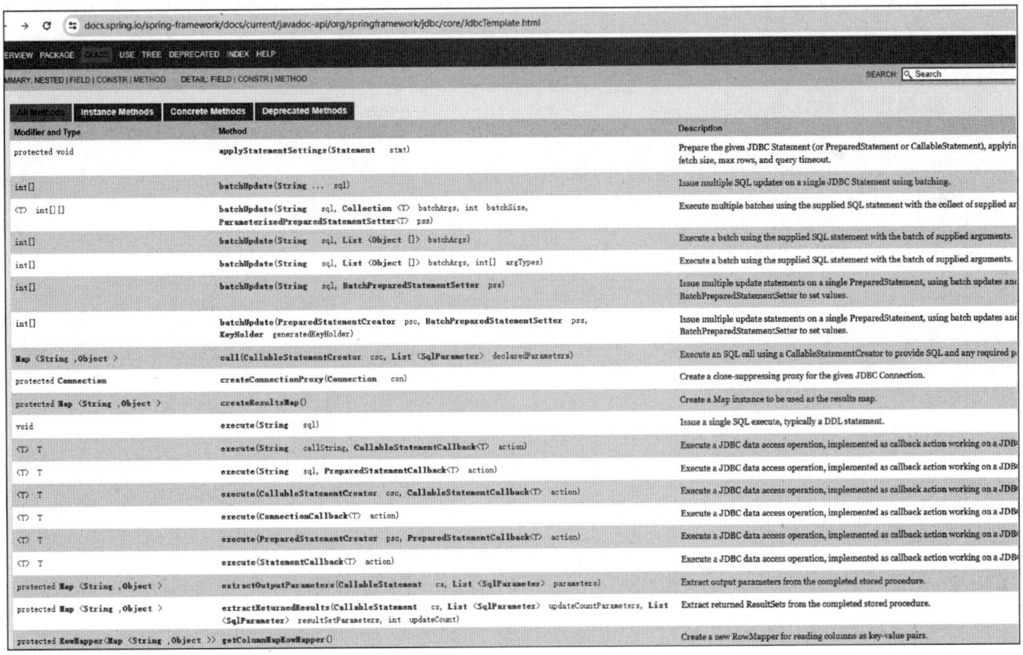

图 13-1 JDBCTemplate 类的官网示意图

13.2.2 JDBCTemplate 的使用

为了应对各种数据操作的应用场景，JDBCTemplate 提供了数量繁多的函数接口。这些接口很多都使用了函数重载,函数名一样,但是所需的参数和返回值不同,主要目的就是应对各种不同的开发需求。

归纳总结后可知,JDBCTemplate 类的接口主要分为三类,分别对应数据库的三种操作方式。第一种是 DQL 数据查询,对应 query、queryForObject、queryForList 等函数,用于对数据库进行查询操作。第二种是 DML 数据插入、修改、删除,对应 update 函数,用于对数据库的内容进行添加、更改、删除等操作。第三种是 DDL 数据表操作,对应 execute 函数,用于对数据库中的表进行新增或删除等操作。此外,execute 函数还可以直接用于执行常规的 SQL 语句,功能较为强大。

在 Spring 框架中使用 JDBCTemplate 是比较方便的,和传统 JDBC 不同,JDBCTemplate 的使用需要充分借助 Spring 的容器机制。一方面,需要通过配置文件定义 DataSource 对象,完成数据源的设置和绑定。另一方面,需要定义 JDBCTemplate 对象,供业务层调用后进行 SQL 语句的执行并获取返回值。

13.3 Spring JDBC 的简单使用案例

下面通过一个具体的案例来讲解 Spring 的 JDBC 数据库操作的使用方法。

1. 创建工程

打开 Eclipse,选择新建项目中的 Dynamic Web Project 也就是动态 Web 项目。相关选项和配置使用默认的,给项目起一个名称,最后单击 Finish 按钮完成项目的创建。

2. 项目的准备工作

找到项目的 lib 文件夹,路径为项目根目录下 src/main/webapp/WEB-INF/lib,从之前下载 Spring 框架的文件夹里找到项目所需的 jar 包,复制到项目 lib 文件夹下,完成 jar 包的导入,如图 13-2 所示。

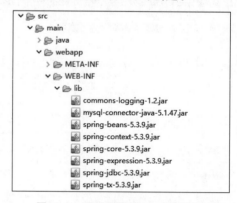

图 13-2 项目所需的 jar 包示意图

3. 编写 Java 类的代码

在项目里新建一个 Java 包 com.pojo,创建 Bean 对象对应的 Java 类 com.pojo.Student.java,代码如下。

Student.java

```
01    package com.pojo;
02    public class Student {
03        private int id;
04        private String name;
05        private int age;
06        private String course;
07        public int getId() {
```

```
08        return id;
09    }
10    public void setId(int id) {
11        this.id = id;
12    }
13    public String getName() {
14        return name;
15    }
16    public void setName(String name) {
17        this.name = name;
18    }
19    public int getAge() {
20        return age;
21    }
22    public void setAge(int age) {
23        this.age = age;
24    }
25    public String getCourse() {
26        return course;
27    }
28    public void setCourse(String course) {
29        this.course = course;
30    }
31    @Override
32    public String toString() {
33        return "Student [id=" + id + ", name=" + name + ", age=" + age + ", course=" + course+ "]";
34    }
35 }
```

第 03～06 行代码，定义了 4 个成员变量。为了后续方便对数据库进行操作，这里的成员变量的数据类型和变量名基本都与数据表中的字段保持一致。

其他是常规的 Java 类代码，完善 getter 和 setter 函数，并完善对象的打印函数。读者可以自行输入，也可以使用 Eclipse 的代码生成功能来快速完成。

4. 编写配置文件的代码

在项目代码的根目录也就是 src/main/java 下，创建配置文件 applicationContext.xml。在配置文件中，主要是完成相关的命名空间设置、XML 的 schema 配置，以及项目中需要用到的 Java Bean 的定义和配置。具体代码如下。

applicationContext.xml

```
01 <?xml version="1.0" encoding="UTF-8"?>
02 <beans xmlns="http://www.springframework.org/schema/beans"
03     xmlns:xsi="http://www.w3.org/2001/XMLSchema-instance"
04     xsi:schemaLocation="http://www.springframework.org/schema/beans
05     http://www.springframework.org/schema/beans/spring-beans.xsd">
06     <bean id="springJDBCdatasource" class="org.springframework.jdbc.datasource.DriverManagerDataSource">
07         <property name="driverClassName" value="com.mysql.jdbc.Driver" />
08         <property name="url" value="jdbc:mysql://localhost:3306/ssm?useSSL=false" />
09         <property name="username" value="root" />
10         <property name="password" value="root" />
11     </bean>
```

```
12    <bean id="jdbcTemplate" class="org.springframework.jdbc.core.JdbcTemplate">
13        <property name="dataSource" ref="springJDBCdatasource" />
14    </bean>
15  </beans>
```

第 01～05 行代码是 XML 文件的格式声明、命名空间和 XML schema 的配置等。

第 06～11 行代码,定义了一个数据源的 Bean 对象。id 值是 springJDBCdatasource,对应的 Java 类路径是 org.springframework.jdbc.datasource.DriverManagerDataSource,这是 Spring 框架自带的 Java 类。读者在输入这个类路径的时候,一方面要注意不能出错,尤其是类名和英文大小写;另一方面要注意提前导入正确的 Spring 框架所需的 jar 包。如果这两处不对,在项目运行时就会报错。第 07～10 行代码是对数据源的属性进行详细设置,包括驱动、数据库地址、用户名、密码等,可以看到与之前 MyBatis 框架的数据源定义模式是很类似的。

第 12～14 行代码,定义了 SpringJDBC 功能的核心对象 JDBCTemplate。id 值是 jdbcTemplate,对应的 Java 类路径是 org.springframework.jdbc.core.JdbcTemplate。这个 Bean 对象只需要做基础的设置,将属性 dataSource 通过 ref 设置为刚定义的数据源 springJDBCdatasource 即可。

5. 编写项目的测试代码

在根目录下创建 Java 包 com.test,新建测试文档 TestMain.java,内部代码如下。

```
01  package com.test;
02  import java.util.List;
03  import org.springframework.context.ApplicationContext;
04  import org.springframework.context.support.ClassPathXmlApplicationContext;
05  import org.springframework.jdbc.core.*;
06  import com.pojo.Student;
07  public class TestMain {
08      public static void main(String[] args) {
09          //TODO Auto-generated method stub
10          ApplicationContext context = new ClassPathXmlApplicationContext("applicationContext.xml");
11          JdbcTemplate jdbcTemplate = context.getBean("jdbcTemplate", JdbcTemplate.class);
12          //DQL
13          String sqlDQL = "select * from student";
14          RowMapper<Student> rowMapper = new BeanPropertyRowMapper<Student>(Student.class);
15          List<Student> stuList = jdbcTemplate.query(sqlDQL, rowMapper);
16          for (Student student : stuList) {
17              System.out.println(student.toString());
18          }
19      }
```

第 10 行代码,和之前章节中 Spring 框架的使用流程一致,载入配置文件,完成 ApplicationContext 对象的创建。

第 11 行代码,通过 getBean 获取 JDBCTemplate 对象。如本章前面所讲,Spring 框架的 JDBC 通过容器来进行管理,这里的 JDBCTemplate 就是容器中的 Bean 对象,开发者对数据库的操作都通过这个对象来完成。

第 12～18 行代码,是简单的 SpringJDBC 的 DQL 操作流程。第 13 行代码,将 SQL 语句定义为一个 String 变量,作为 JDBCTemplate 对象操作数据库的输入参数。第 14 行代码,定义了一个 RowMapper 对象。

RowMapper 来自 org.springframework.jdbc.core 包,它的作用主要是将数据库中的表字段和 Java 类的成员变量进行映射,通过这样可以直接获取数据查询后的 Java 对象返回值。在前面的 Java 类定义中已经提到,成员变量需要与表字段的命名和数据类型保持一致,就是为了这里的 RowMapper 可以顺利完成映射。

第 15 行代码,新建一个 Java 类的 List 链表,作为 JDBCTemplate 对象操作数据库的输出返回值。由于查询结果是复数形式,因此需要用到 List 链表。

第 16~18 行代码,对查询结果的 List 链表进行遍历,打印出每个对象的 String 值。

6. 项目测试结果

项目代码编写完成后,在 TestMain.java 文件中单击右键,单击 Run As,选择 Java Application。项目运行结果如图 13-3 所示。

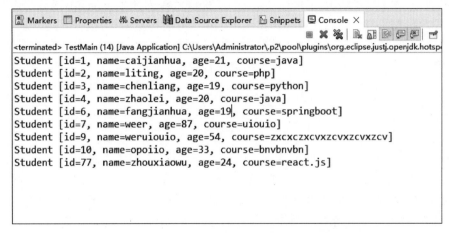

图 13-3　SpringJDBC 的 DQL 操作的测试示意图

可以看到,SQL 语句"select * from student"顺利执行,查询到了所有的 student 表的数据条目。返回值自动拼装成了 Java 对象,并可以正常地打印其 String 值。读者也可以进一步和数据表中的数据进行对比,看看数据是否正确无误。

除了 DQL 操作外,JDBCTemplate 也可以方便地进行 DML 操作。在测试文件 TestMain.java 中,加入如下相关的代码。

```
//DML
String sqlDML = "update student set age = 30  where id = 6";
int changeRows = jdbcTemplate.update(sqlDML);
System.out.println("\nchanged rows: " + changeRows);
```

同样地,DML 操作中需要将 SQL 语句定义成 String 变量,"update student set age = 30 where id = 6"。JDBCTemplate 对象在执行 DML 操作时需要使用 update 函数,函数的返回值是整数类型的 changeRows,对应数据表中被修改的数据条目个数。最后将此数值打印出来,用于查看是否执行成功。

执行代码后,控制台输出如图 13-4 所示。

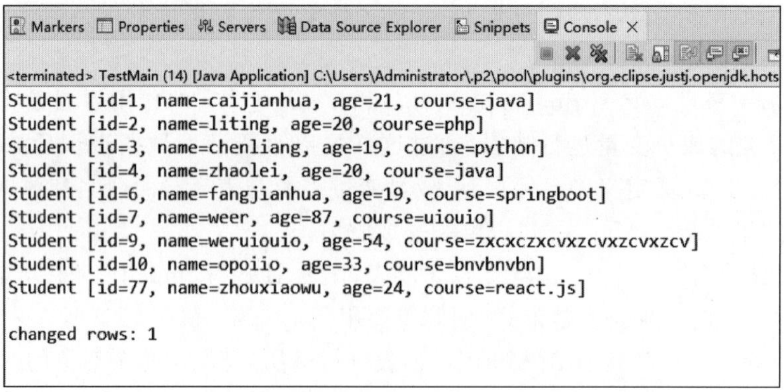

```
Markers  Properties  Servers  Data Source Explorer  Snippets  Console ×
<terminated> TestMain (14) [Java Application] C:\Users\Administrator\.p2\pool\plugins\org.eclipse.justj.openjdk.hots
Student [id=1, name=caijianhua, age=21, course=java]
Student [id=2, name=liting, age=20, course=php]
Student [id=3, name=chenliang, age=19, course=python]
Student [id=4, name=zhaolei, age=20, course=java]
Student [id=6, name=fangjianhua, age=19, course=springboot]
Student [id=7, name=weer, age=87, course=uiouio]
Student [id=9, name=weruiouio, age=54, course=zxcxczxcvxzcvxzcvxzcv]
Student [id=10, name=opoiio, age=33, course=bnvbnvbn]
Student [id=77, name=zhouxiaowu, age=24, course=react.js]

changed rows: 1
```

图 13-4　SpringJDBC 的 DML 操作的测试示意图

可以看到，changed rows 值为 1，数据表中有一条数据发生了更改。读者也可以刷新数据表，会发现对应的数据值已经发生改变，DML 操作成功执行。

除了 DQL 和 DML 操作，也可以通过 JDBCTemplate 对象的 execute 函数来进行 DDL 操作，完成数据表的新增或删除等操作。在实际项目开发过程中，对数据表的创建和删除往往需要谨慎处理，建议开发者直接在数据表的设计阶段就完成相关操作。此部分内容知识作为了解即可，读者有兴趣可以作为课外拓展自行尝试编码实现。

小结

本章首先介绍了传统 JDBC 的缺点，讲解了 Spring 的 JDBC 的主要思想，以及它和 MyBatis 的关联；其次介绍了 Spring 框架中实现 JDBC 的关键类 JDBCTemplate，讲解了它的主要接口和使用方法；最后通过一个完整的案例，讲解了 Spring 框架下如何使用 JDBC 完成对数据库的增删改查等基本操作。通过本章的学习，读者可以了解 Spring 的 JDBC 和 MyBatis 的区别，熟悉 Spring 的 JDBCTemplate 类的主要接口和使用方法，掌握在 Spring 框架下使用 JDBC 操作数据库的编程实现方法。

习题

1. 对数据库进行 DML 操作，需要使用 JDBCTemplate 对象的（　　）方法。
   A. query　　　　B. update　　　　C. insert　　　　D. execute
2. 使用 JDBCTemplate 时，需要在配置文件中通过_____属性来指定对应的数据源。
3. 简述 Spring 框架的 JDBCTemplate 的使用步骤和方法。

第 *14* 章

Spring的事务管理

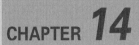

CHAPTER *14*

本章学习目标:
- 了解事务的基本概念和思想。
- 理解 Spring 框架的事务管理的特点。
- 掌握 Spring 框架的事务管理的编程方法。

正确执行 SQL 语句,并完成数据库中对数据增删改查等操作,这是开发软件系统的基本要求。无论是传统的 JDBC,还是本书讲到的 MyBatis 框架和 SpringJDBC,都可以胜任基础数据管理的任务。为了进一步保证数据操作的安全性,就要在常规数据管理的基础上更进一步,通过数据库的事务来完成。一般来说,在需要实际运营的软件系统中,为了保障数据的安全性,防止软件系统在联网操作数据时出错,需要用到数据库事务。

Spring 框架不仅提供了 SpringJDBC 来完成基础的数据管理,同样也提供了功能组件来完成数据库事务的管理。接下来,本章将分别介绍事务的基本概念、Spring 框架中的事务管理的简介和使用方法。

14.1 事务简介

14.1.1 事务的基本概念

基础的数据管理，一般指的是常规执行 SQL 语句，对数据库中的数据条目完成增删改查等操作。随着软件系统的发展和使用，研究人员发现，在某些特定的情况下，由于服务器或网络故障，可能会导致数据库中的数据发生异常。虽然中大型的商用软件系统一般来说都有比较稳定的服务器和网络环境，但是这种故障和问题无法百分之百地杜绝。而一旦发生问题，数据库中的数据损坏所造成的后果则是相当严重的。

银行的转账系统就是一个对数据安全性高度敏感的软件系统。当用户需要转账时，可能是跨地区或者跨银行的账户金额就需要发生变动。这个过程中一旦出现问题，就可能导致账目数额异常。例如，A 账户申请转账 100 元到 B 账户，这个过程在软件后台实际需要两步完成：A 账户扣除 100 元，然后 B 账户增加 100 元。当两个步骤都正常运行没有问题时，转账成功。但是如果第一步正常运行，而第二步运行出错时，就会导致 A 账户扣除了 100 元，而 B 账户没有变化。这样不仅是转账失败，还引入了 A 账户被错误扣除 100 元的新问题。为了解决这个问题，软件专家们在数据库基本操作的基础上提出了事务的概念。

事务，是指数据库中的一个操作序列，它是由一系列的 SQL 指令组成的一个整体。在上面提到的银行转账的示例中，本来是独立的两个步骤：A 账户扣除 100 元，B 账户增加 100 元。两个步骤是互相不影响的，因此任何一个步骤出错，都无法通过另外一个步骤回溯或补救。但是引入事务的概念后，可以将这两个先后执行的操作定义为一个事务。事务开始执行后，两个步骤会先后执行，只有当这个事务中的 SQL 指令序列都正确执行无误时，事务才算执行成功。一旦在事务中的某个 SQL 指令发生错误，整个事务视为失败，会直接回滚到事务执行前的状态。

也就是说，如果第一步 A 账户扣除 100 元成功执行，第二步 B 账户增加 100 元时出错，则事务出错。事务会启动回滚程序，回到第一步还没有执行的状态，即账户 A 被扣除的 100 元会退回到账户 A。这样虽然由于某种原因导致事务执行出错，转账行为失败，但是事务可以保证数据库回到执行前也就是没有发生转账的状态，这个时候是没有任何数据出错的。开发人员只需要判断最后的事务执行状态，如果它出错，则重新尝试执行事务直至它成功即可。事务可以最大限度地保证数据操作的安全性，是现在软件系统开发必须使用的技术之一。

14.1.2 事务的特性

事务有 4 个特性 ACID，分别是原子性（Atomicity）、一致性（Consistency）、隔离性（Isolation）和持久性（Durability）。原子性，是指事务是数据库的逻辑工作单位，事务中包括的诸操作要么全做，要么全不做。一致性，是指事务执行的结果必须是使数据库从一个一致性状态变到另一个一致性状态，一致性与原子性是密切相关的。隔离性，是指一个事务的执行不能被其他事务干扰。持续性也叫永久性，是指一个事务一旦提交，它对数据库中数据的改变就应该是永久性的。

在中大型企业级软件系统中，一旦多用户同时访问数据库，就会产生事务的并发执行。由事务并发执行可能会导致以下问题：脏读，即一个事务读到另一个事务未提交的更新数据；不可重复读，即一个事务两次读同一行数据，可是这两次读到的数据不一样；幻读，即一个事务执行两次查询，但第二次查询比第一次查询多出了一些数据行；丢失更新，即撤销一个事务时，把其他事务已提交的更新的数据覆盖了。通过设置事务的隔离级别，可以解决此类问题，但同时也会降低事务并行执行的性能。

14.2 Spring 框架中的事务管理

14.2.1 Spring 事务管理的特点

事务管理在数据管理甚至是整个软件系统中都比较重要，因此 Spring 框架也是支持事务管理的。一方面，由于 Spring 框架的开放性，在使用 Spring 框架进行开发的过程中，底层的基础数据管理，可以选用不同的框架或技术方案，例如，前面的 MyBatis 框架或 SpringJDBC 或传统 JDBC 都可以。为了让开发人员更好、更方便地使用事务管理，Spring 框架做了高层的抽象和封装，使得无论底层使用什么技术方案来管理数据，上层的事务管理代码都可以使用同样的编程模型。这样可以大大地降低 Spring 框架中事务管理的学习门槛，提升开发效率。

另一方面，借助于 Spring 框架的容器机制和面向切面编程，开发人员可以直接使用声明式的事务管理。可以在 Spring 的容器中直接定义事务的边界和各项属性，实现事务管理和数据访问的分离。这样开发人员只需要专注地完成当前事务的定义即可，底层的实现和执行等工作由 Spring 框架自动完成。

14.2.2 Spring 事务管理的接口和设置

在 Spring 框架中，事务管理的核心接口是 PlatformTransactionManager 和 TransactionDefinition。其中，PlatformTransactionManager 的方法包括 getTransaction 开启事务，commit 提交事务和 rollback 回滚事务等。TransactionDefinition 主要包含与事务定义和属性相关的方法，包括事务的传播行为 getPropagationBehavior、隔离级别 getIsolationLevel、事务名称 getName、是否只读 isReadOnly，以及事务在多长时间内完成 getTimeout 等。

为了更方便地对事务进行配置，尤其是并行执行时的相关设置，Spring 框架中详细定义了事务的不同隔离级别和传播行为，如表 14-1 和表 14-2 所示。

表 14-1 Spring 事务的隔离级别

属　　性	描　　述
ISOLATION_DEFAULT	这是一个 PlatfromTransactionManager 默认的隔离级别，使用数据库默认的事务隔离级别。另外 4 个与 JDBC 的隔离级别相对应

续表

属 性	描 述
ISOLATION_READ_UNCOMMITTED	这是事务最低的隔离级别,它允许另外一个事务可以看到这个事务未提交的数据。这种隔离级别会产生脏读,不可重复读和幻读
ISOLATION_READ_COMMITTED	保证一个事务修改的数据提交后才能被另一个事务读取。另一个事务不能读取该事务未提交的数据
ISOLATION_REPEATABLE_READ	这种事务隔离级别可以防止脏读,不可重复读。但是可能出现幻读
ISOLATION_SERIALIZABLE	这是花费最高代价但是最可靠的事务隔离级别。事务被处理为顺序执行。除了防止脏读,不可重复读外,还避免了幻读

表 14-2　Spring 事务的传播行为

属 性	描 述
PROPAGATION_REQUIRED	支持当前事务,如果当前没有事务,就新建一个事务。这是最常见的选择,也是 Spring 默认的事务的传播
PROPAGATION_SUPPORTS	支持当前事务,如果当前没有事务,就以非事务方式执行
PROPAGATION_MANDATORY	支持当前事务,如果当前没有事务,就抛出异常
PROPAGATION_REQUIRES_NEW	新建事务,如果当前存在事务,把当前事务挂起
PROPAGATION_NOT_SUPPORTED	以非事务方式执行操作,如果当前存在事务,就把当前事务挂起
PROPAGATION_NEVER	以非事务方式执行,如果当前存在事务,则抛出异常
PROPAGATION_NESTED	如果当前存在事务,则在嵌套事务内执行。如果当前没有事务,则进行与 PROPAGATION_REQUIRED 类似的操作

需要注意的是,事务的隔离级别是数据库本身自带的概念,MySQL 数据库中隔离级别的定义和表 14-1 中 Spring 事务的隔离级别的定义基本是一样的,它们都是为了解决事务并发执行所产生的脏读、幻读等问题。而事务的传播行为是 Spring 框架特有的定义,是对隔离级别的补充,可以更方便地应对 Spring 框架中事务管理或运行的不同场景。在 Spring 框架中创建事务时,这两个都是需要开发人员进行定义的。

14.3　Spring 事务管理的简单应用

14.3.1　Spring 事务管理的使用介绍

Spring 框架中的事务管理,支持编程式事务管理和声明式事务管理两种方式。编程式事务需要开发人员自己编码对事务进行管理,一般使用 TransactionTemplate 或者直接使用底层的 PlatformTransactionManager 来实现事务。声明式事务是建立在 AOP 之上的,其本质是对方法前后进行拦截,然后在目标方法开始之前创建或者加入一个事务,在执行完目标方法之后根据执行情况提交或者回滚事务。

两种事务管理的区别在于:编程式事务的定制程度更高,它允许开发者在代码中精确定义事务的边界；而声明式事务有助于开发者将操作与事务规则进行解耦，它基于 Spring 框架的容器和面向切面编程来实现，开发人员只需重点关注业务逻辑的实现即可。编程式事务往往和业务代码耦合在一起，但是提供了更加详细的事务管理方式。而声明式事务既能起到事务作用，又可以不影响业务代码的具体实现。

一般来说，本书更加推荐使用声明式事务，它充分利用了 Spring 框架的容器机制和面向切面编程的特性，更符合 Spring 框架的编码习惯。同时由于声明式事务的代码和业务逻辑代码进行了解耦，整体的项目更加精练，有助于后期的系统升级和维护。

14.3.2 Spring 事务管理的使用案例

下面通过一个具体的案例，来演示声明式事务管理的编程方法。

1．创建工程

打开 Eclipse，选择新建项目中的 Dynamic Web Project 即动态 Web 项目。相关选项和配置使用默认的，给项目起一个名称，最后单击 Finish 按钮完成项目的创建。

2．项目的准备工作

找到项目的 lib 文件夹，路径为项目根目录下 src/main/webapp/WEB-INF/lib，从之前下载 Spring 框架的文件夹里找到项目所需的 jar 包，复制到项目 lib 文件夹下，完成 jar 包的导入，如图 14-1 所示。

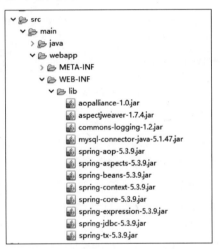

图 14-1　项目所需的 jar 包示意图

由于声明式事务管理需要用到 AOP，本项目所用到的 jar 包和前面讲解 AOP 章节的案例基本一致。

3．编写 Java 类的代码

在项目里新建一个 Java 包 com.pojo，创建 Bean 对象对应的 Java 类 com.pojo.Student.java，代码如下。

```
01    package com.pojo;
02    public class Student {
03      private String name;
04      private String course;
05      public Student() {
06        super();
07        //TODO Auto-generated constructor stub
08        name="John";
09        course="vue.js";
10        System.out.println("------ Student Object Init() ------");
11      }
12      public String getName() {
13        return name;
```

```
14    }
15    public void setName(String name) {
16        this.name = name;
17    }
18    public String getCourse() {
19        return course;
20    }
21    public void setCourse(String course) {
22        this.course = course;
23    }
24    @Override
25    public String toString() {
26        return "Student [name=" + name + ", course=" + course + "]";
27    }
28 }
```

这是一个比较简单、常规的 Java 类。类里面有两个成员变量，在对象的构造函数里对成员变量设置了初始的默认值，并打印了初始化的提示信息。后面是常规的 getter 和 setter 函数，可以完成属性的读写；以及 toString 函数，可用于打印对象的信息。

4. 编写 DAO 层的代码

为了更好地实现项目维护，需要用到软件工程的概念，在实际开发过程中一般采用分层的思路进行模块化开发。在本书中，会逐渐尝试使用模块分层和接口定义等有关软件工程的概念来进行项目案例演示。

转账是一个业务逻辑的概念，它需要用到数据操作的函数。因此，在本项目中，将数据的增删改查定义在 DAO 数据层，将转账定义在 service 业务层。

创建 Java 包 com.dao，在包下分别创建 dao 的接口类 com.dao.CardmoneyDao.java 和实现类 com.dao.CardmondyDaoImpl.java，具体代码如下。

```
01 package com.dao;
02 public interface CardmoneyDao {
03     void inMoney(int cardId, float inMoney);
04     void outMoney(int cardId, float outMoney);
05 }
```

在接口类 CardmoneyDao.java 中，定义了两个数据操作的接口函数，分别是存钱 inMoney 和扣钱 outMoney。都需要传入两个参数，分别是 int 类型的 id 值代表账户名和 float 类型的金额。

```
01 package com.dao;
02 import org.springframework.jdbc.core.JdbcTemplate;
03 public class CardmoneyDaoImpl implements CardmoneyDao {
04     private JdbcTemplate jdbcTemplate;
05     public void setJdbcTemplate(JdbcTemplate jdbcTemplate) {
06         this.jdbcTemplate = jdbcTemplate;
07     }
08     @Override
09     public void inMoney(int cardId, float inMoney) {
10         //TODO Auto-generated method stub
11         String inmoneySql = "update card set money = money + ? where id = ?";
12         jdbcTemplate.update(inmoneySql, inMoney, cardId);
13     }
```

```
14      @Override
15      public void outMoney(int cardId, float outMoney) {
16          //TODO Auto-generated method stub
17          String outmoneySql = "update card set money = money - ? where id = ?";
18          jdbcTemplate.update(outmoneySql, outMoney, cardId);
19      }
20  }
```

在实现类 CardmondyDaoImpl.java 中,定义了用于数据操作的 JDBCTemplate 对象,并实现了存钱和扣钱的具体代码。

第 04~07 行,将 JDBCTemplate 定义为内部的成员变量,这样方便在成员函数中,直接调用 JDBCTemplate 对象执行 SQL 语句,进行数据的增删改查操作。JDBCTemplate 对象可以在 Spring 容器,也就是配置文件中进行定义和注入。因此这里需要保留 JDBCTemplate 成员变量的 setter 方法,否则会注入失败。

第 08~13 行代码,是对存钱函数的具体实现。第 11 行代码定义了一个存钱的 SQL 语句,实际上就是数据库的 update 更新操作。第 12 行代码,调用 JDBCTemplate 对象的 update 语句来执行 DML 操作。需要注意的是,SQL 语句中有两个问号是待传参数,因此 update 函数需要将这两个参数顺序传入。

第 14~19 行代码,是对扣钱函数的具体实现。基本原理和存钱函数一致,区别在于一个是对金额进行累加操作,一个是对金额进行累减操作。

5. 编写 service 层的代码

DAO 层完成了基本的数据增删改查操作,service 层需要调用 DAO 层的接口,完成业务逻辑上的转账操作。

创建 Java 包 com.service,在包下分别创建 service 层的接口类 com.service.CardmoneyService.java 和实现类 com.service.CardmoneyServiceImpl.java,具体代码如下。

```
01  package com.service;
02  public interface CardmoneyService {
03      void transferMoney(int fromId, int toId, float money);
04  }
```

在接口类 CardmoneyService.java 中,定义转账的接口 transferMoney。需要传入三个参数,分别是转出账户、转入账户和转账金额。

```
01  package com.service;
02  import com.dao.CardmoneyDao;
03  public class CardmoneyServiceImpl implements CardmoneyService {
04      private CardmoneyDao moneyDao;
05      public void setMoneyDao(CardmoneyDao moneyDao) {
06          this.moneyDao = moneyDao;
07      }
08      @Override
09      public void transferMoney(int fromId, int toId, float money) {
10          //TODO Auto-generated method stub
11          moneyDao.outMoney(fromId, money);
12  //      int i = 1/0;
13          moneyDao.inMoney(toId, money);
```

```
14    }
15  }
```

在实现类 CardmoneyServiceImpl.java 中，定义了 DAO 对象用于操作数据，并完成了转账函数的具体实现。

第 04~07 行代码，定义了 DAO 对象。这里保留了 setter 函数，主要也是为了后续配置文件中完成 DAO 对象的注入。

第 08~14 行代码，有了 DAO 对象后，转账操作只需要调用接口即可实现，代码简洁。这就是使用分层思维进行项目开发的优势，可以提升代码的可维护性。第 12 行代码是用于触发事务出错的测试代码，这里先注释掉。

6. 编写配置文件的代码

在项目代码的根目录也就是 src/main/java 下，创建配置文件 applicationContext.xml，具体代码如下。

```
01  <?xml version="1.0" encoding="UTF-8"?>
02  <beans xmlns="http://www.springframework.org/schema/beans"
03      xmlns:xsi="http://www.w3.org/2001/XMLSchema-instance"
04      xmlns:context="http://www.springframework.org/schema/context"
05      xmlns:aop="http://www.springframework.org/schema/aop"
06      xmlns:tx="http://www.springframework.org/schema/tx"
07      xsi:schemaLocation="http://www.springframework.org/schema/beans
08      http://www.springframework.org/schema/beans/spring-beans.xsd
09      http://www.springframework.org/schema/context
10      http://www.springframework.org/schema/context/spring-context.xsd
11      http://www.springframework.org/schema/aop
12      https://www.springframework.org/schema/aop/spring-aop.xsd
13      http://www.springframework.org/schema/tx
14      http://www.springframework.org/schema/tx/spring-tx.xsd">
15  <!-- 注册数据源 -->
16  <bean id="regDataSource" class="org.springframework.jdbc.datasource.DriverManagerDataSource">
17      <property name="driverClassName" value="com.mysql.jdbc.Driver" />
18      <property name="url" value="jdbc:mysql://localhost:3306/ssm?useSSL=false" />
19      <property name="username" value="root" />
20      <property name="password" value="root" />
21  </bean>
22  <!-- 注册 JdbcTemplate 类 -->
23  <bean id="regJdbcTemplate" class="org.springframework.jdbc.core.JdbcTemplate">
24      <property name="dataSource" ref="regDataSource" />
25  </bean>
26  <!-- 注册事务管理器 -->
27  <bean id="regTransactionManager" class="org.springframework.jdbc.datasource.DataSourceTransactionManager">
28      <property name="dataSource" ref="regDataSource" />
29  </bean>
30  <!-- 注册 service 和 dao -->
31  <bean id="moneyDao" class="com.dao.CardmoneyDaoImpl">
32      <property name="jdbcTemplate" ref="regJdbcTemplate" />
33  </bean>
34  <bean id="moneyService" class="com.service.CardmoneyServiceImpl">
35      <property name="moneyDao" ref="moneyDao" />
36  </bean>
```

```
37      <!-- 事务通知 -->
38      <tx:advice id="regAdvice"  transaction-manager="regTransactionManager">
39          <tx:attributes>
40              <tx:method name="transferMoney"/>
41  <!--        <tx:method name="transfer*"/> -->
42          </tx:attributes>
43      </tx:advice>
44      <!-- aop -->
45      <aop:config>
46          <aop:pointcut id="regPointcut" expression="execution( * com.service.*.*(..))"/>
47          <aop:advisor advice-ref="regAdvice" pointcut-ref="regPointcut"/>
48      </aop:config>
49  </beans>
```

第 01~14 行代码是 XML 文件的格式声明、命名空间和 XML schema 的配置等。由于项目使用了 AOP、SpringJDBC、事务管理等功能组件，涉及的命名空间和 schema 配置内容相对也较多。

第 15~21 行代码，定义了一个数据源，id 值为 regDataSource。和前面章节讲解 SpringJDBC 的案例一样，需要设置数据源的驱动、访问地址、用户名和密码。

第 22~25 行代码，定义 JDBCTemplate 对象，需注入上面的 regDataSource 作为数据源。

第 26~29 行代码，定义事务管理器，id 值为 regTransactionManager，对应的 Java 类路径是 org.springframework.jdbc.datasource.DataSourceTransactionManager。属性 dataSource 需注入上面的 regDataSource 作为数据源。

第 30~36 行代码，分别创建 service 和 dao 作为 Bean 对象。将刚定义的 JDBCTemplate 对象 regJdbcTemplate 注入 dao 中，将 moneyDao 对象注入 service 中。这样 service 对象调用 dao 对象，dao 对象调用 JDBCTemplate 对象，执行 SQL 语句，就可以通过分层的思路完成业务层的逻辑。

第 37~48 行代码，Spring 框架的声明式事务管理需要结合 AOP 来实现。第 38~43 行代码，定义了事务通知，即事务管理器 regTransactionManager 下的 transferMoney 函数放在事务内部执行。第 44~48 行代码，定义了事务管理的切点，是 com.service 包下的任意方法，展开的切面对应定义的事务管理器 regTransactionManager。

使用 AOP 配置的方式实现声明式事务管理，优点是业务代码和事务管理的配置代码可以解耦，这样代码可读性更好，有利于后期的项目维护。缺点是初学可能不太适应，编码过程不够直观，需要读者多多实践，上机测试。

7．编写项目的测试代码

在根目录下创建 Java 包 com.test，新建测试文档 TestMain.java，内部代码如下。

```
01  package com.test;
02  import org.springframework.context.ApplicationContext;
03  import org.springframework.context.support.ClassPathXmlApplicationContext;
04  import com.pojo.Student;
05  import com.service.CardmoneyService;
06  public class TestMain {
07      public static void main(String[] args) {
08          //TODO Auto-generated method stub
```

```
09        ApplicationContext context = new ClassPathXmlApplicationContext("applicationContext.
    xml");
10        CardmoneyService moneyService = context.getBean("moneyService", CardmoneyService.
    class);
11        moneyService.transferMoney(11, 12, 10);
12        System.out.println("==transferMoney over==");
13    }
14 }
```

测试代码比较简单,直接启动容器后,通过 getBean 获取 service 层的 Bean 对象。直接调用 service 层的转账函数 transferMoney,即可完成。

8. 项目测试结果

在项目测试前,使用 HeidiSQL 客户端连接数据库,查看账户金额如图 14-2 所示。

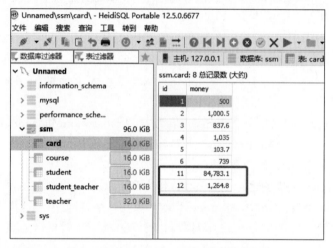

图 14-2 Spring 事务运行前的数据示意图

项目代码编写完成后,在 TestMain.java 文件中单击右键,单击 Run As,选择 Java Application,控制台输出"==transferMoney over=="。此时查看数据库进行验证,如图 14-3 所示。

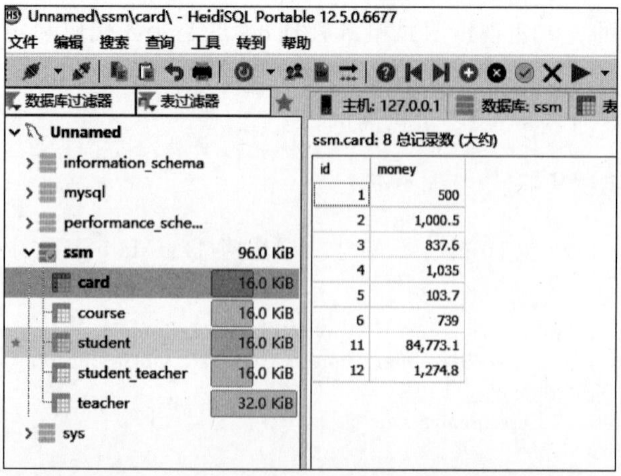

图 14-3 Spring 事务运行后的数据示意图

由此可见，账户 11 正确转账了 10 元到账户 12，Spring 框架的事务运行正确。

为了进一步验证事务的安全性，在 service 层的转账函数 transferMoney 中，手动触发代码，具体代码如下。

moneyDao.outMoney(fromId, money);
int i = 1/0;
moneyDao.inMoney(toId, money);

当运行 outMoney 从账户 fromId 中扣钱后，接着运行 i＝1/0，由于 0 无法作为除数，此处程序会出错抛出异常。

回到测试文件 TestMain.java，重新单击 Run As，选择 Java Application，此时控制台输出如图 14-4 所示。

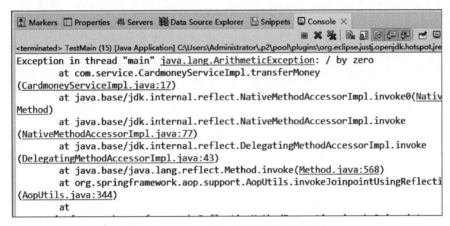

图 14-4　Spring 事务出错的测试示意图

控制台输出显示，在 com.service.CardmoneyServiceImpl.transferMoney 函数运行的过程中，出现了一个算术异常 ArithmeticException，异常的详情是"/ by zero"，即 0 作为除数的异常。此时打开数据库进行刷新，会发现转账行为没有发生，数据和运行前并无变化。也就是说，虽然事务在运行过程中出现了异常，转账行为没有生效，但是数据保持在转账前的状态，没有引入新的问题。

这就是事务对数据安全的保护性的体现，正是因为事务管理对数据操作非常重要，Spring 框架才提供了良好的事务管理支持，方便编程人员进行开发使用。

小结

本章首先介绍了事务的概念、应用场景和基本思想，讲解了事务的特性和隔离级别；其次分析了 Spring 框架中事务管理的特点，介绍了 Spring 事务管理的相关接口和属性；最后介绍了 Spring 事务管理的使用思路，并通过一个具体的案例，详细讲解了在项目中使用 Spring 进行事务管理的方法。通过本章的学习，读者可以了解事务的相关概念，理解 Spring 框架下事务的特点和接口使用，掌握在 Spring 框架的项目中对事务管理进行编程实现的方法。

习题

1. 事务有 4 种特性,不包括(　　)。
   A. 原子性 Atomicity　　　　　　B. 多样性 Diversity
   C. 隔离性 Isolation　　　　　　D. 持久性 Durability
2. Spring 框架的事务有两种实现方式,其中,_____充分利用了 Spring 框架的容器机制和面向切面编程的特性,更符合 Spring 框架的编码习惯。
3. 简述 Spring 框架的声明式事务的使用方法。

第 15 章

Spring的注解

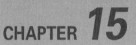

视频讲解

CHAPTER 15

本章学习目标：
- 掌握 Spring 注解管理 Bean 的使用方法。
- 掌握 Spring 注解实现 AOP 的使用方法。
- 掌握 Spring 注解实现事务管理的使用方法。

  MyBatis 框架的功能模块，除了可以使用配置文件来实现外，还可以借助注解的编程方式来实现。注解是一种高效的编程语法，它可以直接在 Java 文件中进行编程从而实现框架的相关功能。由于不需要解析配置文件，因此执行效率更高，系统开销较小。同时，由于相关代码直接嵌入 Java 文件，开发人员编写代码也更加方便简洁。

  同样地，在 Spring 框架中也可以使用注解来实现相关的功能。前几章讲解过的 Bean 对象的管理、面向切面编程和事务管理等相关功能，主要都是依赖配置文件 applicationContext.xml 来实现的。本章会再次回顾相关知识点，但不再使用配置文件，转而使用 Spring 框架下的注解来实现相关功能。

15.1　Spring 注解管理 Bean

15.1.1　Spring 注解管理 Bean 的方法

在 Spring 框架中,最基本的注解就是对 Bean 对象管理的注解。对应 Spring 框架 XML 配置文件中的 bean 元素,实现 Bean 对象的创建、命名、注入、属性设置、生命周期管理等相关功能。

常用的 Spring 管理 Bean 的注解如表 15-1 所示。

表 15-1　Spring 框架中管理 Bean 的常用注解

注　　解	描　　述
@Component	指定一个普通的 Bean 对象,类似配置文件中的 bean 元素
@Controller	指定一个控制器的 Bean 对象,和@Component 类似
@Service	指定一个业务逻辑的 Bean 对象,和@Component 类似
@Repository	指定一个数据访问的 Bean 对象,和@Component 类似
@Scope	设置 Bean 对象的作用域
@Value	设置 Bean 对象的注入值
@Autowired	设置需要自动装配的 Bean 对象
@Qualifier	设置需要自动装配的 Bean 对象名称,一般和@Autowired 联用
@PostConstruct	设置 Bean 对象完成初始化后需要调用的函数方法
@PreDestroy	设置 Bean 对象在销毁前需要调用的函数方法

从表 15-1 中可以看到,常用注解所对应的功能实现,和配置文件中的元素使用基本都是有对应的。注解并不会引入新功能,它只是在实现方式上和 XML 配置文件的方式有所区别。

15.1.2　Spring 注解管理 Bean 的使用案例

下面通过一个具体的案例来演示 Spring 框架中使用注解来管理 Bean 对象的编程方法。

1. 创建工程

打开 Eclipse,选择新建项目中的 Dynamic Web Project 也就是动态 Web 项目。相关选项和配置使用默认的,给项目起一个名称,最后单击 Finish 按钮即完成项目的创建。

2. 项目的准备工作

找到项目的 lib 文件夹,路径为项目根目录下 src/main/webapp/WEB-INF/lib,从之前下载 Spring 框架的文件夹里找到项目所需的 jar 包,复制到项目 lib 文件夹下,完成 jar 包的导入,如图 15-1 所示。

由于本章后续内容需要用到 AOP 和事务相关功能,这里将项目需要的 jar 包一并导入了。读者也可以根据具体需要,仅导入 Bean 对象管理和注解的相关 jar 包,后续再分步导

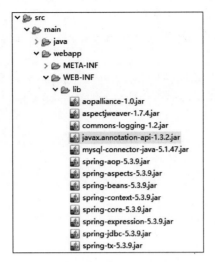

图 15-1 项目所需的 jar 包示意图

入其他所需的 jar 包。

3. 编写 Java 类的代码

在项目里新建一个 Java 包 com.pojo，创建 Bean 对象对应的 Java 类 com.pojo.Student.java，代码如下。

```
01  package com.pojo;
02  import org.springframework.beans.factory.annotation.Value;
03  import org.springframework.stereotype.Component;
04  @Component("stu01")
05  public class Student {
06      @Value("John")
07      private String name;
08      @Value("vue.js")
09      private String course;
10      public String getName() {
11          return name;
12      }
13      public void setName(String name) {
14          this.name = name;
15      }
16      public String getCourse() {
17          return course;
18      }
19      public void setCourse(String course) {
20          this.course = course;
21      }
22      @Override
23      public String toString() {
24          return "Student [name=" + name + ", course=" + course + "]";
25      }
26  }
```

如果剔除@开头的代码行，这就是一个普通的 Java 类的代码，主要完成了成员变量的声明和成员函数的声明实现。

第04行，使用@Component注解来声明一个Bean对象，括号中字符串stu01对应的是Bean对象的id值。项目中其他地方如果引用此对象，需要通过这个id值来获取此注解声明的对象。

第06行和第08行代码，使用@Value注解来完成Bean对象的属性值设置。这里需要注意的是，@Value注解后的字符串内的数据类型需要和成员变量的数据类型匹配，否则会出错。

在com.pojo包下，再创建另外一个Bean对象对应的Java类com.pojo.School.java，代码如下。

```
01    package com.pojo;
02    import javax.annotation.*;
03    import org.springframework.beans.factory.annotation.*;
04    import org.springframework.context.annotation.Scope;
05    import org.springframework.stereotype.Component;
06    @Component("school076")
07    @Scope(scopeName = "singleton")
08    public class School {
09        @Value("430400")
10        private int sid;
11        @Value("wsyu.edu.cn")
12        private String sname;
13        @Autowired
14        @Qualifier("stu01")
15        private Student student;
16        public int getSid() {
17            return sid;
18        }
19        public void setSid(int sid) {
20            this.sid = sid;
21        }
22        public String getSname() {
23            return sname;
24        }
25        public void setSname(String sname) {
26            this.sname = sname;
27        }
28        public Student getStudent() {
29            return student;
30        }
31        public void setStudent(Student student) {
32            this.student = student;
33        }
34        @Override
35        public String toString() {
36            return "School [sid=" + sid + ", sname=" + sname + ", student=" + student.toString() + "]";
37        }
38        @PostConstruct
39        public void init() {
40            System.out.println("School对象 初始化");
41        }
42        @PreDestroy
43        public void destroy() {
```

```
44          System.out.println("School 对象 销毁");
45      }
46  }
```

第 06 行、第 09 行和第 11 行，分别使用@Component 和@Value 来声明 Bean 对象，并进行属性值的设置。和 Student.java 中的代码类似，这里不再赘述。

第 07 行，使用@Scope 注解来设置 Bean 对象的作用域，scopeName = "singleton"，代表作用域是单例模式。在此模式下，每次 getBean 都会获取同一个 Bean 对象。实际开发过程中，默认的作用域就是 singleton，可以免去设置。这里仅供演示代码作为参考。

第 13、14 行代码，使用@Autowired 注解来完成自动装配，也就是 Bean 对象的注入。这里需要注入的是一个 Student 类的对象，如果整个项目的 Spring 容器中仅存在一个 Student 对象，这里单独使用@Autowired 即可，Spring 框架会自动找到对应的 Bean 对象完成注入。如果项目的 Spring 容器中存在不止一个 Student 对象，这里在使用@Autowired 的同时，还需要使用@Qualifier 来指定需要注入的是哪个对象。括号中的 stu01 代表需要注入的是 id 为"stu01"的 Student 对象，此对象在 Student.java 中已经用@Component 做了声明。

第 38 行，@PostConstruct 注解定义的是 Bean 对象初始化后需要执行的函数。第 42 行，@PreDestroy 注解定义的是 Bean 对象销毁前需要执行的函数。这两个注解对应 Bean 对象的生命周期管理。

4．编写配置文件的代码

在项目代码的根目录也就是 src/main/java 下，创建配置文件 applicationContext.xml。在配置文件中，主要是完成相关的命名空间设置、XML 的 schema 配置，以及项目中需要用到的 Java Bean 的定义和配置。具体代码如下。

applicationContext.xml

```
01  <?xml version="1.0" encoding="UTF-8"?>
02  <beans xmlns="http://www.springframework.org/schema/beans"
03      xmlns:xsi="http://www.w3.org/2001/XMLSchema-instance"
04      xmlns:context="http://www.springframework.org/schema/context"
05      xmlns:aop="http://www.springframework.org/schema/aop"
06      xmlns:tx="http://www.springframework.org/schema/tx"
07      xsi:schemaLocation="http://www.springframework.org/schema/beans
08      http://www.springframework.org/schema/beans/spring-beans.xsd
09      http://www.springframework.org/schema/context
10      https://www.springframework.org/schema/context/spring-context.xsd
11      http://www.springframework.org/schema/aop
12      https://www.springframework.org/schema/aop/spring-aop.xsd
13      http://www.springframework.org/schema/tx
14      http://www.springframework.org/schema/tx/spring-tx.xsd">
15      <context:component-scan base-package="com.pojo" />
16  </beans>
```

第 01～14 行代码是 XML 文件的格式声明、命名空间和 XML schema 的配置等。

第 15 行，context：Component-scan 元素代表将进行包扫描，被扫描的包中如果有注解代码则会生效。属性 base-package 设置了被扫描的包名为 com.pojo，对应刚刚编写的两个 Java 类的代码文件所处的 Java 包。

从这个配置文件中可以看到,由于相关功能都使用注解实现,配置文件中的代码非常简洁,仅需进行注解的包扫描声明即可。

5. 编写项目的测试代码

在根目录下创建 Java 包 com.test,新建测试文档 TestMain.java,内部代码如下。

```
01  package com.test;
02  import org.springframework.context.ApplicationContext;
03  import org.springframework.context.support.AbstractApplicationContext;
04  import org.springframework.context.support.ClassPathXmlApplicationContext;
05  import com.pojo.School;
06  public class TestMain {
07      public static void main(String[] args) {
08          //TODO Auto-generated method stub
09          ApplicationContext context = new ClassPathXmlApplicationContext("applicationContext.xml");
10          School school = context.getBean("school076", School.class);
11          System.out.println(school.toString());
12          ((AbstractApplicationContext)context).registerShutdownHook();
13      }
14  }
```

第 09 行代码,和之前章节中 Spring 框架的使用流程一致,载入配置文件,完成 ApplicationContext 对象的创建。这里配置文件中有包扫描的设置,因此 com.pojo 包中的注解代码也会对应生效,从而完成 Bean 对象的创建和属性注入等操作。

第 10 行,根据 id 值来获取 Bean 对象。

第 11 行,打印 Bean 对象的信息来查看是否正确运行。

第 12 行,通过 registerShutdownHook 来手动关闭容器,触发 Bean 对象的销毁,从而检查 Bean 对象生命周期管理的设置是否正确。

从这里可以看到,无论是使用注解还是 XML 配置文件,在业务逻辑代码层对 Bean 对象的具体使用方式是没有区别的,它们的区别主要还是在配置方式上不一致。

6. 项目测试结果

项目代码编写完成后,在 TestMain.java 文件中单击右键,单击 Run As,选择 Java Application。项目运行结果如图 15-2 所示。

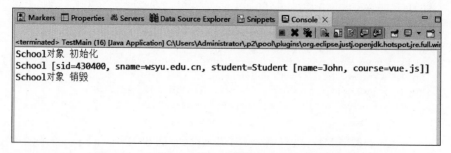

图 15-2 Spring 中使用注解管理 Bean 的测试示意图

可以看到,Student 类的 Bean 对象和 School 类的 Bean 对象都正常被创建且属性值正确,同时 Student 对象也被正确注入 School 的成员变量。School 对象的初始化和销毁前函数都正常被调用,生命周期管理的代码也正确执行。

15.2　Spring 注解实现 AOP

15.2.1　Spring 注解实现 AOP 的方法

除了最基础的管理 Bean 对象,Spring 注解还可以实现 AOP。和之前配置文件实现 AOP 的方法类似,注解实现 AOP 的时候,需要先定义切点和切面所在的类和函数,然后在配置文件中对切点和切面进行关联设置,最后在测试文件中触发切点运行即可。

15.2.2　Spring 注解实现 AOP 的使用案例

下面通过一个具体的案例来演示 Spring 框架中如何通过注解来实现 AOP。

1．创建工程

为方便演示,这里继续沿用刚刚的项目即可。

2．项目的准备工作

对照图 15-1,确认所需的 jar 包已正确导入项目。

3．编写业务代码

在项目里新建一个 Java 包 com.service,创建业务代码的接口 StudentService.java 和实现类 StudentServiceImpl.java,代码如下。

```
01  package com.service;
02  public interface StudentService {
03      void insertStudent();
04      void deleteStudent();
05      void updateStudent();
06      void queryStudent();
07  }
```

先定义接口,再根据接口实现相关的类。这是采用了软件工程的思想来进行编程。当项目体量较大时,采用这种思路可以更好地进行项目的长期维护和升级。

StudentService.java 接口内定义了 4 种函数,分别对应对象的增删改查操作。

```
01  package com.service;
02  public class StudentServiceImpl implements StudentService {
03      @Override
04      public void insertStudent() {
05          //TODO Auto-generated method stub
06          System.out.println("StudentServiceImpl 添加学生信息");
07      }
08      @Override
09      public void deleteStudent() {
```

```
10          //TODO Auto-generated method stub
11          System.out.println("StudentServiceImpl 删除学生信息");
12      }
13      @Override
14      public void updateStudent() {
15          //TODO Auto-generated method stub
16          System.out.println("StudentServiceImpl 更新学生信息");
17      }
18      @Override
19      public void queryStudent() {
20          //TODO Auto-generated method stub
21          System.out.println("StudentServiceImpl 查询学生信息");
22      }
23  }
```

在实际的项目开发中,接口的实现类中,需要将接口定义的函数都编码实现出来。这里为了方便测试,仅打印相关信息即可,对应第 06、11、16、21 行代码。

4. 编写 Java 类的代码

在项目的 com.pojo 下,创建切点和切面所对应的 Java 类 com.pojo.StudentAdvice.java,代码如下。

```
01  package com.pojo;
02  import org.aspectj.lang.ProceedingJoinPoint;
03  import org.aspectj.lang.annotation.After;
04  import org.aspectj.lang.annotation.AfterReturning;
05  import org.aspectj.lang.annotation.AfterThrowing;
06  import org.aspectj.lang.annotation.Around;
07  import org.aspectj.lang.annotation.Aspect;
08  import org.aspectj.lang.annotation.Before;
09  import org.aspectj.lang.annotation.Pointcut;
10  @Aspect
11  public class StudentAdvice {
12      @Pointcut("execution( * com.service.StudentServiceImpl.*(..))")
13      public void pointcut() {
14          System.out.println("AOP 切点 执行");
15      }
16      @Before("pointcut()")
17      public void before() {
18          System.out.println("AOP 切面:前置通知");
19      }
20      @After("pointcut()")
21      public void after() {
22          System.out.println("AOP 切面:后置通知");
23      }
24      @Around("pointcut()")
25      public void around(ProceedingJoinPoint point) throws Throwable {
26          System.out.println("AOP 切面:环绕通知之前");
27          point.proceed();
28          System.out.println("AOP 切面:环绕通知之后");
29      }
30      @AfterReturning("pointcut()")
31      public void afterReturning() {
32          System.out.println("AOP 切面:返回通知");
33      }
```

```
34      @AfterThrowing("pointcut()")
35      public void afterThrowing(){
36          System.out.println("AOP 切面:异常通知");
37      }
38  }
```

和前面章节中使用配置文件来定义 AOP 一样,使用注解来实现 AOP,也需要定义切点和切面。

第 10 行,通过@Aspect 来注解 StudentAdvice 类,意思是基于此类来实现 AOP,类里面会有更加详细的切点和切面定义。

第 12 行,通过@Pointcut 注解来定义切点,其具体形式对应表达式 execution(* com.service.StudentServiceImpl. * (..)),即在 com.service.StudentServiceImpl.java 类的所有函数中,不管传递什么类型的参数,有什么类型的返回值,都作为切点。

第 13~15 行,是当前切点定义的一个锚点,在实际项目执行时并不会运行,但可以通过函数名 pointcut()来区分不同的切点,在后续定义切面时需要用到并加以区分。

第 20 行,通过@After 注解来定义切面的后置通知,此切面也围绕切点 pointcut()来展开,运行 com.service.StudentServiceImpl.java 对象的成员函数后,会运行此后置通知的内容。

第 21~23 行,是后置通知函数的具体实现。这里为了方便测试,仅打印相关信息即可。

第 24 行,通过@Around 注解来定义切面的环绕通知,此切面也围绕切点 pointcut()来展开,运行 com.service.StudentServiceImpl.java 对象的成员函数前后,会运行此环绕通知的内容。

第 25~29 行,是环绕通知函数的具体实现。这里为了方便测试,仅打印切点运行前后的相关信息即可。

第 30 行,通过@AfterReturning 注解来定义切面的返回通知,此切面也围绕切点 pointcut()来展开,运行 com.service.StudentServiceImpl.java 对象的成员函数并进行返回时,会运行此返回通知的内容。

第 31~33 行,是返回通知函数的具体实现。这里为了方便测试,仅打印相关信息即可。

第 34 行,通过@AfterThrowing 注解来定义切面的异常通知,此切面也围绕切点 pointcut()来展开,运行 com.service.StudentServiceImpl.java 对象的成员函数的过程中如果发生异常,会运行此异常通知的内容。

第 35~38 行,是异常通知函数的具体实现。这里为了方便测试,仅打印相关信息即可。

虽然注解实现 AOP 和 XML 配置文件实现 AOP 的方式不一样,但是其大致结构是差不多的,都需要详细定义切点的形式和切面的各个通知函数。

5. 编写配置文件的代码

在项目代码的根目录也就是 src/main/java 下,创建配置文件 applicationContext2.xml。在配置文件中,主要是完成相关的命名空间设置、XML 的 schema 配置,以及项目中需要用到的 Java Bean 的定义和配置。具体代码如下。

```
01  <?xml version="1.0" encoding="UTF-8"?>
02  <beans xmlns="http://www.springframework.org/schema/beans"
```

```
03    xmlns:xsi="http://www.w3.org/2001/XMLSchema-instance"
04    xmlns:context="http://www.springframework.org/schema/context"
05    xmlns:aop="http://www.springframework.org/schema/aop"
06    xmlns:tx="http://www.springframework.org/schema/tx"
07    xsi:schemaLocation="http://www.springframework.org/schema/beans
08        http://www.springframework.org/schema/beans/spring-beans.xsd
09        http://www.springframework.org/schema/context
10        https://www.springframework.org/schema/context/spring-context.xsd
11        http://www.springframework.org/schema/aop
12        https://www.springframework.org/schema/aop/spring-aop.xsd
13        http://www.springframework.org/schema/tx
14        http://www.springframework.org/schema/tx/spring-tx.xsd">
15    <!--    <context:component-scan base-package="com.pojo" /> -->
16    <bean id="studentService" class="com.service.StudentServiceImpl" />
17    <bean id="studentAdvice" class="com.pojo.StudentAdvice" />
18    <aop:aspectj-autoproxy />
19  </beans>
```

第 01～14 行代码是 XML 文件的格式声明、命名空间和 XML schema 的配置等。

第 16、17 行，分别定义了两个 Bean 对象 studentService 和 studentAdvice，分别对应切点所在的 com.service.StudentServiceImpl 类和切面所在的 com.pojo.StudentAdvice 类，在实际测试时只需要调用切点对应的函数，观察切面对应的通知是否正常执行即可。

第 18 行，元素 aop 开启了 aspectj-autoproxy 自动代理，这可以让 AOP 的相关注解生效。

从这个配置文件中可以看到，由于主要的相关功能和定义都使用注解在 Java 文件中实现，配置文件中的代码非常简洁。

6. 编写项目的测试代码

在根目录下创建 Java 包 com.test，新建测试文档 TestMain2.java，内部代码如下。

```
01  package com.test;
02  import org.springframework.context.ApplicationContext;
03  import org.springframework.context.support.ClassPathXmlApplicationContext;
04  import com.pojo.Student;
05  import com.service.CardmoneyService;
06  import com.service.StudentService;
07  public class TestMain2 {
08      public static void main(String[] args) {
09          //TODO Auto-generated method stub
10          ApplicationContext context = new ClassPathXmlApplicationContext("applicationContext2.xml");
11          StudentService stuService = context.getBean("studentService", StudentService.class);
12          stuService.queryStudent();
13      }
14  }
```

测试代码比较简单，载入配置文件完成 Spring 框架容器的初始化后，获取切点对应的 Bean 对象，然后调用函数触发切面对应的通知即可。

7. 项目测试结果

项目代码编写完成后，在 TestMain2.java 文件中单击右键，单击 Run As，选择 Java

Application。项目运行结果如图 15-3 所示。

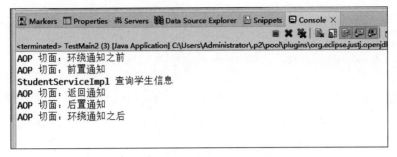

图 15-3 Spring 中使用注解实现 AOP 的测试示意图

可以看到，StudentServiceImpl 业务实现类的函数正常执行，并在执行前后分别触发了切面的前置通知、后置通知、环绕通知和返回通知。使用注解来实现 AOP 的测试成功，且测试结果和使用配置文件来实现 AOP 的测试结果是一致的。

这里读者也可以自行在切点中引入异常来触发异常通知，进一步验证项目的正确性。

15.3 Spring 注解实现事务管理

15.3.1 Spring 注解实现事务管理的方法

在 Spring 框架中，除了管理 Bean 对象、AOP，复杂一点的功能如事务管理等，也可以通过注解来实现。

使用注解实现 Spring 的事务管理时，需要先借助 SpringJDBC 或 MyBatis 定义并实现数据层 DAO 的接口，然后调用 DAO 层接口实现事务封装的业务逻辑，并使用 @Transactional 对事务方法进行注解，接下来在配置文件中配置数据源和事务管理器 TransactionManager 对象，最后在测试文件中调用对应的业务逻辑即可。

15.3.2 Spring 注解实现事务管理的使用案例

下面通过一个具体的案例来演示如何通过 Spring 注解来实现事务管理。

1．创建工程

为方便演示，这里继续沿用刚刚的项目即可。

2．项目的准备工作

对照图 15-1，确认所需的 jar 包已正确导入项目。

3．编写 DAO 层代码

事务管理需要用到数据层的增删改查操作，一般在正式项目中，在 DAO 层实现数据操作。在项目里新建一个 Java 包 com.dao，创建接口 CardmoneyDao.java 和实现类

CardmoneyDaoImpl.java,具体代码如下。

```
01  package com.dao;
02  public interface CardmoneyDao {
03      void inMoney(int cardId, float inMoney);
04      void outMoney(int cardId, float outMoney);
05  }
```

接口内定义了存钱和取钱两个函数,通过账户存款数额的增加减少,来实现最后的转账操作。参数分别有 int 类型的 cardId 对应卡号,float 类型的 money 对应操作金额。

```
01  package com.dao;
02  import org.springframework.jdbc.core.JdbcTemplate;
03  public class CardmoneyDaoImpl implements CardmoneyDao {
04      private JdbcTemplate jdbcTemplate;
05      public void setJdbcTemplate(JdbcTemplate jdbcTemplate) {
06          this.jdbcTemplate = jdbcTemplate;
07      }
08      @Override
09      public void inMoney(int cardId, float inMoney) {
10          //TODO Auto-generated method stub
11          String inmoneySql = "update card set money = money + ? where id = ?";
12          jdbcTemplate.update(inmoneySql, inMoney, cardId);
13      }
14      @Override
15      public void outMoney(int cardId, float outMoney) {
16          //TODO Auto-generated method stub
17          String outmoneySql = "update card set money = money - ? where id = ?";
18          jdbcTemplate.update(outmoneySql, outMoney, cardId);
19      }
20  }
```

账户转账涉及数据库操作,因此这里用到了 Spring 框架的 JdbcTemplate 模板类来辅助进行增删改查操作的实现。

第 04 行,定义了一个 JdbcTemplate 对象,它就是最后执行 SQL 语句并返回数据操作结果的主体对象。

第 05～07 行,对应 jdbcTemplate 的设置函数,在属性注入中需要用到。

第 09～13 行,实现了账户的存钱操作,通过定义一个存钱的 SQL 语句,然后调用 JdbcTemplate 的 update 函数,来操作数据库执行金额的增加。

同理,第 15～19 行,实现了账户的取钱操作,通过定义一个取钱的 SQL 语句,然后调用 JdbcTemplate 的 update 函数,来减少数据库执行金额。

4. 编写转账业务代码

具体的转账操作一般放在业务层,通过调用 DAO 层的代码来实现。在项目的业务层 Java 包 com.service 中,创建转账业务代码的接口 CardmoneyService.java 和实现类 CardmoneyServiceImpl.java,代码如下。

```
01  package com.service;
02  public interface CardmoneyService {
03      void transferMoney(int fromId, int toId, float money);
04  }
```

接口中仅定义一个转账函数即可,参数包括 int 类型的转出账户、int 类型的转入账户、float 类型的转账金额。

```
01  package com.service;
02  import org.springframework.transaction.annotation.Transactional;
03  import com.dao.CardmoneyDao;
04  @Transactional
05  public class CardmoneyServiceImpl implements CardmoneyService {
06      private CardmoneyDao moneyDao;
07      public void setMoneyDao(CardmoneyDao moneyDao) {
08          this.moneyDao = moneyDao;
09      }
10      @Override
11      public void transferMoney(int fromId, int toId, float money) {
12          //TODO Auto-generated method stub
13          moneyDao.outMoney(fromId, money);
14  //      int i = 1/0;
15          moneyDao.inMoney(toId, money);
16      }
17  }
```

在转账的实现类中,第 06 行代码定义了一个 DAO 对象 CardmoneyDao。由于前面 DAO 层已经实现了账户金额的增加和减少,因此调用 DAO 对象的成员函数,即可实现转账,对应第 11~16 行代码。

5. 编写配置文件的代码

在项目代码的根目录也就是 src/main/java 下,创建配置文件 applicationContext3.xml。在配置文件中,主要是完成相关的命名空间设置、XML 的 schema 配置,以及项目中需要用到的 Java Bean 的定义和配置,包括事务相关的定义和配置等。具体代码如下。

```
01  <?xml version="1.0" encoding="UTF-8"?>
02  <beans xmlns="http://www.springframework.org/schema/beans"
03      xmlns:xsi="http://www.w3.org/2001/XMLSchema-instance"
04      xmlns:context="http://www.springframework.org/schema/context"
05      xmlns:aop="http://www.springframework.org/schema/aop"
06      xmlns:tx="http://www.springframework.org/schema/tx"
07      xsi:schemaLocation="http://www.springframework.org/schema/beans
08          http://www.springframework.org/schema/beans/spring-beans.xsd
09          http://www.springframework.org/schema/context
10          http://www.springframework.org/schema/context/spring-context.xsd
11          http://www.springframework.org/schema/aop
12          https://www.springframework.org/schema/aop/spring-aop.xsd
13          http://www.springframework.org/schema/tx
14          http://www.springframework.org/schema/tx/spring-tx.xsd">
15      <!-- 注册数据源 -->
16      <bean id="regDataSource" class="org.springframework.jdbc.datasource.DriverManagerDataSource">
17          <property name="driverClassName" value="com.mysql.jdbc.Driver" />
18          <property name="url" value="jdbc:mysql://localhost:3306/ssm?useSSL=false" />
19          <property name="username" value="root" />
20          <property name="password" value="root" />
21      </bean>
22      <!-- 注册 JdbcTemplate 类 -->
23      <bean id="regJdbcTemplate" class="org.springframework.jdbc.core.JdbcTemplate">
```

```
24      <property name="dataSource" ref="regDataSource"/>
25    </bean>
26    <!-- 注册事务管理器 -->
27    <bean id="regTransactionManager" class="org.springframework.jdbc.datasource.DataSourceTransactionManager">
28      <property name="dataSource" ref="regDataSource"/>
29    </bean>
30    <!-- 注册 service 和 dao -->
31    <bean id="moneyDao" class="com.dao.CardmoneyDaoImpl">
32      <property name="jdbcTemplate" ref="regJdbcTemplate"/>
33    </bean>
34    <bean id="moneyService" class="com.service.CardmoneyServiceImpl">
35      <property name="moneyDao" ref="moneyDao"/>
36    </bean>
37    <!-- 事务注解驱动 -->
38    <tx:annotation-driven transaction-manager="regTransactionManager"/>
39 </beans>
```

第 01～14 行代码是 XML 文件的格式声明、命名空间和 XML schema 的配置等。

第 15～21 行,定义了数据源对应的 Bean 对象 regDataSource,通过属性配置数据库的驱动、访问地址、账户和密码,这部分代码和前面章节讲解的相关内容一致。

第 22～25 行,定义了一个 JdbcTemplate 的 Bean 对象,它的数据源属性 dataSource 指向刚刚定义的 regDataSource。

第 26～29 行,定义了事务管理器 regTransactionManager,它也有数据源属性 dataSource,同样指向刚刚定义的 regDataSource。

第 30～36 行,分别定义了 service 和 dao 的 Bean 对象,并完成属性注入。

第 38 行,通过元素 tx: annotation-driven 来启动事务的注解解析,属性 transaction-manager 指向的就是刚刚定义的事务管理器 regTransactionManager。

6. 编写项目的测试代码

在根目录下创建 Java 包 com.test,新建测试文档 TestMain3.java,内部代码如下。

```
01 package com.test;
02 import org.springframework.context.ApplicationContext;
03 import org.springframework.context.support.ClassPathXmlApplicationContext;
04 import com.pojo.Student;
05 import com.service.CardmoneyService;
06 import com.service.StudentService;
07 public class TestMain3 {
08   public static void main(String[] args) {
09     //TODO Auto-generated method stub
10     ApplicationContext context = new ClassPathXmlApplicationContext("applicationContext3.xml");
11     CardmoneyService moneyService = context.getBean("moneyService", CardmoneyService.class);
12     moneyService.transferMoney(11, 12, 10);
13     System.out.println("transfer money done");
14   }
15 }
```

测试代码比较简单,载入配置文件完成 Spring 框架容器的初始化后,获取转账业务对应的 Bean 对象,然后调用转账函数即可。

7. 项目测试结果

项目代码编写完成后,在 TestMain3.java 文件中单击右键,单击 Run As,选择 Java Application。项目运行结果如图 15-4 所示。

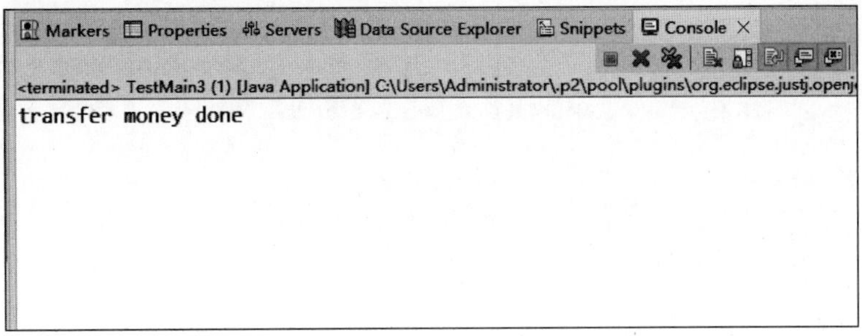

图 15-4　Spring 中使用注解实现事务管理的测试示意图

可以看到,转账后正确打印信息。读者也可以对比转账执行前后数据库中对应字段的金额数据变化,进一步确认程序正确执行。

小结

本章首先介绍了 Spring 注解管理 Bean 的接口和方法,通过一个案例详细讲解了如何使用 Spring 注解来实现对 Bean 的管理;接下来介绍了如何通过 Spring 注解进行 AOP,通过一个案例详细讲解了如何通过 Spring 注解来实现 AOP;最后介绍了如何通过 Spring 注解来管理事务,并通过一个案例详细讲解了如何使用 Spring 注解来实现事务管理。通过本章的学习,读者可以进一步理解 Bean 的管理、面向切面编程和事务管理的相关知识,掌握使用 Spring 注解来实现 Bean 的管理、AOP 和事务管理的编程实现方法。

习题

1. 用于设置 Bean 对象的注入值的注解是(　　)。
   A. @Autowired　　B. @Qualifier　　C. @Value　　D. @Component
2. 使用注解实现 Spring 的事务管理时,需要使用_____对事务方法进行注解。
3. 简述分别使用注解和使用配置文件实现 Spring 框架的 AOP 的区别。

视频讲解

第 16 章

SpringMVC的基础知识

CHAPTER 16

本章学习目标：
- 了解 SpringMVC 框架的工作流程和核心组件。
- 掌握 SpringMVC 框架的开发环境的搭建方法。
- 掌握 SpringMVC 框架的简单应用的编程方法。

SSM 是一个强大的 Java 开发框架，除了前面章节讲解的本地应用程序 Application 之外，SSM 主要还可以应用于 Web 网页开发。当应用 Spring 框架进行 Web 网页开发时，就需要用到 SpringMVC 框架技术。

Spring 是一个强大的框架平台，除了可以对接类似 MyBatis 这样的第三方框架外，Spring 本身也有自己的子框架。其中，SpringMVC 就是专门用于协助 Web 开发的子框架技术，即 SpringMVC 是 Spring 框架的一部分，因此可以非常方便地在项目中同时使用 Spring 和 SpringMVC 而不用担心兼容性问题。

16.1　SpringMVC 框架简介

　　Spring 框架是 Java 平台的一个基础的轻量级框架平台,它主要解决的是项目架构层面的问题,提供了容器机制控制反转和面向切面编程,针对项目底层提供了多种解决方案。SpringMVC 是 Spring 框架基础上的一个部分,是 Spring 框架的子框架,它主要解决了网页开发中的路径映射、视图渲染等 Web 中的问题,属于 Spring 框架中 Web 网页层的一部分。
　　SpringMVC 中的 MVC,指的是 MVC 设计模式。这里的 M 指 Model(模型),也就是数据层;V 指 View(视图),也就是界面层;C 指 Controller(控制器),也就是控制器层。MVC 是一个广泛应用的设计模式,它的基本思想是将项目的数据层和视图层分离,使用控制器来进行视图和数据间的交流。这种设计模式可以很好地将项目划分成功能分明的不同模块,将代码解耦,可以有效地提升项目的可维护性。绝大部分的带用户界面的应用程序都使用了 MVC 的设计模式。

16.2　SpringMVC 框架的基本思想

16.2.1　SpringMVC 的工作流程

　　在 SpringMVC 框架中,用户通过网页控制程序,程序经过一系列流程后,对用户的操作进行响应,最后将后台执行结果返回到用户所在的网页,如图 16-1 所示。

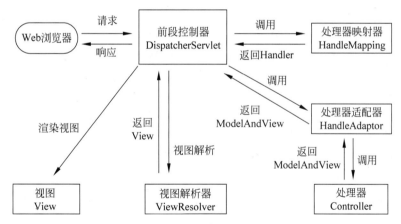

图 16-1　SpringMVC 框架的工作流程图

　　具体来说,SpringMVC 框架的工作流程如下。
　　(1) 用户操作网页,Web 浏览器发送 URL 请求至前端控制器 DispatcherServlet。
　　(2) 前端控制器 DispatcherServlet 拦截请求,调用 HandlerMapping 处理器映射器。处理器映射器根据 URL 找到具体的处理器,生成处理器对象 Handler 和处理器拦截器,返回给前端控制器 DispatcherServlet。
　　(3) 前端控制器 DispatcherServlet 拿到信息后,调用处理器适配器 HandlerAdaptor。

处理器适配器会调用并执行最终的处理器 Handler 也就是 Controller。处理器执行 URL 请求后,生成 ModelAndView 对象返回给处理器适配器。

(4) 处理器适配器 HandlerAdaptor 将返回的 ModelAndView 对象进一步返回给前端控制器。

(5) 前端控制器 DispatcherServlet 调用视图解析器 ViewResolver,视图解析器根据程序的相关配置和 ModelAndView 对象解析出真实的 View 对象,并返回给前端控制器。

(6) 前端控制器 DispatcherServlet 根据获取到的 View 对象,将模型数据传给 View 对象并进行视图渲染。

(7) 最后,前端控制器 DispatcherServlet 将最终渲染后的 JSP 页面呈现给用户,完成对用户的响应。

以上 7 个步骤,就是 SpringMVC 的主要工作流程。得益于框架技术,上述流程的主体部分,主要是在框架的后台执行,自动完成的。对于用户来说这个过程是在很短时间内完成的,感知不到。对于开发者来说,只需要关注具体的业务逻辑,底层的架构逻辑 SpringMVC 框架已经帮我们实现了,这就是框架技术之所以可以提升开发效率的原因所在。

16.2.2 SpringMVC 的组件

在上面的工作流程示意图中,可以看到有一些比较重要的功能组件模块,这些组件模块是 SpringMVC 框架的核心组成部分。

(1) 前端控制器 DispatcherServlet。前端控制器是整个 SpringMVC 的核心组件,它主要是拦截客户端的请求,并调度各个组件进行分工协作。

(2) 处理器映射器 HandlerMapping。处理器映射器主要是根据前端控制器下发的 URL 请求,找到匹配对应的控制器 Handler。

(3) 处理器适配器 HandlerAdaptor。前端控制器通过调用处理器适配器,可以执行后端控制器 Handler,并拿到控制器的返回结果 ModelAndView,然后返回给前端控制器。

(4) 后端控制器(处理器)Handler。处理器 Handler 也可以称为后端控制器 Controller,主要就是处理前端送过来的 URL 请求,完成业务逻辑,并生成 ModelAndView 对象,返回给处理器适配器。

(5) 视图解析器 ViewResolver。视图解析器主要负责从前端控制器拿到的 ModelAndView 对象进行解析,生成 View 对象然后返回给前端控制器。

在 SpringMVC 框架中,各个组件的功能都是相对独立的,但是组件与组件之间也需要通过数据或对象进行调用和访问,从而形成完整的用于请求响应的闭环。

除了这几个常见的核心组件外,SpringMVC 框架中还有其他一些组件:HandlerExceptionResolver 是异常拦截器,用于处理项目中产生的异常;RequestToViewNameTranslator 允许程序通过 ViewName 直接找到并定位 View 对象;LocaleResolver 可以对视图,也就是 Web 页面进行国际化多语言支持;MultipartResolver 用于处理用户的上传请求,如上传图片等。

16.2.3 SpringMVC 的特点

在第三方框架出现之前,开发者通过 Model2 来进行 Web 网页开发。之后随着 Struct

框架的出现,开始使用框架技术进行 Java 网页开发。现在,SpringMVC 和 Spring 框架成为最流行的 Java 开发框架技术之一,得到了全球 Java 开发者广泛的支持和使用。

之所以有这么多开发者选择并使用 SpringMVC 框架,主要得益于以下的优势和特点。

(1) 清晰的组件模块,角色分工明确。在 SpringMVC 框架中,不同的组件功能划分非常清晰明确,不同的组件负责不同的功能,不容易混淆。

(2) 容易理解,上手快。SpringMVC 框架使用起来非常方便,对新手开发者非常友好。它是一个轻量级的 Web 开发框架,不需要过于烦琐的配置和准备工作。

(3) 作为 Spring 框架的一部分,可以非常方便地和 Spring 框架进行融合。可以高效便捷地使用 Spring 的 IOC 和 AOP 等特性,同时还不用担心兼容性问题。

(4) SpringMVC 对注解的支持非常好。这在原本就不复杂的使用基础上,让开发者可以更加简洁地实现 SpringMVC 框架的相关功能,提升开发效率。

(5) SpringMVC 框架有强大的 JSP 标签库。在 SpringMVC 中使用 JSP 编写页面会更加简单易用。

(6) SpringMVC 框架采用了 MVC 的设计模式,可以天然地将数据层和视图层分隔开。使得开发者的项目架构更加明晰,更有利于后期的项目维护和升级。

正是由于 SpringMVC 框架有着这么多的优势和特点,开发者使用它来进行 Web 开发可以更加高效,开发出来的项目也更稳定。

16.3 SpringMVC 框架的使用

16.3.1 SpringMVC 的开发环境配置

从本章开始,由于使用 SpringMVC 主要用于 Web 网页开发,因此需要安装配置网页开发相关的程序和环境。

1. 安装 Tomcat

Java 语言开发的 Web 网页项目,需要使用 Web 服务器来进行测试。这里选择开源的 Apache Tomcat 服务器。打开 Tomcat 官网,找到稳定的 Tomcat 9.0 版本的下载页面 https://tomcat.apache.org/download-90.cgi,按照需要下载对应的安装文件,如图 16-2 所示。

下载后,打开安装文件,按照步骤和提示进行安装即可。

安装完成后,可以尝试开启 Tomcat 的服务,然后进入浏览器输入 Web 服务器的主页 http://localhost:8080/。如果页面可以正常显示,代表 Tomcat 安装成功,如图 16-3 所示。

2. 进入 Eclipse,配置 Tomcat

接下来,需要将 Tomcat 9.0 配置到 Eclipse 环境中。打开 Eclipse,选择新建项目,选择 Dynamic Web Project。在对话框中找到 Target runtime,单击 New Runtime 按钮,如图 16-4 所示。

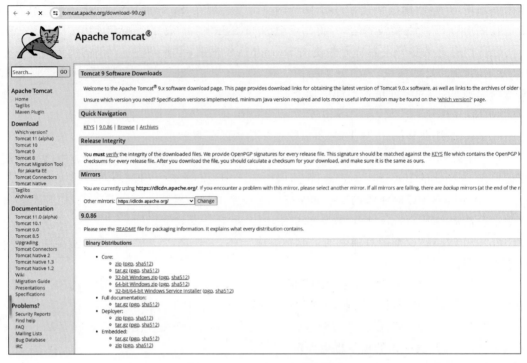

图 16-2　Tomcat 9.0 下载页面

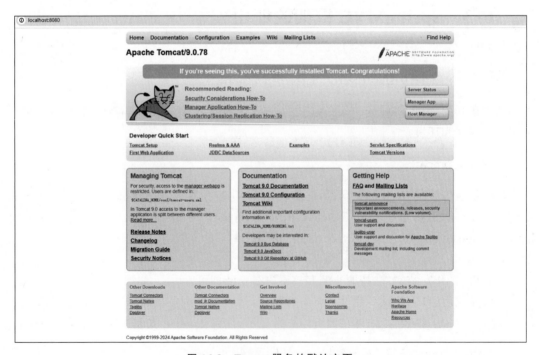

图 16-3　Tomcat 服务的默认主页

在服务器的版本选择对话框中,选择刚刚安装的 Apache Tomcat v9.0 版本。单击 Next 按钮。在新的界面里设置好刚安装的 Tomcat 的安装目录(文件夹的绝对路径),如图 16-5 所示。

第 16 章 SpringMVC 的基础知识 199

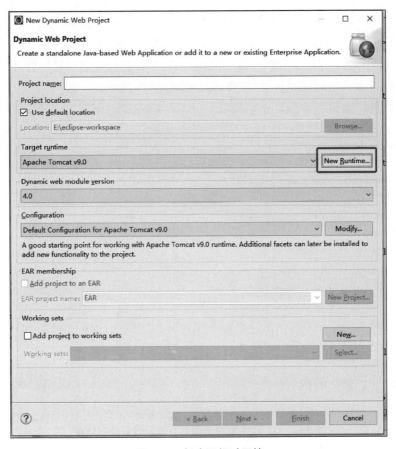

图 16-4 新建运行时环境

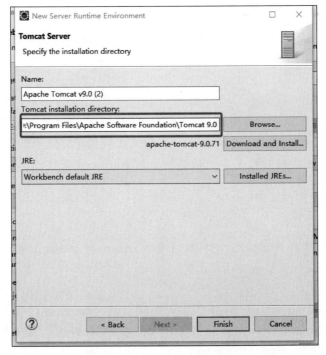

图 16-5 配置 Tomcat 的安装路径

单击 Finish 按钮,回到刚刚新建的 Dynamic Web Project 项目页面,这时 Target runtime 可以选择刚刚创建的 Tomcat v9.0 服务器,代表配置完成。

在 Eclipse 中运行 Tomcat 时,经常会发生端口占用的问题,这时可以打开 Tomcat v9.0 Server 的设置界面,将相关的端口号进行修改,如图 16-6 所示。

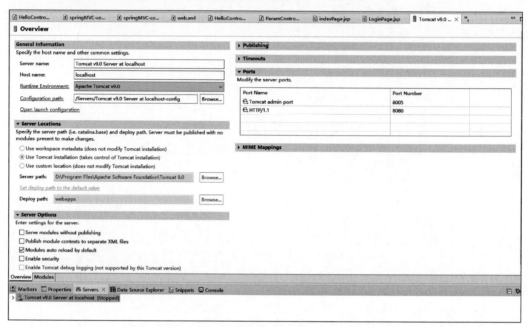

图 16-6 对 Tomcat 服务器进行端口号等参数修改

16.3.2 SpringMVC 的简单使用案例

下面通过一个完整的案例,来讲解 SpringMVC 框架的具体使用方法。同时也可测试一下配置的环境是否可以正常运行。

1. 创建工程

打开 Eclipse,选择新建项目中的 Dynamic Web Project 也就是动态 Web 项目。Target runtime 选择配置好的 Apache Tomcat v9.0。相关选项和配置使用默认的,给项目起一个名称,单击 Next 按钮。在最后一步勾选自动生成 web.xml 文件的选项,然后单击 Finish 按钮即完成项目的创建,如图 16-7 所示。

2. 项目的准备工作

找到项目的 lib 文件夹,路径为项目根目录下 src/main/webapp/WEB-INF/lib,从之前下载 Spring 框架的文件夹里找到项目所需的 jar 包,复制到项目 lib 文件夹下,完成 jar 包的导入,如图 16-8 所示。

其中,servlet-api.jar 是 Java 语言开发 Web 项目的必需 jar 包,一般配置好 Tomcat 后就自动导入项目了。如果读者在开发过程中提示找不到 Web 对象,这里可以手动导入 servlet-api.jar 包来解决问题。

第 16 章 SpringMVC 的基础知识

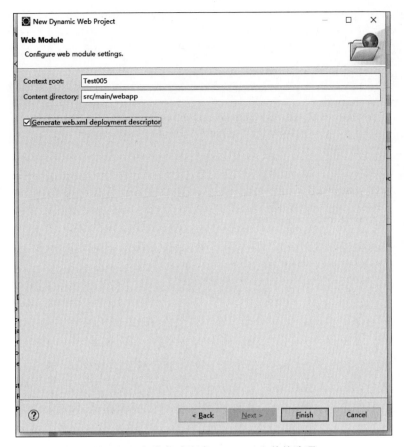

图 16-7　勾选自动生成 web.xml 文件的选项

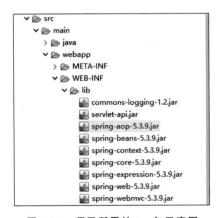

图 16-8　项目所需的 jar 包示意图

3．编写 Web 项目的配置文件代码

由于勾选了自动生成 web.xml 配置文件的选项，在项目目录 src/main/webapp/WEB-INF/下可以找到生成的文件。打开后，对其进行更改，代码如下。

```
01    <?xml version="1.0" encoding="UTF-8"?>
02    <web-app xmlns:xsi="http://www.w3.org/2001/XMLSchema-instance" xmlns="http://
```

```
           xmlns.jcp.org/xml/ns/javaee" xsi:schemaLocation=" http://xmlns.jcp.org/xml/ns/javaee
           http://xmlns.jcp.org/xml/ns/javaee/web-app_4_0.xsd" id="WebApp_ID" version="4.0">
03           <display-name>SpringMVC01</display-name>
04           <servlet>
05             <servlet-name>SpringMVC</servlet-name>
06             <servlet-class>org.springframework.web.servlet.DispatcherServlet</servlet-class>
07             <init-param>
08               <param-name>contextConfigLocation</param-name>
09               <param-value>/WEB-INF/springMVC-config.xml</param-value>
10             </init-param>
11             <load-on-startup>1</load-on-startup>
12           </servlet>
13           <servlet-mapping>
14             <servlet-name>SpringMVC</servlet-name>
15             <url-pattern>/</url-pattern>
16           </servlet-mapping>
17           <welcome-file-list>
18             <welcome-file>index.html</welcome-file>
19             <welcome-file>index.jsp</welcome-file>
20             <welcome-file>index.htm</welcome-file>
21           </welcome-file-list>
22         </web-app>
```

第 01、02 行,是 XML 文件的格式说明和当前 XML 文件的命名空间说明。

第 03 行,是项目显示的名称,一般和项目创建时设置的名称保持一致。

第 04~12 行,是对当前项目的 DispatcherServlet 前端控制器进行设置。其中,第 05 行,是前端控制器的名称。第 06 行,是前端控制器对应的类路径,这里指向了 Spring 框架所定义的类,也就是 jar 包中所导入的类。第 07~10 行,是初始化参数。第 08 行对应初始化配置文件的名称,第 09 行对应配置文件的路径,这里设置为/WEB-INF/springMVC-config.xml,此文件暂时还不存在,之后需要创建。第 11 行是将前端控制器设置为在项目启动时就加载。

第 13~16 行,是设置哪些 URL 发送到后台后需要使用前端控制器进行拦截。第 14 行,是需要拦截的前端控制器名称,和第 05 行设置的名称保持一致即可。第 15 行,是设置需要拦截的 URL 样式。这里的"/"代表所有的 URL 都会被前端控制器拦截。在后期的使用中,读者也可以根据需要只拦截需要被拦截的 URL 样式。

第 19~23 行,是对项目的默认首页进行设置,由于本书讲解内容主要是对相关功能进行手动的访问测试,这里的主页可暂时略过,保持默认设置即可。

4. 编写控制器 Controller 的代码

控制器 Controller 实际可以看作前面提到的 SpringMVC 工作流程里的 Handler 处理器,它是用户操作页面发送 URL 请求后,最终处理逻辑的所在。一般来说,控制器里主要就是调用或者编写网页的业务层逻辑代码。

在项目目录 src/main/java 下,新建一个控制器包 com.controller。在包里新建一个控制器类 HelloController.java,在创建的时候注意选择让它继承控制器类 org.springframework.web.servlet.mvc.Controller。具体代码如下。

```
01   package com.controller;
```

```
02  import javax.servlet.http.HttpServletRequest;
03  import javax.servlet.http.HttpServletResponse;
04  import org.springframework.web.servlet.ModelAndView;
05  import org.springframework.web.servlet.mvc.Controller;
06  public class HelloController implements Controller {
07    @Override
08    public ModelAndView handleRequest(HttpServletRequest arg0, HttpServletResponse arg1)
      throws Exception {
09      //TODO Auto-generated method stub
10      ModelAndView modelview = new ModelAndView();
11  //    modelview.addObject("message", "SpringMVCpqwrueipoquiwruqpowrueipoqwruepowqueri");
12      modelview.addObject("message", "来自 HelloController 的 message 变量值");
13      modelview.setViewName("/WEB-INF/hello.jsp");
14      return modelview;
15    }
16  }
```

当一个 Java 类继承 org.springframework.web.servlet.mvc.Controller 后，它就成为一个控制器类，可以处理前端控制器发送过来的 URL 请求，并将处理结果返回给前端控制器，之后经由视图解析器解析后呈现给用户。

第 08～15 行代码，是继承控制器类后，对处理 URL 的函数 handleRequest 的具体实现。其中，第 10 行代码新建了一个 ModelAndView 对象，这个对象的作用是等业务逻辑运行完成后，将运行结果包含的数据和视图封装在内部，然后返回给前端控制器。第 12 行代码，是对 ModelAndView 对象添加了一个键值对的数据，键名是"message"，值是"来自 HelloController 的 message 变量值"。第 13 行代码，将 URL 请求处理完成后需要跳转的视图名称设置为"/WEB-INF/hello.jsp"。第 14 行代码，将此 ModelAndView 对象返回给前端控制器，这样 SpringMVC 就可以识别需要跳转的是哪个页面，以及需要显示的是什么数据。

5. 编写 SpringMVC 的配置文件代码

在 web 文件夹，也就是 web.xml 配置文件所在的文件夹 src/main/webapp/WEB-INF/下，创建 SpringMVC 的配置文件 springMVC-config.xml，具体代码如下。

springMVC-config.xml

```
01  <?xml version="1.0" encoding="UTF-8"?>
02  <beans xmlns="http://www.springframework.org/schema/beans"
03    xmlns:xsi="http://www.w3.org/2001/XMLSchema-instance"
04    xsi:schemaLocation="http://www.springframework.org/schema/beans
05    http://www.springframework.org/schema/beans/spring-beans.xsd">
06    <bean name="/controller" class="com.controller.HelloController" />
07    <bean class="org.springframework.web.servlet.handler.BeanNameUrlHandlerMapping" />
08    <bean class="org.springframework.web.servlet.mvc.SimpleControllerHandlerAdapter" />
09    <bean class="org.springframework.web.servlet.view.InternalResourceViewResolver" />
10  </beans>
```

从格式和内容上可以看到，这是一个典型的 Spring 框架的配置文件。因为 SpringMVC 是 Spring 的子框架，所以它们的使用是可以通过配置文件融合在一起的。这也是为什么 SSM 框架使用起来如此方便的原因之一。

第 01～05 行，是 XML 文件的格式声明，以及本项目需要用到的组件所在的命名空间。

第 06 行代码，配置了一个控制器的 Bean 对象，这个控制器有两个属性：name 代表控制器的名称，同时也是访问时的地址映射；类名 class 代表控制器属于哪个类，这里设置为刚刚编写的控制器。经过这一行代码配置后，HelloController 控制器才可以真正生效，处理 URL 请求。

第 07～09 行代码，分别配置了三个 SpringMVC 的框架内置对象，分别是处理器映射器、处理器适配器和视图解析器，配置后它们都会在后台自动运行和生效。

6. 编写静态网页的代码

在 SpringMVC 开发的 Web 网页项目中，要想测试不同的功能组件，可以像前面章节所讲的继续使用控制台来观察代码的输出，也可以直接将相关文本输出到页面上。

在 web 文件夹，也就是 web.xml 配置文件所在的文件夹 src/main/webapp/WEB-INF/下，创建静态的 JSP 页面 hello.jsp，用它来作为测试页面接受用户的 URL 请求并返回后台的响应结果。具体代码如下。

```
01  <%@ page language="java" contentType="text/html; charset=UTF-8"
02      pageEncoding="UTF-8"%>
03  <!DOCTYPE html>
04  <html>
05  <head>
06  <meta charset="UTF-8">
07  <title>hello world 页面</title>
08  </head>
09  <body>
10  <br><br>
11  这是第一个 SpringMVC 页面
12  <br><br>
13  从 controller 获取的 message 变量值为:<br>
14  ${message}
15  </body>
16  </html>
```

在 Eclipse 中创建 JSP 页面，可以直接选择所需的空白模板。这里需要注意的是，如果页面中有中文，在选择模板时需要选择编码方式为 UTF-8 的页面模板。

第 01、02 行，是 JSP 页面的格式说明，这里的 charset 和 pageEncoding 需要设置为 UTF-8，如果选择模板时不正确，也可以在这里手动修改。修改正确后，页面才能正常显示中文。

第 03～16 行，是典型的 HTML 网页代码，其中主要包括网页的 head 头部和 body 内容。第 10～14 行，是测试需要的代码，主要是在页面上显示一些文字内容。其中第 14 行，${message}是 JSP 语法，意味着从当前页面的数据中取出键名为 message 的值，并显示到页面中。

7. 项目测试结果

在项目上单击右键，选择 Run As，继续选择 Run on Server。待 Tomcat 服务器正常启动后，进入浏览器，输入项目的访问地址，可以看到如图 16-9 所示报错。

这是因为项目没有配置默认主页导致的。在浏览器的地址栏里加上前面代码编写的控

图 16-9　直接运行项目报错

制器对应的访问地址/controller，单击访问，如图 16-10 所示。

图 16-10　SpringMVC 的简单应用的运行示意图

可以看到，页面正常显示中文。后台代码中，封装在 ModelAndView 对象中的 String 文本变量也显示了出来。代表 SpringMVC 框架运行正常，处理 URL 的请求得到了正确响应。

这是一个简单的案例，主要演示了 SpringMVC 编程的环境配置，SpringMVC 简单应用的编程方法，以及测试方法。从这个案例中可以看到，Web 编程和本地应用编程还是有很多地方不同，之后讲解 SpringMVC 内容的章节，都会以类似本章这种编程方法和测试方法为主。

小结

本章首先简单介绍了什么是 SpringMVC 框架，它的作用以及它和 Spring 框架的区别；其次详细讲解了 SpringMVC 框架的基本思想，包括 SpringMVC 框架的工作流程、主要功能组件、框架特点等；接下来，详细介绍了使用 SpringMVC 框架所需的开发环境的搭建方法；最后，通过一个完整的案例，讲解了 SpringMVC 框架的简单使用方法。通过本章的学习，读者可以了解 SpringMVC 框架的定义，理解 SpringMVC 框架的工作流程、组件构成和特点，最后通过案例的学习，可以掌握 SpringMVC 框架的编程实现方法。

习题

1. 在 SpringMVC 框架的功能组件中，（　　）是核心组件，主要功能是拦截客户端的请求，并调度各个组件进行分工协作。

A. 前端控制器 DispatcherServlet　　B. 处理器映射器 HandlerMapping
C. 处理器适配器 HandlerAdaptor　　D. 视图解析器 ViewResolver

2. 控制器类可以处理前端控制器发送过来的 URL 请求，并将处理结果返回给前端控制器，之后经由视图解析器解析后呈现给用户。将一个 Java 类定义为控制器类时，需要使用_____注解。

3. 简述 SpringMVC 框架的大致工作流程。

第 17 章

SpringMVC的常用注解

视频讲解

CHAPTER 17

本章学习目标：
- 了解注解在SpringMVC框架中的使用情况。
- 掌握请求映射类注解的编程方法。
- 掌握参数映射类注解的编程方法。

　　Spring和MyBatis框架的很多功能，既可以通过配置XML文件中编辑元素来实现，也可以通过在Java文件中直接使用注解来实现。注解的优势在前面章节中提过，主要是可以简化开发流程，降低系统开销。随着时间推移和技术迭代发展，很多框架技术的功能实现，更多地倾向于使用注解而不是配置文件来实现。SpringMVC是Spring框架的子框架，它的部分功能就需要直接使用注解来实现，框架本身没有提供或者不建议开发者使用配置文件。

　　SpringMVC框架中的常用注解较多，主要可以分为两类：请求映射注解和参数映射注解。接下来将分别讲解这两类常用注解的编程使用方法。

17.1 请求映射类的注解

在第16章讲解SpringMVC框架的基础知识中,提到过控制器Controller类。从设计模式的角度来说,Controller控制器对应MVC里的C,作用是分隔数据层Model和视图层View。这种架构方式可以有效地对项目中各个模块尤其是数据和界面进行分离解耦,可以提升项目的可维护性,加快项目的团队开发效率。

从SpringMVC框架的执行原理来说,Controller控制器对应的是流程中的处理器Handler,是用户从发起请求,到最后实际执行用户请求、业务逻辑的所在之处。在一个项目中,用户在Web网页中发起的请求很多,后台需要编写的业务逻辑代码也很多,这两者之间如何进行对接,SpringMVC框架的核心组件DispatcherServlet前端控制器如何根据用户的响应,准确无误地找到对应的控制器Controller,这就需要用到映射注解。

映射注解可以给控制器Controller本身或Controller内部的函数提供一个标记,当用户操作界面发起请求的时候,根据请求地址的不同标记,就可以找到对应的控制器Controller从而执行正确的业务逻辑代码。

17.1.1 @Controller注解

@Controller注解是SpringMVC最基本的注解之一。普通的Java类使用@Controller进行注解后,就成为SpringMVC框架中的控制器组件,也就是工作流程里的处理器Handler。这是SpringMVC框架中运行业务逻辑代码,执行后台响应的基本单位。

它的使用方法也比较简单,和Spring框架中的Bean的注解类似。在Spring框架的内容讲解中,如果需要注解一个Bean对象,则在Java类的类名的上一行,加上@Component注解。同理,如果需要注解一个控制器对象,则在Java类名上一行加上@Controller注解即可。实际上,@Controller就是Spring框架的Bean对象,可以看作一种特殊的Bean。

SpringMVC框架中其他的很多注解,都需要以@Controller注解为基础,只有当前的Java类注解成控制器Controller,其他注解才可以正常执行生效。

17.1.2 @RequestMapping注解

@RequestMapping也是SpringMVC框架常用的注解,它的作用主要是处理请求地址映射,也就是当用户发起页面请求时,根据访问地址的不同,前端控制器解析并送往不同的控制器Controller来执行后台响应。

@RequestMapping注解有两种用法:当它直接作用于控制器Controller类时,类中所有响应请求的方法,都需要以该注解的地址作为父路径;当它作用于Controller内部的方法函数时,该方法以注解的地址作为请求路径。@RequestMapping注解提供了很多属性,如表17-1所示。

表 17-1 @RequestMapping 注解的属性

属性	描述
value	请求的地址路径
method	请求的 HTTP 方式,可以是 GET 或 POST,如果没有指定则默认映射所有的 HTTP 请求方式
consumes	处理请求的提交内容类型
produces	返回的内容类型,一般来说,必须是请求头中所包含的类型
params	指定请求中必须包含的参数值
headers	指定请求中必须包含某些特性的 header 值
name	为映射的地址指定别名

如表 17-1 所示,可以根据具体的使用场景,来对注解的属性进行不同的设置。在实际使用过程中,用得最多的是 value 和 method,分别对请求的地址路径和 HTTP 请求方式做设置。

17.1.3 @GetMapping 和 @PostMapping 注解

这两个注解本质是组合注解,是 @RequestMapping 注解的变种。其中,@GetMapping 类似于 @RequestMapping(method = RequestMethod.GET),相当于 @RequestMapping 注解做地址映射时,设置对应的 HTTP 请求方式是 GET。类似地,@PostMapping 类似于 @RequestMapping(method = RequestMethod.POST),相当于 @RequestMapping 注解做地址映射时,设置对应的 HTTP 请求方式是 POST。

在具体使用上,@GetMapping 和 @PostMapping,与直接设置 method 属性的 @RequestMapping 注解并没有差别。

17.1.4 请求映射类的注解的使用案例

下面通过一个具体的案例,来演示映射注解的使用方法。

1. 创建工程

打开 Eclipse,选择新建项目中的 Dynamic Web Project 也就是动态 Web 项目。Target runtime 选择配置好的 Apache Tomcat v9.0。相关选项和配置使用默认的,给项目起一个名称。在最后一步勾选自动生成 web.xml 文件的选项,然后单击 Finish 按钮即完成项目的创建。

2. 项目的准备工作

找到项目的 lib 文件夹,路径为项目根目录下 src/main/webapp/WEB-INF/lib,从之前下载 Spring 框架的文件夹里找到项目所需的 jar 包,复制到项目 lib 文件夹下,完成 jar 包的导入,如图 17-1 所示。

其中,servlet-api.jar 是 Java 语言开发 Web 项目的必需 jar 包,一般配置好 Tomcat 后就自动导入项目了。如果读者在开发过程中提示找不到 Web 对象,这里可以手动导入 servlet-api.jar 包来解决问题。

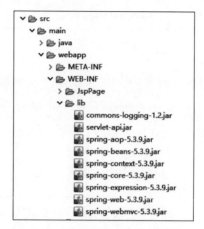

图 17-1　项目所需的 jar 包示意图

3. 编写 Web 项目的配置文件代码

由于勾选了自动生成 web.xml 配置文件的选项，在项目目录 src/main/webapp/WEB-INF/下可以找到生成的文件。打开后，对其进行更改，代码如下。

```
01  <?xml version="1.0" encoding="UTF-8"?>
02  <web-app xmlns:xsi="http://www.w3.org/2001/XMLSchema-instance" xmlns="http://xmlns.jcp.org/xml/ns/javaee" xsi:schemaLocation=" http://xmlns.jcp.org/xml/ns/javaee http://xmlns.jcp.org/xml/ns/javaee/web-app_4_0.xsd" id="WebApp_ID" version="4.0">
03      <display-name>SpringMVC02</display-name>
04      <servlet>
05          <servlet-name>SpringMVC</servlet-name>
06          <servlet-class>org.springframework.web.servlet.DispatcherServlet</servlet-class>
07          <init-param>
08              <param-name>contextConfigLocation</param-name>
09              <param-value>/WEB-INF/springMVC-config.xml</param-value>
10          </init-param>
11          <load-on-startup>1</load-on-startup>
12      </servlet>
13      <servlet-mapping>
14          <servlet-name>SpringMVC</servlet-name>
15          <url-pattern>/</url-pattern>
16      </servlet-mapping>
17      <welcome-file-list>
18          <welcome-file>index.html</welcome-file>
19          <welcome-file>index.jsp</welcome-file>
20          <welcome-file>index.htm</welcome-file>
21      </welcome-file-list>
22  </web-app>
```

第 01、02 行，是 XML 文件的格式说明和当前 XML 文件的命名空间说明。

第 03 行，是项目显示的名称，一般和项目创建时设置的名称保持一致。

第 04~12 行，是对当前项目的 DispatcherServlet 前端控制器进行设置。其中，第 05 行是前端控制器的名称。第 06 行，是前端控制器对应的类路径，这里指向了 Spring 框架所定义的类，也就是 jar 包中所导入的类。第 07~10 行，是初始化参数。第 08 行对应初始化配置文件的名称，第 09 行对应配置文件的路径，这里设置为/WEB-INF/springMVC-config.

xml,此文件暂时还不存在,之后需要创建。第 11 行是将前端控制器设置为在项目启动时就加载。

第 13～16 行,是设置哪些 URL 发送到后台后需要使用前端控制器进行拦截。第 14 行,是需要拦截的前端控制器名称,和第 05 行设置的名称保持一致即可。第 15 行,是设置需要拦截的 URL 样式。这里的"/"代表所有的 URL 都会被前端控制器拦截。在后期的使用中,读者也可以根据需要只拦截需要被拦截的 URL 样式。

第 17～21 行,是对项目的默认首页进行设置,由于本书讲解内容主要是对相关功能进行手动的访问测试,这里的主页可暂时略过,保持默认设置即可。

4. 编写控制器 Controller 的代码

控制器 Controller 实际上可以看作前面提到的 SpringMVC 工作流程里的 Handler 处理器,它是用户操作页面发送 URL 请求后,最终处理逻辑的所在。一般来说,控制器里主要就是调用或者编写网页的业务层逻辑代码。

在项目目录 src/main/java 下,新建一个控制器包 com.controller,在包里新建一个控制器类 HelloController.java。由于直接使用@Controller 注解来定义控制器,这里在创建的时候就不用再选择继承控制器类了。具体代码如下。

```
01  package com.controller;
02  import org.springframework.stereotype.Controller;
03  import org.springframework.ui.Model;
04  import org.springframework.web.bind.annotation.GetMapping;
05  import org.springframework.web.bind.annotation.RequestMapping;
06  import org.springframework.web.bind.annotation.RequestMethod;
07  import org.springframework.web.servlet.ModelAndView;
08  @Controller
09  @RequestMapping("/hello")
10  public class HelloController {
11      @RequestMapping("/print1")
12      public ModelAndView printToPage1() {
13          ModelAndView modelView = new ModelAndView();
14          modelView.addObject("message", "== HelloController >> printToPage() ==");
15          modelView.setViewName("PrintString");
16          return modelView;
17      }
18      @RequestMapping(value = {"","/print2","/testpage"})
19      public String printToPage2(Model model) {
20          model.addAttribute("message","HelloController >> public String printToPage2(Model model)");
21          return "PrintString";
22      }
23      @RequestMapping(value = "index")
24      public String indexPage() {
25  //      model.addAttribute("message","HelloController >> public String printToPage2(Model model)");
26          return "indexPage";
27      }
28  //  @RequestMapping("/get")
29      @GetMapping("/get")
30      public ModelAndView getPage() {
31          ModelAndView modelView = new ModelAndView();
```

```
32          modelView.addObject("message", " == HelloController >> public ModelAndView
    getPage() ==");
33          modelView.setViewName("PrintString");
34          return modelView;
35      }
36      @RequestMapping(value = "/post", method = RequestMethod.POST)
37      public ModelAndView postPage() {
38          ModelAndView modelView = new ModelAndView();
39          modelView.addObject("message", " == HelloController >> public ModelAndView
    postPage() ==");
40          modelView.setViewName("PrintString");
41          return modelView;
42      }
43  }
```

第 08 行，将@Controller 注解放在 Java 类的上方，被注解的类作为 SpringMVC 的控制器，成为 Spring 容器的 Bean 对象，执行完成业务逻辑的后台响应。同时，@Controller 注解也可以让其他 SpringMVC 注解正常生效。

第 09 行，@RequestMapping 注解是请求地址映射，放在 Java 类的上方，代表此 Controller 里面的每一个请求地址映射对应的响应函数，都以本注解的地址作为父路径。即本控制器内的每一个@RequestMapping 注解对应的地址映射，在实际请求时都加上/hello 前缀。

第 10 行，由于使用@Controller 注解来定义控制器类，这里不需要继承 org.springframework.web.servlet.mvc.Controller 接口，直接声明简单的 Java 类即可。

第 11～17 行，定义了一个业务逻辑的响应函数 printToPage1，函数的参数为空，返回值是 ModelAndView，响应函数对应的请求路径映射是/print1。第 14～16 行，是具体的业务逻辑。这里创建了一个 ModelAndView 对象用来传递数据和视图，作为函数的返回值。其中数据是 Key 为 message、Value 为" == HelloController >> printToPage() =="的键值对，视图的名称是 PrintString。设置完成后，将键值对和视图名称都放入 ModelAndView 对象，并将它作为响应的返回值。此返回值在函数处理完后会传递给 DispatcherServlet 对象，由它来进行后续的页面跳转并传送数据。这个响应函数主要演示@RequestMapping 注解的基本使用，以及返回对象 ModelAndView 的使用方法。其中，setViewName 方法需要结合配置文件 springMVC-config.xml 中视图解析器的相关设置来一起使用。

第 18～22 行，定义了业务逻辑的响应函数 printToPage2，函数的参数为 Model 数据类型，可以往网页输出文本数据，返回值为 String。第 18 行，@RequestMapping 注解的 value 属性取值有并列的三个，分别是""、"/print2"和"/testpage"。这是@RequestMapping 注解的一种多取值用法，value 的三个取值都生效，访问任一个地址都映射到当前的响应函数，其中，空值代表访问父路径会映射到当前的响应函数。第 20 行，对参数 model 添加 Key 为 message、Value 为"HelloController >> public String printToPage2(Model model)"的键值对。第 21 行，返回值为"PrintString"的字符串。这里 model 中的键值对是可以在网页中输出的文本数据，返回值的 String 字符串并不是在网页中输出文本，而是跳转到名称为"PrintString"的 JSP 页面。

第 23～27 行，定义了业务逻辑的响应函数 indexPage，函数的参数为空，返回值为 String 类型。这里的 String 返回值同样也代表了响应函数处理完后跳转的 JSP 页面的名称。第 26 行,返回值为"indexPage",代表本响应函数不做业务逻辑处理,当请求/index 地址时直接跳转到名为"indexPage"的 JSP 页面。

第 29~35 行,定义了响应函数 getPage。第 29 行,这里使用了@GetMapping 注解,对应的其实就是@RequestMapping 注解时使用 GET 的 HTTP 请求方式,映射的请求地址为/get。第 30 行,响应函数的参数为空,返回值为 ModelAndView。第 31 行,创建一个 ModelAndView 的对象,作为函数执行后的返回值。第 32 行,给 ModelAndView 对象添加 Key 为 message,Value 为"== HelloController >> public ModelAndView getPage() =="的键值对。第 33 行,setViewName 方法是给 ModelAndView 对象设置跳转的页面,页面名称为"PrintString"。第 34 行,将此 ModelAndView 对象返回后,可以跳转到该页面,并将键值对中存储的 String 文本打印出来。

第 36~42 行,定义了响应函数 postPage。第 36 行,使用了@RequestMapping 注解进行/post 的请求地址映射,设置请求方式为 HTTP 的 POST 请求方法。第 37 行,响应函数的参数为空,返回值为 ModelAndView 数据类型。第 38 行,定义了一个 ModelAndView 对象,可以作为返回值。第 39 行,为返回值添加了键值对。第 40 行,为返回值设置了跳转的页面名称。第 41 行,将 ModelAndView 对象返回。

这里的 Controller 类中演示了请求地址映射的注解的常用编程方法,不同的注解的使用方式较为灵活,读者在实际开发过程中可以根据需要选择适合的方法。同时,每一个响应函数中如何处理数据,如何跳转页面,在代码中也有详细的演示。

5. 编写 SpringMVC 的配置文件代码

在 web 文件夹,也就是 web.xml 配置文件所在的文件夹 src/main/webapp/WEB-INF/下,创建 SpringMVC 的配置文件 springMVC-config.xml,具体代码如下。

```
01  <?xml version="1.0" encoding="UTF-8"?>
02  <beans xmlns="http://www.springframework.org/schema/beans"
03    xmlns:xsi="http://www.w3.org/2001/XMLSchema-instance"
04    xmlns:context="http://www.springframework.org/schema/context"
05    xsi:schemaLocation="http://www.springframework.org/schema/beans
06      http://www.springframework.org/schema/beans/spring-beans.xsd
07      http://www.springframework.org/schema/context
08      https://www.springframework.org/schema/context/spring-context.xsd">
09    <context:component-scan base-package="com.controller" />
10    <bean class="org.springframework.web.servlet.view.InternalResourceViewResolver">
11      <property name="prefix" value="/WEB-INF/JspPage/" />
12      <property name="suffix" value=".jsp" />
13    </bean>
14  </beans>
```

SpringMVC 的配置文件,实质就是 Spring 框架的配置文件,由于两者本身都是同一个框架体系,因此配置文件也是一致的。

第 01~08 行,是 XML 文件的格式声明,以及本项目需要用到的组件所在的命名空间。需要注意的是,这里的命名空间和 jar 包的导入相关,如果 jar 包没有正确导入,这里的命名空间设置会无法生效或出错。

第 09 行,context:component-scan 元素可以对 Java 包进行扫描,使得注解的代码正常执行生效。属性 base-package 对应的就是包名,设置为 com.controller,即控制器所在的 Java 包。

第 10~13 行,配置了视图解析器。由于是框架自带的组件,第 10 行只需要设置 class 类路径为"org.springframework.web.servlet.view.InternalResourceViewResolver"即可,不需要配置 id 或 name 属性。这里的类路径来自 jar 包,需要正确导入 jar 包后才可以生效,同时读者输入的时候需保证类路径不可出错,否则项目运行会出错。第 11 行,定义了视图解析器的 prefix 属性,也就是前缀为"/WEB-INF/JspPage/"。第 12 行,定义了视图解析器的 suffix 属性,也就是后缀为".jsp"。经过这样的定义后,控制器 Controller 中如果设置或返回了视图名称的 String 值,视图解析器就会自动为此 String 加上前缀路径和后缀文件扩展名,从而可以跳转到正确的页面。

6. 编写静态网页的代码

在 web 文件夹,也就是 web.xml 配置文件所在的文件夹 src/main/webapp/WEB-INF/下,创建静态的 JSP 页面 indexPage.jsp 和 PrintString.jsp。具体代码如下。

```
01   <%@ page language="java" contentType="text/html; charset=UTF-8"
02       pageEncoding="UTF-8"%>
03   <!DOCTYPE html>
04   <html>
05   <head>
06   <meta charset="UTF-8">
07   <title>Insert title here</title>
08   </head>
09   <body>
10   <br>
11   <a href="${pageContext.request.contextPath}/hello/get">使用 GET 方式访问页面</a>
12   <br>
13   <br>
14   <form action="${pageContext.request.contextPath}/hello/post" method="post">
15       <input type="submit" value="使用 POST 方式访问页面">
16   </form>
17   <br>
18   </body>
19   </html>
```

第 01、02 行,是 jsp 页面的格式说明,这里的 charset 和 pageEncoding 需要设置为 UTF-8,如果选择模板时不正确,也可以在这里手动修改。修改正确后,页面才能正常显示中文。

第 03~19 行,是典型的 HTML 网页代码,其中主要包括网页的 head 头部和 body 内容。

第 11 行,定义了一个<a>标签的超链接。链接的地址是"${pageContext.request.contextPath}/hello/get",${pageContext.request.contextPath}是 JSP 语法,取值是当前页面的访问路径的根路径,加上/hello/get 后可向控制器中响应函数的请求地址发出 GET 形式的访问请求。

第 12~16 行,定义了一个<form>标签的按钮。属性 action 设置的请求地址是"${pageContext.request.contextPath}/hello/post",属性 method 设置的请求方式必须是

post。页面发出了 POST 请求,对应的响应函数也必须以 POST 方式接受请求。第 15 行,input 标签的 type 属性是 submit,也就是请求的提交按钮。

```
01  <%@ page language="java" contentType="text/html; charset=UTF-8"
02      pageEncoding="UTF-8"%>
03  <!DOCTYPE html>
04  <html>
05  <head>
06  <meta charset="UTF-8">
07  <title>Insert title here</title>
08  </head>
09  <body>
10  <br>
11  ${message}
12  <br>
13  </body>
14  </html>
```

这个 JSP 页面相对比较简单,核心内容就是第 11 行代码的 ${message}。这是一个 JSP 语法,作用是将 Key 为 message 的键值对的 Value 值输出显示到网页上。

7. 项目测试结果

在项目上单击右键,选择 Run As,继续选择 Run on Server。待 Tomcat 服务器正常启动后,进入浏览器,输入项目的访问地址"http://localhost:8080/SpringMVC02"。

在访问地址后加上控制器 Controller 的映射地址/hello,单击跳转,页面如图 17-2 所示。

图 17-2　SpringMVC 框架@RequestMapping 注解的运行示意图 01

可以看到,页面跳转到了对应的 JSP 页面,并显示了键值对 message 的值。分别在 /hello 后加上/print2 或/testpage,单击跳转后发现页面内容不变,说明这三个地址都映射到了同一个响应函数,这就是@RequestMapping 注解的多取值用法。

在/hello 后加上/print1,单击跳转后,页面显示如图 17-3 所示。

图 17-3　SpringMVC 框架@RequestMapping 注解的运行示意图 02

这是@RequestMapping 注解的常规用法,将请求地址映射到后台的响应函数,使用 ModelAndView 对象保存数据并跳转页面。

在/hello 后加上/index,单击跳转,页面显示如图 17-4 所示。

图 17-4　SpringMVC 框架@RequestMapping 注解的运行示意图 03

这是一个测试用的 JSP 页面,页面上方有一个链接,单击后跳转到 GET 请求的响应函数;页面下方有一个 POST 按钮,单击后跳转到 POST 请求的响应函数。

单击链接后,页面跳转,显示如图 17-5 所示。

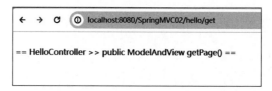

图 17-5　SpringMVC 框架@RequestMapping 注解的运行示意图 04

GET 请求正常响应,文本输出显示正常,这里对应的是@GetMapping 注解的使用。返回刚刚的页面,单击 POST 请求的按钮,页面跳转,显示如图 17-6 所示。

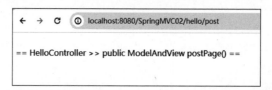

图 17-6　SpringMVC 框架@RequestMapping 注解的运行示意图 05

POST 请求同样正常响应,文本输出显示正常,这里对应的是@RequestMapping 注解在设置请求方式为 POST 时的使用。

17.2　参数映射类的注解

17.2.1　参数映射类的注解简介

在 SpringMVC 的常用注解中,请求地址映射主要是将用户的访问请求映射到后台的响应函数,从而执行业务逻辑并跳转到目标页面。参数映射是另外一类注解,可以将用户请求时的参数传输到后台的响应函数,从而对数据进行处理。像登录、注册、搜索等功能页面,用户输入的参数都需要被后台获取然后执行相关的业务逻辑代码,这个时候就需要在请求地址映射的基础上,再加上参数映射。

一般来说,SpringMVC 框架中常用的基础参数映射注解主要有两种:@RequestParam 和@PathVariable。@RequestParam 注解的作用是参数绑定映射,它主要和 JSP 页面的 form 表单一起使用。HTML 页面中允许用户通过单选按钮、多选按钮、文本框等方式输入数据,form 表单可以收集用户的数据,将不同的数据进行命名并提交给后台。Web 后台通过@RequestParam 注解来对 form 提交的数据和响应函数的参数进行绑定,从而完成数据从前端到后端的传输。

使用@RequestParam 注解时,需要对属性进行设置,常用的属性值如表 17-2 所示。

表 17-2 @RequestParam 注解的属性

属 性	描 述
value	需要映射的 Web 前端的参数名称
required	指定参数是否是必须要设置的
defaultValue	指定参数的默认值

和@RequestParam 注解不同,@PathVariable 注解一般不依赖前端页面,它主要是对请求地址进行解析。通过设置请求地址的格式,将请求地址中的隐含参数和后端响应函数的参数进行绑定,从而完成数据从前端到后端的传输。

使用@PathVariable 注解时,同样需要对属性进行设置,常用的属性值如表 17-3 所示。

表 17-3 @PathVariable 注解的属性

属 性	描 述
value	需要映射的请求地址中的参数名称
required	指定参数是否是必须要设置的
defaultValue	指定参数的默认值

由此可见,@RequestParam 和@PathVariable 注解的属性值是大致相同的,它们的用法也差别不大。

17.2.2 参数映射类的注解的使用案例

下面通过一个具体的案例,来演示参数映射注解的使用方法。

1. 创建工程并准备项目

为方便演示,这里直接沿用刚刚的工程即可,jar 包已经正常导入。

2. 编写 Web 项目的配置文件代码和 SpringMVC 的配置文件代码

这两个配置文件都已经存在,相关的设置已经完成,无须修改直接沿用即可。

3. 编写控制器 Controller 的代码

在项目的控制器包 com.controller 下,新建一个测试参数映射注解的控制器类 ParamController.java。具体代码如下。

```
01  package com.controller;
02  import java.io.IOException;
03  import javax.servlet.http.HttpServletResponse;
04  import org.springframework.stereotype.Controller;
05  import org.springframework.web.bind.annotation.GetMapping;
06  import org.springframework.web.bind.annotation.ModelAttribute;
07  import org.springframework.web.bind.annotation.PathVariable;
08  import org.springframework.web.bind.annotation.RequestMapping;
```

```
09    import org.springframework.web.bind.annotation.RequestParam;
10    import org.springframework.web.servlet.ModelAndView;
11    @Controller
12    public class ParamController {
13      @GetMapping("/loginpage")
14      public String loginPage() {
15        return "LoginPage";
16      }
17      @RequestMapping("/login")
18      public void loginFunction(@RequestParam(value=" pageUsername", required = true, defaultValue="liling")String username,
19           @RequestParam(value=" pagePassword") String password, HttpServletResponse response) throws IOException {
20        String resString = "用户名和密码分别是" + username + ", " + password;
21        response.setContentType("text/html;charset=UTF-8");
22        response.getWriter().write(resString);
23      }
24      @RequestMapping("/class/{cid}/student/{sid}")
25      public ModelAndView getPathVariable(@PathVariable(value = "cid") Integer classid, @PathVariable Integer sid) {
26        ModelAndView modelView = new ModelAndView();
27        modelView.addObject("message", "获取的@PathVariable cid 和 sid 分别为:"+ classid +", "+sid);
28        modelView.setViewName("PrintString");
29        return modelView;
30      }
31      @ModelAttribute
32      public void init() {
33        System.out.println("这个函数可以进行初始化");
34      }
35    }
```

第 11 行,将@Controller 注解放在 Java 类的上方,被注解的类作为 SpringMVC 的控制器,成为 Spring 容器的 Bean 对象,执行完成业务逻辑的后台响应。同时,@Controller 注解也可以让其他的 SpringMVC 注解正常生效。

第 13~16 行,定义了一个响应函数 loginPage。通过@GetMapping 注解,用户请求/loginpage 地址时,返回 LoginPage 的 String 值,即跳转到名称为"LoginPage"的 JSP 页面。

第 17~23 行,定义了响应函数 loginFunction。第 17 行,通过@RequestMapping 注解,将请求地址/login 映射到当前的响应函数。

第 18、19 行,响应函数的返回值是 void 为空,有三个参数。

第 18 行对应第一个参数 String 类型的 username,参数使用@RequestParam 进行注解。注解有三个属性:value 值对应前端 form 表单里提交的数据名称,为 pageUsername;required 设置为 true,代表此参数是前端 Web 必须提供的;defaultValue 是参数的默认值,这里设置为"liling"。当参数找不到时会使用默认值替代,如果设置 required 为 true 且不设置默认值,则找不到参数时会出错。

第 19 行,第二个参数是 String 类型的 password,参数使用@RequestMapping 进行注解,这里只设置了 value 属性。该参数对应的前端 Web 请求中的参数名称为"pagePassword"。第三个参数是 HttpServletResponse 类型的 response,这个参数是 SpringMVC 提供的默认数据参数,可以动态地往网页中输出文本。

第 20 行,将参数获取,并拼接成目标 String 文本。

第 21 行,对 HttpServletResponse 参数进行文本类型设置,使之可以正常显示中文。

第 22 行,使用 HttpServletResponse 参数的 getWriter().write()方法,将目标 String 文本输出到页面,测试参数映射是否成功。

第 24~30 行,定义了响应函数 getPathVariable,使用@PathVariable 注解进行请求地址的参数映射。第 24 行,@RequestMapping 注解的请求地址的格式为"/class/{cid}/student/{sid}",其中,{cid}和{sid}即是@PathVariable 注解需要映射的参数。第 25 行,此响应函数的返回值为 ModelAndView,参数有两个。第一个参数使用@PathVariable 注解,将请求地址中的 cid 和 Integer 类型的 classid 函数参数进行绑定。由于两者命名不一致,需要使用 value 属性进行显性映射绑定。第二个参数使用@PathVariable 注解,将请求地址中的 sid 和 Integer 类型的 sid 函数参数进行映射绑定。由于这里两者命名一致,因此可以省略 value 属性的设置,SpringMVC 框架可以自动进行映射绑定。

第 26~29 行,将获取的参数拼接成 String 文本,放入 ModelAndView 对象,设置跳转页面的名称后,返回该 ModelAndView 对象。

4. 编写静态网页的代码

在 web 文件夹,也就是 web.xml 配置文件所在的文件夹 src/main/webapp/WEB-INF/下,创建静态的 JSP 页面 LoginPage.jsp。具体代码如下。

LoginPage.jsp

```
01  <%@ page language="java" contentType="text/html; charset=UTF-8"
02      pageEncoding="UTF-8"%>
03  <!DOCTYPE html>
04  <html>
05  <head>
06  <meta charset="UTF-8">
07  <title>Insert title here</title>
08  </head>
09  <body>
10  <form action="${pageContext.request.contextPath}/login" method="post">
11  用户名:<input type="text" name="pageUsername">
12  <br>
13  密 码:<input type="password" name="pagePassword">
14  <br>
15  <input type="submit" value="单击登录">
16  </form>
17  </body>
18  </html>
```

这是一个简单的 JSP 页面,第 10~16 行定义了一个 form 表单,通过文本框获取用户输入的用户名和密码数据,分别命名为 pageUsername 和 pagePassword。用户单击"单击登录"按钮后,页面访问"${pageContext.request.contextPath}/login"链接,使用 POST 请求将数据提交给后端的控制器。

5. 项目测试结果

在项目上单击右键,选择 Run As,继续选择 Run on Server。待 Tomcat 服务器正常启动后,进入浏览器,输入项目的访问地址"http://localhost:8080/SpringMVC02"。

在访问地址后加上控制器 Controller 中响应函数的映射地址/loginpage,单击跳转,可以看到页面跳转到了对应的 JSP 页面,正确显示了输入框和按钮,如图 17-7 所示。

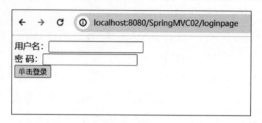

图 17-7　SpringMVC 框架参数映射注解的运行示意图 01

在页面的"用户名"输入框中输入测试数据"root","密码"框中输入测试数据"123456",单击"单击登录"按钮,如图 17-8 所示。

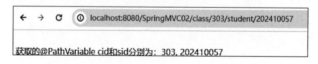

图 17-8　SpringMVC 框架参数映射注解的运行示意图 02

后台控制器获取到了输入的用户名和密码,拼接成 String 文本,并在页面正常显示,说明@RequestParam 注解的参数映射功能使用正确。

回到浏览器的地址栏,重新输入访问地址 http://localhost:8080/SpringMVC02/class/303/student/202410057,单击访问后,页面如图 17-9 所示。

图 17-9　SpringMVC 框架参数映射注解的运行示意图 03

这里地址栏的请求地址和控制器里定义的格式一致,为/class/303/student/202410057。其中,303 作为 cid、202410057 作为 sid 均被正常获取,并显示在页面中,说明@PathVariable 注解的参数映射功能使用正常。

小结

本章一方面介绍了请求映射类的注解,详细讲解了@Controller、@RequestMapping、@GetMapping 和@PostMapping 等注解的功能和应用场景,并通过一个完整的案例介绍了相关注解的使用方法;另一方面也介绍了参数映射类的注解,详细讲解了@PathVariable 和@RequestParam 两种注解的功能和应用场景,并通过一个完整的案例介绍了它们的使用方法。通过本章的学习,读者可以了解 SpringMVC 框架的常用注解有哪些,理解各自的功能和应用场景,掌握在项目中编程实现 SpringMVC 注解的方法。

习题

1. （　　）注解类似于@RequestMapping(method = RequestMethod.POST)，相当于@RequestMapping注解做地址映射时，设置对应的HTTP请求方式是POST。

  A. GetMapping   B. PostMapping

  C. PutMapping   D. DeleteMapping

2. 使用@RequestMapping注解时，当_____时，类中所有响应请求的方法，都需要以该注解的地址作为父路径。

3. 简述注解@RequestParam 和@PathVariable 的区别。

视频讲解

第 18 章

参数绑定

CHAPTER 18

本章学习目标：
- 了解默认数据类型的种类和作用。
- 理解不同数据类型的使用场景。
- 掌握不同数据类型的参数绑定的编程方法。

第 17 章讲到，SpringMVC 框架的常用注解中除了请求地址映射，还有参数映射。用户在页面提交的数据，需要经过参数映射传给后台的响应函数，从而执行后续的业务逻辑。

在实际的项目开发过程中，数据从 Web 页面前端传输到后端，或者从后端传输到前端，是一个非常广泛且重要的需求。在 SpringMVC 框架中，把 Web 前端和后端的数据进行双向传输的方法叫作参数绑定。

根据业务逻辑的需要，用户可能提交的数据类型也不尽相同。在 SpringMVC 框架中，参数绑定的数据类型主要分为默认数据、简单数据、POJO 数据和复杂数据。针对这些不同的数据类型，SpringMVC 框架参数绑定的使用方法也会不一样，下面将逐一讲解。

18.1 默认数据类型的参数绑定

18.1.1 默认数据类型的参数绑定简介

为了方便编程人员进行项目开发，SpringMVC 框架提供了很多和 Web 开发有关的 HTTP 请求的参数，这些统称为默认数据类型，主要包括以下几个。

1. HttpServletRequest

HttpServletRequest 参数对应的是 HTTP 请求对象，它将 Web 前端向后端发送的所有请求数据封装在 HttpServletRequest 对象中，供开发人员进行调用。在实际开发过程中，最常使用的是通过 HttpServletRequest 获取 HTTP 请求头的编码信息或者请求数据中的键值对信息，用到的函数方法包括 setCharacterEncoding 和 getParameter 等。

2. HttpServletResponse

HttpServletResponse 参数对应的是 HTTP 响应对象，它将 Web 后端向前端发送的所有响应数据封装在 HttpServletResponse 对象中供开发人员进行调用。在实际开发过程中，HttpServletResponse 对象最常使用的是通过获取 writer 向页面输出文本或执行 JavaScript 代码，用到的函数方法包括 setContentType 和 getWriter().write 等。

3. HttpSession

session 是 Web 开发过程中的会话，它可以根据不同的用户，存储与用户身份信息有关的登录态，让合法用户顺畅地浏览 Web 网页的内容。HttpSession 参数对应的就是当前登录用户的 session 对象。开发人员在 Web 开发过程中，可以根据实际的业务需要，通过 HttpSession 对象来存放和调取相关的键值对。HttpSession 对象用到的函数方法主要包括 setAttribute 和 getAttribute 等。

在 SpringMVC 框架中，默认数据类型的参数绑定使用方法比较简单，只需在响应函数的形参加上默认数据类型的声明，即可直接使用。

18.1.2 默认数据类型的参数绑定的使用案例

下面通过一个具体的案例，来详细演示默认数据类型的参数绑定的使用方法。

1. 创建工程

打开 Eclipse，选择新建项目中的 Dynamic Web Project 也就是动态 Web 项目。Target runtime 选择配置好的 Apache Tomcat v9.0。相关选项和配置使用默认的，给项目起一个名称。在最后一步勾选自动生成 web.xml 文件的选项，然后单击 Finish 按钮即完成项目的创建。

2. 项目的准备工作

找到项目的 lib 文件夹，路径为项目根目录下 src/main/webapp/WEB-INF/lib，从之前下载 Spring 框架的文件夹里找到项目所需的 jar 包，复制到项目 lib 文件夹下，完成 jar 包的导入，如图 18-1 所示。

其中，servlet-api.jar 是 Java 语言开发 Web 项目的必需 jar 包，一般配置好 Tomcat 后就自动导入项目了。如果读者在开发过程中提示找不到 Web 对象，这里可以手动导入 servlet-api.jar 包来解决问题。

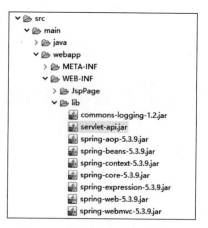

图 18-1 项目所需的 jar 包示意图

3. 编写 Web 项目的配置文件代码

由于勾选了自动生成 web.xml 配置文件的选项，在项目目录 src/main/webapp/WEB-INF/下可以找到生成的文件。打开后，对其进行更改，代码如下。

```xml
01  <?xml version="1.0" encoding="UTF-8"?>
02  <web-app xmlns:xsi="http://www.w3.org/2001/XMLSchema-instance" xmlns="http://xmlns.jcp.org/xml/ns/javaee" xsi:schemaLocation="http://xmlns.jcp.org/xml/ns/javaee http://xmlns.jcp.org/xml/ns/javaee/web-app_4_0.xsd" id="WebApp_ID" version="4.0">
03    <display-name>SpringMVC03</display-name>
04    <servlet>
05      <servlet-name>SpringMVC</servlet-name>
06      <servlet-class>org.springframework.web.servlet.DispatcherServlet</servlet-class>
07      <init-param>
08        <param-name>contextConfigLocation</param-name>
09        <param-value>/WEB-INF/springMVC-config.xml</param-value>
10      </init-param>
11      <load-on-startup>1</load-on-startup>
12    </servlet>
13    <servlet-mapping>
14      <servlet-name>SpringMVC</servlet-name>
15      <url-pattern>/</url-pattern>
16    </servlet-mapping>
17    <welcome-file-list>
18      <welcome-file>index.html</welcome-file>
19      <welcome-file>index.jsp</welcome-file>
20      <welcome-file>index.htm</welcome-file>
21    </welcome-file-list>
22    <filter>
23      <filter-name>CharacterEncodingFilter</filter-name>
24      <filter-class>org.springframework.web.filter.CharacterEncodingFilter</filter-class>
25      <init-param>
26        <param-name>encoding</param-name>
27        <param-value>UTF-8</param-value>
28      </init-param>
29      <init-param>
30        <param-name>forceResponseEncoding</param-name>
31        <param-value>true</param-value>
32      </init-param>
33    </filter>
34    <filter-mapping>
```

```
35      <filter-name>CharacterEncodingFilter</filter-name>
36      <url-pattern>/*</url-pattern>
37    </filter-mapping>
38  </web-app>
```

第 01、02 行,是 XML 文件的格式说明和当前 XML 文件的命名空间说明。

第 03 行,是项目显示的名称,一般和项目创建时设置的名称保持一致。

第 04~12 行,是对当前项目的 DispatcherServlet 前端控制器进行设置。其中,第 05 行是前端控制器的名称。第 06 行,是前端控制器对应的类路径,这里指向了 Spring 框架所定义的类,也就是 jar 包中所导入的类。第 07~10 行,是初始化参数。第 08 行对应初始化配置文件的名称,第 09 行对应配置文件的路径,这里设置为/WEB-INF/springMVC-config.xml,此文件暂时还不存在,之后需要创建。第 11 行是将前端控制器设置为在项目启动时就加载。

第 13~16 行,是设置哪些 URL 发送到后台后需要使用前端控制器进行拦截。第 14 行,是需要拦截的前端控制器名称,和第 05 行设置的名称保持一致即可。第 15 行,是设置需要拦截的 URL 样式。这里的"/"代表所有的 URL 都会被前端控制器拦截。在后期的使用中,读者也可以根据需要只拦截需要被拦截的 URL 样式。

第 17~21 行,是对项目的默认首页进行设置,由于本书讲解内容主要是对相关功能进行手动的访问测试,这里的主页可暂时略过,保持默认设置即可。

第 22~33 行,定义了一个 filter 过滤器,名称是 CharacterEncodingFilter,它的作用主要是通过编码方式的设置,让 Web 页面的前后端数据交互可以正常使用中文,不会出现乱码。

第 34~37 行,通过过滤器映射器,将定义好的 CharacterEncodingFilter 过滤器设定使用范围。url-pattern 为"/*",即全部请求都经过编码过滤器。

在本配置文件中,第 01~21 行和前面案例的内容基本一致,主要是前端控制器 DispatcherServlet 的配置。第 22~37 行是新的内容,主要是配置并使用了中文编码转换的过滤器,从而确保中文可以正常在前后端间进行数据传输和显示。如果仅使用纯英文和数字进行项目测试,则可以省略第 22~37 行的内容,读者可以自行编码测试。

4. 编写控制器 Controller 的代码

在项目目录 src/main/java 下,新建一个控制器包 com.controller,在包里新建一个控制器类 DefaultController.java。具体代码如下。

```
01  package com.controller;
02  import java.io.IOException;
03  import javax.servlet.http.HttpServletRequest;
04  import javax.servlet.http.HttpServletResponse;
05  import javax.servlet.http.HttpSession;
06  import org.springframework.stereotype.Controller;
07  import org.springframework.ui.Model;
08  import org.springframework.web.bind.annotation.GetMapping;
09  import org.springframework.web.bind.annotation.PostMapping;
10  import org.springframework.web.bind.annotation.RequestMapping;
11  @Controller
12  public class DefaultController {
```

```
13      @RequestMapping("/page1")
14      public String toPage1() {
15          return "page1";
16      }
17  //  @RequestMapping(value="/defaulttype", method=RequestMethod.POST)
18      @PostMapping("/defaulttype")
19      public void printDefalttypeValue(HttpServletRequest request, HttpServletResponse response)
            throws IOException {
20          request.setCharacterEncoding("utf-8");
21          String msgString = request.getParameter("message");
22          System.out.println("=====================\n" + msgString);
23          response.setContentType("text/html;charset=UTF-8");
24          response.getWriter().write(msgString);
25      }
26      @GetMapping("/page2")
27      public String printDefaulttypeValue2(HttpSession session, Model model) {
28          session.setAttribute("sessionData", "后端设置的 Session 数据");
29          model.addAttribute("modelData", "后端设置的 Model 数据");
30          return "page2";
31      }
32  }
```

第 11 行,将@Controller 注解放在 Java 类的上方,被注解的类作为 SpringMVC 的控制器,成为 Spring 容器的 Bean 对象,执行完成业务逻辑的后台响应。同时,@Controller 注解也可以让其他的 SpringMVC 注解正常生效。

第 13~16 行,定义了一个后台业务逻辑的响应函数 toPage1,参数为空,返回值为 String。根据前面章节内容可知,返回值为 String 时,对应的是 View 视图的名称,也就是跳转到名称为 page1 的 JSP 页面。函数使用@RequestMapping 注解,即请求地址/page1 映射到该响应函数。

第 17~25 行,演示了默认数据类型 HttpServletRequest 和 HttpServletResponse 的参数绑定的使用方法。第 18 行,注解@PostMapping 对应的是@RequestMapping 注解的另一种写法,@RequestMapping(value="/defaulttype", method=RequestMethod.POST),和@RequestMapping 注解的 HTTP 请求方法设置为 POST 的含义是一样的。第 19 行,定义了此 RequestMapping 注解映射的响应函数 printDefalttypeValue,函数有两个参数,返回值为 void 空值。两个参数分别直接声明为 HttpServletRequest 和 HttpServletResponse。

第 20~22 行,HttpServletRequest 是当前 HTTP 的请求的封装对象,使用 setCharacterEncoding 将编码方式进行设置,然后调用 getParameter 来获取键名为 message 的值,最后通过 System.out.println 方法将从 Web 前端获取的值打印输出到控制台。

第 23、24 行,HttpServletResponse 是当前 HTTP 的响应的封装对象。使用 setContentType 对输出的内容形式和编码方式进行设置,使得它可以正常输出中文文本。然后调用 HttpServletResponse 对象的 getWriter().write 方法,将文本输出到当前用户所处的 Web 页面中。

这里还有一点需要注意的是,第 19 行的函数声明中需要加入 throws IOException,对 Web 页面前后端 IO 文本输出的流程进行错误处理。

第 26～31 行，演示了默认数据类型 HttpSession 的参数绑定的使用方法。第 26 行，通过 @GetMapping 注解定义了请求地址和响应函数的映射关系。@GetMapping 注解也是 @RequestMapping 注解的另一种写法，对应的是 @RequestMapping（value = "/defaulttype"，method=RequestMethod.GET），请求方式为 GET。第 27 行，声明了响应函数 printDefaulttypeValue2，有两个参数，返回值是 String。两个参数是 HttpSession 和 Model，都是默认数据类型，声明后可以直接使用。第 28 行，使用 HttpSession 对象的 setAttribute 方法来设置键值对。第 29 行，使用 Model 对象的 addAttribute 方法来添加键值对。这两个键值对都可以在后续 JSP 网页中通过语法获取并显示出来。第 30 行，返回 "page2" 的 String 字符串，即跳转到名称为 page2 的页面。

5. 编写 SpringMVC 的配置文件代码

在 web 文件夹，也就是 web.xml 配置文件所在的文件夹 src/main/webapp/WEB-INF/下，创建 SpringMVC 的配置文件 springMVC-config.xml，具体代码如下。

```
01  <?xml version="1.0" encoding="UTF-8"?>
02  <beans xmlns="http://www.springframework.org/schema/beans"
03    xmlns:xsi="http://www.w3.org/2001/XMLSchema-instance"
04    xmlns:context="http://www.springframework.org/schema/context"
05    xsi:schemaLocation="http://www.springframework.org/schema/beans
06      http://www.springframework.org/schema/beans/spring-beans.xsd
07      http://www.springframework.org/schema/context
08      https://www.springframework.org/schema/context/spring-context.xsd">
09    <context:component-scan base-package="com.controller" />
10    <bean class="org.springframework.web.servlet.view.InternalResourceViewResolver">
11      <property name="prefix" value="/WEB-INF/JspPage/" />
12      <property name="suffix" value=".jsp" />
13    </bean>
14  </beans>
```

第 01～08 行，是 XML 文件的格式声明，以及本项目需要用到的组件所在的命名空间。需要注意的是，这里的命名空间和 jar 包的导入相关，如果 jar 包没有正确导入，这里的命名空间设置会无法生效或出错。

第 09 行，context：component-scan 元素可以对 Java 包进行扫描，使得注解的代码正常执行生效。属性 base-package 对应的就是包名，设置为 com.controller，即控制器所在的 Java 包。

第 10～13 行，配置了视图解析器。由于是框架自带的组件，第 10 行只需要设置 class 类路径为 "org.springframework.web.servlet.view.InternalResourceViewResolver" 即可，不需要配置 id 或 name 属性。这里的类路径来自 jar 包，需要正确导入 jar 包后才可以生效，同时读者输入的时候需保证类路径不可出错，否则项目运行会出错。第 11 行，定义了视图解析器的 prefix 属性，也就是前缀为 "/WEB-INF/JspPage/"。第 12 行，定义了视图解析器的 suffix 属性，也就是后缀为 ".jsp"。经过这样的定义后，控制器 Controller 中如果设置或返回了视图名称的 String 值，视图解析器就会自动为此 String 加上前缀路径和后缀文件扩展名，从而可以跳转到正确的页面。

6. 编写静态网页的代码

在 web 文件夹，也就是 web.xml 配置文件所在的文件夹 src/main/webapp/WEB-INF/下，新建文件夹 JspPage，在文件夹里创建静态的 JSP 页面 page1.jsp 和 page2.jsp。具体代码如下。

```
01  <%@ page language="java" contentType="text/html; charset=UTF-8"
02      pageEncoding="UTF-8"%>
03  <!DOCTYPE html>
04  <html>
05  <head>
06  <meta charset="UTF-8">
07  <title>Insert title here</title>
08  </head>
09  <body>
10  <form action="defaulttype" method="post">
11  <br>
12      <input name="message" placeholder="输入数据后被后台获取并输出">
13  <br><br>
14      <input type="submit" value=" 确定 ">
15  <br>
16  </form>
17  </body>
18  </html>
```

第 01、02 行，是 JSP 页面的格式说明，这里的 charset 和 pageEncoding 需要设置为 UTF-8，如果选择模板时不正确，也可以在这里手动修改。修改正确后，页面才能正常显示中文。

第 03~18 行，是典型的 HTML 网页代码，其中主要包括网页的 head 头部和 body 内容。

第 10~16 行，定义了一个 form 表单。第 10 行，定义了表单提交后的请求地址为 defaulttype，和 DefaultController.java 中 @PostMapping 注解的请求地址对应。form 表单的请求方式同样定义为 POST，和后台的响应函数一致。第 12 行，输入的文本对应的变量名是 message，和后台响应函数中获取键值对的键名相对应。第 14 行，定义了一个 submit 类型的提交按钮。

page2.jsp

```
01  <%@ page language="java" contentType="text/html; charset=UTF-8"
02      pageEncoding="UTF-8"%>
03  <!DOCTYPE html>
04  <html>
05  <head>
06  <meta charset="UTF-8">
07  <title>Insert title here</title>
08  </head>
09  <body>
10  <br>
11  HttpSession 数据：${sessionData}
12  <br><br>
13  Model 数据：${modelData}
14  <br>
```

```
15    </body>
16  </html>
```

这个JSP页面相对比较简单，核心内容是第11行和第13行代码，分别使用JSP语法输出页面中包含的键值对数据＄{sessionData}和＄{modelData}。

7．项目测试结果

在项目上单击右键，选择 Run As，继续选择 Run on Server。待 Tomcat 服务器正常启动后，进入浏览器，输入项目的访问地址"http://localhost：8080/SpringMVC02"。

在访问地址后加上后台响应函数映射的子地址/page1，单击跳转，页面如图 18-2 所示。

图 18-2　SpringMVC 框架默认数据类型的参数绑定的运行示意图 01

可以看到，根据后台响应函数的业务逻辑，正常跳转到了 page1.jsp 页面。在页面的文本框中输入文本"测试默认数据类型的参数绑定"，确定。此时，控制台显示如图 18-3 所示。

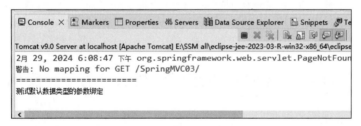

图 18-3　SpringMVC 框架默认数据类型的参数绑定的运行示意图 02

前端 Web 页面提交的数据，通过 HttpServletRequest 对象正确获取，并从控制台打印输出。观察此时的 Web 页面，显示如图 18-4 所示。

图 18-4　SpringMVC 框架默认数据类型的参数绑定的运行示意图 03

Web 后端业务逻辑中的文本，也通过 HttpServletResponse 对象，正确输出到了前端 Web 页面。将网页地址修改为后台响应函数映射的另一个子地址/page2，单击跳转，页面如图 18-5 所示。

可以看到，根据后台响应函数的业务逻辑，页面正确输出了 HttpSession 和 Model 对象中存储的文本数据。

图 18-5　SpringMVC 框架默认数据类型的参数绑定的运行示意图 04

🔑 18.2　POJO 对象数据类型的参数绑定

18.2.1　POJO 对象数据类型的参数绑定简介

在 MyBatis 的章节内容中讲过，它有一个重要的特性，作为 ORM 框架，可以从数据库中查询或操作数据时，直接返回一个 Java 对象。在执行层面，SQL 语句操作的是数据表中独立的各项数据；但是在开发层面，独立的数据被拼装成了 Java 对象，这样可以很好地提升开发效率。

SpringMVC 框架中也有类似的特性。参数绑定除了可以绑定独立的前端 Web 页面提交的数据外，还可以直接将提交的数据整合成一个 Java 对象供后台调用。在实际的开发过程中，如果 Java 对象的属性名称和前端 Web 页面提交的数据名称一致，SpringMVC 框架可以自动完成转换和绑定。如果名称不一致，开发者可以使用@RequestParam 注解来手动绑定。

18.2.2　POJO 对象数据类型的参数绑定的使用案例

下面通过一个具体的案例，来讲解 SpringMVC 框架中 Java 对象数据类型的参数绑定的使用方法。

1. 创建工程并准备项目

为方便演示，这里直接沿用刚刚的工程即可，jar 包已经正常导入。

2. 编写 Web 项目的配置文件代码和 SpringMVC 的配置文件代码

这两个配置文件都已经存在，相关的设置已经完成，无须修改直接沿用即可。

3. 编写 Java 类的代码

在项目的代码目录下，新建一个 Java 类的包 com.pojo，在包下创建一个 Java 类 Student.java，具体代码如下。

```
01    package com.pojo;
02    public class Student {
03        private int sid;
04        private String sname;
05        private int sage;
```

```
06      private String scourse;
07      public int getSid() {
08          return sid;
09      }
10      public void setSid(int sid) {
11          this.sid = sid;
12      }
13      public String getSname() {
14          return sname;
15      }
16      public void setSname(String sname) {
17          this.sname = sname;
18      }
19      public int getSage() {
20          return sage;
21      }
22      public void setSage(int sage) {
23          this.sage = sage;
24      }
25      public String getScourse() {
26          return scourse;
27      }
28      public void setScourse(String scourse) {
29          this.scourse = scourse;
30      }
31      @Override
32      public String toString() {
33          return "Student [sid=" + sid + ", sname=" + sname + ", sage=" + sage + ", scourse=" + scourse + "]";
34      }
35  }
```

这是一个常规的 Java 类，主要定义了类的成员变量、构造函数、getter 和 setter 函数、toString 函数等。在开发过程中，如果成员变量的命名和前端 Web 页面中提交的数据命名一致，则 SpringMVC 框架会自动完成数据绑定，提升开发效率。

4. 编写控制器 Controller 的代码

在项目的控制器包 com.controller 下，新建一个 Java 对象数据类型的参数绑定的控制器类 PojoController.java。具体代码如下。

```
01  package com.controller;
02  import java.io.IOException;
03  import javax.servlet.http.HttpServletResponse;
04  import org.springframework.stereotype.Controller;
05  import org.springframework.web.bind.annotation.PostMapping;
06  import com.pojo.Student;
07  @Controller
08  public class PojoController {
09      @PostMapping("/pojo")
10      public void printPojoData(Student student, HttpServletResponse response) throws IOException {
11          String pojoString = "POJO data : "+student.toString();
12          response.setContentType("text/html;charset=UTF-8");
13          response.getWriter().print(pojoString);
```

```
14    }
15 }
```

第 07 行,将@Controller 注解放在 Java 类的上方,被注解的类作为 SpringMVC 的控制器,成为 Spring 容器的 Bean 对象,执行完成业务逻辑的后台响应。同时,@Controller 注解也可以让其他的 SpringMVC 注解正常生效。

第 09～14 行,定义了一个响应函数 printPojoData,返回值是 void 空值,参数有两个: Student 类型的 Java 对象和默认数据类型 HttpServletResponse 对象。SpringMVC 框架的前端 Web 页面将提交的数据和 Java 类成员变量一一对应后,可以自动拼装并转换为 Student 对象。HttpServletResponse 对象作为默认的数据类型,只需声明后即可直接使用。第 11 行,将拼装的 Java 对象转换成 String 文本。第 12、13 行,设定 HttpServletResponse 对象的输出格式后,将 String 文本直接输出到页面,可以查看数据是否正确。

5. 编写静态网页的代码

在 web 文件夹,也就是 web.xml 配置文件所在的文件夹 src/main/webapp/WEB-INF/下,创建静态的 JSP 页面 pojo.jsp。具体代码如下。

```
01 <%@ page language="java" contentType="text/html; charset=UTF-8"
02     pageEncoding="UTF-8"%>
03 <!DOCTYPE html>
04 <html>
05 <head>
06 <meta charset="UTF-8">
07 <title>Insert title here</title>
08 </head>
09 <body>
10 <br>
11 <form action="pojo" method="post">
12 学生 POJO 对象数据: <br>
13 学号(int 类型): <input name="sid"><br>
14 姓名(String 类型): <input name="sname"><br>
15 年龄(int 类型): <input name="sage"><br>
16 课程(String 类型): <input name="scourse"><br>
17 <input type="submit" value="提交数据">
18 </form>
19 <br>
20 </body>
21 </html>
```

这也是一个较为简单的 JSP 页面,第 11～18 行定义了一个 form 表单,通过文本框收集用户输入的参数。用户单击 submit 按钮后,将数据提交给后台函数。

此页面需要注意两个问题:首先是数据提交的方式需要通过 form 表单的 method 属性设置为 post,请求地址通过 action 属性设置为 pojo;其次是文本框对应的参数命名,需要和后台待拼装的 Java 类的成员变量一致,分别为 sid、sname、sage、scourse,这样 SpringMVC 框架可以自动识别并一一对应。

6. 项目测试结果

在项目上单击右键,选择 Run As,继续选择 Run on Server。待 Tomcat 服务器正常启动后,进入浏览器,输入项目的访问地址"http://localhost：8080/SpringMVC03"。

在访问地址后加上静态页面的地址/pojo.jsp 并单击跳转,待页面正确显示后,在文本框中按要求输入数据,如图 18-6 所示。

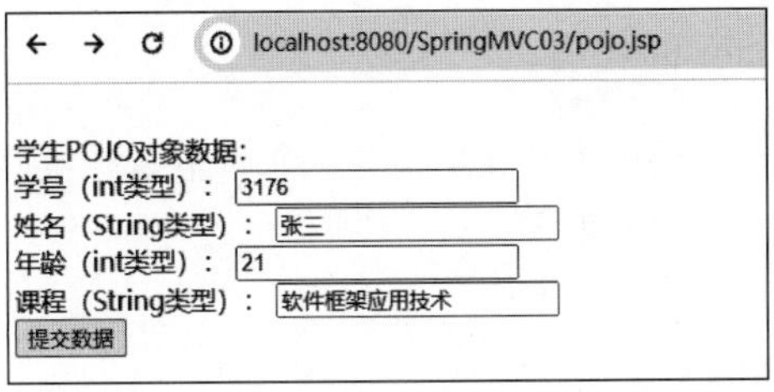

图 18-6 SpringMVC 框架 POJO 数据类型的参数绑定的运行示意图 01

在实际项目开发过程中,可以在前端 Web 页面添加 JavaScript 代码,对用户的输入数据进行自动化检查,使之符合输入要求。这里为方便测试略过,检查数据无误后单击按钮提交。

如图 18-7 所示,输入的数据被正确地拼装成 POJO 对象,转换成 String 文本后,输出到页面,说明 POJO 数据类型的参数绑定正确。

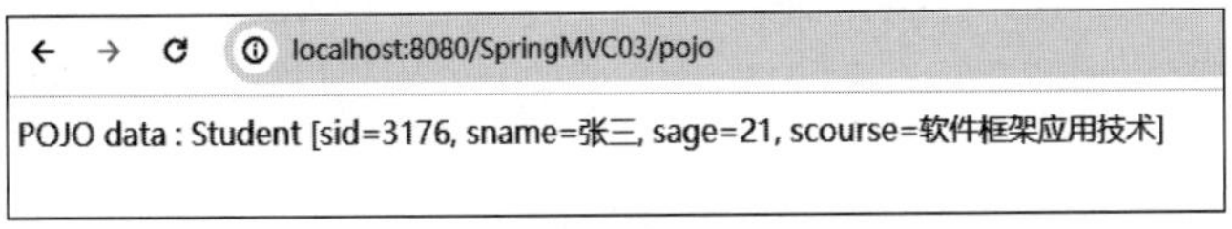

图 18-7 SpringMVC 框架 POJO 数据类型的参数绑定的运行示意图 02

18.3　简单数据类型的参数绑定

18.3.1　简单数据类型的参数绑定简介

除了默认数据类型,简单数据类型是开发者在 Web 系统开发中最常用到的一种参数绑定。这里的简单数据类型,主要是为了和后面讲到的复杂数据类型做区分,主要包括的是 Java 语言所支持的常规数据类型,如 int 整数型、long 长整数型、float 浮点型、double 双精度浮点型、char 字符型和 boolean 布尔类型等。

要实现简单数据类型的参数绑定,有两种方法。如果 Web 网页前后端定义的数据名称一致,则直接在后台 @RequestMapping 注解的响应函数的参数中,声明此变量,SpringMVC 框架会自动对数据进行绑定,可以直接使用。如果 Web 网页前后端定义的数据名称不一致,则需要通过@RequestParam 注解,来进行手动绑定。

18.3.2　简单数据类型的参数绑定的使用案例

下面通过一个具体的案例,讲解简单数据类型的参数绑定的实现方法。

1. 创建工程并准备项目

为方便演示,这里直接沿用刚刚的工程即可,jar 包已经正常导入。

2. 编写Web项目的配置文件代码和SpringMVC的配置文件代码

这两个配置文件都已经存在,相关的设置已经完成,无须修改直接沿用即可。

3. 编写控制器Controller的代码

在项目的控制器包com.controller下,新建一个简单数据类型的参数绑定的控制器类SimpleController.java。具体代码如下。

```
01  package com.controller;
02  import java.io.IOException;
03  import javax.servlet.http.HttpServletResponse;
04  import org.springframework.stereotype.Controller;
05  import org.springframework.web.bind.annotation.GetMapping;
06  import org.springframework.web.bind.annotation.RequestParam;
07  @Controller
08  public class SimpleController {
09      @GetMapping("/simple")
10      public void simpleParam(@RequestParam(value="paramint") int paramintt, long paramlong, float paramfloat, double paramdouble,
11              char paramchar, boolean paramboolean, HttpServletResponse response) throws IOException {
12          String str = "input data: "+paramintt+","+paramlong+","+paramfloat+","+paramdouble+","+paramchar+","+paramboolean;
13          response.setContentType("text/html;charset=UTF-8");
14          response.getWriter().print(str);
15      }
16  }
```

第07行,将@Controller注解放在Java类的上方,被注解的类作为SpringMVC的控制器,成为Spring容器的Bean对象,执行完成业务逻辑的后台响应。同时,@Controller注解也可以让其他的SpringMVC注解正常生效。

第09~15行,定义了一个响应函数simpleParam,用于参数绑定。此函数的返回值是void空值,一共有7个输入参数。第一个参数名是paramintt,这和前端Web页面中的paramint不一致,因此需要使用@RequestParam注解进行手动映射绑定,其中的value属性取值即为前端Web页面对应的参数名称。第二至第六个参数分别是paramlong、paramfloat、paramdouble、paramchar、paramboolean,它们和前端Web页面中变量的数据类型和变量名都一样,因此声明后SpringMVC框架会自动进行参数绑定映射。第七个参数是默认数据类型HttpServletResponse,直接声明后即可使用。

第12~14行,是响应函数的业务逻辑主体。这里为了方便测试,将所有的参数拼接成String文本变量,然后通过HttpServletResponse对象输出到页面中。

4. 编写静态网页的代码

在web文件夹,也就是web.xml配置文件所在的文件夹src/main/webapp/WEB-INF/下,创建静态的JSP页面simple.jsp。具体代码如下。

```
01  <%@ page language="java" contentType="text/html; charset=UTF-8"
02      pageEncoding="UTF-8"%>
03  <!DOCTYPE html>
```

```
04  <html>
05  <head>
06  <meta charset="UTF-8">
07  <title>Insert title here</title>
08  </head>
09  <body>
10  <br>
11  <form action="simple">
12  int 类型：   <input name="paramint"><br>
13  long 类型：  <input name="paramlong"><br>
14  float 类型： <input name="paramfloat"><br>
15  double 类型：<input name="paramdouble"><br>
16  char 类型：  <input name="paramchar"><br>
17  boolean 类型：<input name="paramboolean"><br>
18  <input type="submit" value="提交数据">
19  </form>
20  <br>
21  </body>
22  </html>
```

这是一个简单的 JSP 页面，第 10～19 行定义了一个 form 表单，通过文本框收集用户输入的参数。用户单击 submit 按钮后，将数据提交给请求地址为 simple 的后台函数。

5．项目测试结果

在项目上单击右键，选择 Run As，继续选择 Run on Server。待 Tomcat 服务器正常启动后，进入浏览器，输入项目的访问地址"http://localhost:8080/SpringMVC02"。

在访问地址后加上静态页面的地址/simple.jsp 并单击跳转，可以看到页面正确显示，如图 18-8 所示。

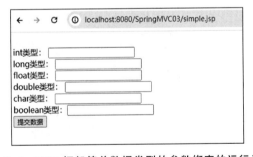

图 18-8　SpringMVC 框架简单数据类型的参数绑定的运行示意图 01

在实际项目开发过程中，可以在前端 Web 页面添加 JavaScript 代码，对用户的输入数据进行检查，使之符合输入要求。这里为方便测试，直接在文本框中输入符合要求的测试数据，单击按钮提交。

如图 18-9 所示，所有输入的数据被正确获取、拼接成 String 文本后，输出到页面，说明简单数据类型的参数绑定正确。

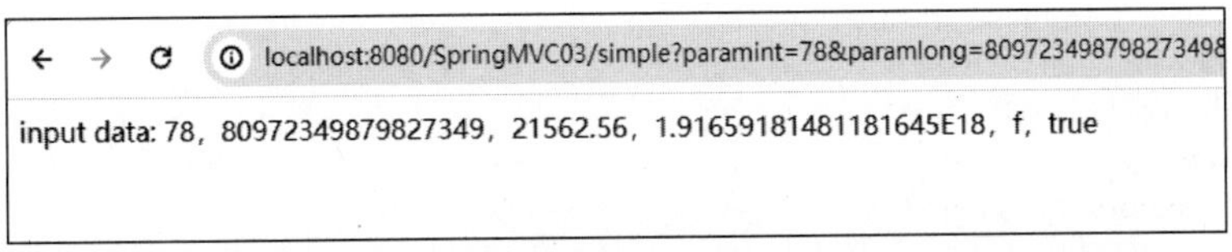

图 18-9　SpringMVC 框架简单数据类型的参数绑定的运行示意图 02

18.4 复杂数据类型的参数绑定

18.4.1 复杂数据类型的参数绑定简介

在进行 Web 项目开发时,除了进行简单数据的前后端传输绑定,有时候还需要对数组或集合等复杂数据类型进行参数绑定。

对复杂数据类型做参数绑定的方法和简单数据类型的参数绑定方法大致相同,不同的主要有两个方面。一方面,前端页面不能使用简单的文本框来获取单个数据,需要用多选框等控件来同时获取多个输入数据。另一方面,后端的响应函数用于做参数绑定的也必须是复杂形式的数据类型,即数组和集合 List。

在复杂数据类型的参数绑定中,SpringMVC 框架可以自动识别数组的变量名并进行参数绑定。但集合 List 是无法自动识别的,即使前后端的参数变量名一致,也需要使用 @RequestParam 注解进行指定。

18.4.2 复杂数据类型的参数绑定的使用案例

下面通过一个具体的案例,来讲解复杂数据类型的参数绑定的实现方法。

1. 创建工程并准备项目

为方便演示,这里直接沿用刚刚的工程即可,jar 包已经正常导入。

2. 编写 Web 项目的配置文件代码和 SpringMVC 的配置文件代码

这两个配置文件都已经存在,相关的设置已经完成,无须修改直接沿用即可。

3. 编写控制器 Controller 的代码

在项目的控制器包 com.controller 下,新建一个简单数据类型的参数绑定的控制器类 ComplexController.java。具体代码如下。

```
01  package com.controller;
02  import java.io.IOException;
03  import java.util.Arrays;
04  import java.util.List;
05  import javax.servlet.http.HttpServletResponse;
06  import org.springframework.stereotype.Controller;
07  import org.springframework.web.bind.annotation.GetMapping;
08  import org.springframework.web.bind.annotation.RequestParam;
09  @Controller
10  public class ComplexController {
11      @GetMapping("/listdata")
12      public void listDataPrint(String [] course1, HttpServletResponse response) throws IOException {
13          String str = "数组数据:\n"+Arrays.toString(course1);
14          response.setContentType("text/html;charset=UTF-8");
```

```
15          response.getWriter().print(str);
16      }
17      @GetMapping("/setdata")
18      public void setDataPrint(@RequestParam("course2") List<String> course2,
    HttpServletResponse response) throws IOException {
19          String str = "集合数据:\n"+course2;
20          response.setContentType("text/html;charset=UTF-8");
21          response.getWriter().print(str);
22      }
23  }
```

第 09 行,将@Controller 注解放在 Java 类的上方,被注解的类作为 SpringMVC 的控制器,成为 Spring 容器的 Bean 对象,执行完成业务逻辑的后台响应。同时,@Controller 注解也可以让其他的 SpringMVC 注解正常生效。

第 11~15 行,定义了一个响应函数 listDataPrint,用于数组类型的参数绑定,使用@GetMapping 注解将此响应函数映射到请求地址/listdata 上。此函数的返回值是 void 空值,输入参数分别是 String[]类型的数组和默认数据类型 HttpServletResponse 对象。由于前后端数组和多选框的变量命名一致,SpringMVC 框架可以自动识别并完成参数绑定。第 13~15 行,将数组转换成 String 文本,使用 HttpServletResponse 对象输出到页面即可。需要注意的是,由于涉及页面的 IO 输出,需要在函数声明后加上异常处理的 throws IOException 代码。

第 17~22 行,定义了一个响应函数 setDataPrint,用于集合类型的参数绑定,使用@GetMapping 注解将此响应函数映射到请求地址/setdata 上。此函数的返回值是 void 空值,输入参数分别是 List<String>类型的集合和默认数据类型 HttpServletResponse 对象。由于后端参数是 List<String>的集合数据类型,也可称为链表,这里无论前后端变量名是否一致,都需要加上@RequestParam 注解进行手动绑定。第 19~21 行,将集合数据转换成 String 文本,使用 HttpServletResponse 对象输出到页面即可。需要注意的是,由于涉及页面的 IO 输出,需要在函数声明后加上异常处理的 throws IOException 代码。

4. 编写静态网页的代码

在 web 文件夹,也就是 web.xml 配置文件所在的文件夹 src/main/webapp/WEB-INF/下,创建静态的 JSP 页面 complex.jsp。具体代码如下。

```
01  <%@ page language="java" contentType="text/html; charset=UTF-8"
02      pageEncoding="UTF-8"%>
03  <!DOCTYPE html>
04  <html>
05  <head>
06  <meta charset="UTF-8">
07  <title>Insert title here</title>
08  </head>
09  <body>
10  <br>
11  <h3>提交数组数据:</h3>
12  <form action="listdata">
13  学生的课程:<br>
14  <input type="checkbox" name="course1" value="springboot">springboot
15  <input type="checkbox" name="course1" value="java">java
```

```
16    <input type="checkbox" name="course1" value="python">python
17    <input type="checkbox" name="course1" value="php">php
18    <input type="checkbox" name="course1" value="asp.net">asp.net
19    <input type="checkbox" name="course1" value="vue.js">vue.js
20    <br><br>
21    <input type="submit" value="提交数组数据">
22    </form>
23    <br><br>
24    <h3>提交集合数据:</h3>
25    <form action="setdata">
26    学生的课程:<br>
27    <input type="checkbox" name="course2" value="高等数学">高等数学
28    <input type="checkbox" name="course2" value="大学物理">大学物理
29    <input type="checkbox" name="course2" value="大学英语">大学英语
30    <input type="checkbox" name="course2" value="体育">体育
31    <input type="checkbox" name="course2" value="思想政治">思想政治
32    <input type="checkbox" name="course2" value="古代历史">古代历史
33    <br><br>
34    <input type="submit" value="提交集合数据">
35    </form>
36    <br>
37    </body>
38    </html>
```

这是一个用于提交复杂数据的JSP页面,分别在第11～35行定义了两个form表单,通过多选框收集用户输入的复数型参数。用户单击submit按钮后,将数据分别提交给请求地址为listdata的数组参数绑定的响应函数和请求地址为setdata的集合参数绑定的响应函数。

5. 项目测试结果

在项目上单击右键,选择Run As,继续选择Run on Server。待Tomcat服务器正常启动后,进入浏览器,输入项目的访问地址"http://localhost:8080/SpringMVC03"。

在访问地址后加上静态页面的地址/complex.jsp并单击跳转,待页面正确显示后,勾选对应的多选框,完成复数型的参数输入,如图18-10所示。

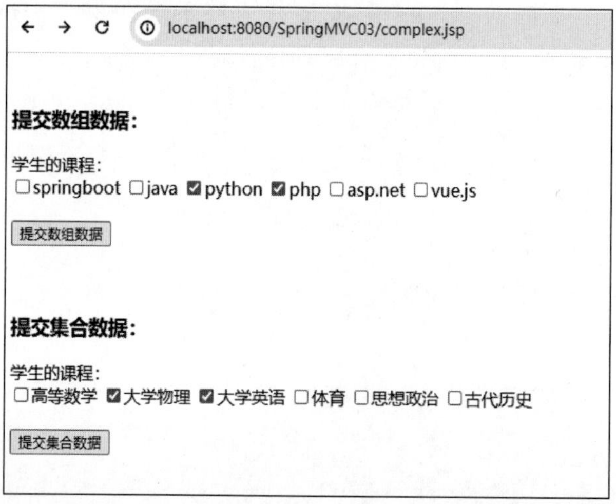

图18-10 SpringMVC框架复杂数据类型的参数绑定的运行示意图01

单击"提交数组数据"按钮,提交数组类型的复杂数据。

如图 18-11 所示,勾选的多项数据被正确获取、拼接成 String 文本后,输出到页面,说明数组数据类型的参数绑定正确。

图 18-11　SpringMVC 框架复杂数据类型的参数绑定的运行示意图 02

返回刚刚的 complex.jsp 页面,重新勾选多项集合数据,单击"提交集合数据"按钮,提交集合类型的复杂数据。

如图 18-12 所示,勾选的多项数据被正确获取、拼接成 String 文本后,输出到页面,说明集合数据类型的参数绑定也正确使用。

图 18-12　SpringMVC 框架复杂数据类型的参数绑定的运行示意图 03

小结

本章首先介绍了参数绑定的概念和应用场景,接下来分别对 4 种数据类型的参数绑定进行了介绍,分别是默认数据类型、POJO 对象数据类型、简单数据类型和复杂数据类型,并通过 4 个案例依次对每种数据类型的参数绑定的使用方法进行讲解。通过本章的学习,读者可以了解参数绑定的概念,理解默认数据类型的种类和使用方法,理解默认数据类型、POJO 及对象数据类型、简单数据类型和复杂数据类型在参数绑定时的区别和关联,掌握各种情况下参数绑定的编程实现方法。

习题

1. 在 SpringMVC 框架中,默认的 HTTP 响应对象是(　　)。
   A. HttpServletRequest　　　　　　B. HttpSession
   C. HttpServletResponse　　　　　 D. ModelAndView
2. 对于简单数据的参数绑定,当前后端的变量名不一致时,需要使用_____注解进行手动映射绑定。
3. 简述实现 POJO 数据类型绑定的大致流程和步骤。

第 19 章

SpringMVC的返回类型

CHAPTER 19

本章学习目标：
- 了解 SpringMVC 框架的常用返回类型。
- 掌握 Model 返回类型的使用方法。
- 掌握 ModelAndView 返回类型的使用方法。

通过前面章节的讲解，可得知在 SpringMVC 框架的使用中，Controller 控制器类是响应前端 Web 请求、实现业务逻辑的核心所在。尤其是经过 @RequestMapping 等相关注解的响应函数，都需要独立编码实现对前端 Web 请求的响应逻辑。

在实现这些独立的响应函数的过程中，参数和返回值是开发人员需要着重注意的。在前面内容中讲到，一般根据具体业务逻辑的不同，函数的返回值主要包括 void 空值、ModelAndView 对象、String 文本等。函数的参数主要包括前端 Web 请求提交的数据绑定、默认数据类型 HttpServletRequest 和 HttpServletResponse 等。

在 SpringMVC 框架中，控制器类中的响应函数可以支持很多种返回值，包括空值类型的 void，Java 变量类型的 String、Map，对象类型的 Model、ModelAndView，以及其他类型的 HttpEntity、DeferredResult < V >、SseEmitter 等，注解类型的 @ResponseBody 和 @ModelAttribute。其中比较基础和常用的是 Model、ModelAndView 和 String，下面将对这几种返回类型展开讲解。

19.1　Model 类型

19.1.1　Model 类型简介

在 Controller 控制器类的响应函数中,返回值最重要的就是 Model 和 ModelAndView 两种类型。MVC 设计模式的思路,是使用 Controller 控制器将 View 视图和 Model 数据进行分隔,从而让代码解耦,提升代码的可阅读性和可维护性。返回值中的 Model 和 ModelAndView 的含义就和 MVC 设计模式中 Model 和 View 的含义类似。

具体来说,如果响应函数只需要封装和处理数据,则使用 Model 即可。如果响应函数既需要封装和处理数据,又需要处理视图或跳转页面,则需要使用 ModelAndView 作为返回值。

Model 类型可以通过 addAttribute 方法向对象中添加 KV 键值对,当响应函数跳转页面后,Model 对象中的键值对会自动被同步送往该页面。之后页面就可以使用 JSP 语法取出键值对中的数据,做进一步的显示或处理。需要注意的是,Model 类型作为返回值是直接隐性嵌入 HTTP 的 request 请求和 response 响应中的,不需要显式调用 return 返回,可以直接使用。

19.1.2　Model 类型的使用案例

下面通过一个具体的案例,来讲解 Model 返回类型的使用方法。

1. 创建工程

打开 Eclipse,选择新建项目中的 Dynamic Web Project 也就是动态 Web 项目。Target runtime 选择配置好的 Apache Tomcat v9.0。相关选项和配置使用默认的,给项目起一个名称。在最后一步勾选自动生成 web.xml 文件的选项,然后单击 Finish 按钮即完成项目的创建。

2. 项目的准备工作

找到项目的 lib 文件夹,路径为项目根目录下 src/main/webapp/WEB-INF/lib,从之前下载 Spring 框架的文件夹里找到项目所需的 jar 包,复制到项目 lib 文件夹下,完成 jar 包的导入,如图 19-1 所示。其中,servlet-api.jar 是 Java 语言开发 Web 项目的必需 jar 包,一般配置好 Tomcat 后就自动导入项目了。如果读者在开发过程中提示找不到 Web 对象,这里可以手动导入 servlet-api.jar 包来解决问题。

3. 编写 Web 项目的配置文件代码

由于勾选了自动生成 web.xml 配置文件的选项,在项目目录 src/main/webapp/WEB-INF/下可以找到生成的文件。打开后,对其进行更改,代码如下。

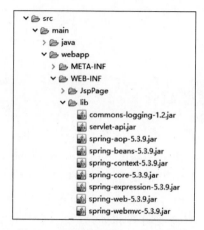

图 19-1 项目所需的 jar 包示意图

```
01  <?xml version="1.0" encoding="UTF-8"?>
02  <web-app xmlns:xsi="http://www.w3.org/2001/XMLSchema-instance" xmlns="http://
    xmlns.jcp.org/xml/ns/javaee" xsi:schemaLocation=" http://xmlns.jcp.org/xml/ns/javaee
    http://xmlns.jcp.org/xml/ns/javaee/web-app_4_0.xsd" id="WebApp_ID" version="4.0">
03      <display-name>SpringMVC04</display-name>
04      <servlet>
05          <servlet-name>SpringMVC</servlet-name>
06          <servlet-class>org.springframework.web.servlet.DispatcherServlet</servlet-class>
07          <init-param>
08              <param-name>contextConfigLocation</param-name>
09              <param-value>/WEB-INF/springMVC-config.xml</param-value>
10          </init-param>
11          <load-on-startup>1</load-on-startup>
12      </servlet>
13      <servlet-mapping>
14          <servlet-name>SpringMVC</servlet-name>
15          <url-pattern>/</url-pattern>
16      </servlet-mapping>
17      <welcome-file-list>
18          <welcome-file>index.html</welcome-file>
19          <welcome-file>index.jsp</welcome-file>
20          <welcome-file>index.htm</welcome-file>
21      </welcome-file-list>
22      <filter>
23          <filter-name>CharacterEncodingFilter</filter-name>
24          <filter-class>org.springframework.web.filter.CharacterEncodingFilter</filter-class>
25          <init-param>
26              <param-name>encoding</param-name>
27              <param-value>UTF-8</param-value>
28          </init-param>
29          <init-param>
30              <param-name>forceResponseEncoding</param-name>
31              <param-value>true</param-value>
32          </init-param>
33      </filter>
34      <filter-mapping>
35          <filter-name>CharacterEncodingFilter</filter-name>
36          <url-pattern>/*</url-pattern>
37      </filter-mapping>
```

```
38    </web-app>
```

第 01、02 行，是 XML 文件的格式说明和当前 XML 文件的命名空间说明。

第 03 行，是项目显示的名称，一般和项目创建时设置的名称保持一致。

第 04～12 行，是对当前项目的 DispatcherServlet 前端控制器进行设置。其中，第 05 行是前端控制器的名称。第 06 行，是前端控制器对应的类路径，这里指向了 Spring 框架所定义的类，也就是 jar 包中所导入的类。第 07～10 行，是初始化参数。第 08 行对应初始化配置文件的名称，第 09 行对应配置文件的路径，这里设置为/WEB-INF/springMVC-config.xml，此文件暂时还不存在，之后需要创建。第 11 行是将前端控制器设置为在项目启动时就加载。

第 13～16 行，是设置哪些 URL 发送到后台后需要使用前端控制器进行拦截。第 14 行，是需要拦截的前端控制器名称，和第 05 行设置的名称保持一致即可。第 15 行，是设置需要拦截的 URL 样式。这里的"/"代表所有的 URL 都会被前端控制器拦截。在后期的使用中，读者也可以根据需要只拦截需要被拦截的 URL 样式。

第 17～21 行，是对项目的默认首页进行设置，由于本书讲解内容主要是对相关功能进行手动的访问测试，这里的主页可暂时略过，保持默认设置即可。

第 22～33 行，定义了一个 filter 过滤器，名称是 CharacterEncodingFilter，它的作用主要是通过编码方式的设置，让 Web 页面的前后端数据交互可以正常使用中文，不会出现乱码。

第 34～37 行，通过过滤器映射器，将定义好的 CharacterEncodingFilter 过滤器设定使用范围。url-pattern 为"/*"，即全部请求都经过编码过滤器。

在本配置文件中，第 01～21 行主要是常规的前端控制器 DispatcherServlet 的配置。第 22～37 行是配置并使用了中文编码转换的过滤器，从而确保中文可以正常在前后端间进行数据传输和显示。如果仅使用纯英文和数字进行项目测试，则可以省略第 22～37 行的内容。

4．编写 Java 类的代码

在项目目录 src/main/java 下，新建一个 Java 类的包 com.pojo，在包里新建一个 Java 类 Student.java。具体代码如下。

```
01   package com.pojo;
02   public class Student {
03       private int sid;
04       private String sname;
05       private int sage;
06       private String scourse;
07       public int getSid() {
08           return sid;
09       }
10       public void setSid(int sid) {
11           this.sid = sid;
12       }
13       public String getSname() {
14           return sname;
15       }
```

```
16    public void setSname(String sname){
17        this.sname = sname;
18    }
19    public int getSage(){
20        return sage;
21    }
22    public void setSage(int sage){
23        this.sage = sage;
24    }
25    public String getScourse(){
26        return scourse;
27    }
28    public void setScourse(String scourse){
29        this.scourse = scourse;
30    }
31    @Override
32    public String toString(){
33        return "Student [sid=" + sid + ", sname=" + sname + ", sage=" + sage + ", scourse=" + scourse + "]";
34    }
35 }
```

这是一个简单的 Java 类,Student 类的成员变量有 sid、sname、sage、scourse 等。需要注意的是,在项目中既要在后台进行 Student 对象的属性设置,也需要在 Web 前端页面进行属性取值,因此必须实现每个成员变量的 getter 和 setter 函数,否则项目会报错。

5. 编写控制器 Controller 的代码

在项目目录 src/main/java 下,新建一个控制器包 com.controller,在包里新建一个控制器类 ModelController.java。具体代码如下。

```
01 package com.controller;
02 import org.springframework.stereotype.Controller;
03 import org.springframework.ui.Model;
04 import org.springframework.web.bind.annotation.RequestMapping;
05 import com.pojo.Student;
06 @Controller
07 public class ModelController {
08     @RequestMapping("/model")
09     public String printModel(Model model){
10         model.addAttribute("message", "来自 ModelController 的 model 数据");
11         Student stu = new Student();
12         stu.setSid(7);
13         stu.setSname("李四");
14         stu.setSage(19);
15         stu.setScourse("C语言程序设计基础");
16         model.addAttribute("student", stu);
17         return "printmodel";
18     }
19 }
```

第 06 行,将@Controller 注解放在 Java 类的上方,被注解的类作为 SpringMVC 的控制器,成为 Spring 容器的 Bean 对象,执行完成业务逻辑的后台响应。同时,@Controller 注解也可以让其他的 SpringMVC 注解正常生效。

第 08~18 行，定义了一个后台业务逻辑的响应函数 printModel，参数为 Model，返回值为 String。这里的 String 返回值相当于跳转页面的名称，String 作为返回值的具体使用方法，本章后续内容会详细展开讲解。参数 Model 如前面所说，使用方法类似默认数据类型的 HttpServletRequest 和 HttpServletResponse，声明后可以直接使用。

第 10 行，通过调用 addAttribute 方法，往 Model 对象中添加 KV 键值对。键名是"message"，值是"来自 ModelController 的 model 数据"。

第 11~16 行，继续通过 addAttribute 方法，往 Model 对象中添加另一个 KV 键值对。键名是"student"，值是一个 Student 对象。在实际开发过程中，Model 类型除了添加单个变量和对象外，还可以添加数组或集合等复数型的参数。Model 的方法函数除了addAttribute，还有 addAllAttributes 等其他方法函数。

第 17 行，通过 return 返回一个 String 变量作为跳转的视图名称，函数中的 Model 对象其实在此时也已经传给跳转后的视图了，只是因为 SpringMVC 框架将此过程自动处理，因此不需要显式地将 Model 对象作为返回值。这样可以让编程人员更加简单方便地使用 Model 对象，降低开发门槛。

6. 编写 SpringMVC 的配置文件代码

在 web 文件夹，也就是 web.xml 配置文件所在的文件夹 src/main/webapp/WEB-INF/下，创建 SpringMVC 的配置文件 springMVC-config.xml，具体代码如下。

```
01  <?xml version="1.0" encoding="UTF-8"?>
02  <beans xmlns="http://www.springframework.org/schema/beans"
03      xmlns:xsi="http://www.w3.org/2001/XMLSchema-instance"
04      xmlns:context="http://www.springframework.org/schema/context"
05      xsi:schemaLocation="http://www.springframework.org/schema/beans
06      http://www.springframework.org/schema/beans/spring-beans.xsd
07      http://www.springframework.org/schema/context
08      https://www.springframework.org/schema/context/spring-context.xsd">
09      <context:component-scan base-package="com.controller" />
10      <bean class="org.springframework.web.servlet.view.InternalResourceViewResolver">
11          <property name="prefix" value="/WEB-INF/JspPage/" />
12          <property name="suffix" value=".jsp" />
13      </bean>
14  </beans>
```

第 01~08 行，是 XML 文件的格式声明，以及本项目需要用到的组件所在的命名空间。需要注意的是，这里的命名空间和 jar 包的导入相关，如果 jar 包没有正确导入，这里的命名空间设置会无法生效或出错。

第 09 行，context：component-scan 元素可以对 Java 包进行扫描，使得注解的代码正常执行生效。属性 base-package 对应的就是包名，设置为 com.controller，即控制器所在的Java 包。

第 10~13 行，配置了视图解析器。由于是框架自带的组件，第 10 行只需要设置 class 类路径为"org.springframework.web.servlet.view.InternalResourceViewResolver"即可，不需要配置 id 或 name 属性。这里的类路径来自 jar 包，需要正确导入 jar 包后才可以生效，同时读者输入的时候需保证类路径不可出错，否则项目运行会出错。第 11 行，定义了视图解析器的 prefix 属性，也就是前缀为"/WEB-INF/JspPage/"。第 12 行，定义了视图解析器的 suffix 属性,也就是后缀为".jsp"。经过这样的定义后,控制器 Controller 中如果设置或返回了视图名称的 String 值,视图解析器就会自动为此 String 加上前缀路径和后缀文件扩展名,从而可以跳转到正确的页面。

7. 编写静态网页的代码

在 web 文件夹,也就是 web.xml 配置文件所在的文件夹 src/main/webapp/WEB-INF/下,新建文件夹 JspPage,在文件夹里创建静态的 JSP 页面 printmodel.jsp。具体代码如下。

```
01  <%@ page language="java" contentType="text/html; charset=UTF-8"
02      pageEncoding="UTF-8"%>
03  <!DOCTYPE html>
04  <html>
05  <head>
06  <meta charset="UTF-8">
07  <title>Insert title here</title>
08  </head>
09  <body>
10  <br>
11  message 变量值为:${message}
12  <br>
13  <p>Student 对象变量值为:
14  <p>学号:${student.sid}
15  <p>姓名:${student.sname}
16  <p>年龄:${student.sage}
17  <p>课程:${student.scourse}
18  <br>
19  </body>
20  </html>
```

第 01、02 行,是 JSP 页面的格式说明,这里的 charset 和 pageEncoding 需要设置为 UTF-8,如果选择模板时不正确,也可以在这里手动修改。修改正确后,页面才能正常显示中文。

第 03~20 行,是典型的 HTML 网页代码,其中主要包括网页的 head 头部和 body 内容。

第 11 行,通过 jsp 语法 ${message},可以输出页面中包含的 KV 键值对数据中键名为 message 的值。

第 13~17 行,继续通过 JSP 语法 ${student.sid}、${student.sname}、${student.sage}、${student.scourse},分别输出页面包含的 KV 键值对数据中,键名为 student 对象的不同属性 sid、sname、sage、scourse 的值。

8. 项目测试结果

在项目上单击右键,选择 Run As,继续选择 Run on Server。待 Tomcat 服务器正常启动后,进入浏览器,输入项目的访问地址"http://localhost:8080/SpringMVC04"。

在访问地址后加上后台响应函数映射的子地址/model,单击跳转,页面如图 19-2 所示。

可以看到,通过 JSP 语法获取的 String 变量和 Student 对象数据都正确输出显示在页

图 19-2　SpringMVC 框架的 Model 返回类型的运行示意图

面上，SpringMVC 框架的 Model 返回类型的使用正常。

19.2　ModelAndView 类型

19.2.1　ModelAndView 类型简介

ModelAndView 类型是 SpringMVC 框架中控制器类的响应函数最常使用的返回值类型之一，和 Model 类型不同，ModelAndView 类型是需要显式、手动创建对象并在响应函数的结尾使用 return 来返回的。

MVC 设计模式在 SpringMVC 框架中的具体实现方式，就是通过 Controller 控制器类来分隔 Model 数据和 View 视图。而 ModelAndView 类型就是 SpringMVC 框架提供给开发人员用来在控制器的响应函数中，对 Model 数据和 View 视图分别进行处理的对象类。

一般来说，ModelAndView 类型可以处理的对象包括数据和视图。一方面，可以将需要前后端交互的数据，用键值对的方式存入 ModelAndView 对象；另一方面，也可以将需要跳转或展示的页面信息，存入 ModelAndView 对象，引导框架进行 Web 页面显示。

与上面相对应，在 SpringMVC 框架中，ModelAndView 类主要会用到三个函数：addObject 方法可以通过键值对的方式往对象中存入数据；setViewName 方法可以通过设置页面名称来指定跳转的页面，一般对应静态页面；setView 方法和 setViewName 方法类似，也是设置跳转页面，不过是直接指定 View 对象来跳转，一般是动态生成 View 页面对象之后来进行跳转。

19.2.2　ModelAndView 类型的使用案例

下面通过一个具体的案例，来讲解 ModelAndView 返回类型的使用方法。

1. 创建工程并准备项目

为方便演示，这里直接沿用刚刚的工程即可，jar 包已经正常导入。

2. 编写 Web 项目的配置文件代码和 SpringMVC 的配置文件代码

这两个配置文件都已经存在，相关的设置已经完成，无须修改直接沿用即可。

3. 编写控制器 Controller 的代码

在项目的控制器包 com.controller 下，新建一个 ModelAndView 返回类型的控制器类 ModelviewController.java。具体代码如下。

```
01  package com.controller;
02  import org.springframework.stereotype.Controller;
03  import org.springframework.web.bind.annotation.RequestMapping;
04  import org.springframework.web.servlet.ModelAndView;
05  @Controller
06  public class ModelviewController {
07      @RequestMapping("/modelview")
08      public ModelAndView printModelview() {
09          ModelAndView mv = new ModelAndView();
10          mv.addObject("message", "来自 ModelviewController 的 ModelAndView 数据");
11          mv.setViewName("print");
12          return mv;
13      }
14  }
```

第 05 行，将 @Controller 注解放在 Java 类的上方，被注解的类作为 SpringMVC 的控制器，成为 Spring 容器的 Bean 对象，执行完成业务逻辑的后台响应。同时，@Controller 注解也可以让其他的 SpringMVC 注解正常生效。

第 07～13 行，定义了一个响应函数 printModelview，参数为空，返回值类型是 ModelAndView，说明此响应函数中需要同时处理数据和视图。第 09 行，新建一个 ModelAndView 对象，用来临时存放数据和视图信息。第 10 行，通过 ModelAndView 对象的 addObject 方法，添加键名为"message"的值"来自 ModelviewController 的 ModelAndView 数据"。第 11 行，通过 ModelAndView 对象的 setViewName 方法，指定响应函数结束后跳转到名称为 print 的页面。第 12 行，将存有数据和视图信息的 ModelAndView 对象返回，SpringMVC 框架会对返回对象进行解析并执行后续逻辑。

需要注意的是，这里之所以可以通过直接设置页面名称的 String 值来设定跳转页面，是因为在 springMVC-config.xml 配置文件中，配置了视图解析器并定义了页面的默认路径前缀和.jsp 文件扩展名后缀。如果缺少了这些配置信息，直接使用 ModelAndView 对象的 setViewName 方法会失效或报错，读者可以进一步测试确认。

4. 编写静态网页的代码

在 web 文件夹，也就是 web.xml 配置文件所在的文件夹 src/main/webapp/WEB-INF/下，创建静态的 JSP 页面 print.jsp。具体代码如下。

```
01  <%@ page language="java" contentType="text/html; charset=UTF-8"
02      pageEncoding="UTF-8"%>
03  <!DOCTYPE html>
04  <html>
05  <head>
06  <meta charset="UTF-8">
07  <title>Insert title here</title>
08  </head>
09  <body>
```

```
10    <br>
11    <h4>这是测试专用的 print.jsp 页面</h4>
12    <br>
13    message 变量值为：${message}
14    <br>
15    </body>
16    </html>
```

这是一个简单的 JSP 页面。第 11 行，通过显示小标题，提示用户当前所处的页面名称。第 13 行，通过 JSP 语法 ${message} 来获取键名为 message 的值，并展示输出到页面。

5．项目测试结果

在项目上单击右键，选择 Run As，继续选择 Run on Server。待 Tomcat 服务器正常启动后，进入浏览器，输入项目的访问地址"http://localhost：8080/SpringMVC02"。

在访问地址后加上响应函数映射的请求地址 /modelview 并单击跳转，可以看到页面正确显示，如图 19-3 所示。

图 19-3　SpringMVC 框架的 ModelAndView 返回类型的运行示意图

可以看到，访问请求地址后，正常跳转到了 ModelAndView 对象里设置的 print.jsp 页面。同时，ModelAndView 对象中存储的键值对也被正常获取并输出显示到页面中，ModelAndView 返回类型的使用正常。

19.3　String 类型

19.3.1　String 类型简介

在前面的案例讲解中，已经出现过 String 类型作为控制器响应函数的返回值的情况。在 SpringMVC 框架中，String 类型如果作为返回值，一般用于两种情况：一种是在 springMVC-config.xml 配置文件中，对视图解析器做配置加上了视图的前缀路径和后缀扩展名，这样在响应函数中就可以通过返回视图的 String 文件名来设置需要跳转的页面；另一种是后端的业务逻辑需要多个响应函数拼接才能完成处理，当一个响应函数处理完之后，通过设置 String 来跳转到下一个响应函数。

在实际的开发过程中，页面的跳转也可以分为两种情况：一种是将 Model 数据转发给页面，这时直接在响应函数后返回 String 值即可；另一种是需要重定向到新的页面，这时需要在返回的页面 String 值前加上"redirect："标签。如果是响应函数处理完后需要跳转到另一个响应函数，则使用"forward："标签加上下一个响应函数映射的请求路径。

19.3.2 String 类型的使用案例

下面通过一个具体的案例,来讲解 String 返回类型的使用方法。

1. 创建工程并准备项目

为方便演示,这里直接沿用刚刚的工程即可,jar 包已经正常导入。

2. 编写 Web 项目的配置文件代码和 SpringMVC 的配置文件代码

这两个配置文件都已经存在,相关的设置已经完成,无须修改直接沿用即可。

3. 编写控制器 Controller 的代码

在项目的控制器包 com.controller 下,新建一个 String 返回类型的控制器类 StringController.java。具体代码如下。

```java
01   package com.controller;
02   import org.springframework.stereotype.Controller;
03   import org.springframework.ui.Model;
04   import org.springframework.web.bind.annotation.RequestMapping;
05   @Controller
06   public class StringController {
07       @RequestMapping("/string1")
08       public String string01(Model model) {
09           model.addAttribute("message", "来自 StringController 的 string01 数据");
10           return "print";
11       }
12       @RequestMapping("/string2")
13       public String string02(Model model) {
14           model.addAttribute("message", "来自 StringController 的 string02 数据");
15           return "redirect:test.jsp";
16       }
17       @RequestMapping("/string3")
18       public String string03(Model model) {
19           model.addAttribute("message", "来自 StringController 的 string03 数据");
20           return "forward:printtest";
21       }
22       @RequestMapping("/printtest")
23       public String toPrintJsp(Model model) {
24   //        model.addAttribute("message", "来自 StringController 的 toPrintJsp 数据");
25           return "print";
26       }
27   }
```

第 05 行,将@Controller 注解放在 Java 类的上方,被注解的类作为 SpringMVC 的控制器,成为 Spring 容器的 Bean 对象,执行完成业务逻辑的后台响应。同时,@Controller 注解也可以让其他的 SpringMVC 注解正常生效。

第 07~11 行,定义了一个响应函数 string01,使用@RequestMapping 注解设置映射地址为/string1。参数是 Model 类型,如前面所讲,Model 类型只需要声明后就可以直接使用。第 09 行,通过 Model 的 addAttribute 方法,添加了 KV 键值对,键名为"message",值为"来自 StringController 的 string01 数据"。第 10 行,响应函数的返回值是 String 类型,结合配置文件中视图解析器的设置,这里其实就是将 Model 数据转发到/WEB-INF/JspPage/路径下的 print.jsp 页面。

第 12~16 行,定义了一个响应函数 string02,使用@RequestMapping 注解设置映射地址为/string2,参数也是 Model 类型。第 14 行,通过 addAttribute 方法添加键值对,键名为"message",值为"来自 StringController 的 string02 数据"。第 15 行,返回值的 String 文本中有"redirect:"前缀,代表响应函数结束后会重定向到 test.jsp 页面。这里的页面前没有写路径,代表页面处于项目的 web 根目录。

第 17~21 行,定义了一个响应函数 string03,使用@RequestMapping 注解设置映射地址为/string3,参数也是 Model 类型。第 19 行,通过 addAttribute 方法添加键值对,键名为"message",值为"来自 StringController 的 string03 数据"。第 20 行,返回值的 String 文本中有"forward:"前缀,代表响应函数结束后会跳转到新的响应函数执行。"forword:"后对应的是需要跳转的响应函数的请求地址,即跳转到请求地址为 printtest 的响应函数继续执行。

第 22~26 行,定义了一个响应函数 toPrintJsp,使用@RequestMapping 注解设置映射地址为/printtest,即上一个响应函数执行完成后,需要跳转到此响应函数继续执行。第 25 行,响应函数的业务逻辑只有一行,直接跳转到 print 页面。

控制类中有 4 个响应函数,分别对应 String 返回类型的三种用法:转发数据到页面,页面重定向,以及跳转到其他响应函数。

4. 编写静态网页的代码

在 WEB-INF 目录所在的文件夹,也就是 src/main/webapp/下,创建静态的 JSP 页面 test.jsp。具体代码如下:

```
01  <%@ page language="java" contentType="text/html; charset=UTF-8"
02      pageEncoding="UTF-8"%>
03  <!DOCTYPE html>
04  <html>
05  <head>
06  <meta charset="UTF-8">
07  <title>Insert title here</title>
08  </head>
09  <body>
10  <br>
11  <h4>当前为测试页面</h4>
12  <br>
13  </body>
14  </html>
```

这是一个简单的 JSP 页面。第 11 行,通过显示小标题,提示用户当前所处的页面名称,主要是用于展示响应函数的跳转功能。

5. 项目测试结果

在项目上单击右键,选择 Run As,继续选择 Run on Server。待 Tomcat 服务器正常启动后,进入浏览器,输入项目的访问地址"http://localhost:8080/SpringMVC04"。

在访问地址后加上响应函数映射的请求地址/string1并单击跳转,可以看到页面正确显示,如图19-4所示。

图19-4　SpringMVC框架的String返回类型的运行示意图01

可以看到,访问请求地址后,正常跳转到了return返回值对应的print.jsp页面。同时,Model对象中存储的键值对也被正常获取并输出显示到页面中,String返回类型的第一种使用方式运行正常。

修改地址栏的子地址为/string2并单击跳转,可以看到页面正确显示,如图19-5所示。

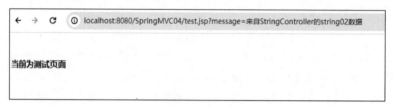

图19-5　SpringMVC框架的String返回类型的运行示意图02

可以看到,访问请求地址后,页面重定向到了test.jsp页面。在地址栏里可以看到,虽然键值对数据没有在页面内容中显示,但是数据已经被转发到了当前页面。String返回类型的第二种使用方式运行正常。

修改地址栏的子地址为/string3并单击跳转,可以看到页面正确显示,如图19-6所示。

图19-6　SpringMVC框架的String返回类型的运行示意图03

可以看到,访问请求地址后,页面输出了键值对的值,且跳转到了print.jsp页面。根据之前控制器类的响应函数代码,键值对的设置是在请求地址后第一个响应函数中完成的,跳转页面是在第二个响应函数中完成的。这里两步结果都展示在页面上,说明两步响应函数都正常执行。String返回类型的第三种使用方式运行正常。

19.4　void类型

在控制器Controller的响应函数中,常用的返回值除了以上几种,还有void空值类型也是比较常用的。

在某些较为简单的响应函数中,可能只需要对数据进行处理或执行部分业务逻辑,不需要数据转发或页面跳转,这时可以采用 void 空值作为响应函数的返回值。在这种情况下,执行响应函数前后,前端的 Web 页面一般没有区别,需要开发者进入后台通过控制台输出来进行代码测试。由于 void 类型的返回值在使用上较为简单,之前的案例中也有出现过,这里不再单独演示。

小结

本章首先介绍了返回类型的概念,即 Controller 控制器中响应函数的返回值,一般是数据和视图的结合对象;接下来分别介绍了 SpringMVC 框架中常用的返回类型,包括 Model、ModelAndView、String 和 void 等,讲解了各个返回类型的功能和应用场景,并通过案例详细讲解了它们的使用方法。通过本章的学习,读者可以了解返回类型的概念,理解返回类型作为响应函数返回值的数据类型的原理,理解几种返回类型的联系和区别,掌握它们的编程实现的方法。

习题

1. 如果 Controller 控制器类的响应函数运行完业务逻辑后,既需要处理数据,也需要处理视图跳转,则此时需要使用(　　)作为函数的返回类型。

   A. Model　　　　　　　　　　　　B. String
   C. void　　　　　　　　　　　　　D. ModelAndView

2. Model 类型可以通过_____方法向对象中添加 KV 键值对,当响应函数跳转页面后,Model 对象中的键值对会自动被同步送往该页面。

3. 简述在什么情况下需要使用 String 作为 Controller 响应函数的返回值类型,以及如何使用。

视频讲解

CHAPTER 20

第 20 章

异常处理

本章学习目标：
- 了解异常处理的应用场景和原理。
- 掌握 HandlerExceptionResolver 接口。
- 掌握 MyBatis 的简单程序的编写。

  Web 应用是一种 B/S 架构的软件系统，每次登录网页即可显示最新设计的界面和功能，无须用户频繁下载和更新客户端，这是 B/S 架构的优势所在。随着企业内部的业务调整和发展，Web 应用一般也会持续地迭代更新，修复之前版本存在的 Bug，或者添加新的功能模块，或是改变页面布局和设计等。在企业级 Web 网页修改和更新的过程中，不可避免地会出现系统 Bug。小的系统异常，可能只是页面细节显示错误或者影响功能使用，较大的系统异常则可能直接引发 Web 应用崩溃，大大地降低用户体验。

  为了解决这个问题，SpringMVC 提供了专门的异常处理模块，用于在系统触发异常时将用户导入指定的安全页面。SpringMVC 框架提供的异常处理模块，可以在系统出现异常时进行捕获和拦截，一方面跟踪异常出现的原因并记录下来，另一方面也可以在应用崩溃前将用户引导到特定的错误指示页面。这个特定的错误页面是开发者自己开发的安全页面，可以在上面友好地提示用户系统可能出现的小问题，通过图片或视频安抚用户情绪，同时可以提供跳转到 Web 应用其他页面的链接，引导用户重新进入系统进行使用。这种机制可以在系统出现异常时，最大限度地降低对用户体验的影响，可以说是企业级商用 Web 应用开发过程中必须实现的一环。

  在 SpringMVC 框架中，异常处理的实现方式主要有三种：HandlerExceptionResolver 接口、@ ExceptionHandler 注解和 @ControllerAdvice 注解。

20.1 HandlerExceptionResolver 接口

20.1.1 HandlerExceptionResolver 接口简介

异常处理可以分为全局异常处理和局部异常处理。全局异常处理应用较为简单，一般是整个 Web 应用项目中，任何地方出现的异常都可以捕获后进行处理。全局异常处理一般是普适性的异常处理，对异常的问题类别不做细分。局部异常处理，顾名思义，一般是当前控制器的业务逻辑内发生异常，可以进行捕获和进行处理，其他的控制器内出现异常则无法进行处理。

当一个 Java 类继承 HandlerExceptionResolver 接口后，需要实现用于处理异常的 resolveException 函数。开发者可以通过此函数的 Exception 参数，获取出现异常的原因等相关信息，通过函数的 ModelAndView 返回值，引导用户跳转到指定的页面。完成异常处理的逻辑代码后，需要在 SpringMVC 框架的配置文件中将此 Java 类配置为 Bean 对象，对应的异常处理功能才可以正常生效。

20.1.2 HandlerExceptionResolver 接口的使用案例

下面通过一个具体的案例，来演示 HandlerExceptionResolver 接口实现异常处理的使用方法。

1. 创建工程

打开 Eclipse，选择新建项目中的 Dynamic Web Project 也就是动态 Web 项目。Target runtime 选择配置好的 Apache Tomcat v9.0。相关选项和配置使用默认的，给项目起一个名称。在最后一步勾选自动生成 web.xml 文件的选项，然后单击 Finish 按钮即完成项目的创建。

2. 项目的准备工作

找到项目的 lib 文件夹，路径为项目根目录下 src/main/webapp/WEB-INF/lib，从之前下载 Spring 框架的文件夹里找到项目所需的 jar 包，复制到项目 lib 文件夹下，完成 jar 包的导入，如图 20-1 所示。

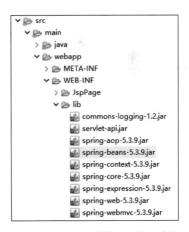

图 20-1 项目所需的 jar 包示意图

其中，servlet-api.jar 是 Java 语言开发 Web 项目的必需 jar 包，一般配置好 Tomcat 后就自动导入项目了。如果读者在开发过程中提示找不到 Web 对象，这里可以手动导入 servlet-api.jar 包来解决问题。

3. 编写 Web 项目的配置文件代码

由于勾选了自动生成 web.xml 配置文件的选项，在项目目录 src/main/webapp/WEB-

INF/下可以找到生成的文件。打开后,对其进行更改,代码如下。

```xml
01  <?xml version="1.0" encoding="UTF-8"?>
02  <web-app xmlns:xsi="http://www.w3.org/2001/XMLSchema-instance" xmlns="http://xmlns.jcp.org/xml/ns/javaee" xsi:schemaLocation="http://xmlns.jcp.org/xml/ns/javaee http://xmlns.jcp.org/xml/ns/javaee/web-app_4_0.xsd" id="WebApp_ID" version="4.0">
03      <display-name>SpringMVC04</display-name>
04      <servlet>
05          <servlet-name>SpringMVC</servlet-name>
06          <servlet-class>org.springframework.web.servlet.DispatcherServlet</servlet-class>
07          <init-param>
08              <param-name>contextConfigLocation</param-name>
09              <param-value>/WEB-INF/springMVC-config.xml</param-value>
10          </init-param>
11          <load-on-startup>1</load-on-startup>
12      </servlet>
13      <servlet-mapping>
14          <servlet-name>SpringMVC</servlet-name>
15          <url-pattern>/</url-pattern>
16      </servlet-mapping>
17      <welcome-file-list>
18          <welcome-file>index.html</welcome-file>
19          <welcome-file>index.jsp</welcome-file>
20          <welcome-file>index.htm</welcome-file>
21      </welcome-file-list>
22      <filter>
23          <filter-name>CharacterEncodingFilter</filter-name>
24          <filter-class>org.springframework.web.filter.CharacterEncodingFilter</filter-class>
25          <init-param>
26              <param-name>encoding</param-name>
27              <param-value>UTF-8</param-value>
28          </init-param>
29          <init-param>
30              <param-name>forceResponseEncoding</param-name>
31              <param-value>true</param-value>
32          </init-param>
33      </filter>
34      <filter-mapping>
35          <filter-name>CharacterEncodingFilter</filter-name>
36          <url-pattern>/*</url-pattern>
37      </filter-mapping>
38  </web-app>
```

第01、02行,是XML文件的格式说明和当前XML文件的命名空间说明。

第03行,是项目显示的名称,一般和项目创建时设置的名称保持一致。

第04~12行,是对当前项目的DispatcherServlet前端控制器进行设置。其中,第05行是前端控制器的名称。第06行,是前端控制器对应的类路径,这里指向了Spring框架所定义的类,也就是jar包中所导入的类。第07~10行,是初始化参数。第08行对应初始化配置文件的名称,第09行对应配置文件的路径,这里设置为/WEB-INF/springMVC-config.xml,此文件暂时还不存在,之后需要创建。第11行是将前端控制器设置为在项目启动时就加载。

第13~16行,是设置哪些URL发送到后台后需要使用前端控制器进行拦截。第14行,是需要拦截的前端控制器名称,和第05行设置的名称保持一致即可。第15行,是设置需要拦截的 URL 样式。这里的"/"代表所有的 URL 都会被前端控制器拦截。在后期的使用中，读者也可以根据需要只拦截需要被拦截的 URL 样式。

第 17～21 行，是对项目的默认首页进行设置，由于本书讲解内容主要是对相关功能进行手动的访问测试，这里的主页可暂时略过，保持默认设置即可。

第 22～33 行，定义了一个 filter 过滤器，名称是 CharacterEncodingFilter，它的作用主要是通过编码方式的设置，让 Web 页面的前后端数据交互可以正常使用中文，不会出现乱码。

第 34～37 行，通过过滤器映射器，将定义好的 CharacterEncodingFilter 过滤器设定使用范围。url-pattern 为"/＊"，即全部请求都经过编码过滤器。

在本配置文件中，第 01～21 行主要是常规的前端控制器 DispatcherServlet 的配置。第 22～37 行是配置并使用了中文编码转换的过滤器，从而确保中文可以正常在前后端间进行数据传输和显示。如果仅使用纯英文和数字进行项目测试，则可以省略第 22～37 行的内容。

4．编写异常处理器的代码

在项目目录 src/main/java 下，新建一个 Java 类的包 com.resolver，在包里新建一个异常处理器的 Java 类 GlobalResolver.java。

在新建 Java 类的对话框中，可以直接使用 Eclipse 自带的接口导入工具。单击 Add 按钮，在弹出的接口对话框中，搜索并找到 HandlerExceptionResolver 接口，如图 20-2 所示可以看到接口来自 spring-webmvc 的 jar 包。

完成接口导入后，异常处理器的 Java 类的具体代码如下。

```
01  package com.resolver;
02  import javax.servlet.http.HttpServletRequest;
03  import javax.servlet.http.HttpServletResponse;
04  import org.springframework.web.servlet.HandlerExceptionResolver;
05  import org.springframework.web.servlet.ModelAndView;
06  public class GlobalResolver implements HandlerExceptionResolver {
07      @Override
08      public ModelAndView resolveException(HttpServletRequest arg0, HttpServletResponse arg1,
            Object arg2,
09          Exception arg3) {
10          //TODO Auto-generated method stub
11          System.out.println("==通过 HandlerExceptionResolver 接口捕获异常==");
12          ModelAndView mv = new ModelAndView();
13          mv.addObject("message", arg3.getMessage());
14          mv.setViewName("print");
15          return mv;
16      }
17  }
```

第 08～16 行，是 HandlerExceptionResolver 接口需要实现的函数 resolveException，即捕获异常后的处理逻辑。此函数一共有 4 个参数：HttpServletRequest 是完整的 HTTP 请求对象，用于从 HTTP 请求中解析或修改参数；HttpServletResponse 是完整的 HTTP 响应对象，用于向 HTTP 响应中输出或存储参数；Object 是异常处理器可能需要携带或使用的 Java 对象；Exception 是异常数据的对象，它封装了出现异常的原因和上下文等关键

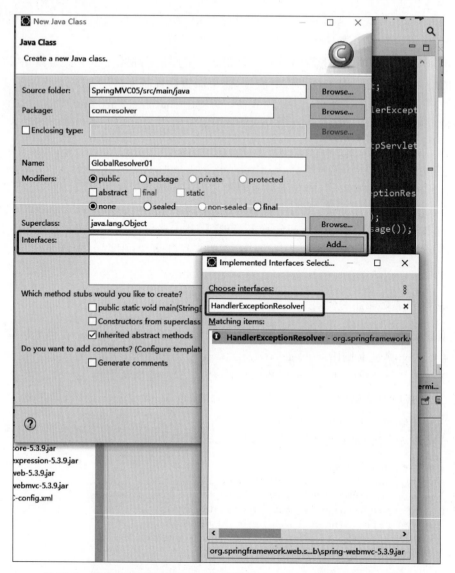

图 20-2 新建异常处理器的 Java 类并导入 HandlerExceptionResolver 接口

信息。

第 11~15 行,是捕获异常后的处理逻辑。第 11 行,在捕获异常后往控制台打印信息,供开发者测试用。第 13 行,往 ModelAndView 对象中添加键值对信息,键名是"message",值是通过 Exception 对象的 getMessage 方法来获取异常出错的信息。第 14 行,通过 ModelAndView 对象的 setViewName 方法,指定需要跳转的页面。第 15 行,将设置了数据和视图的 ModelAndView 对象返回给 SpringMVC 框架。

5. 编写控制器 Controller 的代码

在项目目录 src/main/java 下,新建一个控制器包 com.controller,在包里新建一个控制器类 ExceptionController.java。具体代码如下。

```
01    package com.controller;
```

```
02    import java.io.IOException;
03    import javax.servlet.http.HttpServletResponse;
04    import org.springframework.stereotype.Controller;
05    import org.springframework.web.bind.annotation.GetMapping;
06    @Controller
07    public class ExceptionController {
08      @GetMapping("/exception")
09      public void throwException(HttpServletResponse response) throws IOException {
10        int i = 1/0;
11        response.getWriter().print("出现此文字代表程序运行正常!");
12      }
13    }
```

这是一个简单的控制器类。第08~12行，定义了一个请求地址为/exception的响应函数throwException。第10行，函数的主体逻辑是抛出异常，这里选择抛出异常的方法是借助数学中0无法作为除数的概念。当程序运行到1/0时，就会抛出异常。第11行，使用HttpServletResponse对象的getWriter().print方法，往页面输出文本。如果函数在第10行运行时出现异常，则第11行就不会顺利执行，这里的代码仅供测试使用。

6. 编写SpringMVC的配置文件代码

在web文件夹，也就是web.xml配置文件所在的文件夹src/main/webapp/WEB-INF/下，创建SpringMVC的配置文件springMVC-config.xml，具体代码如下。

```
01   <?xml version="1.0" encoding="UTF-8"?>
02   <beans xmlns="http://www.springframework.org/schema/beans"
03     xmlns:xsi="http://www.w3.org/2001/XMLSchema-instance"
04     xmlns:context="http://www.springframework.org/schema/context"
05     xmlns:mvc="http://www.springframework.org/schema/mvc"
06     xsi:schemaLocation="http://www.springframework.org/schema/beans
07       http://www.springframework.org/schema/beans/spring-beans.xsd
08       http://www.springframework.org/schema/context
09       https://www.springframework.org/schema/context/spring-context.xsd
10       http://www.springframework.org/schema/mvc
11       https://www.springframework.org/schema/mvc/spring-mvc.xsd">
12     <context:component-scan base-package="com.controller"/>
13     <bean id="GlobalResolver" class="com.resolver.GlobalResolver"></bean>
14     <bean class="org.springframework.web.servlet.view.InternalResourceViewResolver">
15       <property name="prefix" value="/WEB-INF/JspPage/"/>
16       <property name="suffix" value=".jsp"/>
17     </bean>
18   </beans>
```

第01~11行，是XML文件的格式声明，以及本项目需要用到的组件所在的命名空间。需要注意的是，这里的命名空间和jar包的导入相关，如果jar没有正确导入，这里的命名空间设置会无法生效或出错。

第12行，context：component-scan元素可以对Java包进行扫描，使得注解的代码正常执行生效。属性base-package对应的就是包名，设置为com.controller，即控制器所在的Java包。

第13行，定义了异常处理器的Bean对象，id为GlobalResolver，对应的Java类是com.resolver.GlobalResolver，即实现HandlerExceptionResolver接口所对应的Java类。

第14~17行,配置了视图解析器。由于是框架自带的组件,第14行只需要设置class类路径为"org.springframework.web.servlet.view.InternalResourceViewResolver"即可,不需要配置id或name属性。这里的类路径来自jar包,需要正确导入jar包后才可以生效,同时读者输入的时候需保证类路径不可出错,否则项目运行会出错。第15行,定义了视图解析器的prefix属性,也就是前缀为"/WEB-INF/JspPage/"。第16行,定义了视图解析器的suffix属性,也就是后缀为".jsp"。经过这样的定义后,控制器Controller中如果设置或返回了视图名称的String值,视图解析器就会自动为此String加上前缀路径和后缀文件扩展名,从而可以跳转到正确的页面。

7. 编写静态网页的代码

在web文件夹,也就是web.xml配置文件所在的文件夹src/main/webapp/WEB-INF/下,新建文件夹JspPage,在文件夹里创建静态的JSP页面print.jsp。具体代码如下。

```
01  <%@ page language="java" contentType="text/html; charset=UTF-8"
02      pageEncoding="UTF-8"%>
03  <!DOCTYPE html>
04  <html>
05  <head>
06  <meta charset="UTF-8">
07  <title>Insert title here</title>
08  </head>
09  <body>
10  <br>
11  message 变量值为: ${message}
12  <br>
13  </body>
14  </html>
```

这是一个简单的JSP页面,主要功能是第11行,通过jsp语法${message},输出键名为message的值。

8. 项目测试结果

为了更好地演示异常处理器的实际效果,先不启用异常处理器模块,将配置文件springMVC-config.xml的第13行代码注释或删去。然后在项目上单击右键,选择Run As,继续选择Run on Server。待Tomcat服务器正常启动后,进入浏览器,输入项目的访问地址"http://localhost:8080/SpringMVC05"。

在访问地址后加上后台响应函数映射的子地址/exception,单击跳转后发现系统出错,页面显示异常,如图20-3所示。

这是一个典型的Web程序出错的场景,页面中有大段的出错相关信息和代码,显得非常杂乱无章且不友好,普通用户看到此页面会大大降低使用体验。

接下来开启SpringMVC框架提供的全局异常处理器的功能,在项目的配置文件springMVC-config.xml的第13行,加入异常处理器的Bean对象的配置代码。

```
<bean id="GlobalResolver" class="com.resolver.GlobalResolver"></bean>
```

重新启动项目,访问控制器中响应函数的请求地址 http://localhost:8080/

图 20-3　SpringMVC 框架的系统异常的运行示意图

SpringMVC05/exception，单击跳转，页面显示如图 20-4 所示。

图 20-4　SpringMVC 框架的 HandlerExceptionResolver 接口异常处理器的运行示意图 01

可以看到，页面不再显示乱码，而是跳转到了指定的 print.jsp 页面。同时通过捕获 Exception 对象，找到了异常出错的原因"/ by zero"，即使用 0 作为除数是不被允许的。在实际开发过程中，编程人员可以对出现异常后的跳转页面做进一步的设计，从而提升用户体验；还可以对出错类型和出错的来源做进一步的分析和统计，方便项目的后期升级维护。

此时查看控制台，输出如图 20-5 所示。

图 20-5　SpringMVC 框架的 HandlerExceptionResolver 接口异常处理器的运行示意图 02

控制台的输出文本,进一步验证了异常处理器的顺利执行,基于 HandlerExceptionResolver 接口的异常处理器的使用正常。

20.2 @ExceptionHandler 注解

20.2.1 @ExceptionHandler 注解简介

除了使用接口来实现异常处理器,SpringMVC 框架还提供了注解的方式来实现异常处理器。

@ExceptionHandler 注解用于在控制器内捕获并处理异常,注解的函数方法需要和出现异常的函数方法在同一个控制器内。因此,和全局异常处理器不一样,@ExceptionHandler 注解是一种局部异常处理器。

使用 @ExceptionHandler 注解进行异常处理器的定义较为简单,直接在控制器 Controller 内注解对应的异常捕获和处理函数即可。定义时可以添加一个参数,对应的是出错异常的类别,代表此异常类别的专用异常处理器。

20.2.2 @ExceptionHandler 注解的使用案例

下面通过一个具体的案例,来演示 @ExceptionHandler 注解实现局部异常处理器的使用方法。

1. 创建工程并准备项目

为方便演示,这里直接沿用刚刚的工程即可,jar 包已经正常导入。

2. 编写 Web 项目的配置文件代码和 SpringMVC 的配置文件代码

这两个配置文件都已经存在,相关的设置已经完成,无须修改直接沿用即可。

3. 编写静态网页的代码

本案例可以继续沿用静态页面 print.jsp,作为捕获异常后的跳转页面。

4. 编写控制器 Controller 的代码

@ExceptionHandler 注解是一种局部异常处理器,因此抛出异常和捕获异常的函数方法都处于同一个控制器 Controller。

在项目的控制器包 com.controller 下,新建一个控制器类 ExceptionController2.java。具体代码如下。

```
01    package com.controller;
02    import java.io.IOException;
03    import javax.servlet.http.HttpServletResponse;
04    import org.springframework.stereotype.Controller;
05    import org.springframework.web.bind.annotation.ExceptionHandler;
```

```
06      import org.springframework.web.bind.annotation.GetMapping;
07      import org.springframework.web.servlet.ModelAndView;
08      @Controller
09      public class ExceptionController2 {
10          @GetMapping("/exception2")
11          public void throwException(HttpServletResponse response) throws IOException {
12              throw new NullPointerException("程序出错,抛出自定义异常!");
13      //      response.getWriter().print("出现此文字代表程序运行正常!");
14          }
15          @ExceptionHandler({Exception.class})
16          public ModelAndView handlerException(Exception exception) {
17              System.out.println("==通过@ExceptionHandler接口捕获==局部异常==");
18              ModelAndView mv = new ModelAndView();
19              mv.addObject("message", exception.getMessage());
20              mv.setViewName("print");
21              return mv;
22          }
23      }
```

第 08 行,@Controller 注解在当前的 Java 类上,代表当前的 Java 类是一个控制器。配置文件中即使不对当前 Java 类做 Bean 对象的配置,只要开启了注解扫描就可以让控制器 Controller 生效。其他用于控制器的注解例如@RequestMapping、@GetMapping 等,也可以在当前 Java 类中正常使用和执行。

第 10～14 行,通过@GetMapping 注解,将请求地址/exception2 映射到响应函数 throwException 上。函数的主体是第 12 行,通过 throw 语句直接抛出异常,异常类型是 NullPointerException,异常对应的出错信息是"程序出错,抛出自定义异常!"。在实际开发过程中,程序的异常一般都是隐藏起来开发者未知未察觉的,这里为了演示才使用 throw 代码手动抛出异常。和 1/0 的方式相比,throw 抛出异常的方式更加直观,便于测试。

第 15 ～ 22 行,使用 @ ExceptionHandler 注解定义了一个局部异常处理器 handlerException。第 15 行,异常处理器注解的参数是{Exception.class},代表此异常处理器可以处理普适的所有异常类别。第 16 行,异常捕获和处理的函数是 handlerException,输入参数是 Exception 对象,返回值是 ModelAndView 对象。第 17 行,当捕获到异常后,通过 System.out.println 往控制台打印测试信息。第 19 行,通过 Exception 对象的 getMessage 方法获取出错信息,用键名为"message"的键值对方式存入 ModelAndView 对象。第 20 行,通过 ModelAndView 对象的 setViewName 方法,设置该响应函数的跳转页面名为"print"。第 21 行,将设置了数据和视图的 ModelAndView 对象返回。

5. 项目测试结果

为了更好地演示局部异常处理器的使用效果,先关闭全局异常处理器,将配置文件 springMVC-config.xml 的第 13 行代码,对全局异常处理器的定义注释或删去。然后在项目上单击右键,选择 Run As,继续选择 Run on Server。待 Tomcat 服务器正常启动后,进入浏览器,输入项目的访问地址"http://localhost:8080/SpringMVC05"。

在访问地址后加上后台响应函数映射的子地址/exception,单击跳转后发现系统出错,页面显示异常,说明异常没有捕获,即此时 ExceptionController2 中使用注解@ExceptionHandler 定义的异常处理器没有捕获到 ExceptionController 中发生的异常。

将访问地址的子地址修改为/exception2，单击跳转，页面正常显示，如图 20-6 所示。

图 20-6　SpringMVC 框架的@ExceptionHandler 注解异常处理器的运行示意图 01

可以看到，不再显示系统出错信息，说明异常被捕获，跳转到 print 页面后打印了异常的相关信息。说明 ExceptionController2 控制器内出现的异常可以正常被@ExceptionHandler 注解的异常处理器捕获并处理，其他控制器的异常无法被捕获，这就是局部异常处理器的特性。

此时查看控制台，输出如图 20-7 所示。

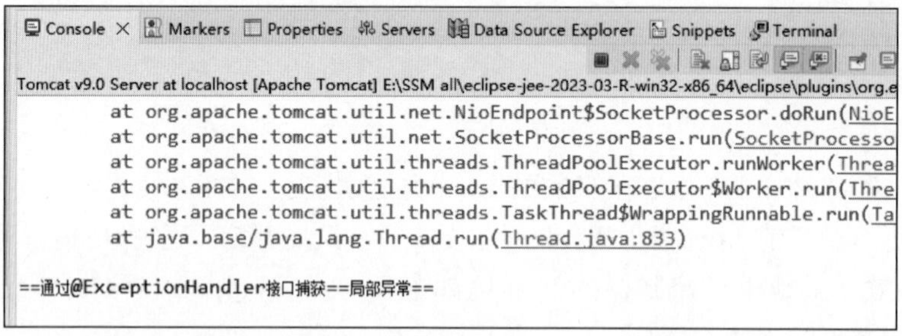

图 20-7　SpringMVC 框架的 HandlerExceptionResolver 接口异常处理器的运行示意图 02

控制台的输出文本，进一步验证了异常处理器的顺利执行，基于@ExceptionHandler 注解的异常处理器的使用正常。

🔑 20.3　@ControllerAdvice 注解

20.3.1　@ControllerAdvice 注解简介

虽然使用注解定义异常处理器的方式更加简单便捷，但局部异常处理器的缺点是无法捕获所处控制器之外的异常，使用有所受限。在实际开发过程中，开发者往往是无法提前预知出现异常的来源的，因此为了更好、更全面地捕获并处理异常，直接使用全局异常处理器是更好的选择。

为了解决这个矛盾，Spring 框架在版本更新迭代的过程中，给 Controller 控制器加入了新的特性。从 Spring 3.2 开始，在增强的控制器注解@ControllerAdvice 中，使用@ExceptionHandler 定义的异常处理器，可以捕获异常的范围不再仅限于当前控制器，也可以捕获其他控制器出现的异常。即在增强的控制器@ControllerAdvice 中，注解@ExceptionHandler 定义的异常处理器从局部异常处理器，变成了全局异常处理器。这样既可以实现全局异常处理的广泛应用场景，也保留了注解的编码简单便捷的特点。

需要注意的是，要想让@ControllerAdvice 增强控制器中注解定义的异常处理器作为全局异常处理器生效，它也需要在配置文件中进行 Bean 对象的定义和设置。

20.3.2　@ControllerAdvice 注解的使用案例

下面通过一个具体的案例,来演示@ControllerAdvice 注解实现全局异常处理器的使用方法。

1. 创建工程并准备项目

为方便演示,这里直接沿用刚刚的工程即可,jar 包已经正常导入。

2. 编写静态网页的代码

本案例可以继续沿用静态页面 print.jsp,作为捕获异常后的跳转页面。

3. 编写控制器 Controller 的代码

控制器主要用于抛出异常,本案例可以直接沿用控制器的相关代码。

4. 编写异常处理器的代码

在项目目录 src/main/java 的包 com.resolver 下,新建一个异常处理器的 Java 类 GlobalResolver2.java。

```
01    package com.resolver;
02    import org.springframework.web.bind.annotation.ControllerAdvice;
03    import org.springframework.web.bind.annotation.ExceptionHandler;
04    import org.springframework.web.servlet.ModelAndView;
05    @ControllerAdvice
06    public class GlobalResolver2 {
07        @ExceptionHandler(Exception.class)
08        public ModelAndView handlerException(Exception exception) {
09            System.out.println("==通过注解@ExceptionHandler 捕获==全局异常==");
10            ModelAndView mv = new ModelAndView();
11            mv.addObject("message", exception.getMessage());
12            mv.setViewName("print");
13            return mv;
14        }
15    }
```

第 05 行,@ControllerAdvice 注解是@Controller 的增强形式。@ControllerAdvice 注解的 Java 类具备基础控制器 Controller 的所有特性,可以使用@RequestMapping、@GetMapping 注解进行地址映射,同时也有一些新增的特性和功能,是原@Controller 注解所不具备的。一般来说,如果是常规的控制器,使用@Controller 注解即可,在特定情况下才需要根据具体的应用场景,来选择使用@ControllerAdvice 注解。

第 07~14 行,在增强的控制器中,定义了一个全局异常处理器 handlerException。第 07 行使用@ExceptionHandler 注解来定义异常处理器,参数是异常的类别 Exception.class,代表可以处理所有的异常类型。第 08 行,异常捕获和处理的函数是 handlerException,输入参数是 Exception 对象,返回值是 ModelAndView 对象。第 09 行,当捕获到异常后,通过 System.out.println 往控制台打印测试信息。第 11 行,通过 Exception 对象的 getMessage 方法获取出错信息,用键名为"message"的键值对方式存入

ModelAndView 对象。第 12 行,通过 ModelAndView 对象的 setViewName 方法,设置该响应函数的跳转页面名为"print"。第 13 行,将设置了数据和视图的 ModelAndView 对象返回。

5. 编写 Web 项目的配置文件代码和 SpringMVC 的配置文件代码

这两个配置文件都已经存在,大部分设置已经完成,只需要修改一处。

在 SpringMVC 框架的配置文件中,将异常处理器定义为 Bean 对象。加入以下代码即可。<bean id="GlobalResolver2" class="com.resolver.GlobalResolver2"></bean>

需要注意的是,一般一个项目中全局异常处理器只有一个,在配置文件中进行编码的时候,可以将不需要的异常处理器的相关代码注释或删去,以免发生冲突。

6. 项目测试结果

在项目上单击右键,选择 Run As,继续选择 Run on Server。待 Tomcat 服务器正常启动后,进入浏览器,输入项目的访问地址"http://localhost:8080/SpringMVC05"。

在访问地址后加上后台响应函数映射的子地址/exception,单击跳转后发现页面正常显示,如图 20-8 所示。

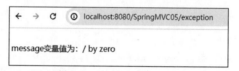

图 20-8　SpringMVC 框架的@ControllerAdvice 注解异常处理器的运行示意图 01

在 ExceptionController 中抛出的异常被捕获,此时观察控制台,输出信息如图 20-9 所示。

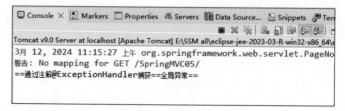

图 20-9　SpringMVC 框架的@ControllerAdvice 注解异常处理器的运行示意图 02

由此可见,此时捕获 ExceptionController 控制器中异常的处理器,是在 com.resolver.GlobalResolver2.java 中,使用@ControllerAdvice 和@ExceptionHandler 注解定义的全局异常处理器。

将访问地址的子地址修改为/exception2,单击跳转,页面同样正常显示,如图 20-10 所示。

图 20-10　SpringMVC 框架的@ControllerAdvice 注解异常处理器的运行示意图 03

在 ExceptionController2 中抛出的异常被捕获，此时观察控制台，输出信息如图 20-11 所示。

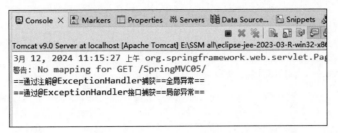

图 20-11　SpringMVC 框架的 @ControllerAdvice 注解异常处理器的运行示意图 04

由此可见，此时捕获 ExceptionController2 控制器中异常的处理器，并不是 com.resolver.GlobalResolver2.java 中使用 @ControllerAdvice 和 @ExceptionHandler 注解定义的全局异常处理器，而是 ExceptionController2.java 中定义的局部异常处理器。这个测试结果，说明局部异常处理器的优先级，高于全局异常处理器，且异常产生后的捕获和处理只触发一次。

小结

本章首先分析了异常处理的概念和应用场景，介绍了 SpringMVC 框架中的异常处理模块；接下来分别介绍了 SpringMVC 框架中实现异常处理的三种方式，包括 HandlerExceptionResolver 接口、@ExceptionHandler 注解和 @ControllerAdvice 注解，并通过三个案例详细讲解了这三种的具体使用方法。通过本章的学习，读者可以了解异常处理的概念，理解异常处理的重要性，理解 SpringMVC 框架下实现异常处理的三种方式的区别和联系，掌握异常处理的编程实现方法。

习题

1. （　　）方法实现的异常处理是局部异常处理。
   A. HandlerExceptionResolver 接口　　B. ExceptionHandler 注解
   C. ControllerAdvice 注解　　　　　　D. ExceptionResolver 接口
2. 使用 HandlerExceptionResolver 接口实现异常处理时，接口中的_____函数需要开发者来实现，因为它对应了捕获异常后的处理逻辑。
3. 简述什么是 @ControllerAdvice 注解，以及如何使用它实现全局异常处理。

第21章

拦 截 器

CHAPTER 21

本章学习目标:
- 了解拦截器的原理和应用场景。
- 掌握 HandlerInterceptor 接口实现拦截器的编程方法。
- 掌握 WebRequestInterceptor 接口实现拦截器的编程方法。

异常处理是软件系统的一种防御性机制,为避免未知的代码异常导致系统崩溃,提前设置异常处理器对全局异常进行捕获后处理并完成指定逻辑、跳转到指定页面。如果在未出现异常的情况下,需要对某个响应函数或者某个 Web 请求进行捕获和监控,此时就可以用到 SpringMVC 框架提供的另一种机制:拦截器。

21.1 拦截器介绍

不同于异常处理器在异常发生后才触发且异常出现的源头未知，拦截器可以指定请求或响应函数且每次执行都触发。拦截器是 SpringMVC 框架的一种功能模块，它主要作用于 Controller 层，针对 Web 接口和 HTTP 请求，在接口或请求执行前后添加额外需要的业务逻辑。

拦截器的功能类似于 Spring 框架中的 AOP。它们的相同点在于，都是针对某个函数或方法进行监控，在函数或方法前后插入额外需要添加的业务代码逻辑；通过这种方式，既可以保证插入的代码在原业务逻辑代码前后正常执行，又可以将分属不同模块的它们进行解耦，方便后期的系统维护。它们的区别在于：拦截器主要用于 SpringMVC 框架中，针对的是 Controller 控制器，一般是对控制器中的响应函数或 Web 请求进行拦截；AOP 相对来说应用更加广泛且作用的颗粒度更细，它可以针对任何特定的函数方法定义切点，然后针对该切点运行的前后、返回、异常或环绕等方面来定义切面函数。另外，由于 AOP 的功能更全，它的实现方法相对也更复杂，而 SpringMVC 框架中的拦截器的实现方法则相对简单。

一般来说，在实际的使用过程中，如果是纯业务逻辑层或某特定的函数方法需要拦截，则可以使用 AOP 来实现。如果是控制器层、针对 HTTP 的请求或返回对象需要拦截，则可以考虑使用拦截器来实现。

在 SpringMVC 框架中，拦截器的实现方法是比较简单的。首先需要实现拦截器被触发后的具体逻辑代码，可以通过 HandlerInterceptor 接口或 WebRequestInterceptor 接口来实现。其次需要在 SpringMVC 配置文件中，将已经实现的拦截器进行配置，使其生效。

21.2 HandlerInterceptor 接口

21.2.1 HandlerInterceptor 接口简介

通过 HandlerInterceptor 接口来实现拦截器是最简单也最常用的方法。在开发过程中，需要定义一个拦截器的 Java 类，让此 Java 类继承 HandlerInterceptor 接口，并实现 HandlerInterceptor 接口定义的三个拦截方法。

如表 21-1 所示，拦截器需要实现 HandlerInterceptor 接口的三个方法，分别是在被拦截请求处理前的 preHandle 方法、请求处理后且视图渲染前的 postHandle 方法、请求处理后且视图渲染后的 afterCompletion 方法。preHandle 方法的返回值是 boolean 布尔类型，仅当它为 true 时，preHandle 执行后会继续执行其他拦截器或 Controller 控制器的方法。postHandle 和 afterCompletion 的关联在于：它们都是在被拦截的请求处理后执行；postHandle 是在视图渲染前执行，可以在响应函数返回前对 ModelAndView 对象中的数据或视图进行调整和修改；afterCompletion 是在视图渲染后执行，无法修改 ModelAndView 对象，一般用于对 Exception 进行异常分析或系统资源回收。

表 21-1 HandlerInterceptor 接口的方法

方法名	参数	返回值	描述
preHandle	HttpServletRequest 请求对象，HttpServletResponse 返回对象，Object 拦截器对象	Boolean 布尔值	该方法在被拦截的请求处理前调用，执行完后，仅当返回值为 true 时，才继续执行下个拦截器或 Controller 方法
postHandle	HttpServletRequest 请求对象，HttpServletResponse 返回对象，Object 拦截器对象，ModelAndView 对象	void 空值	在被拦截的请求处理后、DispatcherServlet 进行视图渲染之前进行调用，可以对 ModelAndView 对象进行修改
afterCompletion	HttpServletRequest 请求对象，HttpServletResponse 返回对象，Object 拦截器对象，Exception 对象	void 空值	在被拦截的请求处理后、DispatcherServlet 进行视图渲染之后调用，主要用于异常分析或资源回收

完成 HandlerInterceptor 接口的定义后，还需要在配置文件中使用<mvc:interceptor>元素进行拦截器的配置。需要配置的属性包括拦截器的 Java 类路径，需要被拦截的请求地址样式，以及不需要被拦截即放行的请求地址样式。在设置拦截器的请求地址样式时，常用的拦截器规则通配符有三种：? 表示匹配任何单个字符，* 表示匹配 0 个或者任意数量的字符，** 表示匹配后续的任何 0 或者更多级的目录。

21.2.2 HandlerInterceptor 接口的使用案例

下面通过一个具体的案例，来讲解 HandlerInterceptor 接口实现拦截器的使用方法。

1. 创建工程

打开 Eclipse，选择新建项目中的 Dynamic Web Project 也就是动态 Web 项目。Target runtime 选择配置好的 Apache Tomcat v9.0。相关选项和配置使用默认的，给项目起一个名称。在最后一步勾选自动生成 web.xml 文件的选项，然后单击 Finish 按钮即完成项目的创建。

2. 项目的准备工作

找到项目的 lib 文件夹，路径为项目根目录下 src/main/webapp/WEB-INF/lib，从之前下载 Spring 框架的文件夹里找到项目所需的 jar 包，复制到项目 lib 文件夹下，完成 jar 包的导入，如图 21-1 所示。

其中，servlet-api.jar 是 Java 语言开发 Web 项目的必需 jar 包，一般配置好 Tomcat 后就自动导入项目了。如果读者在开发过程中提示找不到 Web 对象，这里可以手动导入 servlet-api.jar 包来解决问题。

3. 编写 Web 项目的配置文件代码

由于勾选了自动生成 web.xml 配置文件的选项，在

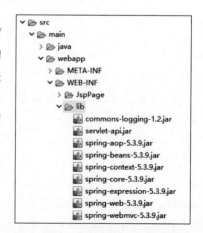

图 21-1 项目所需的 jar 包示意图

项目目录 src/main/webapp/WEB-INF/下可以找到生成的文件。打开后,对其进行更改,代码如下。

```xml
01  <?xml version="1.0" encoding="UTF-8"?>
02  <web-app xmlns:xsi="http://www.w3.org/2001/XMLSchema-instance" xmlns="http://xmlns.jcp.org/xml/ns/javaee" xsi:schemaLocation=" http://xmlns.jcp.org/xml/ns/javaee http://xmlns.jcp.org/xml/ns/javaee/web-app_4_0.xsd" id="WebApp_ID" version="4.0">
03      <display-name>SpringMVC05</display-name>
04      <servlet>
05          <servlet-name>SpringMVC</servlet-name>
06          <servlet-class>org.springframework.web.servlet.DispatcherServlet</servlet-class>
07          <init-param>
08              <param-name>contextConfigLocation</param-name>
09              <param-value>/WEB-INF/springMVC-config.xml</param-value>
10          </init-param>
11          <load-on-startup>1</load-on-startup>
12      </servlet>
13      <servlet-mapping>
14          <servlet-name>SpringMVC</servlet-name>
15          <url-pattern>/</url-pattern>
16      </servlet-mapping>
17      <welcome-file-list>
18          <welcome-file>index.html</welcome-file>
19          <welcome-file>index.jsp</welcome-file>
20          <welcome-file>index.htm</welcome-file>
21      </welcome-file-list>
22      <filter>
23          <filter-name>CharacterEncodingFilter</filter-name>
24          <filter-class>org.springframework.web.filter.CharacterEncodingFilter</filter-class>
25          <init-param>
26              <param-name>encoding</param-name>
27              <param-value>UTF-8</param-value>
28          </init-param>
29          <init-param>
30              <param-name>forceResponseEncoding</param-name>
31              <param-value>true</param-value>
32          </init-param>
33      </filter>
34      <filter-mapping>
35          <filter-name>CharacterEncodingFilter</filter-name>
36          <url-pattern>/*</url-pattern>
37      </filter-mapping>
38  </web-app>
```

第 01、02 行,是 XML 文件的格式说明和当前 XML 文件的命名空间说明。

第 03 行,是项目显示的名称,一般和项目创建时设置的名称保持一致。

第 04~12 行,是对当前项目的 DispatcherServlet 前端控制器进行设置。其中,第 05 行是前端控制器的名称。第 06 行,是前端控制器对应的类路径,这里指向了 Spring 框架所定义的类,也就是 jar 包中所导入的类。第 07~10 行,是初始化参数。第 08 行对应初始化配置文件的名称,第 09 行对应配置文件的路径,这里设置为/WEB-INF/springMVC-config.xml,此文件暂时还不存在,之后需要创建。第 11 行是将前端控制器设置为在项目启动时就加载。

第 13~16 行,是设置哪些 URL 发送到后台后需要使用前端控制器进行拦截。第 14

行,是需要拦截的前端控制器名称,和第05行设置的名称保持一致即可。第15行,是设置需要拦截的URL样式。这里的"/"代表所有的URL都会被前端控制器拦截。在后期的使用中,读者也可以根据需要只拦截需要被拦截的URL样式。

第17~21行,是对项目的默认首页进行设置,由于本书讲解内容主要是对相关功能进行手动的访问测试,这里的主页可暂时略过,保持默认设置即可。

第22~33行,定义了一个filter过滤器,名称是CharacterEncodingFilter,它的作用主要是通过编码方式的设置,让Web页面的前后端数据交互可以正常使用中文,不会出现乱码。

第34~37行,通过过滤器映射器,将定义好的CharacterEncodingFilter过滤器设定使用范围。url-pattern为"/*",即全部请求都经过编码过滤器。

在本配置文件中,第01~21行主要是常规的前端控制器DispatcherServlet的配置。第22~37行是配置并使用了中文编码转换的过滤器,从而确保中文可以正常在前后端间进行数据传输和显示。如果仅使用纯英文和数字进行项目测试,则可以省略第22~37行的内容。

4. 编写拦截器的代码

在项目目录src/main/java下,新建一个Java类的包com.interceptor,在包里新建一个拦截器的Java类TestInterceptor1.java。

在新建Java类的对话框中,可以直接使用Eclipse自带的接口导入工具。单击Add按钮,在弹出的接口对话框中,搜索并找到HandlerInterceptor接口。下方可以看到接口来自spring-webmvc的jar包,如图21-2所示。

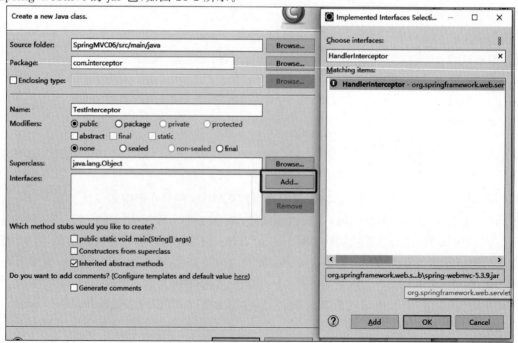

图21-2 新建拦截器的Java类并导入HandlerInterceptor接口

完成接口导入后，拦截器的 Java 类的具体代码如下。

```java
01  package com.interceptor;
02  import javax.servlet.http.HttpServletRequest;
03  import javax.servlet.http.HttpServletResponse;
04  import org.springframework.web.servlet.HandlerInterceptor;
05  import org.springframework.web.servlet.ModelAndView;
06  public class TestInterceptor1 implements HandlerInterceptor {
07      @Override
08      public boolean preHandle(HttpServletRequest request, HttpServletResponse response, Object handler)
09              throws Exception {
10          //TODO Auto-generated method stub
11          System.out.println("TestInterceptor1 类继承了 HandlerInterceptor 接口,执行 preHandle 拦截处理方法");
12          return true;
13      }
14      @Override
15      public void postHandle(HttpServletRequest request, HttpServletResponse response, Object handler,
16              ModelAndView modelAndView) throws Exception {
17          //TODO Auto-generated method stub
18          System.out.println("TestInterceptor1 类继承了 HandlerInterceptor 接口,执行 postHandle 拦截处理方法");
19      }
20      @Override
21      public void afterCompletion(HttpServletRequest request, HttpServletResponse response, Object handler, Exception ex)
22              throws Exception {
23          //TODO Auto-generated method stub
24          System.out.println("TestInterceptor1 类继承了 HandlerInterceptor 接口,执行 afterCompletion 拦截处理方法");
25      }
26  }
```

第 06 行，当前 Java 类的声明是 public class TestInterceptor1 implements HandlerInterceptor，即 TestInterceptor1 需要实现 HandlerInterceptor 接口。

第 07~13 行，是被拦截的请求执行前的 preHandle 方法，参数和返回值类型和表格所述一致。这里为了方便测试，仅在第 11 行使用 System.out.println 往控制台输出指定文本。第 12 行，返回值为 true，代表 preHandle 执行后会继续执行其他拦截器方法或 Controller 控制器里被拦截的请求方法。一般在大部分情况下，preHandle 的返回值都默认为 true。

第 14~19 行，是被拦截的请求执行后、DispatcherServlet 渲染视图前的 postHandle 方法，参数和返回值类型和表格所述一致。这里为了方便测试，仅在第 18 行使用 System.out.println 往控制台输出指定文本。读者也可以根据需要，尝试对 ModelAndView 对象中的数据或视图进行修改。

第 20~25 行，是被拦截的请求执行后、DispatcherServlet 渲染视图后的 afterCompletion 方法，参数和返回值类型和表格所述一致。这里为了方便测试，仅在第 24 行使用 System.out.println 往控制台输出指定文本。读者也可以根据需要，尝试对 Exception 对象进行分析或对系统资源进行回收处理。

5. 编写控制器 Controller 的代码

在项目目录 src/main/java 下,新建一个控制器包 com.controller,在包里新建一个控制器类 ExceptionController.java。具体代码如下。

```
01  package com.controller;
02  import org.springframework.stereotype.Controller;
03  import org.springframework.web.bind.annotation.GetMapping;
04  import org.springframework.web.servlet.ModelAndView;
05  @Controller
06  public class InterceptorController {
07      @GetMapping("/interceptor")
08      public ModelAndView interceptorFunction() {
09          System.out.println("需要被拦截的 controller 类或者类里面的方法,在这里执行");
10          ModelAndView mv = new ModelAndView();
11          mv.addObject("message", "拦截器执行逻辑后跳转的页面");
12          mv.setViewName("print");
13          return mv;
14      }
15  }
```

这是一个简单的控制器类,作用是测试被拦截的 Web 请求。第 07~14 行,定义了一个响应函数 interceptorFunction,参数为空,返回值是 ModelAndView 对象。第 09 行,使用 System.out.println 往控制台输出指定文本,结合前面 TestInterceptor1.java 中往控制台输出的文本,可以测试拦截器的处理函数的触发顺序。第 10~13 行,定义了一个 ModelAndView 对象,第 11 行将 String 文本作为键值对放入对象,第 12 行指定了跳转的页面名称,第 13 行将此 ModelAndView 对象返回。

6. 编写 SpringMVC 的配置文件代码

在 web 文件夹,也就是 web.xml 配置文件所在的文件夹 src/main/webapp/WEB-INF/下,创建 SpringMVC 的配置文件 springMVC-config.xml,具体代码如下。

```
01  <?xml version="1.0" encoding="UTF-8"?>
02  <beans xmlns="http://www.springframework.org/schema/beans"
03      xmlns:xsi="http://www.w3.org/2001/XMLSchema-instance"
04      xmlns:context="http://www.springframework.org/schema/context"
05      xmlns:mvc="http://www.springframework.org/schema/mvc"
06      xsi:schemaLocation="http://www.springframework.org/schema/beans
07          http://www.springframework.org/schema/beans/spring-beans.xsd
08          http://www.springframework.org/schema/context
09          https://www.springframework.org/schema/context/spring-context.xsd
10          http://www.springframework.org/schema/mvc
11          https://www.springframework.org/schema/mvc/spring-mvc.xsd">
12      <context:component-scan base-package="com.controller" />
13      <bean class="org.springframework.web.servlet.view.InternalResourceViewResolver">
14          <property name="prefix" value="/WEB-INF/JspPage/" />
15          <property name="suffix" value=".jsp" />
16      </bean>
17      <mvc:interceptors>
18          <mvc:interceptor>
19              <mvc:mapping path="/**"/>
20              <mvc:exclude-mapping path="/**.jsp"/>
```

```
21            <bean class="com.interceptor.TestInterceptor1" />
22        </mvc:interceptor>
23    </mvc:interceptors>
24 </beans>
```

第 01～11 行,是 XML 文件的格式声明,以及本项目需要用到的组件所在的命名空间。需要注意的是,这里的命名空间和 jar 包的导入相关,如果 jar 没有正确导入,这里的命名空间设置会无法生效或出错。

第 12 行,context:component-scan 元素可以对 Java 包进行扫描,使得注解的代码正常执行生效。属性 base-package 对应的就是包名,设置为 com.controller,即控制器所在的 Java 包。

第 13～16 行,配置了视图解析器。由于是框架自带的组件,第 13 行只需要设置 class 类路径为"org.springframework.web.servlet.view.InternalResourceViewResolver"即可,不需要配置 id 或 name 属性。这里的类路径来自 jar 包,需要正确导入 jar 包后才可以生效,同时读者输入的时候需保证类路径不可出错,否则项目运行会出错。第 14 行,定义了视图解析器的 prefix 属性,也就是前缀为"/WEB-INF/JspPage/"。第 15 行,定义了视图解析器的 suffix 属性,也就是后缀为".jsp"。经过这样的定义后,控制器 Controller 中如果设置或返回了视图名称的 String 值,视图解析器就会自动为此 String 加上前缀路径和后缀文件扩展名,从而可以跳转到正确的页面。

第 17～23 行,对定义好的拦截器进行配置。第 17 和 23 行,拦截器配置的最外层元素是复数形式的<mvc:interceptors>,说明可以同时配置多个拦截器,本案例只使用并配置了一个拦截器。第 19 行,属性 mvc:mapping path 对应的是需要被拦截的请求地址的格式。这里为了方便测试将其设置为"/**",代表任意请求都会被拦截。在实际开发过程中,可以根据具体的应用场景,仅对需要拦截的请求进行拦截。第 20 行,属性 mvc:exclude-mapping path 代表在被拦截的请求地址样式中,哪些需要被剔除出去不拦截的。这里为了方便测试将其设置为"/**.jsp",代表所有的静态 JSP 页面不需要被拦截。第 21 行,当前的拦截器对应的 Java 类是 com.interceptor.TestInterceptor1,将它配置成 Bean 对象,从而让拦截功能正常生效。

7. 编写静态网页的代码

在 web 文件夹,也就是 web.xml 配置文件所在的文件夹 src/main/webapp/WEB-INF/下,新建文件夹 JspPage,在文件夹里创建静态的 JSP 页面 print.jsp。具体代码如下。

```
01 <%@ page language="java" contentType="text/html; charset=UTF-8"
02     pageEncoding="UTF-8"%>
03 <!DOCTYPE html>
04 <html>
05 <head>
06 <meta charset="UTF-8">
07 <title>Insert title here</title>
08 </head>
09 <body>
10 <br>
11 message 变量值为:${message}
12 <br>
```

```
13    </body>
14  </html>
```

这是一个简单的 JSP 页面,主要功能是第 11 行,通过 jsp 语法 ${message},输出键名为 message 的值。

8. 项目测试结果

在项目上单击右键,选择 Run As,继续选择 Run on Server。待 Tomcat 服务器正常启动后,进入浏览器,输入项目的访问地址"http://localhost:8080/SpringMVC06"。

在访问地址后加上后台响应函数映射的子地址/interceptor,单击跳转后发现页面正常显示,如图 21-3 所示。

图 21-3　SpringMVC 框架的 HandlerInterceptor 接口拦截器的运行示意图 01

可以看到,Controller 控制器中的响应函数正常执行并跳转到了目标页面,且页面输出了正确的测试文本。

打开 Eclipse 的控制台,看到输出文本如图 21-4 所示。

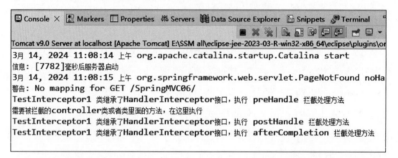

图 21-4　SpringMVC 框架的 HandlerInterceptor 接口拦截器的运行示意图 02

由于/interceptor 的请求地址满足拦截器的拦截规则,当访问请求后即触发拦截器,在控制器方法执行前后分别运行了拦截器的 preHandle、postHandle 和 afterCompletion 方法。拦截器正常运行,使用 HandlerInterceptor 接口的拦截器使用正确。

21.3　WebRequestInterceptor 接口

21.3.1　WebRequestInterceptor 接口简介

在 SpringMVC 框架中,除了 HandlerInterceptor 接口,还可以使用 WebRequestInterceptor 接口来实现拦截器。

和 HandlerInterceptor 接口类似,WebRequestInterceptor 接口中也定义了 preHandle、postHandle 和 afterCompletion 三个方法,分别对应被拦截的请求处理之前、请求处理之后

但视图渲染前、请求处理之后且视图渲染之后三个阶段。

接口 HandlerInterceptor 和 WebRequestInterceptor 的不同之处主要有三点：首先是 WebRequestInterceptor 接口的参数里没有 HttpServletRequest 和 HttpServletResponse 对象，取而代之的是 WebRequest 对象，WebRequest 对象同时封装了请求和响应，使用起来更加方便；其次是 WebRequestInterceptor 接口的 preHandle 方法没有返回值，默认被拦截的请求和请求后的其他拦截方法都是可以执行的，而 HandlerInterceptor 接口是可以手动设置、阻止被拦截的请求正常执行的；最后就是 HandlerInterceptor 接口的功能更全，使用上更加广泛，一般在普通的应用场景下会优先选用 HandlerInterceptor 接口来实现拦截器。

在 AOP 中，可以通过设置 order 值来调整多个切面的优先级，SpringMVC 框架中的拦截器中也有类似的概念。在 SpringMVC 框架中，多个拦截器称为拦截器链。拦截器链的优先级无须特殊设置，根据在配置文件中的配置顺序，来决定拦截器的触发顺序。

21.3.2　WebRequestInterceptor 接口的使用案例

下面通过一个具体的案例，来讲解 WebRequestInterceptor 接口实现拦截器的使用方法。

1．创建工程并准备项目

为方便演示，这里直接沿用刚刚的工程即可，jar 包已经正常导入。

2．编写 Web 项目的配置文件代码和控制器 Controller 文件代码

这两个文件都已经存在，相关的设置和编码已经完成，无须修改直接沿用即可。

3．编写静态网页的代码

本案例可以继续沿用静态页面 print.jsp，作为捕获异常后的跳转页面。

4．编写拦截器的代码

在项目目录 src/main/java 下，在 com.interceptor 包里新建一个拦截器的 Java 类 TestInterceptor2.java。在新建 Java 类的对话框中，同样可以使用 Eclipse 自带的工具导入 WebRequestInterceptor 接口，过程参考上一个案例。

完成接口导入后，拦截器的 Java 类的具体代码如下。

```
01  package com.interceptor;
02  import org.springframework.ui.ModelMap;
03  import org.springframework.web.context.request.WebRequest;
04  import org.springframework.web.context.request.WebRequestInterceptor;
05  public class TestInterceptor2 implements WebRequestInterceptor{
06      @Override
07      public void afterCompletion(WebRequest arg0, Exception arg1) throws Exception {
08          //TODO Auto-generated method stub
09          System.out.println("TestInterceptor2 类继承了 WebRequestInterceptor 接口，执行 afterCompletion 拦截处理方法");
10      }
11      @Override
```

```
12      public void postHandle(WebRequest arg0, ModelMap arg1) throws Exception {
13          //TODO Auto-generated method stub
14          System.out.println("TestInterceptor2 类继承了 WebRequestInterceptor 接口，执行 postHandle 拦截处理方法");
15      }
16      @Override
17      public void preHandle(WebRequest arg0) throws Exception {
18          //TODO Auto-generated method stub
19          System.out.println("TestInterceptor2 类继承了 WebRequestInterceptor 接口，执行 preHandle 拦截处理方法");
20      }
21  }
```

第 05 行，当前 Java 类的声明是 public class TestInterceptor2 implements WebRequestInterceptor，即 TestInterceptor2 需要实现 WebRequestInterceptor 接口。

第 06～10 行，是被拦截的请求执行后、DispatcherServlet 渲染视图后的 afterCompletion 方法，参数是 WebRequest 和 Exception 对象，返回值是 void 空值。这里为了方便测试，仅在第 09 行使用 System.out.println 往控制台输出指定文本。读者也可以根据需要，尝试对 WebRequest 对象进行数据处理、对 Exception 对象进行分析或对系统资源进行回收处理。

第 11～15 行，是被拦截的请求执行后、DispatcherServlet 渲染视图前的 postHandle 方法，参数是 WebRequest 和 ModelMap 对象，返回值是 void 空值。这里为了方便测试，仅在第 14 行使用 System.out.println 往控制台输出指定文本。读者也可以根据需要，尝试对 WebRequest 对象进行数据处理、对 ModelMap 对象中的数据进行分析和修改。

第 16～20 行，是被拦截的请求执行前的 preHandle 方法，参数是 WebRequest 对象，返回值是 void 空值。这里为了方便测试，仅在第 19 行使用 System.out.println 往控制台输出指定文本。这里无法设定返回值，函数执行完后会强制继续执行其他的拦截器和控制器 Controller 方法。

5. 编写 SpringMVC 的配置文件代码

在 web 文件夹，也就是 web.xml 配置文件所在的文件夹 src/main/webapp/WEB-INF/ 下，已经有 SpringMVC 的配置文件 springMVC-config.xml。配置文件中已经有上一个案例定义的拦截器 TestInterceptor1，这里需要继续添加拦截器 TestInterceptor2 的定义。具体代码如下。

```
01  <?xml version="1.0" encoding="UTF-8"?>
02  <beans xmlns="http://www.springframework.org/schema/beans"
03      xmlns:xsi="http://www.w3.org/2001/XMLSchema-instance"
04      xmlns:context="http://www.springframework.org/schema/context"
05      xmlns:mvc="http://www.springframework.org/schema/mvc"
06      xsi:schemaLocation="http://www.springframework.org/schema/beans
07      http://www.springframework.org/schema/beans/spring-beans.xsd
08      http://www.springframework.org/schema/context
09      https://www.springframework.org/schema/context/spring-context.xsd
10      http://www.springframework.org/schema/mvc
11      https://www.springframework.org/schema/mvc/spring-mvc.xsd">
12      <context:component-scan base-package="com.controller" />
13      <bean class="org.springframework.web.servlet.view.InternalResourceViewResolver">
14          <property name="prefix" value="/WEB-INF/JspPage/" />
```

```
15          < property name="suffix" value=".jsp" />
16      </bean>
17      <mvc:interceptors>
18          <mvc:interceptor>
19              <mvc:mapping path="/**"/>
20              <mvc:exclude-mapping path="/**.jsp"/>
21              <bean class="com.interceptor.TestInterceptor1" />
22          </mvc:interceptor>
23          <mvc:interceptor>
24              <mvc:mapping path="/**"/>
25              <mvc:exclude-mapping path="/**.jsp"/>
26              <bean class="com.interceptor.TestInterceptor2" />
27          </mvc:interceptor>
28      </mvc:interceptors>
29  </beans>
```

配置文件中其他代码和上一个案例一样,新的拦截器 TestInterceptor2 的定义在第 23~27 行,定义方式和 TestInterceptor1 的类似。

第 24 行通过 mvc：mapping path 属性来定义拦截器需要拦截的请求地址样式,"/**"代表拦截所有的 HTTP 请求。第 25 行通过 mvc：exclude-mapping path 属性来定义被拦截的 HTTP 请求中需要剔除哪些,"/**.jsp"代表静态 JSP 页面的访问不进行拦截。第 26 行,通过 bean class 属性来定义此拦截器对应的 Java 类,"com.interceptor.TestInterceptor2"对应刚刚实现了 WebRequestInterceptor 的拦截器 Java 类,将之配置为 Bean 对象让拦截功能生效。

由于定义了两个拦截器,在访问满足要求的请求地址时,两个拦截器都会生效。拦截的顺序和配置文件中配置的顺序一致,即先触发 TestInterceptor1,再触发 TestInterceptor2。

6. 项目测试结果

在项目上单击右键,选择 Run As,继续选择 Run on Server。待 Tomcat 服务器正常启动后,进入浏览器,输入项目的访问地址"http://localhost：8080/SpringMVC06"。

在访问地址后加上后台响应函数映射的子地址/interceptor,单击跳转后发现页面正常显示,如图 21-5 所示。

图 21-5 SpringMVC 框架的 WebRequestInterceptor 接口拦截器的运行示意图 01

可以看到,Controller 控制器中的响应函数正常执行并跳转到了目标页面,且页面输出了正确的测试文本。

打开 Eclipse 的控制台,看到输出文本如图 21-6 所示。

由于/interceptor 的请求地址满足拦截器 TestInterceptor2 的拦截规则,当访问请求后即触发拦截器,在控制器方法执行前后分别运行了拦截器的 preHandle、postHandle 和 afterCompletion 方法。拦截器正常运行,使用 WebRequestInterceptor 接口的拦截器都使用正确。

进一步观察控制台的输出,发现使用 HandlerInterceptor 接口的拦截器

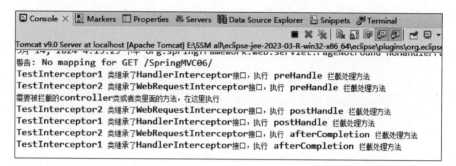

图 21-6　SpringMVC 框架的 WebRequestInterceptor 接口拦截器的运行示意图 02

TestInterceptor1 和使用 WebRequestInterceptor 接口的拦截器 TestInterceptor2 均正常触发，但是触发的顺序不一样。在请求方法执行前，先执行拦截器 TestInterceptor1 的 preHandle 方法，后执行拦截器 TestInterceptor2 的 preHandle 方法，与配置文件中的配置顺序一致。在请求方法执行后，先执行拦截器 TestInterceptor2 的 postHandle 和 afterCompletion 方法，后执行拦截器 TestInterceptor1 的 postHandle 和 afterCompletion 方法，与配置文件中的配置顺序相反。由此可见，配置文件中，配置顺序靠前的拦截器优先级更高，配置顺序靠后的拦截器优先级较低。拦截器链的优先级设置方式由配置顺序决定，与 AOP 中通过 order 值来设置的方式是不一样的。

小结

本章首先介绍了拦截器的概念，分析了它的设计思路和应用场景；接下来分别介绍了 SpringMVC 框架中实现拦截器的两种方法：HandlerInterceptor 接口或 WebRequestInterceptor 接口，分析了接口中包含的方法函数，并通过两个案例详细讲解了两种接口的使用方法。通过本章的学习，读者可以了解拦截器的概念，理解拦截器和异常处理的区别，掌握 SpringMVC 框架中实现拦截器的流程，掌握两种拦截器接口的编程实现方法。

习题

1. HandlerInterceptor 接口的主要方法不包括（　　）。
   A. preHandle　　B. postHandle　　C. afterCompletion　　D. afterBeginning
2. 在 SpringMVC 框架中，除了 HandlerInterceptor 接口，还可以使用_____接口来实现拦截器。
3. 简述拦截器的使用场景，以及它与 Spring 框架的 AOP 的相同点和不同点。

第22章

前后端数据交互JSON

CHAPTER 22

本章学习目标:
- 了解数据交互的原理和应用场景。
- 理解 XML 和 JSON 数据交互的区别。
- 掌握 SpringMVC 框架下 JSON 数据交互的编程方法。

  Web 应用开发的核心功能之一,是实现前后端的数据交互。前端用户提交的数据可以被后台业务逻辑获取,进行分析和处理后,存入服务器上的数据库。反过来,后端业务逻辑从数据库中读取的数据,可以经过分析和处理后,送到前端 Web 页面展示给用户。本章将对 Web 开发中的前后端数据交互的相关内容做详细讲解。

22.1 数据交互简介

开发 Web 网页可以用到的技术非常多，一般可以分为前端、后端和数据库三部分。前端的 Web 技术包括 HTML、JavaScript、Bootstrap 框架、Vue.js 等，后端的 Web 技术包括 PHP、本书讲解的 SSM、ASP.NET、Python 语言下的 Flask 框架等，数据库技术包括 MySQL、SQL Server、Redis 和 MongoDB 等。开发者可以根据实际的应用需求，选择合适的前后端和数据库的技术方案，完成 Web 应用系统的开发。

为了让数据交互可以适应不同的开发语言和技术方案，所定义的数据格式一般需要脱离开发语言独立存在，即好的数据交互可以适配和应用于绝大部分主流的 Web 开发技术。

22.1.1 基于 XML 的数据交互

早期的 Web 应用中，一般选择可扩展标记语言 XML 作为数据交互的格式。XML 格式由 W3C 于 1996 年提出，它的文档规范十分完善，具有良好的人类可读性和机器可读性，是一种较好的 Web 数据交互格式。

XML 格式有很多优点，主要包括以下方面。

(1) XML 格式是基于文本的，即不依赖任何 Web 技术平台，这使得 XML 格式可以独立于单一的 Web 技术存在，可以广泛地适用于多种 Web 技术方案。

(2) XML 具有自解释性，XML 的数据内容是由层层包括的元素来组成的，元素之间的层级关系可以通过 XML 的组织结构很清晰地查看，这使得 XML 格式的数据比较容易解读。

(3) XML 格式规范严谨，在 XML 文件中，每一个标签元素都有对应的开启和关闭，数据内容主要放在标签元素内部。不同于灵活的 HTML 标签，XML 格式的标签对格式要求更加严格，这使得 XML 格式的封装和解析更加严谨，更易于实现编码解析。

(4) XML 文件支持 Unicode，因此 XML 文件很容易处理数据的国际化问题，可以适配不同的语言，应用场景比较广泛。

(5) XML 文件具有可验证性，一般来说，XML 文件中有 DTD、XSD、XSLT 等格式规范，限制了文件中可以合法使用的标签类型和结构。通过这些文件，可以较好地对 XML 格式进行规范，防止文件数据出错。

(6) XML 具有可扩展性，在一般情况下，可以通过 XML 的标签的层层折叠，将大量的数据存在 XML 格式中。理论上只要系统资源足够，是可以存放无限的数据的，这就可以较好地满足开发需求。

虽然 XML 格式优点很多，但是技术人员在开发过程中也发现 XML 格式存在一些缺点，主要包括以下方面。

(1) 内容越复杂，可读性越差。当 XML 文件中存放的数据较大较多时，复杂的标签层级和数据内容，会让 XML 的可读性降低。

(2) 命名空间问题。XML 文件中的命名空间是一个较为重要的属性，但是当数据内容比较复杂时，命名空间显得比较冗长且难以验证，尤其是当使用 XML 文件进行数据传输时,命名空间一旦出错则整个 XML 文件不可用。

(3) 数据冗余。XML 格式中,每一个标签都有开启和关闭一对标签,每个标签都有尖括号,每个标签的层级都需要换行符和占位符来进行区分。当数据量较大时,这些冗余的非数据内容占用的空间比例较大。

(4) 文件读写的成本较高。XML 格式的本质是一个文本文件,在频繁的数据交互过程中,系统对于文件的读写所需要的系统资源开销较高,同时也不够灵活。

22.1.2 基于 JSON 的数据交互

为了解决 XML 格式在 Web 应用中进行数据交互所存在的问题,工程师在实际的开发过程中,逐渐总结并发明了另一种更轻量级的数据交互格式:JSON。

JSON 全称是 JavaScript Object Notation,它是基于 JavaScript 规范的一个子集,采用完全独立于编程语言的特定格式存储和表示数据,是一种专门用于数据交互的格式。和XML 文件不一样,JSON 并不是文件,它的设计初衷就是为了数据交互。

JSON 格式的优点主要体现在以下几个方面。

(1) JSON 为了数据交互而设计,比文本文件更加纯粹,更适合 Web 开发中的数据交互。

(2) JSON 的格式更加简洁,它没有 XML 文件中的双标签样式,也没有换行符和占位符,只有最基本的数据分隔符。这使得 JSON 格式将数据的冗余度进一步降低。

(3) JSON 的使用更加方便,没有 XML 中的命名空间和 DTD、XSLT 等格式约束。在所有的 JSON 格式中,都可以存储符合要求的任意数据。

(4) JSON 对于数据类型的支持更加全面。在 JSON 格式中,有专门的 null 空值、array 数组和 object 对象,这使得 JSON 更加符合现在面向对象的 Web 开发语言。

(5) JSON 适用性更强。由于 JSON 超轻量级的特性,使用也更加简洁,很快就获得了广泛的使用。目前主流的开发语言和技术框架里,都有官方定义的对于 JSON 格式的封装和解析的方法,开发者可以直接调用而不用自己编写,这进一步提升了 JSON 在各种开发场景下的适用性。

(6) JSON 的字符集是 UTF-8,因此它和 XML 格式一样支持多语言系统。在开发JSON 格式的数据交互时,不用担心语言的国际化问题。

因此,JSON 格式简洁、层次结构清晰,既方便人阅读和编写,也方便机器进行解析和封装,是一种较为理想的数据交互格式。

JSON 的数据格式主要分为两类:数组格式和对象格式。

1. 数组格式

数组可以看作 JSON 格式中数据值的有序集合。每一个数组以"["开始,以"]"结束,数组中每个数据值以","进行分隔。典型的数据格式样式为

```
[
    {"key1":"value1"},
    {"key2":"value2"}
]
```

例如：["Java","Python","C++"]。

2. 对象格式

对象格式可以看作 JSON 格式中键值对的无序集合。每一个对象以"{"开始,以"}"结束。每一个对象的键放在前面,值放在后面,键与值之间用"："进行分隔。典型的对象样式格式为

```
{
    "key1":"value1",
    "key2":"value2",
    "key3":[
        {"key31":"value31"},
        {"key32":"value32"}
    ]
}
```

例如：{"name"："张三","age"："21","course"："软件框架技术"}。

在实际的应用过程中,可以通过数组格式和对象格式互相嵌套,从而组合出非常复杂的 JSON 数据格式,同时也可以尽可能多地将数据存储在 JSON 格式中进行数据传输交互。

22.2 SpringMVC 框架中的 JSON

22.2.1 SpringMVC 中的 JSON 简介

在 SpringMVC 框架中,使用 JSON 格式也是比较方便的。在前面内容的讲解中,前后端的数据传输主要是通过参数绑定,使用 Java 自带的数据类型如 int、float、String 或 Java 对象等,来进行前后端数据传输。实际上,SpringMVC 框架还提供了专门用于传输数据的功能即@RequestBody 和@ResponseBody 注解。

@RequestBody 注解用于直接读取从前端发送来的 HTTP 请求内容(字符串),它可以通过 SpringMVC 框架内置的 HttpMessageConverter 接口将读取的内容直接转换成 JSON 或 XML 等数据格式,并绑定到 Controller 控制器的方法参数上。而@ResponseBody 注解可以将后端的数据,通过内置的 HttpMessageConverter 接口转换成 JSON 或 XML 格式,直接返回给前端页面。

前端页面的 JavaScript 语言也支持 JSON 格式,可以将后端接收到的 JSON 数据进行解析和处理,也可以将普通的数据整合封装成 JSON 格式再发给后端。这样前后端基于 JSON 的数据收发就可以形成闭环,实现良好的数据交互功能。

需要注意的是,虽然 SpringMVC 框架内置了 JSON 的解析和封装功能,但是其中有部分代码使用了开源的 Jackson 包中的 MappingJackson2HttpMessageConverter 类进行数据读写,在使用的时候需要将对应的 Jackson 包导入,否则程序会出错。

22.2.2 SpringMVC 中的 JSON 的使用案例

下面通过一个具体的案例,来演示 SpringMVC 框架中对于 JSON 数据格式进行前后

端数据交互的使用方法。

1．创建工程

打开 Eclipse，选择新建项目中的 Dynamic Web Project 也就是动态 Web 项目。Target runtime 选择配置好的 Apache Tomcat v9.0。相关选项和配置使用默认的，给项目起一个名称。在最后一步勾选自动生成 web.xml 文件的选项，然后单击 Finish 按钮即完成项目的创建。

2．项目的准备工作

本案例的前端页面和后端框架都需要使用 JSON 的数据解析，为方便编码，可以借助开源的第三方工具来实现。

（1）Web 前端的 JSON 交互可以使用 jQuery 来实现。jQuery 是一个较为流行的第三方 JavaScript 库，里面提供了很多的控件，同时对原生 JavaScript 的方法做了一定的封装，使开发者用起来更加简单便捷。

使用 jQuery 需要导入对应的 JS 文件，可以访问官方网站进行下载，如图 22-1 所示。

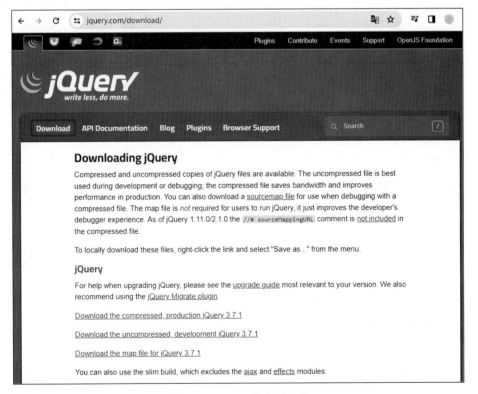

图 22-1　jQuery 的资源下载

回到本案例的项目，找到 web 文件夹，路径为项目根目录下 src/main/webapp/WEB-INF，新建一个 JavaScript 文件夹 js，将下载的 jQuery 文件复制进去，完成 jQuery 的导入，如图 22-2 所示。

（2）Web 后端，也就是 SpringMVC 框架的 JSON 解析，需要借助第三方的 Jackson 库

图 22-2 项目导入 jQuery 的 JS 文件

来实现。Jackson 是第三方开源的、基于 Java 语言的 JSON 解析和封装的库,里面实现了 JSON 在 Web 应用下进行数据封装和解析的各种函数,可以供 SpringMVC 框架使用。

本案例中使用 Jackson 需要下载对应的三个 jar 包,可以进入 MAVEN 的官网进行搜索和下载,如图 22-3 所示。

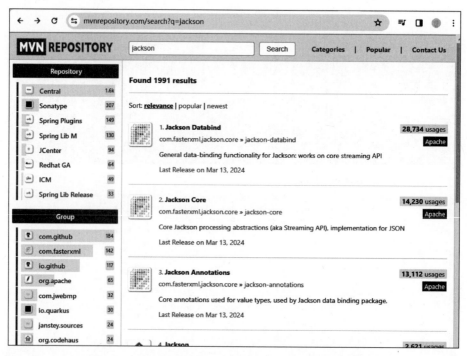

图 22-3 项目所需的第三方 Jackson 的 jar 包下载示意图

回到本案例,找到项目的 lib 文件夹,路径为项目根目录下 src/main/webapp/WEB-INF/lib,从之前下载 Spring 框架的文件夹里找到项目所需的 jar 包,复制到项目 lib 文件夹下。同时将刚下载的三个 Jackson 的 jar 包也复制到 lib 文件夹下,完成 Jackson 库的导入,如图 22-4 所示。

其中,servlet-api.jar 是 Java 语言开发 Web 项目的必需 jar 包,一般配置好 Tomcat 后就自动导入项目了。如果读者在开发过程中提示找不到 Web 对象,这里可以手动导入 servlet-api.jar 包来解决问题。

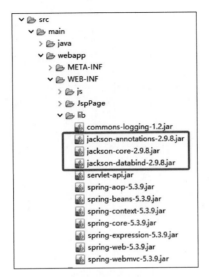

图 22-4　项目所需的 jar 包示意图

至此就完成了项目的准备工作。由于此案例用到了第三方的 JSON 库，因此项目的准备工作相对复杂一些，需要读者多多注意。

3．编写 Web 项目的配置文件代码

由于勾选了自动生成 web.xml 配置文件的选项，在项目目录 src/main/webapp/WEB-INF/下可以找到生成的文件。打开后，对其进行更改，代码如下。

```
01  <?xml version="1.0" encoding="UTF-8"?>
02  <web-app xmlns:xsi="http://www.w3.org/2001/XMLSchema-instance" xmlns="http://xmlns.jcp.org/xml/ns/javaee" xsi:schemaLocation="http://xmlns.jcp.org/xml/ns/javaee http://xmlns.jcp.org/xml/ns/javaee/web-app_4_0.xsd" id="WebApp_ID" version="4.0">
03      <display-name>SpringMVC04</display-name>
04      <servlet>
05          <servlet-name>SpringMVC</servlet-name>
06          <servlet-class>org.springframework.web.servlet.DispatcherServlet</servlet-class>
07          <init-param>
08              <param-name>contextConfigLocation</param-name>
09              <param-value>/WEB-INF/springMVC-config.xml</param-value>
10          </init-param>
11          <load-on-startup>1</load-on-startup>
12      </servlet>
13      <servlet-mapping>
14          <servlet-name>SpringMVC</servlet-name>
15          <url-pattern>/</url-pattern>
16      </servlet-mapping>
17      <welcome-file-list>
18          <welcome-file>index.html</welcome-file>
19          <welcome-file>index.jsp</welcome-file>
20          <welcome-file>index.htm</welcome-file>
21      </welcome-file-list>
22      <filter>
23          <filter-name>CharacterEncodingFilter</filter-name>
24          <filter-class>org.springframework.web.filter.CharacterEncodingFilter</filter-class>
25          <init-param>
```

```
26            <param-name>encoding</param-name>
27            <param-value>UTF-8</param-value>
28        </init-param>
29        <init-param>
30            <param-name>forceResponseEncoding</param-name>
31            <param-value>true</param-value>
32        </init-param>
33    </filter>
34    <filter-mapping>
35        <filter-name>CharacterEncodingFilter</filter-name>
36        <url-pattern>/*</url-pattern>
37    </filter-mapping>
38 </web-app>
```

第 01、02 行,是 XML 文件的格式说明和当前 XML 文件的命名空间说明。

第 03 行,是项目显示的名称,一般和项目创建时设置的名称保持一致。

第 04~12 行,是对当前项目的 DispatcherServlet 前端控制器进行设置。其中,第 05 行,是前端控制器的名称。第 06 行,是前端控制器对应的类路径,这里指向了 Spring 框架所定义的类,也就是 jar 包中所导入的类。第 07~10 行,是初始化参数。第 08 行对应初始化配置文件的名称,第 09 行对应配置文件的路径,这里设置为/WEB-INF/springMVC-config.xml,此文件暂时还不存在,之后需要创建。第 11 行是将前端控制器设置为在项目启动时就加载。

第 13~16 行,是设置哪些 URL 发送到后台后需要使用前端控制器进行拦截。第 14 行,是需要拦截的前端控制器名称,和第 05 行设置的名称保持一致即可。第 15 行,是设置需要拦截的 URL 样式。这里的"/"代表所有的 URL 都会被前端控制器拦截。在后期的使用中,读者也可以根据需要只拦截需要被拦截的 URL 样式。

第 17~21 行,是对项目的默认首页进行设置,由于本书讲解内容主要是对相关功能进行手动的访问测试,这里的主页可暂时略过,保持默认设置即可。

第 22~33 行,定义了一个 filter 过滤器,名称是 CharacterEncodingFilter,它的作用主要是通过编码方式的设置,让 Web 页面的前后端数据交互可以正常使用中文,不会出现乱码。

第 34~37 行,通过过滤器映射器,将定义好的 CharacterEncodingFilter 过滤器设定使用范围。url-pattern 为"/*",即全部请求都经过编码过滤器。

本配置文件中,第 01~21 行主要是常规的前端控制器 DispatcherServlet 的配置。第 22~37 行是配置并使用了中文编码转换的过滤器,从而确保中文可以正常在前后端间进行数据传输和显示。如果仅使用纯英文和数字进行项目测试,则可以省略第 22~37 行的内容。

4. 编写 Java 类的代码

在项目目录 src/main/java 下,新建一个 Java 类的包 com.pojo,在包里新建一个 Java 类 Student.java。具体代码如下。

```
01 package com.pojo;
02 public class Student {
03     private int sid;
```

```
04    private String sname;
05    private String sbirth;
06    public Student(int sid, String sname, String sbirth) {
07        super();
08        this.sid = sid;
09        this.sname = sname;
10        this.sbirth = sbirth;
11    }
12    public Student() {
13        super();
14        //TODO Auto-generated constructor stub
15    }
16    public int getSid() {
17        return sid;
18    }
19    public void setSid(int sid) {
20        this.sid = sid;
21    }
22    public String getSname() {
23        return sname;
24    }
25    public void setSname(String sname) {
26        this.sname = sname;
27    }
28    public String getSbirth() {
29        return sbirth;
30    }
31    public void setSbirth(String sbirth) {
32        this.sbirth = sbirth;
33    }
34    @Override
35    public String toString() {
36        return "Student [sid=" + sid + ", sname=" + sname + ", sbirth=" + sbirth + "]";
37    }
38 }
```

这是一个简单的 Java 类，Student 类的成员变量有 sid、sname、sbirth 等。需要注意的是，在项目中需要将 JSON 数据解析成 Java 对象，也需要将 Java 对象封装成 JSON 数据，两个过程都需要对 Java 对象的属性值进行读写设置，因此必须实现每个成员变量的 getter 和 setter 函数，否则项目会报错。

5. 编写控制器 Controller 的代码

在项目目录 src/main/java 下，新建一个控制器包 com.controller，在包里新建一个控制器类 InjsonController.java。具体代码如下。

```
01  package com.controller;
02  import org.springframework.stereotype.Controller;
03  import org.springframework.web.bind.annotation.RequestBody;
04  import org.springframework.web.bind.annotation.RequestMapping;
05  import org.springframework.web.bind.annotation.RequestMethod;
06  import org.springframework.web.bind.annotation.ResponseBody;
07  import com.pojo.Student;
08  @Controller
09  public class InjsonController {
```

```
10    @ResponseBody
11    @RequestMapping("/stringInout")
12    public String useaJson(String inString) {
13      System.out.println("接收到的 String 数据:" + inString);
14      return "String data sent by SpringMVC";
15    }
16    @ResponseBody
17    @RequestMapping(value = "/jsonInout", method = RequestMethod.POST)
18    public Student useJson(@RequestBody Student inStudent) {
19      System.out.println("接收到的 POJO 数据:" + inStudent.toString());
20      Student outStudent = new Student(6, "陈亮", "2003");
21      return outStudent;
22    }
23  }
```

第 08 行，将@Controller 注解放在 Java 类的上方，被注解的类作为 SpringMVC 的控制器，成为 Spring 容器的 Bean 对象，执行完成业务逻辑的后台响应。同时，@Controller 注解也可以让其他的 SpringMVC 注解例如@RequestBody 和@ResponseBody 正常生效。

第 10~15 行，定义了一个后台业务逻辑的响应函数 useaJson，作用是从前端接收 String 数据到后端，并从后端发送 String 数据到前端，完成前后端的 String 数据交互闭环。第 10 行，@ResponseBody 注解该函数，代表此方法的返回值是 String 文本或是 SpringMVC 框架转换后的对象格式（例如 JSON），直接返回给 Web 前端。第 11 行，@RequestMapping 注解，代表此方法映射的请求地址是/stringInout。第 13 行，在函数内，将从前端接收到的 String 数据参数拼接后打印到控制台，供开发人员测试。第 14 行，将指定的 String 文本直接作为返回值，发送给 Web 前端。

第 16~22 行，定义了一个后台业务逻辑的响应函数 useJson，作用是从前端接收 JSON 数据到后端，并从后端发送 JSON 数据到前端，完成前后端的 JSON 数据交互闭环。第 16 行，@ResponseBody 注解该函数，代表此方法的返回值是 String 文本或是 SpringMVC 框架转换后的对象格式（例如 JSON），直接返回给 Web 前端。第 17 行，@RequestMapping 注解，代表此方法映射的请求地址是/jsonInout，同时设置了该请求的 HTTP 方法必须是 POST。第 18 行是函数的声明，参数 Student 对象使用@RequestBody 进行注解，代表从 Web 前端接收到 JSON 数据后，使用内置的格式转换器将 JSON 数据直接转换成 Java 对象。第 19 行，在函数内，接收到的 Java 对象转换成 String 文本并打印输出到控制台，供开发人员测试。第 20、21 行，在函数内新建了一个 Java 对象，并直接使用该对象作为返回值。由于该函数使用了@ResponseBody 注解，返回的 Java 对象会自动经过内置的格式转换器转换成 JSON 数据，然后再发送给 Web 前端。

6. 编写 SpringMVC 的配置文件代码

在 web 文件夹，也就是 web.xml 配置文件所在的文件夹 src/main/webapp/WEB-INF/下，创建 SpringMVC 的配置文件 springMVC-config.xml，具体代码如下。

```
01  <?xml version="1.0" encoding="UTF-8"?>
02  <beans xmlns="http://www.springframework.org/schema/beans"
03    xmlns:xsi="http://www.w3.org/2001/XMLSchema-instance"
04    xmlns:context="http://www.springframework.org/schema/context"
05    xmlns:mvc="http://www.springframework.org/schema/mvc"
```

```
06      xsi:schemaLocation="http://www.springframework.org/schema/beans
07         http://www.springframework.org/schema/beans/spring-beans.xsd
08         http://www.springframework.org/schema/context
09         https://www.springframework.org/schema/context/spring-context.xsd
10         http://www.springframework.org/schema/mvc
11         https://www.springframework.org/schema/mvc/spring-mvc.xsd">
12      <mvc:annotation-driven/>
13      <context:component-scan base-package="com.controller"/>
14      <bean class="org.springframework.web.servlet.view.InternalResourceViewResolver">
15         <property name="prefix" value="/WEB-INF/JspPage/"/>
16         <property name="suffix" value=".jsp"/>
17      </bean>
18      <mvc:resources mapping="/js/**" location="/WEB-INF/js/"/>
19   </beans>
```

第 01～11 行，是 XML 文件的格式声明，以及本项目需要用到的组件所在的命名空间。需要注意的是，这里的命名空间和 jar 包的导入相关，如果 jar 包没有正确导入，这里的命名空间设置会无法生效或出错。

第 12 行，<mvc：annotation-driven/>是注解驱动，它会自动注册 RequestMappingHandlerMapping 与 RequestMappingHandlerAdapter 两个 SpringMVC 框架内置的 Bean 对象。在 SpringMVC 框架中的 Controller 控制器分发请求需要用到这两个对象，同时它们还进一步提供了数据绑定的支持。由于本项目案例的 Controller 控制器需要接收或返回 JSON 对象，使用第三方类库来完成数据绑定，因此这里的配置文件需要加上这一行代码。

第 13 行，context：component-scan 元素可以对 Java 包进行扫描，使得注解的代码正常执行生效。属性 base-package 对应的就是包名，设置为 com.controller，即控制器所在的 Java 包。

第 14～17 行，配置了视图解析器。由于是框架自带的组件，第 14 行只需要设置 class 类路径为"org.springframework.web.servlet.view.InternalResourceViewResolver"即可，不需要配置 id 或 name 属性。这里的类路径来自 jar 包，需要正确导入 jar 包后才可以生效，同时读者输入的时候需保证类路径不可出错，否则项目运行会出错。第 15 行，定义了视图解析器的 prefix 属性，也就是前缀为"/WEB-INF/JspPage/"。第 16 行，定义了视图解析器的 suffix 属性，也就是后缀为".jsp"。经过这样的定义后，控制器 Controller 中如果设置或返回了视图名称的 String 值，视图解析器就会自动为此 String 加上前缀路径和后缀文件扩展名，从而可以跳转到正确的页面。

第 18 行，定义了项目的 resources 资源文件夹，为项目的 web 文件夹下的/WEB-INF/js/。经过定义后，资源文件夹内的文件都可以直接访问，这样静态 JSP 网页文件就可以正常访问并使用此文件夹下的 jQuery 的 JS 文件资源。

7. 编写静态网页的代码

在 web 文件夹，也就是 web.xml 配置文件所在的文件夹 src/main/webapp/WEB-INF/下，新建静态的 JSP 页面 input.jsp。具体代码如下。

```
01   <%@ page language="java" contentType="text/html; charset=UTF-8"
02       pageEncoding="UTF-8"%>
03   <!DOCTYPE html>
04   <html>
```

```
05  <head>
06  <meta charset="UTF-8">
07  <title>前后端数据交互</title>
08  <script type="text/javascript" src="${pageContext.request.contextPath}/js/jquery-1.12.0.min.js"></script>
09  <script type="text/javascript">
10  function sendString(){
11    var getString = $('#inputString').val();
12    var sendData = "inString="+getString;
13    $.ajax({
14      type:"get",
15      url:"stringInout",
16      data:sendData,
17      error: function(XMLHttpRequest, textStatus, errorThrown){
18        alert("<"+XMLHttpRequest.status+","+XMLHttpRequest.readyState+","+textStatus+">");
19      },
20      success:function(data){
21        alert("ajax success:\n" + data);
22      }
23    });
24  }
25  </script>
26  <script type="text/javascript">
27  function sendJson(){
28    var stuid = $('#studentid').val();
29    var stuname = $('#studentname').val();
30    var stubirth = $('#studentbirth').val();
31    var sendJsonData = JSON.stringify({sid:stuid,sname:stuname,sbirth:stubirth});
32    $.ajax({
33      type:"post",
34      url:"jsonInout",
35      data:sendJsonData,
36      contentType:"application/json;charset=utf-8",
37      error: function(XMLHttpRequest, textStatus, errorThrown){
38        alert("<"+XMLHttpRequest.status+","+XMLHttpRequest.readyState+","+textStatus+">");
39      },
40      success:function(outData){
41        alert("student data:\n" + outData.sid +", "+ outData.sname +", "+ outData.sbirth);
42      }
43    });
44  }
45  </script>
46  </head>
47  <body>
48  (1)输入String数据,发送到Web后端:<br/>
49  待发送的数据:<input type="text" id="inputString"><br/>
50  <br/>
51  <input type="button" value="提交String数据" onclick="sendString()"><br/><br/>
52  <br/><br/>
53  (1)输入JSON数据,发送到Web后端:<br/>
54  学生ID:<input type="text" id="studentid"><br/>
55  学生姓名:<input type="text" id="studentname"><br/>
56  出生年份:<input type="text" id="studentbirth"><br/>
57  <br/>
```

```
58    <input type="button" value="提交JSON数据" onclick="sendJson()"><br/><br/>
59    </body>
60    </html>
```

这是一个略微复杂的 JSP 页面,页面主要分为格式声明、HTML 头和 HTML 内容三个部分。

第 01、02 行,是 JSP 页面的格式说明,这里的 charset 和 pageEncoding 需要设置为 UTF-8,如果选择模板时不正确,也可以在这里手动修改。修改正确后,页面才能正常显示中文。

第 03~46 行,是此 Web 页面的 head 头部。第 07 行,是页面的名称。第 08 行,通过 ${pageContext.request.contextPath}/js/jquery-1.12.0.min.js 引用项目导入的 jQuery 文件路径,因此本 JSP 页面中可以使用 jQuery 的语法和功能模块。第 09~25 行,是使用 JavaScript 定义的一个函数。函数名为 sendString,作用是从前端往后端发送 String 文本变量。第 11~12 行,通过 jQuery 语法获取页面输入框中用户输入的 String 文本变量。第 13~22 行,通过 jQuery 的语法,使用 AJAX 的异步传输方法,将刚获取的 String 变量使用 GET 请求发送给 stringInout 地址。如果发送成功或失败,则进一步通过 alert 语法弹出对话框,提示数据的发送结果。

第 26~45 行,是使用 JavaScript 定义的另一个函数。函数名为 sendJson,作用是从前端往后端发送 JSON 数据对象。第 28~30 行,通过 jQuery 语法获取页面输入框中用户输入的数据。第 31 行,使用 jQuery 库中的方法将数据拼接成 JSON 数据格式。第 32~43 行,通过 jQuery 的语法,使用 AJAX 的异步传输方法,将刚获取的 JSON 数据对象使用 POST 请求发送给 jsonInout 地址。如果发送成功或失败,则进一步通过 alert 语法弹出对话框,提示数据的发送结果。

第 47~60 行,是此 Web 页面的 body 内容。这里主要定义了两个表单来收集用户输入的数据。第 48~52 行,是第一个部分,收集的用户输入变量名为 inputString,提交后,会访问页面头部 JavaScript 定义的 sendString() 函数方法,使用 AJAX 方法将 String 数据发送给后端。第 53~58 行,是第二个部分,收集用户的多个输入数据,提交后会访问页面头部 JAVAScript 定义的 sendJson() 方法,将多个数据拼接成 JSON 格式后,使用 AJAX 发给后端。

8. 项目测试结果

在项目上单击右键,选择 Run As,继续选择 Run on Server。待 Tomcat 服务器正常启动后,进入浏览器,输入项目的访问地址"http://localhost:8080/SpringMVC07"。

在访问地址后加上静态 JSP 页面的子地址/input.jsp,单击跳转,待页面正常显示后,在输入框输入对应的数据,如图 22-5 所示。

单击"提交 String 数据"按钮,将 Web 前端的 String 数据发送给后端控制器,同时控制器 Controller 也会将 String 数据通过 @ResponseBody 注解发送到当前页面。此时查看控制台,显示如图 22-6 所示。

可以看到,Web 页面中输入的文本被发送到了后端,并通过控制台正确输出。此时查看 input.jsp 页面显示如图 22-7 所示。

图 22-5　SpringMVC 框架的 JSON 数据交互的运行示意图 01

图 22-6　SpringMVC 框架的 JSON 数据交互的运行示意图 02

图 22-7　SpringMVC 框架的 JSON 数据交互的运行示意图 03

控制器 Controller 后端发出的数据,被前端 Web 的 AJAX 请求 sendString()的异步返回函数 success 接收,通过 JavaScript 的 alert 语法输出,因此可以直接在页面弹出对话框并显示数据。

接下来回到浏览器中测试的 input.jsp 页面,单击"提交 JSON 数据"按钮,将 Web 前端的 JSON 数据发送给后端控制器,同时控制器 Controller 也会将 JSON 数据通过 @ResponseBody 注解发送到当前页面。此时查看控制台,显示如图 22-8 所示。

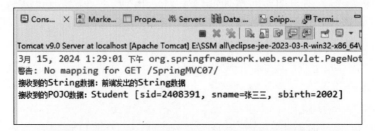

图 22-8　SpringMVC 框架的 JSON 数据交互的运行示意图 04

可以看到，Web 页面中输入的数据被拼装成 JSON 格式后发送，后端通过 @RequestBody 注解接收并解析 JSON 数据，并通过控制台正确输出 Java 对象的 String 值。此时查看 input.jsp 页面显示如图 22-9 所示。

图 22-9　SpringMVC 框架的 JSON 数据交互的运行示意图 05

控制器 Controller 后端发出的 JSON 数据，被前端 Web 的 AJAX 请求 sendJson() 的异步返回函数 success 接收，通过 JavaScript 的 alert 语法输出，因此可以直接在页面弹出对话框并显示数据。

综上所述，在 SpringMVC 框架下，Web 前后端使用 JSON 格式进行数据交互的使用方式正确演示。

小结

本章首先介绍了前后端数据交互的相关概念和应用场景，分析了数据交互在 Web 开发中的重要性；其次介绍了 XML 格式作为数据交互的使用情况，分析了使用 XML 进行数据交互的优点和不足；接下来介绍了 JSON 格式作为数据交互的使用情况，分析了 JSON 作为数据交互的优点，讲解了 JSON 的数据格式内容；最后介绍了 SpringMVC 框架下使用 JSON 作为数据交互的流程，并通过案例详细讲解了 SpringMVC 框架下 JSON 的使用方法。通过本章的学习，读者可以了解数据交互的重要性，理解 XML 和 JSON 格式在数据交互上的不同，理解 JSON 作为数据交互的优势，掌握 SpringMVC 框架下使用 JSON 数据交互的编程实现方法。

习题

1. (　　)不是正确的 JSON 数据格式。
    A. {"key3"：[{"key31"："value31"},{"key32"："value32"}]}
    B. ["value1","value2","value3"]
    C. {["key1","key2"]："value1"}
    D. {"key1"："value1","key2"："value2",]}

2. 在 SpringMVC 框架中，写入 JSON 数据可以使用@ResponseBody 注解，读取 JSON 数据可以使用_____注解。

3. 简述 XML 和 JSON 两种数据格式的优缺点。

视频讲解

第23章

文件上传下载

CHAPTER 23

本章学习目标:
- 了解 ORM 框架的原理。
- 了解 MyBatis 框架的工作流程和重要 API。
- 掌握 MyBatis 的简单程序的编写。

随着 Web 技术的不断发展,页面的多媒体内容越来越多。用户可以在页面上浏览图片、播放视频、聆听音乐、查看或编辑文档,还可以下载图片或文档资料到本地硬盘。在较为热门的视频网站上,用户还可以上传自己创作的视频文件到服务器上,供其他用户浏览和查看。

由此看来,文件上传和下载已经成为 Web 软件系统开发过程中的常用功能,而 SpringMVC 框架作为一个成熟的 Web 开发框架技术,也为开发者提供了对应的实现方法。

23.1 文件上传

23.1.1 文件上传简介

文件上传的底层原理,就是从客户端即 Web 前端传输二进制数据到服务器端即 Web 后端。因此,文件上传和提交用户数据一样,都需要用到 Web 前端的 form 表单。

不同的是,为了上传文件,需要将表单的请求方法设置为 POST,同时 enctype 属性必须设置为 multipart/form-data,这样 Web 前端的浏览器可以将用户选定的文件以二进制数据流的方式发给 Web 后端的服务器。后台在获取到二进制数据流后,需要将数据拼装成 file 文件对象,这个时候可以使用 Apache 发布的 Commons FileUpload 组件来辅助实现。

在 SpringMVC 框架中,文件上传也借助了开源的 Commons FileUpload 组件,同时整体的开发流程有详细的封装,开发者可以较为快捷、简单地使用 SpringMVC 框架来实现文件上传功能。

23.1.2 文件上传的使用案例

下面通过一个具体的案例,来讲解如何在 SpringMVC 框架下实现文件上传的功能。

1. 创建工程

打开 Eclipse,选择新建项目中的 Dynamic Web Project 也就是动态 Web 项目。Target runtime 选择配置好的 Apache Tomcat v9.0。相关选项和配置使用默认的,给项目起一个名称。在最后一步勾选自动生成 web.xml 文件的选项,然后单击 Finish 按钮即完成项目的创建。

2. 项目的准备工作

由于要使用 Apache 发布的开源的 Commons FileUpload 组件,读者可以从官网或 MAVEN 网站上找到并下载对应的 jar 包(见图 23-1),需要用到的 jar 包为 commons-fileupload.jar 和 commons-io.jar。

找到项目的 lib 文件夹,路径为项目根目录下 src/main/webapp/WEB-INF/lib,从之前下载 Spring 框架的文件夹里找到项目所需的 jar 包,复制到项目 lib 文件夹下。并把刚下载得到的 commons-fileupload.jar 和 commons-io.jar 也复制到项目 lib 文件夹下,完成 jar 包的导入,如图 23-2 所示。

其中,servlet-api.jar 是 Java 语言开发 Web 项目的必需 jar 包,一般配置好 Tomcat 后就自动导入项目了。如果读者在开发过程中提示找不到 Web 对象,这里可以手动导入 servlet-api.jar 包来解决问题。

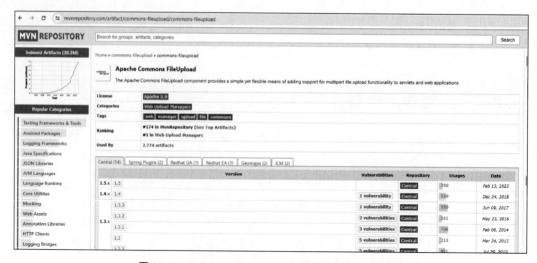

图 23-1　Commons FileUpload 组件的 jar 包下载页面

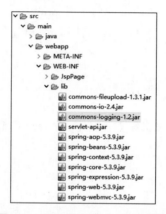

图 23-2　项目所需的 jar 包示意图

3. 编写 Web 项目的配置文件代码

由于勾选了自动生成 web.xml 配置文件的选项,在项目目录 src/main/webapp/WEB-INF/下可以找到生成的文件。打开后,对其进行更改,代码如下。

```
01    <?xml version="1.0" encoding="UTF-8"?>
02    <web-app xmlns:xsi="http://www.w3.org/2001/XMLSchema-instance" xmlns="http://
      xmlns.jcp.org/xml/ns/javaee" xsi:schemaLocation="http://xmlns.jcp.org/xml/ns/javaee
      http://xmlns.jcp.org/xml/ns/javaee/web-app_4_0.xsd" id="WebApp_ID" version="4.0">
03      <display-name>SpringMVC08</display-name>
04      <servlet>
05        <servlet-name>SpringMVC</servlet-name>
06        <servlet-class>org.springframework.web.servlet.DispatcherServlet</servlet-class>
07        <init-param>
08          <param-name>contextConfigLocation</param-name>
09          <param-value>/WEB-INF/springMVC-config.xml</param-value>
10        </init-param>
11        <load-on-startup>1</load-on-startup>
12      </servlet>
13      <servlet-mapping>
```

```
14        <servlet-name>SpringMVC</servlet-name>
15        <url-pattern>/</url-pattern>
16    </servlet-mapping>
17    <welcome-file-list>
18        <welcome-file>index.html</welcome-file>
19        <welcome-file>index.jsp</welcome-file>
20        <welcome-file>index.htm</welcome-file>
21    </welcome-file-list>
22 </web-app>
```

第 01、02 行，是 XML 文件的格式说明和当前 XML 文件的命名空间说明。

第 03 行，是项目显示的名称，一般和项目创建时设置的名称保持一致。

第 04~12 行，是对当前项目的 DispatcherServlet 前端控制器进行设置。其中，第 05 行是前端控制器的名称。第 06 行，是前端控制器对应的类路径，这里指向了 Spring 框架所定义的类，也就是 jar 包中所导入的类。第 07~10 行，是初始化参数。第 08 行对应初始化配置文件的名称，第 09 行对应配置文件的路径，这里设置为/WEB-INF/springMVC-config.xml，此文件暂时还不存在，之后需要创建。第 11 行是将前端控制器设置为在项目启动时就加载。

第 13~16 行，是设置哪些 URL 发送到后台后需要使用前端控制器进行拦截。第 14 行，是需要拦截的前端控制器名称，和第 05 行设置的名称保持一致即可。第 15 行，是设置需要拦截的 URL 样式。这里的"/"代表所有的 URL 都会被前端控制器拦截。在后期的使用中，读者也可以根据需要只拦截需要被拦截的 URL 样式。

第 17~21 行，定义了项目的默认主页样式，本案例因为是手动测试，不需要主页，此部分内容也可以删去，对功能的使用和测试不会有影响。

4. 编写控制器 Controller 的代码

在项目目录 src/main/java 下，新建一个控制器包 com.controller，在包里新建控制器类 FileUploader.java，用于从 Web 前端获取二进制数据并保存文件到服务器端。具体代码如下。

```
01 package com.controller;
02 import java.io.File;
03 import java.io.IOException;
04 import javax.servlet.http.HttpServletRequest;
05 import org.springframework.stereotype.Controller;
06 import org.springframework.ui.Model;
07 import org.springframework.web.bind.annotation.PostMapping;
08 import org.springframework.web.bind.annotation.RequestParam;
09 import org.springframework.web.multipart.MultipartFile;
10 @Controller
11 public class FileUploader {
12     @PostMapping("/uploadfile")
13     public String uploadFile(HttpServletRequest request,@RequestParam("filePath") MultipartFile file,
14         @RequestParam("fileTitle") String title, Model model) throws IllegalStateException, IOException {
15         if(!file.isEmpty()) {
16             String path = request.getServletContext().getRealPath("/");
17             String fileName = file.getOriginalFilename();
```

```
18        File filePath = new File(path, fileName);
19        if(!filePath.getParentFile().exists()){
20          filePath.getParentFile().mkdirs();
21        }
22        file.transferTo(filePath);
23        model.addAttribute("fileTitle", title);
24        model.addAttribute("fileName", fileName);
25        System.out.println(filePath.getAbsolutePath());
26        return "display";
27      } else {
28        return "error";
29      }
30    }
31  }
```

第 10 行,@Controller 将本 Java 类注解成控制器,可以使得其他相关的注解生效。

第 12~30 行,定义了一个响应函数 uploadFile。第 12 行,使用@PostMapping 注解,将响应函数和请求地址/uploadfile 进行映射绑定。

第 13、14 行,参数共有 4 个。其中,第一个参数是默认参数 HttpServletRequest,用于处理 HTTP 请求。第二个参数是 MultipartFile 对象,它就是 Commons FileUpload 组件在 SpringMVC 框架下的封装,内部存放了上传文件的二进制数据。作为控制器的响应函数的参数时,MultipartFile 对象需要使用@RequestParam 注解,将它和 Web 前端上传的文件对象 filePath 进行绑定。第三个参数是 String 类型的 title,代表文件名,同样需要@RequestParam 注解和 Web 前端的文件名变量 fileTitle 进行绑定。第四个参数是 Model 对象,它主要用于网页前后端传输数据。

第 15 行,通过 isEmpty()方法,判断上传文件是否为空。一般为空就是文件上传失败或没有上传,当不为空时则可以进一步地处理。

第 16~22 行,当文件不为空即文件上传成功时,获取项目在服务器上的地址路径和上传文件的文件名,使用 filePath.getParentFile().mkdirs()方法创建文件上传到服务器后需要存放的路径和文件名,然后使用 MultipartFile 对象的 transferTo 方法,将二进制数据转存到对应的文件中,从而完成文件上传的全部流程。

第 23~26 行,文件上传完成后,将文件名和路径等信息存放到 Model 对象中,同时在控制台中输出文件保存的路径信息,最后引导浏览器跳转到页面名称为 display 的页面。此页面跳转的方式,需要 springmvc-config.xml 配置文件中对视图解析器的设置和定义来支撑。

第 27~29 行,这是上传文件为空即上传失败时的处理逻辑,引导浏览器跳转到 error 页面,显示出错信息。

5. 编写 SpringMVC 的配置文件代码

在 web 文件夹,也就是 web.xml 配置文件所在的文件夹 src/main/webapp/WEB-INF/下,创建 SpringMVC 的配置文件 springMVC-config.xml,具体代码如下。

```
01  <?xml version="1.0" encoding="UTF-8"?>
02  <beans xmlns="http://www.springframework.org/schema/beans"
03    xmlns:xsi="http://www.w3.org/2001/XMLSchema-instance"
04    xmlns:context="http://www.springframework.org/schema/context"
```

```
05      xmlns:mvc="http://www.springframework.org/schema/mvc"
06      xsi:schemaLocation="http://www.springframework.org/schema/beans
07          http://www.springframework.org/schema/beans/spring-beans.xsd
08          http://www.springframework.org/schema/context
09          https://www.springframework.org/schema/context/spring-context.xsd
10          http://www.springframework.org/schema/mvc
11          https://www.springframework.org/schema/mvc/spring-mvc.xsd">
12      <context:component-scan base-package="com.controller"/>
13      <mvc:annotation-driven/>
14      <mvc:default-servlet-handler/>
15      <bean class="org.springframework.web.servlet.view.InternalResourceViewResolver">
16  <!--    <property name="prefix" value="/WEB-INF/JspPage/"/> -->
17          <property name="prefix" value="/"/>
18          <property name="suffix" value=".jsp"/>
19      </bean>
20      <bean id="multipartResolver" class="org.springframework.web.multipart.commons.CommonsMultipartResolver">
21          <property name="maxUploadSize" value="10485790"></property>
22          <property name="defaultEncoding" value="UTF-8"></property>
23      </bean>
24  </beans>
```

第 01~11 行,是 XML 文件的格式声明,以及本项目需要用到的组件所在的命名空间。需要注意的是,这里的命名空间和 jar 包的导入相关,如果 jar 包没有正确导入,这里的命名空间设置会无法生效或出错。

第 12 行,context:component-scan 元素可以对 Java 包进行扫描,使得注解的代码正常执行生效。属性 base-package 对应的就是包名,设置为 com.controller,即控制器所在的 Java 包。

第 13、14 行,非常重要,这两行在一起使用,可以实现 SpringMVC 框架下静态资源的访问,这样上传文件后就可以通过文件路径直接访问并查看服务器上的文件,从而可以进一步测试文件上传是否成功。如果缺失这两行,由于 web.xml 配置文件中,<servlet-mapping>中设置的<url-pattern>为"/",即配置的 Servlet 会拦截所有的 HTTP 请求包括静态资源,此时就无法直接访问静态资源。当加上第 14 行代码,<mvc:default-servlet-handler/>后,SpringMVC 框架会创建 DefaultServletHttpRequestHandler 对象,此对象会将网络请求转发给 Tomcat 的 default 这个 Servlet 来处理,因此静态资源就可以访问了。但此时后台控制器的路径响应函数又无法映射了,因此必须在此基础上再加上第 13 行代码,<mvc:annotation-driven/>,从而在可以访问静态资源的基础上,保证原有的@RequestMapping 注解的路径映射也可以生效。

第 15~19 行,配置了视图解析器。由于是框架自带的组件,第 15 行只需要设置 class 类路径为"org.springframework.web.servlet.view.InternalResourceViewResolver"即可,不需要配置 id 或 name 属性。这里的类路径来自 jar 包,需要正确导入 jar 包后才可以生效,同时读者输入的时候需保证类路径不可出错,否则项目运行会出错。第 17 行,定义了视图解析器的 prefix 属性,也就是前缀为"/",对应的是项目的 webapp 文件夹。第 18 行,定义了视图解析器的 suffix 属性,也就是后缀为".jsp"。经过这样的定义后,控制器 Controller 中如果设置或返回了视图名称的 String 值,视图解析器就会自动为此 String 加上前缀路径和后缀文件扩展名,从而可以跳转到正确的页面。

第 20~23 行，定义了 MultipartResolver 组件。此组件可以从 Web 前端获取文件的二进制数据后，在 Web 后端将数据封装成对应的文件参数，即 MultipartFile 对象，供后台的响应函数做进一步的处理。第 20 行，定义了 MultipartResolver 组件的 id 为 multipartResolver，对应的 class 为 org.springframework.web.multipart.commons.CommonsMultipartResolver，此类来自 commons-fileupload 的 jar 包，使用时必须确保相关 jar 包正确导入。第 21 行，设置组件的 maxUploadSize 属性值为 10485790，即上传文件的大小上限，单位是字节。第 22 行，设置组件的 defaultEncoding 属性值为 UTF-8，即编码方式。这个值需要和上传文件的 JSP 页面的编码方式一样。

6. 编写静态网页的代码

在 web 文件夹，也就是项目的目录 src/main/webapp/下，创建三个静态的 JSP 页面 upload.jsp、display.jsp 和 error.jsp，分别用于上传文件、显示文件上传成功和显示文件上传出错。具体代码如下。

```
01  <%@ page language="java" contentType="text/html; charset=UTF-8"
02      pageEncoding="UTF-8"%>
03  <!DOCTYPE html>
04  <html>
05  <head>
06  <meta charset="UTF-8">
07  <title>上传文件的页面</title>
08  </head>
09  <body>
10  上传文件的页面:<br/><br/>
11  <form action="uploadfile" enctype="multipart/form-data" method="post">
12  文件描述:<input type="text" name="fileTitle"><br/><br/>
13  选择文件路径:<input type="file" name="filePath"><br/><br/>
14  <input type="submit" value="单击上传文件">
15  </form>
16  </body>
17  </html>
```

这是一个较为简单的 JSP 页面，主体是第 10~15 行，对应文件上传的 form 表单。第 11 行，设置 form 表单的 action 属性为 uploadfile，对应后台处理文件上传的请求路径。enctype 属性设置为 multipart/form-data，代表此 form 表单需要上传的是文件，即二进制数据，对应后台响应函数的 MultipartFile 对象的参数类型。method 属性设置为 post，二进制数据上传必须使用 POST 方法，也对应了后台响应函数的@PostMapping 注解。

第 12 行，定义了一个 input 标签，类型是 text，name 属性是 fileTitle，对应的是文件名，即在页面上传文件时，用户可以手动给文件起一个文件名。

第 13 行，定义了另一个 input 标签，类型是 file，name 属性是 filePath，对应的是后台响应函数的 MultipartFile 参数的@RequestMapping 注解绑定的变量名。文件从这里上传后，经过 Commons FileUpload 组件的处理，后台就能获取到 MultipartFile 对象。这里使用 file 类型的 input，用户单击后可以打开一个文件浏览的对话框，从本地资源管理器中选择需要上传的文件。

第 14 行，是 form 表单的确认按钮，用户选择文件，输入文件名后，单击此按钮就可以开启文件上传功能。

display.jsp

```
01  <%@ page language="java" contentType="text/html; charset=UTF-8"
02      pageEncoding="UTF-8"%>
03  <!DOCTYPE html>
04  <html>
05  <head>
06  <meta charset="UTF-8">
07  <title>展示图片</title>
08  </head>
09  <body>
10  查看已经上传成功的图片:<br><br>
11  文件标题描述:${fileTitle}<br><br>
12  文件内容:<br><img src="${fileName}" /><br>
13  </body>
14  </html>
```

这是文件上传成功后的展示页面。

第 11 行，由于 file 文件的相关信息通过键值对的方式添加进了 Model 对象，这里可以使用 JSP 语法 ${fileTitle} 获取文件的标题并显示在页面上。

第 12 行，使用 img 标签来显示图片，src 对应的是图片的链接地址，这里通过 JSP 语法 ${fileName} 从 Model 对象中获取对应的数据值。由于在 SpringMVC 的配置文件中加入了 <mvc:annotation-driven/> 和 <mvc:default-servlet-handler/>，因此这里的图片静态资源可以正常访问并直接显示在页面上。

error.jsp

```
01  <%@ page language="java" contentType="text/html; charset=UTF-8"
02      pageEncoding="UTF-8"%>
03  <!DOCTYPE html>
04  <html>
05  <head>
06  <meta charset="UTF-8">
07  <title>出错页面</title>
08  </head>
09  <body>
10  <h3>出错啦!</h3>
11  </body>
12  </html>
```

这是文件上传失败后的提示页面。页面内容很简单，通过第 10 行的标题文字，提示用户当前是出错页面即可。

7. 项目测试结果

在项目上单击右键，选择 Run As，继续选择 Run on Server。待 Tomcat 服务器正常启动后，进入浏览器，输入项目的访问地址"http://localhost:8080/SpringMVC08"。

在访问地址后加上文件上传的 JSP 页面的子地址/upload.jsp，单击跳转后发现页面正常显示，如图 23-3 所示。

单击"选择文件"按钮，在开启的文件选择对话框中，从本地资源选取一张适当大小的图

图 23-3　SpringMVC 框架的文件上传的运行示意图 01

片 forest.png,输入文件描述的文件名 uploadforest,单击页面下方的"单击上传文件"按钮。等后台处理完成后,页面显示如图 23-4 所示。

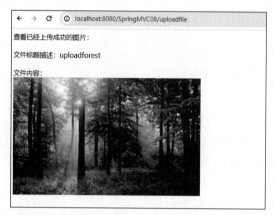

图 23-4　SpringMVC 框架的文件上传的运行示意图 02

可以看到,文件上传成功,页面跳转到了 display.jsp 页面。页面上方显示了刚提交的文件标题,页面下方正确展示了刚上传的图片文件。

此时查看控制台,得到输出文件在服务器上的访问地址,即 E:\SSM all\ssm projects\.metadata\.plugins\org.eclipse.wst.server.core\tmp0\wtpwebapps\SpringMVC08\forest.png,如图 23-5 所示。

图 23-5　SpringMVC 框架的文件上传的运行示意图 03

此时打开服务器端的资源管理器,输入图片所处的文件夹 E:\SSM all\ssm projects\.metadata\.plugins\org.eclipse.wst.server.core\tmp0\wtpwebapps\SpringMVC08\,如图 23-6 所示。

可以看到,刚刚在 Web 客户端的文件,已经成功上传到了服务器端的项目文件夹下,且文件名和文件扩展名也都得到了保留,在 SpringMVC 框架下的文件上传功能使用正确。

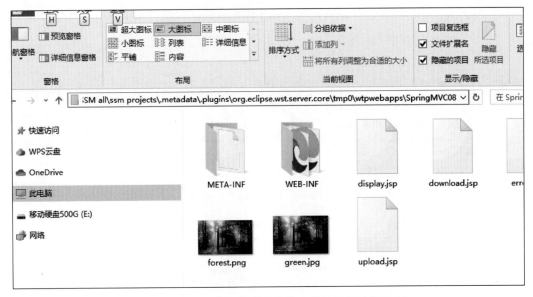

图 23-6　SpringMVC 框架的文件上传的运行示意图 04

23.2　文件下载

23.2.1　文件下载简介

文件下载也是非常实用的网页功能，相比文件上传，它的实现更加简单。

要实现文件下载，首先需要对文件进行 I/O 读取解析成二进制流。这部分无须使用第三方组件或 SpringMVC 框架的特定功能，使用标准 Java 下的 File 类就可以完成此功能。

在获取二进制数据流后，使用 SpringMVC 框架的 HttpServletResponse 对象，将二进制流按照特定的格式进行输出，即可传输给 Web 前端，供客户下载。

最后，在页面上给用户提供一个文件下载的链接，即下载入口，就可以实现文件下载。

23.2.2　文件下载的使用案例

下面通过一个具体的案例，演示 SpringMVC 框架下文件下载的使用方法。

1．创建工程并准备项目

为方便演示，这里直接沿用刚刚的工程即可，jar 包已经正常导入。

2．编写 Web 项目的配置文件代码和 SpringMVC 的配置文件代码

这两个配置文件都已经存在，设置也已经完成，可以直接沿用，无须修改。

3．编写控制器 Controller 的代码

在项目目录 src/main/java 下的控制器包 com.controller 里，新建一个控制器类

Downloader.java,用于从 Web 后端获取文件并解析后提供给客户端下载。具体代码如下。

```java
01  package com.controller;
02  import java.io.File;
03  import java.io.IOException;
04  import javax.servlet.http.HttpServletRequest;
05  import javax.servlet.http.HttpServletResponse;
06  import org.apache.commons.io.FileUtils;
07  import org.springframework.stereotype.Controller;
08  import org.springframework.web.bind.annotation.GetMapping;
09  @Controller
10  public class Downloader {
11      @GetMapping("/downloadfile")
12      public void downloadFile(HttpServletRequest request, HttpServletResponse response) throws IOException{
13          response.setContentType("text/html;charset=utf-8");
14          File file = new File(request.getServletContext().getRealPath("/"),"green.jpg");
15          System.out.println("文件路径为:" + file.getAbsolutePath());
16          byte[] data = FileUtils.readFileToByteArray(file);
17          response.setContentType("application/x-msdownload;");
18          response.setHeader("Content-disposition", "attachment;filename="+file.getName());
19          response.setHeader("Content-Length", String.valueOf(file.length()));
20          response.getOutputStream().write(data);
21      }
22  }
```

第 09 行,@Controller 将本 Java 类注解成控制器,可以使得其他相关的注解生效。

第 11~21 行,定义了一个响应函数 downloadFile。第 11 行,使用@GetMapping 注解,将响应函数和请求地址/downloadfile 进行映射绑定。第 12 行,使用了默认参数 HttpServletRequest 请求和 HttpServletResponse 响应,由于需要用到文件 IO,还添加了 IOException 来处理读写异常。

第 14 行,通过 request 请求的 getServletContext().getRealPath("/")方法,获取项目的 webapp 路径,结合指定的文件名,即可得到待下载的文件在服务器上的文件路径。这里注意,需要提前将待下载的文件 green.jpg 放到项目的 webapp 文件夹下,否则会提示找不到文件而出错。

第 15 行,将得到的最终的待下载文件的路径打印输出到控制台,供测试查看。

第 16 行,使用标准 Java 的 FileUtils.readFileToByteArray 方法,将文件转换成 byte[]格式,即二进制流。

第 17~19 行,使用 HttpServletResponse 对象的 setContentType 和 setHeader 方法,将待输出到 Web 前端的二进制流设置成对应的格式。

第 20 行,使用 HttpServletResponse 对象的 getOutputStream().write 方法,将二进制数据输出到 Web 前端页面,完成文件下载。

4. 编写静态网页的代码

在 web 文件夹,也就是项目的目录 src/main/webapp/下,创建一个静态的 JSP 页面 download.jsp,用于下载文件。具体代码如下。

```jsp
01  <%@ page language="java" contentType="text/html; charset=UTF-8"
02      pageEncoding="UTF-8"%>
```

```
03    <!DOCTYPE html>
04    <html>
05    <head>
06    <meta charset="UTF-8">
07    <title>下载图片的页面</title>
08    </head>
09    <body>
10    <h3>单击按钮可以下载指定图片:</h3>
11    <form action="downloadfile" method="get">
12    <input type="submit" value="单击下载文件">
13    </form>
14    </body>
15    </html>
```

这是一个简单的 JSP 页面,主体内容是第 10~13 行定义的 form 表单。

第 10 行,使用 3 级标题,提示当前页面的名称和功能。

第 11 行,定义 form 表单的 action 属性为 downloadfile,对应后台响应函数所映射的请求路径。method 属性为 get,对应后台响应函数所映射的 HTTP 请求方法。

第 12 行,定义了 form 表单的提交按钮,当用户单击按钮后,即启动 form 表单的请求,开启文件下载。

5．项目测试结果

在项目上单击右键,选择 Run As,继续选择 Run on Server。待 Tomcat 服务器正常启动后,进入浏览器,输入项目的访问地址"http://localhost:8080/SpringMVC08"。

在访问地址后加上文件下载的 JSP 页面的子地址/download.jsp,单击跳转后发现页面正常显示,如图 23-7 所示。

图 23-7　SpringMVC 框架的文件下载的运行示意图 01

此时控制台也会输出待下载文件在服务器端的绝对路径,即 E:\SSM all\ssm projects\.metadata\.plugins\org.eclipse.wst.server.core\tmp0\wtpwebapps\SpringMVC08\green.jpg,如图 23-8 所示。

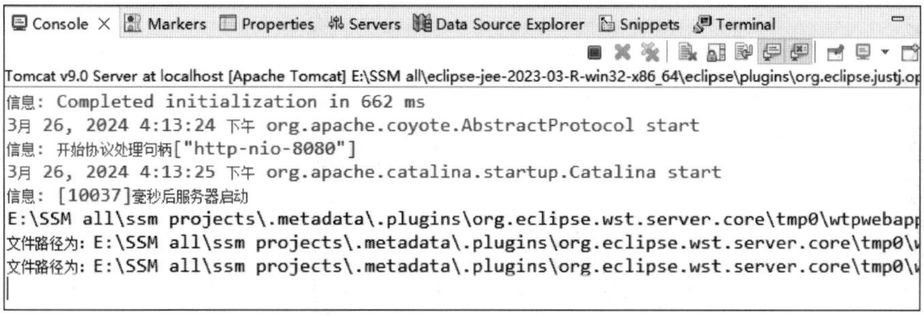

图 23-8　SpringMVC 框架的文件下载的运行示意图 02

打开对应的目录,即可进入项目的 webapp 文件夹,查看待下载的图片文件。

回到浏览器页面,单击"单击下载文件"按钮,浏览器即开始下载文件,如图 23-9 所示。

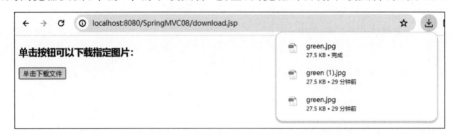

图 23-9　SpringMVC 框架的文件下载的运行示意图 03

待文件下载完成后,查看文件,并对比客户端下载的文件和服务器端待下载的文件,发现两者一致,SpringMVC 框架下的文件下载功能使用正确。

小结

本章前半部分介绍了 SpringMVC 框架下文件上传的使用情况,并通过一个完整的案例,讲解了文件上传的使用流程和测试方法;后半部分介绍了 SpringMVC 框架下文件下载的使用情况,并通过一个完整的案例,讲解了文件下载的使用流程和测试方法。通过本章的学习,读者可以了解 SpringMVC 框架中对于多媒体技术的支持情况,了解文件上传和下载的开发流程,掌握 SpringMVC 框架下文件上传和下载的编程实现方法。

习题

1. 在配置文件中使用 CommonsMultipartResolver 组件来实现文件上传时,(　　)属性可以设置上传文件的大小。

　　A. defaultEncoding　　　　　　　　B. maxUploadSize

　　C. preFix　　　　　　　　　　　　D. typeAliases

2. 在前端页面,可以使用 form 表单来实现文件上传的控件,此时 enctype 的取值必须为_____。

3. 简述 SpringMVC 框架下文件上传的实现步骤和流程。

第 24 章

RESTful风格

CHAPTER 24

本章学习目标：
- 了解 RESTful 的概念和应用场景。
- 理解 RESTful 的特点、原则和设计规范。
- 掌握 SpringMVC 下设计 RESTful 接口的编程方法。

前后端分离是现在 Web 开发中常用的架构方案，为了更好地应对前后端分离的开发技术，同一个 Web 后台服务往往需要对接多个客户端。此时，设计一套跨平台、对接多端的接口就显得尤为重要，RESTful 风格定义的接口就可以较好地完成此计划。

24.1 RESTful 概述

24.1.1 Web 开发中的前后端分离

在 Web 网页技术出现的初期,其作为 B/S 架构的系统承载的功能有限,网页都比较简单。基本的 HTML、JavaScript 就可以完成静态页面的展示,如果需要动态展示数据,结合 JSP 语法的动态页面就可以实现。但是随着时间推移,Web 技术不断发展,现在主流的 Web 网站往往功能强大且全面,简单的 HTML 和 JSP 页面已经无法满足复杂的页面功能需求。在这种情况下,Web 逐渐发展出了前后端分离技术。

前后端分离技术,顾名思义,就是指 Web 网页的前端使用 HTML、JavaScript 和 Vue.js 等框架技术来实现,Web 后端的技术路线独立发展,采用独自于前端的开发语言或框架技术,如 SSM、Springboot、ASP.NET 等。前端技术专注于页面展示、交互设计、前端数据采集和显示等,主要是在浏览器中执行。后端技术专注于 Web 系统架构、分层设计、业务逻辑、数据库访问、与前端的数据交互等,主要是在服务器中部署并执行。

采用前后端分离技术的最大好处,就是开发 Web 网站时,可以前后端同步并行开发,大大提升开发效率的同时,也降低了网页的前后端耦合度有利于长期的网站维护。前后端分离技术的另外一大好处,就是前后端技术可以独立发展、百花齐放,给开发人员带来更多的选择的同时,也提升了 Web 网站的用户体验。

在前后端分离的 Web 网站中,网页前端和后端的数据交互是核心问题之一。前面章节讲到的 JSON 解决了数据交互的格式问题,另外一个问题是交互的接口规范性问题,这时就可以使用 RESTful 风格来设计接口。

24.1.2 RESTful 简介

随着软件技术的不断发展,软件系统的架构形式也越来越多,目前主流的软件平台包括桌面 Web 端、Windows 应用程序、Mac 应用程序、手机 Web 端、安卓系统 APP、iOS 系统 App、微信小程序、手表或其他移动设备软件等。对于一套设计合理的 Web 系统,可能需要同时支持多个平台,例如百度搜索,既可以通过桌面计算机或手机输入 baidu.com 来访问,也可以下载安卓或苹果手机的百度 App 来使用。不断在什么平台,搜索的结果或者说功能呈现基本是一致的,也就是说,这些平台虽然前端的样式不一致,但是其对接的后端服务器的功能接口和数据交互是一致的。

因此,设计一套能够跨平台、方便理解、便于扩展、结构清晰的接口规范,就成了 Web 软件系统的普遍要求。RESTful 风格的接口,就是基于这些要求发展出来的一套接口规范。

REST 是英文 Representational State Transfer 的缩写,即表现层状态转换。它是一种软件架构的接口设计风格,提供了一些设计原则和约束条件。RESTful 接口设计一般来说都是建议性的,并不是强制性的,如果软件系统在设计过程中严格遵循了 RESTful 接口的设计规范,往往会对软件的可维护性、可扩展性有较好的帮助。

REST 这种思想最早出现在 2000 年 Roy Thomas Fielding 的博士论文中,论文中首次给出了 REST 的定义,并详细介绍了它的架构风格,以及如何使用它来指导或辅助完成 Web 软件系统的架构设计和开发。

现在使用 RESTful 的 Web 系统有很多,例如 Github 网站,它们使用 RESTful 接口规范来构建,同时,也在官方文档里给出了 RESTful 接口的实现建议,网址是 https://docs.github.com/en/rest。

24.2 RESTful 的主要思想

24.2.1 RESTful 的特点

在 RESTful 理念提出来之前,Web 软件系统的设计往往以操作为基础。以操作为中心的接口设计也可以架构出一个好系统,但是它也存在一些问题。

(1) 操作的重叠性不可避免。当以操作为中心进行软件系统架构时,由于操作和业务逻辑相关,在设计操作时经常出现某个操作的某些部分和另外的操作的某个部分相类似甚至一模一样。这样相当于设计的接口有重复性,不够简洁,使用的时候也会让开发者产生困惑不知道应该选用哪一个。而以资源为基础的 RESTful 接口,就没有这个问题,因为资源都是独一无二的。

(2) 接口的 URL 设计缺乏一致性。以操作为基础进行接口设计时,由于不同的操作涉及的操作对象、数据内容都不同,因此它们对应的 URL 也会存在很大区别,没有办法完全协调。而 RESTful 的接口,可以做到 URL 在形式上具有一致性。

(3) 操作的副作用不可忽视。操作往往和业务逻辑关联,因此针对操作的接口往往是复合型的,它需要拆分并完成一个完整的任务序列。在这个过程中,常常不可避免地需要处理某个临时数据或做某个临时操作,这就使得接口不够纯粹,执行接口产生了副作用。RESTful 中的接口基本都是数据层最底的原子操作,可以避免此问题。

为了解决类似的问题,软件专家们提出了 RESTful 风格的接口设计规范,这种设计规范的特点主要包括以下几方面。

(1) 以资源为基础。一般来说,资源指的就是图片、音乐、视频、HTML 文件、JSP 文件、JSON、数据库数据等 Web 上的实体。这些实体大致可以分为三类:二进制资源也就是图片视频等文件,数据对象如 JSON、XML 等数据格式,数据库数据如 MySQL 等。RESTful 风格设计以资源为中心,也就是以服务器上的这些实体数据或文件为基础。

(2) 统一的接口。在 Web 上,对资源或数据的操作主要包括获取、创建、修改和删除,也就是数据库里常说的增删改查,这些操作正好又对应了 HTTP 提供的 GET、POST、PUT、DELETE 方法。因此,在 RESTful 风格的接口里,通过接口只能定位资源本身,也就是不同的接口对应不同的、独立的资源。对资源做了什么操作,这个需要通过 HTTP 接口才能进行判断和实现。通过这种设计,使得 RESTful 风格的接口非常统一,方便开发人员进行接口调用和实现。

(3) URI 指向资源。URI 是 Universal Resource Identifier,即统一资源标识符,用来标识出服务器上一个独立的物理资源。由于 RESTful 风格接口是面向资源的,因此即便每个资源可能存在多个URI,但是接口中的URI始终指向一个资源。这种设计方式可以让RESTful的接口更加简洁,且不容易出现接口的重复设计。

(4) 无状态。在RESTful风格的接口设计中,服务器端不保存客户端的信息,每一个客户端发送的请求必须保存自身的状态信息,包括会话信息也由客户端保存,服务器端会根据客户端发送的请求里所包含的状态信息来综合处理请求。这种设计方式可以有效降低服务器端的逻辑冗余,更加专注业务逻辑的架构设计。

24.2.2 RESTful的原则

除了以上特点,RESTful的作者在其论文中还提到了RESTful的6个限制条件,也就是RESTful的6大原则。

(1) 前后端分离。RESTful的设计是专为客户端/服务器端的Web架构设计的,更专注也更擅长于前后端分离,这样只需要设计一套服务器接口,就可以跨平台地给Web前端、安卓、iOS等其他客户端使用。

(2) 无状态。服务器端不保存客户端状态,由客户端自身保存状态信息并在每次发起请求时携带状态信息。

(3) 可缓存性。服务器端可以通过回复是否可以缓存,从而让客户端来辨别是否需要开启缓存来提升效率。

(4) 统一接口。在RESTful风格的接口设计中,所有的接口都是同一种风格,形式统一,这样可以简化系统的架构设计,简化接口的使用门槛。

(5) 分层系统。对客户端来说,RESTful接口是类似于面向对象设计的封装接口,客户端无法获取接口以外的其他信息,这使得客户端和服务器端可以分别进行分层开发和部署,提升整体系统的架构灵活性。

(6) 按需代码。RESTful接口的客户端是Web前端时,接口不仅可以发送数据和资源,还可以传送必要的代码,例如在Web页面上执行的JavaScript代码。

由于具备以上特点和原则,RESTful风格的接口可以非常好地适应前后端分离的软件系统的架构设计,例如,Web前后端分离或者是一套服务器匹配多个跨平台客户端的软件系统,都可以选用RESTful风格来进行接口设计。

24.2.3 RESTful的设计规范

要想设计好一套RESTful风格的接口,一般来说需要考虑URL请求路径、HTTP请求动词、状态码和返回结果等方面来综合考虑。

1. URL请求路径

URL即统一资源定位符,它是服务器资源,所有的服务器功能或业务逻辑都需要客户端访问或发送URL请求来触发。一个完整的URL由以下部分组成。

URI = schema "://" host ":" port "/" path ["?" query]["#" fragment]

其中,schema是底层协议,如http、https、ftp等;host是服务器的IP地址或域名;port是端口号,一般http默认为80端口;path是访问资源的路径,也就是服务器中某个资源的唯一 URI；query 是查询字符串，它可以携带某些参数，例如对查询数据做分页、排序等；fragment 是锚点，用于定位到页面的资源。

在以上这些部分里，path 的设计尤为重要，它对应了独立的资源在本服务器下对应的访问路径。一般来说，可以模仿以下的方法进行设计。

/{version}/{resources}/{resource_id}/{subresources}/{subresource_id}/action

其中，version 是版本号，针对现在 Web 应用的不断迭代，可以在不同版本的接口中加入对应的版本号，防止接口混用；resources 是资源类别；resource_id 对应的是资源 id，服务器上每一个资源 id 都必须是独一无二的；subresources 和 subresource_id 用于在较大型的 Web 项目中，资源较多时，可以采用分级分层的形式来标注不同的资源；action 是当普通的增删改查无法满足业务要求时，可以针对资源添加其他的操作。

在 RESTful 的规范中，一个合格的 URL 往往需要具备以下特点：不使用大写字母，所有单词使用英文且小写；连字符使用"-"而非"_"；正确使用"/"来进行分层，不进行不必要的分层；结尾不包含"/"；请求的 URL 中面向资源只有名词没有动词，使用请求方式来区分动作；资源表示用复数不用单数；不使用文件扩展名等。

2. HTTP 动词

HTTP 里提供的方法有 7 种，分别是 GET/POST/PUT/DELETE/PATCH/HEAD/OPTIONS，其中，RESTful 中用得最多的是前 4 种，即使用 GET 来表示对资源的查询，使用 POST 来表示新建资源，使用 PUT 来表示对资源进行更新，使用 DELETE 来表示对资源进行删除。

在非 RESTful 的接口设计中，一般使用 GET/POST 来完成对数据的增删改查等操作，即使用 GET 来实现查询和删除，使用 POST 来实现插入和更新。这个时候，仅从 HTTP 的请求方式上是无法区分接口的具体功能的，必须对在接口对应的请求路径上加上动词，如 query、add、update、delete 等，这种设计就显得比较冗余不够简洁。

而在 RESTful 的接口设计中，同一个资源对应一个 URL 请求路径，对它的增删改查等操作直接通过 HTTP 的请求方式来进行区分。这样的接口设计就显得非常简洁和规范，无论是短期使用还是长期维护，都更加简便。

3. 状态码和返回结果

对于客户端发起的 RESTful 风格接口的请求，服务器端执行请求后，可以将执行结果通过 JSON 数据格式返回给客户。

由于 JSON 数据格式可扩展性的特点，在返回结果中除了返回必要的数据外，还可以加上特定的状态码让客户端快速了解服务器端请求的执行结果。

一般来说，状态码由三位数字组成，其中，第一位代表执行的大体结果，后两位代表大体结果下的详细分支。即 1xx 代表相关信息，2xx 代表操作成功，3xx 代表重定向，4xx 代表客户端发生错误，5xx 代表服务器端发生错误。开发人员在设计时，可以根据具体的软件系统和应用场景，来进行更加详细的设计和定义。

24.3 SpringMVC 框架下的 RESTful

24.3.1 SpringMVC 框架下的 RESTful 简介

在 SpringMVC 框架中,对于 RESTful 风格的接口规范是支持得较好的。在实际开发过程中,需要用到多种注解,来配合实现 SpringMVC 框架的 RESTful 风格的接口定义。

1. @PathVariable

对应的是 url/{id}这种请求的路径形式,可以动态获取 url 中的参数。根据参数找到不同的服务器路径就可以定位到不同的资源 URI。

2. @RequestParam

对应的是 url?name=zhangsan 这种请求的路径形式,同样可以获取页面和 url 提交的参数。根据参数来定位到不同的资源 URI。

3. @RequestBody

这个注解通常用来处理 content-type 不是默认的 application/x-www-form-urlcoded 编码的内容,例如,前面讲到的 JSON 数据格式、XML 数据等。使用 RESTful 接口设计,需要高度依赖 JSON 数据格式来完成跨平台的数据交互,因此需要用到@RequestBody 注解。

4. @ModelAttribute

当使用 RESTful 风格的接口时,如果想让 GET、PUT、DELETE 请求接收参数,就可以使用此注解。

24.3.2 SpringMVC 框架下的 RESTful 的使用方法

这些注解的基本使用方法在前面章节内容中已经有所讲解。下面通过一个具体的案例,来讲解如何使用它们完成 SpringMVC 框架下 RESTful 风格的接口设计和实现。

1. 创建工程

打开 Eclipse,选择新建项目中的 Dynamic Web Project 也就是动态 Web 项目。Target runtime 选择配置好的 Apache Tomcat v9.0。相关选项和配置使用默认的,给项目起一个名称。在最后一步勾选自动生成 web.xml 文件的选项,然后单击 Finish 按钮即完成项目的创建。

2. 项目的准备工作

找到项目的 lib 文件夹,路径为项目根目录下 src/main/webapp/WEB-INF/lib,从之前下载 Spring 框架的文件夹里找到项目所需的 jar 包,复制到项目 lib 文件夹下,完成 jar 包的导入，如图 24-1 所示。

其中，servlet-api.jar 是 Java 语言开发 Web 项目的必需 jar 包，一般配置好 Tomcat 后就自动导入项目了。如果读者在开发过程中提示找不到 Web 对象，这里可以手动导入 servlet-api.jar 包来解决问题。

3. 编写 Web 项目的配置文件代码

由于勾选了自动生成 web.xml 配置文件的选项，在项目目录 src/main/webapp/WEB-INF/下可以找到生成的文件。打开后，对其进行更改，代码如下。

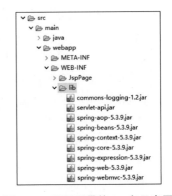

图 24-1 项目所需的 jar 包示意图

```
01  <?xml version="1.0" encoding="UTF-8"?>
02  <web-app xmlns:xsi="http://www.w3.org/2001/XMLSchema-instance" xmlns="http://xmlns.jcp.org/xml/ns/javaee" xsi:schemaLocation="http://xmlns.jcp.org/xml/ns/javaee http://xmlns.jcp.org/xml/ns/javaee/web-app_4_0.xsd" id="WebApp_ID" version="4.0">
03      <display-name>SpringMVC09</display-name>
04      <servlet>
05          <servlet-name>SpringMVC</servlet-name>
06          <servlet-class>org.springframework.web.servlet.DispatcherServlet</servlet-class>
07          <init-param>
08              <param-name>contextConfigLocation</param-name>
09              <param-value>/WEB-INF/springMVC-config.xml</param-value>
10          </init-param>
11          <load-on-startup>1</load-on-startup>
12      </servlet>
13      <servlet-mapping>
14          <servlet-name>SpringMVC</servlet-name>
15          <url-pattern>/</url-pattern>
16      </servlet-mapping>
17      <welcome-file-list>
18          <welcome-file>index.html</welcome-file>
19          <welcome-file>index.jsp</welcome-file>
20          <welcome-file>index.htm</welcome-file>
21      </welcome-file-list>
22      <filter>
23          <filter-name>HiddenHttpMethodFilter</filter-name>
24          <filter-class>org.springframework.web.filter.HiddenHttpMethodFilter</filter-class>
25      </filter>
26      <filter-mapping>
27          <filter-name>HiddenHttpMethodFilter</filter-name>
28          <url-pattern>/*</url-pattern>
29      </filter-mapping>
30  </web-app>
```

第 01、02 行，是 XML 文件的格式说明和当前 XML 文件的命名空间说明。

第 03 行，是项目显示的名称，一般和项目创建时设置的名称保持一致。

第 04～12 行，是对当前项目的 DispatcherServlet 前端控制器进行设置。其中，第 05 行是前端控制器的名称。第 06 行，是前端控制器对应的类路径，这里指向了 Spring 框架所定义的类，也就是 jar 包中所导入的类。第 07～10 行，是初始化参数。第 08 行对应初始化配置文件的名称，第 09 行对应配置文件的路径，这里设置为/WEB-INF/springMVC-config.

xml,此文件暂时还不存在,之后需要创建。第 11 行是将前端控制器设置为在项目启动时就加载。

第 13~16 行,是设置哪些 URL 发送到后台后需要使用前端控制器进行拦截。第 14 行,是需要拦截的前端控制器名称,和第 05 行设置的名称保持一致即可。第 15 行,是设置需要拦截的 URL 样式。这里的"/"代表所有的 URL 都会被前端控制器拦截。在后期的使用中,读者也可以根据需要只拦截需要被拦截的 URL 样式。

第 17~21 行,是对项目的默认首页进行设置,由于本书讲解内容主要是对相关功能进行手动的访问测试,这里的主页可暂时略过,保持默认设置即可。

第 22~25 行,定义了一个 filter 过滤器,名称是 HiddenHttpMethodFilter。现在有些浏览器仅支持 Web 客户端发送 GET 和 POST 请求,无法发送 PUT 和 DELETE 请求。这个过滤器的作用,就是通过 hidden 的隐藏属性,将 POST 请求转换成 PUT 和 DELETE 请求,从而可以实现完善的 RESTful 接口设计和执行。

第 26~29 行,通过过滤器映射器,将定义好的 HiddenHttpMethodFilter 过滤器设定使用范围。url-pattern 为"/*",即全部请求都经过编码过滤器。

由于本案例中需要用到 HTTP 的 PUT 和 DELETE 请求,因此第 22~29 行的 filter 过滤器定义和设置都是必需的。如果遗漏了此部分,则代码在运行 RESTful 请求时会发生错误。

4. 编写控制器 Controller 的代码

在项目目录 src/main/java 下,新建一个控制器包 com.controller,在包里新建一个控制器类 RestfulController.java。具体代码如下。

```
01  package com.controller;
02  import java.io.IOException;
03  import javax.servlet.http.HttpServletResponse;
04  import org.springframework.stereotype.Controller;
05  import org.springframework.web.bind.annotation.PathVariable;
06  import org.springframework.web.bind.annotation.RequestMapping;
07  import org.springframework.web.bind.annotation.RequestMethod;
08  @Controller
09  public class RestfulController {
10      @RequestMapping(value = "/rest/name/{name}/course/{course}", method = RequestMethod.POST)
11      public void restfulPost(@PathVariable("name") String sname, @PathVariable("course") String scourse,
12          HttpServletResponse response) throws IOException {
13          String outString = "POST >> name:"+sname+","+"course:"+scourse;
14          response.getWriter().print(outString);
15      }
16      @RequestMapping(value = "/rest/id/{id}/name/{name}", method = RequestMethod.DELETE)
17      public void restfulDelete(@PathVariable("id") int sid, @PathVariable("name") String sname,
18          HttpServletResponse response) throws IOException {
19          String outString = "DELETE >> "+"id:"+sid+","+"name:"+sname;
20          response.getWriter().print(outString);
21      }
```

```
22      @RequestMapping(value = "/rest/id/{id}/name/{name}/course/{course}", method =
    RequestMethod.PUT)
23      public void restfulPut(@PathVariable("id") int sid, @PathVariable("name") String sname,
    @PathVariable("course") String scourse,
24          HttpServletResponse response) throws IOException {
25          String outString = "PUT >> "+"id:"+sid+","+"name:"+sname+","+"course:"+
    scourse;
26          response.getWriter().print(outString);
27      }
28      @RequestMapping(value = "/rest/id/{id}", method = RequestMethod.GET)
29      public void restfulGet(@PathVariable("id") int sid,
30          HttpServletResponse response) throws IOException {
31          String outString = "GET >> "+"id:"+sid;
32          response.getWriter().print(outString);
33      }
34  }
```

第 08 行,@Controller 将本 Java 类注解成控制器,可以使得其他相关的注解生效。

第 10～15 行,是使用 RESTful 风格实现的"增",即添加数据。第 10 行,@RequestMapping 注解定义了此响应函数的请求路径样式为/rest/name/{name}/course/{course},请求方法为 RequestMethod.POST。第 11 行,通过@PathVariable 注解,获取请求路径中的 name 和 course 变量。第 13 行,将获取到的 name 和 course 变量拼接成目标 String 文本。第 14 行,使用 HttpServletResponse 变量的 getWriter().print 方法,往页面输出文本。在实际开发过程中,获取到的 name 和 course 变量可以用于后续操作数据库创建新的数据条目,而不是仅打印输出。

第 16～21 行,是使用 RESTful 风格实现的"删",即删除数据。第 16 行,@RequestMapping 注解定义了此响应函数的请求路径样式为/rest/id/{id}/name/{name},请求方法为 RequestMethod.DELETE。第 17 行,通过@PathVariable 注解,获取请求路径中的 id 和 name 变量。第 19 行,将获取到的 name 和 course 变量拼接成目标 String 文本。第 20 行,使用 HttpServletResponse 变量的 getWriter().print 方法,往页面输出文本。在实际开发过程中,获取到的 id 和 name 变量可以用于后续操作数据库删除指定的数据条目,而不是仅打印输出。

第 22～27 行,是使用 RESTful 风格实现的"改",即更新数据。第 22 行,@RequestMapping 注解定义了此响应函数的请求路径样式为/rest/id/{id}/name/{name}/course/{course},请求方法为 RequestMethod.PUT。第 23 行,通过@PathVariable 注解,获取请求路径中的 id、name 和 course 变量。第 25 行,将获取到的 id、name 和 course 变量拼接成目标 String 文本。第 26 行,使用 HttpServletResponse 变量的 getWriter().print 方法,往页面输出文本。在实际开发过程中,获取到的 id、name 和 course 变量可以用于后续操作数据库更新指定的数据条目,而不是仅打印输出。

第 28～33 行,是使用 RESTful 风格实现的"改",即更新数据。第 22 行,@RequestMapping 注解定义了此响应函数的请求路径样式为/rest/id/{id}/name/{name}/course/{course},请求方法为 RequestMethod.PUT。第 23 行,通过@PathVariable 注解,获取请求路径中的 id、name 和 course 变量。第 25 行,将获取到的 id、name 和 course 变量拼接成目标 String 文本。第 26 行,使用 HttpServletResponse 变量的 getWriter().print 方法,

往页面输出文本。在实际开发过程中,获取到的 id、name 和 course 变量可以用于后续操作数据库更新指定的数据条目,而不是仅打印输出。

5. 编写 SpringMVC 的配置文件代码

在 web 文件夹,也就是 web.xml 配置文件所在的文件夹 src/main/webapp/WEB-INF/下,创建 SpringMVC 的配置文件 springMVC-config.xml,具体代码如下。

```
01  <?xml version="1.0" encoding="UTF-8"?>
02  <beans xmlns="http://www.springframework.org/schema/beans"
03    xmlns:xsi="http://www.w3.org/2001/XMLSchema-instance"
04    xmlns:context="http://www.springframework.org/schema/context"
05    xmlns:mvc="http://www.springframework.org/schema/mvc"
06    xsi:schemaLocation="http://www.springframework.org/schema/beans
07     http://www.springframework.org/schema/beans/spring-beans.xsd
08     http://www.springframework.org/schema/context
09     https://www.springframework.org/schema/context/spring-context.xsd
10     http://www.springframework.org/schema/mvc
11     https://www.springframework.org/schema/mvc/spring-mvc.xsd">
12    <context:component-scan base-package="com.controller" />
13    <bean class="org.springframework.web.servlet.view.InternalResourceViewResolver">
14      <property name="prefix" value="/WEB-INF/JspPage/" />
15      <property name="suffix" value=".jsp" />
16    </bean>
17  </beans>
```

第 01~11 行,是 XML 文件的格式声明,以及本项目需要用到的组件所在的命名空间。需要注意的是,这里的命名空间和 jar 包的导入相关,如果 jar 包没有正确导入,这里的命名空间设置会无法生效或出错。

第 12 行,context:component-scan 元素可以对 Java 包进行扫描,使得注解的代码正常执行生效。属性 base-package 对应的就是包名,设置为 com.controller,即控制器所在的 Java 包。

第 13~16 行,配置了视图解析器。由于是框架自带的组件,第 13 行只需要设置 class 类路径为"org.springframework.web.servlet.view.InternalResourceViewResolver"即可,不需要配置 id 或 name 属性。这里的类路径来自 jar 包,需要正确导入 jar 包后才可以生效,同时读者输入的时候需保证类路径不可出错,否则项目运行会出错。第 14 行,定义了视图解析器的 prefix 属性,也就是前缀为"/WEB-INF/JspPage/"。第 15 行,定义了视图解析器的 suffix 属性,也就是后缀为".jsp"。经过这样的定义后,控制器 Controller 中如果设置或返回了视图名称的 String 值,视图解析器就会自动为此 String 加上前缀路径和后缀文件扩展名,从而可以跳转到正确的页面。

6. 编写静态网页的代码

在 web 文件夹,也就是路径 src/main/webapp/下,创建静态的 JSP 页面 restful.jsp。具体代码如下。

```
01  <%@ page language="java" contentType="text/html; charset=UTF-8"
02      pageEncoding="UTF-8"%>
03  <!DOCTYPE html>
```

```
04  <html>
05    <head>
06      <meta charset="UTF-8">
07      <title>使用 SpringMVC 实现 RESTful 风格</title>
08    </head>
09    <body>
10      RESTful 风格:<br><br>
11      <form method="post" action="${pageContext.request.contextPath}/rest/name/Lucy/course/Python">
12      <!--   <input type="text" name="username"/> -->
13        <input type="submit" value="提交 POST 增加"/>
14      </form><br>
15      <form method="post" action="${pageContext.request.contextPath}/rest/id/5/name/John">
16        <input type="hidden" name="_method" value="delete"/>
17        <input type="submit" value="提交 DELETE 删除"/>
18      </form><br>
19      <form method="post" action="${pageContext.request.contextPath}/rest/id/3/name/Chenliang/course/Java">
20        <input type="hidden" name="_method" value="put"/>
21        <input type="submit" value="提交 PUT 修改"/>
22      </form><br>
23      <form method="get" action="${pageContext.request.contextPath}/rest/id/8">
24      <!--   <input type="text" name="username"/> -->
25        <input type="submit" value="提交 GET 查询"/>
26      </form><br>
27    </body>
28  </html>
```

第 09~27 行，body 的内容即是当前 JSP 页面的主体，主要是 4 个不同请求方式的 form 表单。

第 11~14 行，是第一个表单，表单的方法是 post，请求地址为 ${pageContext.request.contextPath}/rest/name/Lucy/course/Python，与 RestfulController.java 文件中新增数据所定义的方法类型和请求路径样式都吻合。

第 15~18 行，是第二个表单，请求地址为 ${pageContext.request.contextPath}/rest/id/5/name/John，与 RestfulController.java 文件中删除数据所定义的请求路径样式一致。但是这里定义的 HTTP 请求方式为 POST，并不是 DELETE。这就需要用到第 16 行，通过 input 标签的 hidden 属性，设置_method 变量为 delete。经过这样设置后，Web 客户端发起的请求经过 web.xml 配置文件中 HiddenHttpMethodFilter 的解析，即可将 HTTP 请求方法转换成 DELETE，从而符合 RestfulController.java 文件中删除数据所定义 HTTP 请求方法。

第 19~22 行，是第三个表单，请求地址为 ${pageContext.request.contextPath}/rest/id/3/name/Chenliang/course/Java，与 RestfulController.java 文件中更新数据所定义的请求路径样式一致。和上面的类似，这里定义的 HTTP 请求方式为 POST，并不是 PUT。同样地，这里需要用到第 20 行，通过 input 标签的 hidden 属性，设置_method 变量为 put。经过这样设置后，Web 客户端发起的请求经过 web.xml 配置文件中 HiddenHttpMethodFilter 的解析，即可将 HTTP 请求方法转换成 PUT，从而符合 RestfulController.java 文件中更新数据所定义 HTTP 请求方法。

第 23~26 行，是第四个表单，表单的方法是 get，请求地址为 ${pageContext.request.

contextPath}/rest/id/8,与 RestfulController.java 文件中查询数据所定义的方法类型和请求路径样式都吻合,无须使用额外的 hidden 标签。

7. 项目测试结果

在项目上单击右键,选择 Run As,继续选择 Run on Server。待 Tomcat 服务器正常启动后,进入浏览器,输入项目的访问地址"http://localhost:8080/SpringMVC09"。

在访问地址后加上 JSP 页面的子地址/restful.jsp,单击跳转后发现页面正常显示,如图 24-2 所示。

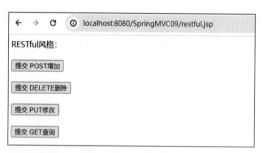

图 24-2　SpringMVC 框架的 RESTful 风格接口的运行示意图 01

单击第一个 form 表单按钮"提交 POST 增加",页面正常输出文本,显示如图 24-3 所示。

图 24-3　SpringMVC 框架的 RESTful 风格接口的运行示意图 02

从地址栏可以看到,表单的请求路径是定义好的 RESTful 风格的数据新增接口,请求方法是 POST,因此后台的响应函数可以获取 Web 前端提交的数据,进行处理并打印输出。

返回 restful.jsp 页面,单击第二个 form 表单按钮"提交 DELETE 删除",页面正常输出文本,显示如图 24-4 所示。

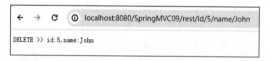

图 24-4　SpringMVC 框架的 RESTful 风格接口的运行示意图 03

从地址栏可以看到,表单的请求路径是定义好的 RESTful 风格的数据删除接口,请求方法是 DELETE,因此后台的响应函数可以获取 Web 前端提交的数据,进行处理并打印输出。

返回 restful.jsp 页面,单击第三个 form 表单按钮"提交 PUT 修改",页面正常输出文本,显示如图 24-5 所示。

从地址栏可以看到,表单的请求路径是定义好的 RESTful 风格的数据修改接口,请求方法是 PUT,因此后台的响应函数可以获取 Web 前端提交的数据,进行处理并打印输出。

返回 restful.jsp 页面,单击第四个 form 表单按钮"提交 GET 查询",页面正常输出文

图 24-5　SpringMVC 框架的 RESTful 风格接口的运行示意图 04

本，显示如图 24-6 所示。

图 24-6　SpringMVC 框架的 RESTful 风格接口的运行示意图 05

从地址栏可以看到，表单的请求路径是定义好的 RESTful 风格的数据查询接口，请求方法是 GET，因此后台的响应函数可以获取 Web 前端提交的数据，进行处理并打印输出。

小结

本章首先介绍了 Web 开发中的前后端分离技术，分析了 RESTful 风格的接口设计的使用情况；其次详细讲解了 RESTful 的主要思想，分析了 RESTful 的特点、设计原则和详细的设计规范；最后介绍了 SpringMVC 框架下的 RESTful 的使用情况，并通过一个完整的案例讲解了 RESTful 的使用方法。通过本章的学习，读者可以了解前后端分离技术和 RESTful 风格的相关概念，理解 RESTful 风格的发展过程、特点和设计原则，了解 RESTful 设计的规范，掌握 SpringMVC 框架下 RESTful 接口的编程实现方法。

习题

1. 以下关于 RESTful 风格的接口设计规范的说法，正确的是(　　)。
   A．不以资源为基础　　　　　　B．非统一的接口
   C．URI 指向资源　　　　　　　D．有状态

2. 使用 HTTP 动词来实现 RESTful 接口设计时，一般使用＿＿＿＿表示对资源进行更新。

3. 简述在 SpringMVC 框架中，实现 RESTful 风格的接口设计需要用到的注解及其使用方法。

第25章

CHAPTER 25

表单标签

本章学习目标：
- 了解 SpringMVC 标签库和 HTML 标签的区别。
- 掌握常用的 SpringMVC 标签的使用场景。
- 掌握常用的 SpringMVC 标签的编程方法。

HTML 中提供了很多的标签控件,例如,<img>可以定义图像,<button>可以定义按钮,<form>可以定义表单,<div>可以定义文档片段等。这些标签一方面可以显示对应的控件,增强 Web 页面的交互体验,另一方面也可以改变 Web 页面的外观,提升视觉效果。此外,有些数据类型的标签控件,还可以实现数据的前后端交互。

在 SpringMVC 框架中,也为前端页面提供了类似的标签库,这些标签库在原生 HTML 控件的基础上,得到了进一步的提升,使得它们可以更方便地实现数据绑定和展示等功能。

25.1　SpringMVC 的标签库简介

从 Spring 2.0 开始，SpringMVC 框架就提供了一组较为全面的、可绑定数据的标签库。这些标签库可直接用于 JSP 页面或 SpringMVC 的 Web 页面中处理表单元素，每一个标签都保留并支持其对应的 HTML 标签的属性集。例如，SpringMVC 提供的 input 标签，可以像 HTML 中的标签一样，通过 name 或 id 属性来设置标签的名称和标识符。

这些定义的标签与普通的 HTML 标签不同的是，它们的后台实现是直接和 SpringMVC 框架集成的，因此这些标签可以更方便地访问控制器处理的命令对象并引用数据，这可以使得 Web 前端的数据绑定和展示更加方便，JSP 页面变得易于开发、读取和维护。

25.2　SpringMVC 的常用标签库

和 SpringMVC 框架的其他功能组件类似，表单标签库的定义也来自 spring-webmvc.jar。SpringMVC 提供了两套标签库：描述符文件 spring.tld 定义的标签库主要用于输出错误信息，设置主体和输出国际化等，这个仅了解即可；描述符文件 spring-form.tld 定义的标签库则主要用于将 Web 前端的表单和 Web 后端的数据 model 进行绑定，是本章主要的讲解内容。

由于 form 标签及 form 下的其他表单标签都位于 spring-form.tld 文件中，因此为了使用这些标签，需要在 JSP 文件的头部添加导入标签库的指令。如下所示。

<%@ taglib prefix="form" uri="http://www.springframework.org/tags/form"%>

下面对 SpringMVC 框架的标签库中的常用标签的使用方法做简单讲解。

25.2.1　form 标签

SpringMVC 框架下的 form 标签也是表单，和 HTML 的 form 标签功能类似，属性略有不同。它有一个重要的属性 modelAttribute 是 HTML 下没有的，这个属性可以绑定模型属性名称。

SpringMVC 框架下的 form 标签的示例代码如下。

<form:form modelAttribute="student" method="post" action="inputdata">
...
</form:form>

method 和 action 属性和 HTML 下的 form 标签的功能和用法一致，分别表示 HTTP 的方法类型和请求的 HTTP 路径。modelAttribute 属性对应的取值，是 SpringMVC 后台响应函数中 Model 的属性变量名称。在使用的时候需要保证此 Model 存在，否则会报错。

25.2.2　input 标签

SpringMVC 框架下的 input 标签在 JSP 页面中使用后会被渲染成一个 HTML 的

input 标签，也就是文本输入框。使用 SpringMVC 的 input 标签的优点，是可以在用户输入文本前就绑定数据作为输入框的默认值。

在某些场景下，需要引导用户对数据库中的数据进行确认和修改，例如，修改个人资料的时候，需要在页面中显示待修改的各项数据的当前取值。此时，就可以使用 SpringMVC 框架下的 input 标签，来实现此功能。input 标签的示例代码如下。

<form:input path="name"/>

在 SpringMVC 框架下的 input 标签中，有一个 path 属性，是 HTML 下没有的。这个属性类似于 name 属性，可以与后台的 Model 中的值进行绑定。其他的属性如 password、hidden 等，使用方法和功能与 HTML 下的 input 标签一样。

25.2.3 checkboxes 标签

在 HTML 下，使用多个 checkbox 标签来组成复选框，通过一致的 name 属性来编为一组。和此不同的是，SpringMVC 框架下使用一个 checkboxes 来表示复选框。它的示例代码如下。

<form:checkboxes items="${courseList}" path="course"/>

SpringMVC 框架下的 checkboxes 标签有两个特殊的属性。属性 path 和前面的类似，对应后台 Model 的属性名称，代表此复选框默认的已选项。属性 items 也可以对应后台 Model 的属性名称，代表此复选框所有的可选项。需要注意的是，由于 checkboxes 代表复选框，因此这里的 path 和 items 都必须是集合的数据类型，即 Java 中的 List。

25.2.4 radiobuttons 标签

在 HTML 下，使用多个 radio 标签来组成单选框，通过一致的 name 属性来编为互斥的一组。和此不同的是，SpringMVC 框架下使用一个 radiobuttons 来表示单选框。它的示例代码如下。

<form:radiobuttons items="${genderList}" path="gender"/>

和 checkboxes 标签类似，SpringMVC 框架下的 radiobuttons 标签也有两个特殊的属性。属性 path 和前面的类似，对应后台 Model 的属性名称，代表此单选框默认的已选项。属性 items 也可以对应后台 Model 的属性名称，代表此单选框所有的可选项。需要注意的是，由于 radiobuttons 代表单选框，因此这里的 path 必须是单独取值不为集合，而 items 则必须是集合的数据类型，即 Java 中的 List。

25.2.5 select 标签

在 HTML 下，使用一个<select>标签和多个<option>标签来组成下拉框，通过属性 selected 来表示被默认选中的选项。和此不同的是，SpringMVC 框架下使用一个 select 来表示下拉框。它的示例代码如下。

<form:select items="${cityList}" path="city" />

和 checkboxes、radiobuttons 标签类似，SpringMVC 框架下的 select 标签也有两个特殊

的属性。属性 path 和前面的类似，对应后台 Model 的属性名称，代表此下拉框默认的已选项。属性 items 也可以对应后台 Model 的属性名称，代表此下拉框所有的可选项。需要注意的是，由于下拉框也是多选一的交互方式，因此这里的 path 必须是单独取值不为集合，而 items 则必须是集合的数据类型，即 Java 中的 List，和 radiobuttons 标签的情况一致。

25.2.6 textarea 标签

和 input 标签类似，SpringMVC 框架下的 textarea 标签在 JSP 页面中使用后也会被渲染成一个 HTML 的 textarea 标签，即多行文本编辑框。使用 SpringMVC 的 textarea 标签的优点和 input 标签一样，也可以在用户输入文本前就绑定数据作为输入框的默认值。textarea 标签的示例代码如下。

```
<form:textarea path="intro" rows="5"/>
```

在 SpringMVC 框架下的 textarea 标签中，有一个 path 属性，是 HTML 下没有的。这个属性类似于 name 属性，可以与后台的 Model 中的值进行绑定。其他的属性的使用方法和功能与 HTML 下的 textarea 标签基本一样。

25.3 SpringMVC 表单标签的使用案例

下面通过一个具体的案例，来讲解如何使用 SpringMVC 框架下的标签库。

1. 创建工程

打开 Eclipse，选择新建项目中的 Dynamic Web Project 也就是动态 Web 项目。Target runtime 选择配置好的 Apache Tomcat v9.0。相关选项和配置使用默认的，给项目起一个名称。在最后一步勾选自动生成 web.xml 文件的选项，然后单击 Finish 按钮即完成项目的创建。

2. 项目的准备工作

找到项目的 lib 文件夹，路径为项目根目录下 src/main/webapp/WEB-INF/lib，从之前下载 Spring 框架的文件夹里找到项目所需的 jar 包，复制到项目 lib 文件夹下，完成 jar 包的导入，如图 25-1 所示。其中，servlet-api.jar 是 Java 语言开发 Web 项目的必需 jar 包，一般配置好 Tomcat 后就自动导入项目了。如果读者在开发过程中提示找不到 Web 对象，这里可以手动导入 servlet-api.jar 包来解决问题。

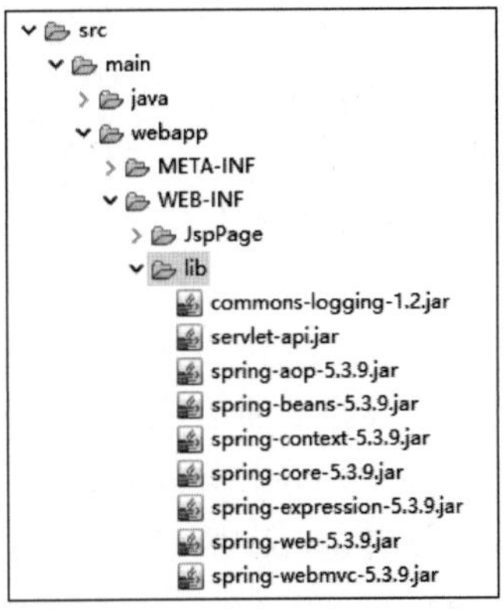

图 25-1 项目所需的 jar 包示意图

3. 编写 Web 项目的配置文件代码

由于勾选了自动生成 web.xml 配置文件的选项，在项目目录 src/main/webapp/WEB-INF/下可以找到生成的文件。打开后，对其进行更改，代码如下。

```
01  <?xml version="1.0" encoding="UTF-8"?>
02  <web-app xmlns:xsi="http://www.w3.org/2001/XMLSchema-instance" xmlns="http://
    xmlns.jcp.org/xml/ns/javaee" xsi:schemaLocation=" http://xmlns.jcp.org/xml/ns/javaee
    http://xmlns.jcp.org/xml/ns/javaee/web-app_4_0.xsd" id="WebApp_ID" version="4.0">
03      <display-name>SpringMVC10</display-name>
04      <servlet>
05          <servlet-name>SpringMVC</servlet-name>
06          <servlet-class>org.springframework.web.servlet.DispatcherServlet</servlet-class>
07          <init-param>
08              <param-name>contextConfigLocation</param-name>
09              <param-value>/WEB-INF/springMVC-config.xml</param-value>
10          </init-param>
11          <load-on-startup>1</load-on-startup>
12      </servlet>
13      <servlet-mapping>
14          <servlet-name>SpringMVC</servlet-name>
15          <url-pattern>/</url-pattern>
16      </servlet-mapping>
17      <filter>
18          <filter-name>characterEncoding</filter-name>
19          <filter-class>org.springframework.web.filter.CharacterEncodingFilter</filter-class>
20          <init-param>
21              <param-name>encoding</param-name>
22              <param-value>utf-8</param-value>
23          </init-param>
24      </filter>
25      <filter-mapping>
26          <filter-name>characterEncoding</filter-name>
27          <url-pattern>/*</url-pattern>
28      </filter-mapping>
29  </web-app>
```

第01、02行,是XML文件的格式说明和当前XML文件的命名空间说明。

第03行,是项目显示的名称,一般和项目创建时设置的名称保持一致。

第04~12行,是对当前项目的DispatcherServlet前端控制器进行设置。其中,第05行是前端控制器的名称。第06行,是前端控制器对应的类路径,这里指向了Spring框架所定义的类,也就是jar包中所导入的类。第07~10行,是初始化参数。第08行对应初始化配置文件的名称,第09行对应配置文件的路径,这里设置为/WEB-INF/springMVC-config.xml,此文件暂时还不存在,之后需要创建。第11行是将前端控制器设置为在项目启动时就加载。

第13~16行,是设置哪些URL发送到后台后需要使用前端控制器进行拦截。第14行,是需要拦截的前端控制器名称,和第05行设置的名称保持一致即可。第15行,是设置需要拦截的URL样式。这里的"/"代表所有的URL都会被前端控制器拦截。在后期的使用中,读者也可以根据需要只拦截需要被拦截的URL样式。

第17~24行,定义了一个filter过滤器,名称是CharacterEncodingFilter,它的作用主要是通过编码方式的设置,让Web页面的前后端数据交互可以正常使用中文,不会出现乱码。

第25~28行,通过过滤器映射器,将定义好的CharacterEncodingFilter过滤器设定使用范围。url-pattern为"/*",即全部请求都经过编码过滤器。

在本配置文件中,第 01~16 行主要是常规的前端控制器 DispatcherServlet 的配置。第 17~28 行是配置并使用了中文编码转换的过滤器,从而确保中文可以正常在前后端间进行数据传输和显示。如果仅使用纯英文和数字进行项目测试,则可以省略第 17~28 行的内容。

4. 编写 Java 类的代码

在项目目录 src/main/java 下,新建一个 Java 类的包 com.pojo,在包里新建一个 Java 类 Student.java。具体代码如下。

```
01  package com.pojo;
02  import java.util.List;
03  public class Student {
04      private String name;
05      private String birth;
06      private String gender;
07      private List<String> course;
08      private String city;
09      private String intro;
10      public String getName() {
11          return name;
12      }
13      public void setName(String name) {
14          this.name = name;
15      }
16      public String getBirth() {
17          return birth;
18      }
19      public void setBirth(String birth) {
20          this.birth = birth;
21      }
22      public String getGender() {
23          return gender;
24      }
25      public void setGender(String gender) {
26          this.gender = gender;
27      }
28      public List<String> getCourse() {
29          return course;
30      }
31      public void setCourse(List<String> course) {
32          this.course = course;
33      }
34      public String getCity() {
35          return city;
36      }
37      public void setCity(String city) {
38          this.city = city;
39      }
40      public String getIntro() {
41          return intro;
42      }
43      public void setIntro(String intro) {
44          this.intro = intro;
```

```
45      }
46      @Override
47      public String toString() {
48          return "Student [name=" + name + ", birth=" + birth + ", gender=" + gender + ", course=" + course.toString() + ", city="
49              + city + ", intro=" + intro + "]";
50      }
51  }
```

这是一个简单的 Java 类,Student 类的成员变量有 String 类型的 name、birth、gender、city、intro 和 List<String>类型的 course 等。需要注意的是,在项目中既要在后台进行 Student 对象的属性设置,也需要在 Web 前端页面进行属性取值和数据绑定,因此必须实现每个成员变量的 getter 和 setter 函数,否则项目会报错。

5. 编写控制器 Controller 的代码

在项目目录 src/main/java 下,新建一个控制器包 com.controller,在包里新建控制器类 InputdataController.java 和 ShowdataController.java,分别用于获取 Web 前端提交的数据及向页面输出展示数据。具体代码如下。

```
01  package com.controller;
02  import java.io.IOException;
03  import java.util.ArrayList;
04  import java.util.List;
05  import javax.servlet.http.HttpServletResponse;
06  import org.springframework.stereotype.Controller;
07  import org.springframework.ui.Model;
08  import org.springframework.web.bind.annotation.GetMapping;
09  import org.springframework.web.bind.annotation.PostMapping;
10  import com.pojo.Student;
11  @Controller
12  public class InputdataController {
13      @GetMapping("/input")
14      public String toInputJspPage(Model model) {
15          List<String> genderList = new ArrayList<String>();
16          genderList.add("男");
17          genderList.add("女");
18          List<String> courseList = new ArrayList<String>();
19          courseList.add("Java");
20          courseList.add("Python");
21          courseList.add("PHP");
22          courseList.add("vue.js");
23          courseList.add("Springboot");
24          List<String> cityList = new ArrayList<String>();
25          cityList.add("武汉");
26          cityList.add("黄冈");
27          cityList.add("襄阳");
28          cityList.add("恩施");
29          Student stu = new Student();
30          model.addAttribute("student", stu);
31          model.addAttribute("genderList", genderList);
32          model.addAttribute("courseList", courseList);
33          model.addAttribute("cityList", cityList);
34          return "inputdata";
```

```
35      }
36      @PostMapping("/inputdata")
37      public void inputDataToPrint ( Student stu, HttpServletResponse response ) throws IOException {
38          response.setContentType("text/html;charset=UTF-8");
39          response.getWriter().print("前端提交的数据为:\n"+stu.toString());
40      }
41  }
```

第 11 行,@Controller 将本 Java 类注解成控制器,可以使得其他相关的注解生效。

第 13～35 行,定义了一个响应函数 toInputJspPage。第 13 行,使用@GetMapping 注解,将响应函数和请求地址/input 进行映射绑定。第 14 行,参数中声明了 Model 对象,如前面章节内容所讲,此对象是 SpringMVC 框架的默认参数,声明后可以直接使用,在 Web 页面前后端传输或绑定数据。第 15～29 行,分别创建了 genderList、courseList、cityList 三个 List 集合和一个 stu 的 Java 类对象。第 30～33 行,使用 Model 对象的 addAttribute 方法,分别将创建的这 4 个对象添加进 Model。第 34 行,响应函数运行结束后,引导浏览器跳转到名称为 inputdata 的页面,此功能需要结合 springmvc-config.xml 中的视图解析器一起实现。

第 36～40 行,定义了另一个响应函数 inputDataToPrint。第 36 行,使用@PostMapping 注解,将响应函数和请求地址/inputdata 进行映射绑定,且要求请求方式必须为 POST。第 37 行,函数的参数有 Student 对象,意味着页面端提交的数据和 Student 类的属性名一一对应,SpringMVC 框架可以自动拼装成 Student 对象。第 38～39 行,使用 SpringMVC 框架的默认参数 HttpServletResponse 对象,设置为中文编码后,将 Student 对象的 String 值打印输出到页面上。

```
01  package com.controller;
02  import java.util.ArrayList;
03  import java.util.List;
04  import org.springframework.stereotype.Controller;
05  import org.springframework.ui.Model;
06  import org.springframework.web.bind.annotation.GetMapping;
07  import com.pojo.Student;
08  @Controller
09  public class ShowdataController {
10      @GetMapping("/show")
11      public String showDataToJspPage(Model model) {
12          List<String> genderList = new ArrayList<String>();
13          genderList.add("男");
14          genderList.add("女");
15          List<String> courseList = new ArrayList<String>();
16          courseList.add("Java");
17          courseList.add("Python");
18          courseList.add("PHP");
19          courseList.add("vue.js");
20          courseList.add("Springboot");
21          List<String> cityList = new ArrayList<String>();
22          cityList.add("武汉");
23          cityList.add("黄冈");
24          cityList.add("襄阳");
25          cityList.add("恩施");
26          List<String> stuCourses = new ArrayList<String>();
```

```
27          stuCourses.add("Java");
28          stuCourses.add("PHP");
29          Student stu = new Student();
30          stu.setName("沈夏磊");
31          stu.setBirth("2003");
32          stu.setGender("男");
33          stu.setCourse(stuCourses);
34          stu.setCity("武汉");
35          stu.setIntro("这是一段自我介绍。我叫沈夏雷,性别男,出生自 2003 年,籍贯是武汉市。我
            目前就读于计算机专业,课程包括 Java,Python,PHP 等."
36               + "这是一段自我介绍。我叫沈夏雷,性别男,出生自 2003 年,籍贯是武汉市。我目前
                 就读于计算机专业,课程包括 Java,Python,PHP 等.");
37          model.addAttribute("student", stu);
38          model.addAttribute("genderList", genderList);
39          model.addAttribute("courseList", courseList);
40          model.addAttribute("cityList", cityList);
41          return "showdata";
42      }
43  }
```

第 08 行,@Controller 将本 Java 类注解成控制器,可以使得其他相关的注解生效。

第 10~42 行,定义了一个响应函数 showDataToJspPage。第 10 行,使用@GetMapping 注解,将响应函数和请求地址/show 进行映射绑定。第 11 行,参数中声明了 Model 对象,如前面章节内容所讲,此对象是 SpringMVC 框架的默认参数,声明后可以直接使用,在 Web 页面前后端传输或绑定数据。第 12~36 行,分别创建了 genderList、courseList、cityList、stuCourses 这 4 个 List 集合和一个 stu 的 Java 类对象,并对 Student 对象的属性进行了详细的设置用于页面展示。第 37~40 行,使用 Model 对象的 addAttribute 方法,将创建的 4 个对象添加进 Model。第 41 行,响应函数运行结束后,引导浏览器跳转到名称为 showdata 的页面,此功能需要结合 springmvc-config.xml 中的视图解析器一起实现。

InputdataController.java 控制器用于从页面前端收集提交的数据,Student 类的属性值无须设置为空。ShowdataController.java 用于将已经设置好的值展示给前端 Web 页面,因此 Student 类的属性值需逐一设置。实际上,两个类的功能和编码方式大致类似,都是为了实现数据绑定。

6. 编写 SpringMVC 的配置文件代码

在 web 文件夹,也就是 web.xml 配置文件所在的文件夹 src/main/webapp/WEB-INF/下,创建 SpringMVC 的配置文件 springMVC-config.xml,具体代码如下。

```
01  <?xml version="1.0" encoding="UTF-8"?>
02  <beans xmlns="http://www.springframework.org/schema/beans"
03      xmlns:xsi="http://www.w3.org/2001/XMLSchema-instance"
04      xmlns:context="http://www.springframework.org/schema/context"
05      xsi:schemaLocation="http://www.springframework.org/schema/beans
06      http://www.springframework.org/schema/beans/spring-beans.xsd
07      http://www.springframework.org/schema/context
08      https://www.springframework.org/schema/context/spring-context.xsd">
09      <context:component-scan base-package="com.controller" />
10      <bean class="org.springframework.web.servlet.view.InternalResourceViewResolver"
```

```
11        <property name="prefix" value="/WEB-INF/JspPage/" />
12        <property name="suffix" value=".jsp" />
13    </bean>
14 </beans>
```

第 01~08 行，是 XML 文件的格式声明，以及本项目需要用到的组件所在的命名空间。需要注意的是，这里的命名空间和 jar 包的导入相关，如果 jar 包没有正确导入，这里的命名空间设置会无法生效或出错。

第 09 行，context：component-scan 元素可以对 Java 包进行扫描，使得注解的代码正常执行生效。属性 base-package 对应的就是包名，设置为 com.controller，即控制器所在的 Java 包。

第 10~13 行，配置了视图解析器。由于是框架自带的组件，第 10 行只需要设置 class 类路径为"org.springframework.web.servlet.view.InternalResourceViewResolver"即可，不需要配置 id 或 name 属性。这里的类路径来自 jar 包，需要正确导入 jar 包后才可以生效，同时读者输入的时候需保证类路径不可出错，否则项目运行会出错。第 11 行，定义了视图解析器的 prefix 属性，也就是前缀为"/WEB-INF/JspPage/"。第 12 行，定义了视图解析器的 suffix 属性，也就是后缀为".jsp"。经过这样的定义后，控制器 Controller 中如果设置或返回了视图名称的 String 值，视图解析器就会自动为此 String 加上前缀路径和后缀文件扩展名，从而可以跳转到正确的页面。

7. 编写静态网页的代码

在 web 文件夹，也就是 web.xml 配置文件所在的文件夹 src/main/webapp/WEB-INF/下，新建文件夹 JspPage，在文件夹里创建静态的 JSP 页面 inputdata.jsp 和 showdata.jsp，分别用于从前端向后端提交数据和从后端向前端展示数据。具体代码如下。

```
01 <%@ page language="java" contentType="text/html; charset=UTF-8"
02     pageEncoding="UTF-8"%>
03 <%@ taglib prefix="form" uri="http://www.springframework.org/tags/form"%>
04 <!DOCTYPE html>
05 <html>
06 <head>
07 <meta charset="UTF-8">
08 <title>发送数据到后台</title>
09 </head>
10 <body>
11 <br>发送数据到后台:<br><br>
12 <form:form modelAttribute="student" method="post" action="inputdata">
13 <br><br>姓名:<form:input path="name"/>
14 <br><br>生日:<form:input path="birth"/>
15 <br><br>性别:<form:radiobuttons items="${genderList}" path="gender"/>
16 <br><br>课程:<form:checkboxes items="${courseList}" path="course"/>
17 <br><br>籍贯:<form:select items="${cityList}" path="city" />
18 <br><br>简介:<form:textarea path="intro" rows="5"/>
19 <br><br><br><input type="submit" value="单击提交数据" />
20 </form:form>
21 </body>
22 </html>
```

第 01、02 行，是 JSP 页面的声明，有此声明后页面中的 JSP 语法可以得到解析和正确执行。

第 03 行，是 SpringMVC 框架的标签库的声明代码，加入此声明后，就可以正常使用 SpringMVC 框架下的标签。

第 11～20 行，是当前 JSP 页面的主体内容。其中第 12～20 行，分别使用了 SpringMVC 框架下的 form、input、radiobuttons、checkboxes、select、textarea 标签。其中，input 和 textarea 标签的使用方法类似，通过 path 属性来指向后台 Model 对象中的属性值。radiobuttons、checkboxes 和 select 三个标签的使用方法类似，items 属性和 path 属性都可以指向后台 Model 对象的属性值，items 对应的是可选项而 path 对应的是已选项，即 items 的子集。

同时，从这段代码中可以看到，form 表单标签是其他标签的父标签。modelAttribute 属性对应的是后端 Model 对象的属性名，其内部的其他标签所使用的数据绑定都是基于此来进一步确认的。

第 19 行，是一个 input 类型的提交按钮。提交的方式对应第 12 行，使用 POST 方法提交给请求路径 inputdata。

```
01  <%@ page language="java" contentType="text/html; charset=UTF-8"
02      pageEncoding="UTF-8"%>
03  <%@ taglib prefix="form" uri="http://www.springframework.org/tags/form"%>
04  <!DOCTYPE html>
05  <html>
06  <head>
07  <meta charset="UTF-8">
08  <title>展示后台数据</title>
09  </head>
10  <body>
11  <br>下面展示对应的后台数据:<br><br>
12  <form:form modelAttribute="student" method="post" action="/">
13  <br><br>姓名:<form:input path="name"/>
14  <br><br>生日:<form:input path="birth"/>
15  <br><br>性别:<form:radiobuttons items="${genderList}" path="gender"/>
16  <br><br>课程:<form:checkboxes items="${courseList}" path="course"/>
17  <br><br>籍贯:<form:select items="${cityList}" path="city" />
18  <br><br>简介:<form:textarea path="intro" rows="5"/>
19  </form:form>
20  </body>
21  </html>
```

和 inoutdata.jsp 页面类似，这里第 01、02 行是 JSP 页面的声明，有此声明后页面中的 JSP 语法可以得到解析和正确执行。第 03 行，是 SpringMVC 框架的标签库的声明代码，加入此声明后，就可以正常使用 SpringMVC 框架下的标签。

第 11～20 行，是当前 JSP 页面的主体内容。其中第 12～20 行，分别使用了 SpringMVC 框架下的 form、input、radiobuttons、checkboxes、select、textarea 标签。用法和功能都与 inputdata.jsp 页面类似，这里不再重复。

不同的是，在 inputdata.jsp 的第 19 行有一个 input 类型的提交数据按钮，用于将前端获取到的数据提交给 Web 后端。而本页面仅展示数据，不需要提交按钮。

8．项目测试结果

在项目上单击右键，选择 Run As，继续选择 Run on Server。待 Tomcat 服务器正常启动后，进入浏览器，输入项目的访问地址"http://localhost：8080/SpringMVC10"。

在访问地址后加上从前端收集用户数据的请求路径子地址/input，单击跳转后发现页面正常显示。在空白的数据输入框中，输入所需的信息，如图 25-2 所示。

图 25-2　SpringMVC 框架的表单标签的运行示意图 01

从页面中可以看到，性别、籍贯和课程等输入框，都需要预留多个选项，这些选项的取值都通过 SpringMVC 框架的标签和后台的数据进行了绑定，因此可以动态设置。比起固定化地写在 JSP 页面，这种方式更加灵活，数据也随时可以根据需要动态可变。

单击"单击提交数据"按钮，页面正常输出文本，显示如图 25-3 所示。

图 25-3　SpringMVC 框架的表单标签的运行示意图 02

可以看到，页面使用 POST 方法将数据提交给请求路径/inputdata 后，后台接收到数据，并使用 HttpServletResponse 对象，将文本打印输出到页面，说明 SpringMVC 框架的标签正确获取用户数据并提交给后端。

修改访问地址为从后端展示数据的请求路径子地址/show，单击跳转后发现页面正常显示，如图 25-4 所示。

可以看到，输入框中都有默认的数据信息，这些数据来自后端的 Model 对象，通过 SpringMVC 的标签绑定给了前端的控件并展示出来。其中，性别、课程和籍贯都有多个选项，对应的可选项数据和默认的已选数据，都得到了正确显示。在实际的应用场景中，此页面中控件中的值，用户还可以继续修改，并重新提交给后端。

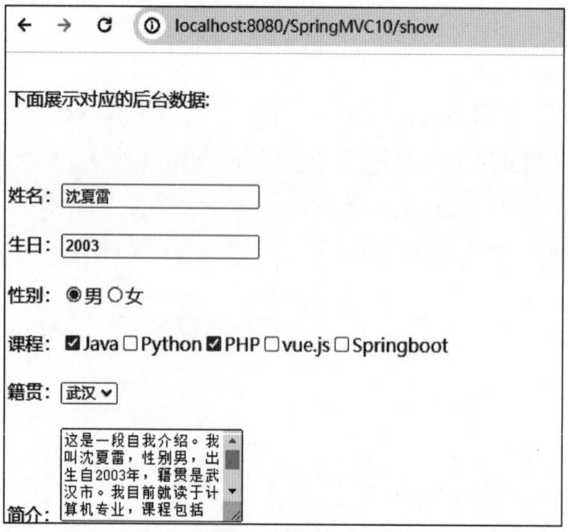

图 25-4　SpringMVC 框架的表单标签的运行示意图 03

🔑 小结

　　本章首先介绍了 SpringMVC 框架的标签的大致情况，简单分析了它和 HTML 标签的不同；其次详细介绍了使用 SpringMVC 标签的准备工作，讲解了常用的几种 SpringMVC 标签的使用方法，包括 form 标签、input 标签、checkboxes 标签、radiobuttons 标签、select 标签和 textarea 标签；最后通过一个完整的案例，演示了 SpringMVC 标签的使用流程和运行效果。通过本章的学习，读者可以了解 SpringMVC 框架的标签和 HTML 标签的不同，熟悉常用的 SpringMVC 标签的功能和使用流程，掌握 SpringMVC 框架的标签的编程实现方法。

🔑 习题

　　1. 在 SpringMVC 框架下的 input 标签中，（　　）属性可以与后台的 Model 中的值进行绑定。

　　　　A. path　　　　　　B. name　　　　　　C. id　　　　　　　D. text

　　2. Model 对象的_____方法，可以添加键值对形式的数据。

　　3. 简述常用的 SpringMVC 框架标签及其使用方法。

第 26 章

SSM框架整合

视频讲解

CHAPTER 26

本章学习目标：
- 了解 SSM 框架整合的思路。
- 掌握 SSM 框架整合的开发环境的搭建。
- 掌握 SSM 框架整合开发网站的编程方法。

在前面的章节中，分别讲解了 MyBatis、Spring、SpringMVC 三个框架的基本知识和使用方法，在实际开发过程中，往往需要结合三个框架，完成一个完整的 Web 网站的开发。当 MyBatis、Spring、SpringMVC 三个框架结合在一起使用时，称之为 SSM 框架。

SSM 框架是使用 Java 语言进行 Web 网页开发的主流框架技术之一，它包含 MyBatis、Spring 和 SpringMVC 三种框架，融合了三个框架的优势，可以方便地进行企业级 Web 应用的开发，包括数据库操作、Web 应用架构和 Web 前后端交互等。

26.1 SSM框架整合简介

26.1.1 MVC设计模式

当进行企业级的Web应用开发时,考虑到软件的架构优化和长期维护问题,一般会采用MVC的设计模式。

MVC的设计模式,就是将软件分为三层,分别是Model数据层、View视图层和Controller控制器层。MVC的核心理念,是使用控制器层将数据层和视图层分离,从而使Web软件的数据库操作和界面交互逻辑进行解耦,这样可以提高代码各个模块之间的独立性,方便项目进行长期维护和迭代升级。

26.1.2 SSM框架整合的基本思路

使用SSM框架进行Web应用开发时,所包含的三个子框架MyBatis、Spring和SpringMVC正好对应MVC的三层结构。简单来说就是,MyBatis框架主要负责Web应用的数据层,实现数据操作和数据库配置有关的功能模块;Spring框架主要负责Web应用的控制器层,主要实现应用的核心架构和业务逻辑;SpringMVC框架主要负责Web应用的视图层,主要实现与用户的数据绑定和界面交互等有关的功能模块。

这也是为什么SSM框架通常需要集成在一起使用的原因,三个子框架各司其职,互相关联。开发者就可以对三种框架的特性各取所长,开发出更合理易用的企业级Web系统。

26.2 SSM框架整合的方法

26.2.1 SSM框架整合的开发环境

前面在分别讲解MyBatis、Spring和SpringMVC框架的过程中,针对每个子框架,都介绍了各自需要的开发环境。而SSM框架的使用,相当于将三个子框架综合起来,因此SSM框架整合的开发环境,需要从以下三个方面来考虑。

1. 满足MyBatis框架的开发环境

MyBatis框架的主要功能在于实现对数据库的操作,因此开发环境里必须包含MySQL数据库,安装特定版本的MySQL Server。

为了更好地对数据库数据进行编辑和查看,方便测试Web应用,还需要准备MySQL数据库的图形化操作软件,本书选用开源的HeidiSQL来实现此功能。

2. 需要满足SpringMVC的开发环境

SpringMVC框架的主要功能,都需要在Web服务器上发布后执行。因此满足

SpringMVC 框架的开发环境,需要安装和配置开源的 Tomcat 服务器。

Web 应用发布后,需要在网页中对相关接口进行请求路径的访问,以及进行数据绑定和界面交互。因此,开发 SpringMVC 框架还需要安装浏览器,本书对浏览器的种类和版本没有限制,安装主流浏览器的较新版本即可。

3. 需要满足 Spring 框架的开发环境

使用 Spring 框架本身没有特定的开发环境要求,但是考虑到 SSM 框架中的子框架都是 Java 语言,因此必须满足 Java 语言的运行环境,安装 JDK。

为了更好地管理项目,方便项目测试和开发,需要使用 IDE(集成开发环境)来配合进行编程开发。本书选用开源的 Eclipse 软件,来作为 Web 项目开发的 IDE。

以上条件都满足后,基本就满足 SSM 框架整合的开发环境了。

在实际开发过程中,还需要注意各软件模块和工具的版本兼容性问题。本书选用的各软件版本如表 26-1 所示。

表 26-1 开发环境的软件版本

软件名称	版本说明	备注
操作系统	Windows 11	
Eclipse	eclipse-jee-2023-03-R-win32-x86_64	文件夹免安装版
Java	JavaSE-17	使用 Eclipse 软件自带的 JDK
MySQL	mysql-5.7.44-winx64	文件夹免安装版
Tomcat	apache-tomcat-9.0.82-windows-x64	文件夹免安装版
HeidiSQL	12.5.0.6677	
浏览器	Chrome	

这些软件版本经测试互相之间都是没有兼容性问题,可以正常编写代码和运行项目。本书所讲解到的所有案例,也都可以满足使用要求。

26.2.2 SSM 框架整合的准备工作

开发环境配置好之后,就可以开始进行 SSM 框架整合开发的准备工作了。一般来说,在实际进行 SSM 项目开发之前,需要进行以下准备工作。

1. 提前下载好相关 jar 包

在进行 SSM 框架整合开发之前,需要下载并准备好的 jar 包主要包括两部分:一方面是 MyBatis、Spring 和 SpringMVC 三个子框架各自核心的 jar 包,这些 jar 包在对应的官网上都可以下载;另一方面还有特定组件或第三方功能的 jar 包,如 commons-logging.jar、servlet-api.jar 等,这些 jar 包也都可以在对应的官网或者是 Apache、MAVEN 网站上下载。

不同的 jar 包之间也存在兼容性问题,本书选用的是 MyBatis 的 3.5.2 版本和 Spring 的 5.3.9 版本(包括 SpringMVC),其他 jar 包在讲解使用案例时都有对应的版本介绍,读者在开发时根据说明来下载使用即可。

2. 同时让 Spring 和 SpringMVC 框架生效

在前面的讲解中,Spring 框架和 SpringMVC 框架所属的章节不同,因此虽然都使用过,但是并没有在同一个案例中同时使用 Spring 和 SpringMVC 的核心功能。例如,Spring 框架中的 AOP、事务管理和 IOC 容器机制等核心功能,与 SpringMVC 框架中的控制器、DispatcherServlet 前端控制器、Web 前后端参数绑定等。为了同时使用它们各自的核心功能特性,最好是分别编写两个 XML 配置文件,分别用于 Spring 和 SpringMVC,并同时让它们生效。

在 Eclipse 中创建 Dynamic Web Project 即动态 Web 项目时,会默认创建项目的 web.xml 配置文件。在 web.xml 文件中定义 DispatcherServlet 前端控制器时,需要在定义 Servlet 的同时指定前端控制器的初始化参数,即<init-param>,此时就可以指定 SpringMVC 框架的配置文件 springmvc-config.xml。

为了继续让 Spring 框架也生效,可以在上面所述的 web.xml 配置文件中额外再添加 ContextLoaderListener 组件。ContextLoaderListener 的作用是当启动 Web 容器时,读取对应的 XML 文件,自动装配 ApplicationContext 的配置信息,并创建 WebApplicationContext 对象,然后将此对象放入 ServletContext 的属性中。这样通过 Servlet 就可以得到 WebApplicationContext 对象,并进一步完成 Spring 框架的容器机制、管理 Bean 等功能了。简单来说,就是在 SpringMVC 框架的基础上添加 Spring 框架的功能支持。

ContextLoaderListener 组件并不是必需的,不使用它,Spring 和 SpringMVC 框架本身就是在一起共生使用的。如果启用 ContextLoaderListener 组件,Spring 和 SpringMVC 框架互相之间可以各自使用独立的配置文件,更方便开发者进行编码和维护。

ContextLoaderListener 的配置代码如下,其中,<param-value>所指向的路径文件就是 Spring 框架的配置文件,它是独立于 SpringMVC 框架配置文件的。

```
<context-param>
    <param-name>contextConfigLocation</param-name>
    <param-value>/WEB-INF/applicationContext.xml</param-value>
</context-param>
<listener>
    <listener-class>org.springframework.web.context.ContextLoaderListener</listener-class>
</listener>
```

3. 同时让 Spring 和 MyBatis 框架生效

同样地,为了更好地使用 SSM 整合框架,需要同时使用 Spring 和 MyBatis 框架。最直接的办法是分别导入对应的 jar 包,在业务层整合各自框架的使用代码即可。这样思路上虽然直接,但在实际使用过程中会遇到组件不兼容、代码耦合等各种问题。

为了更好地同时开发 MyBatis 和 Spring,可以使用 MyBatis-Spring。这是官方推出的 MyBatis 和 Spring 框架整合的技术方案,可以较好地解决两个框架在使用过程中遇到的问题,让开发者使用起来更加简单方便。

MyBatis-Spring 的网址是 http://doc.vrd.net.cn/mybatis/spring/zh/getting-started.html,它的使用方法较为简单。首先要在项目中导入 MyBatis-Spring 的 jar 包。其次,需要使用 Spring 框架的容器机制,将 SqlSessionFactory 配置成 Bean 对象,即 SqlSessionFactoryBean。接下来,需要使用接口和注解的方式来实现 MyBatis 下的 SQL 语句编程,通过 MapperFactoryBean 将接口加入 Spring 框架。最后将对应的 Bean 对象注入业务逻辑层,

通过调用 Bean 对象的接口来使用 MyBatis 框架对数据层的操作和访问。

MyBatis-Spring 在使用过程中，保留了 MyBatis 和 Spring 框架各自的编程特点，也做了底层的封装实现，是目前较好的同时使用 Spring 和 MyBatis 框架的解决方案。

4．分层编码

当 SSM 框架整合在一起使用时，需要实现的往往是中大型的企业级 Web 应用，有完整的数据库、前端界面、业务逻辑和功能架构设计。当面对此类软件系统的开发设计时，一般都需要使用软件工程的思想，对软件不同的功能模块进行分层编码。

具体来说，可以将一个完整的 Web 应用做如下分层。首先是视图层，包括 HTML 和 JSP 页面等 Web 前端页面，主要实现网站的数据收集、展示和界面交互等功能。其次是控制器层，主要承接 Web 前端页面，实现 Web 后端，完成数据绑定、前后端分离等功能。接下来是业务逻辑层，完成核心功能的业务逻辑实现；在实际开发过程中，为了更好地做到"先设计，后编码"，业务逻辑层还可以细分为业务逻辑的接口层和业务逻辑的实现层。最后是数据操作层，实现对数据库的增删改查、数据库配置和 SQL 语句等功能。

通过分层编码，可以让整个项目的架构更加清晰，不同功能模块之间的耦合度更低，提高代码的可读性和可维护性，方便编程人员进行开发。

26.3 SSM 框架整合的使用案例

下面通过一个完整的案例，来讲解 SSM 框架整合的使用方法。

1．创建工程

打开 Eclipse，选择新建项目中的 Dynamic Web Project 也就是动态 Web 项目。Target runtime 选择配置好的 Apache Tomcat v9.0。相关选项和配置使用默认的，给项目起一个名称。在最后一步勾选自动生成 web.xml 文件的选项，然后单击 Finish 按钮即完成项目的创建。

2．项目的准备工作

找到项目的 lib 文件夹，路径为项目根目录下 src/main/webapp/WEB-INF/lib，提前下载准备好项目所需的 jar 包，复制到项目 lib 文件夹下，完成 jar 包的导入，如图 26-1 所示。

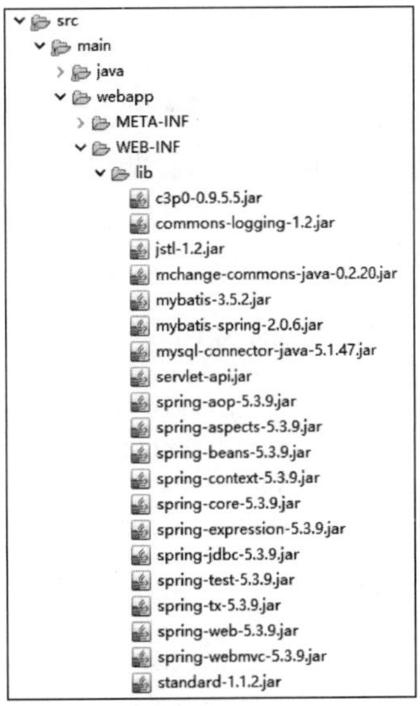

图 26-1　项目所需的 jar 包示意图

3．编写配置文件代码

1）编写 SpringMVC 框架的配置文件代码

由于勾选了自动生成 web.xml 配置文件的选项，在项目目录 src/main/webapp/WEB-INF/下可以找到生成的文件。打开后，对其进行更改，代码如下。

```
01    <?xml version="1.0" encoding="UTF-8"?>
02    <web-app xmlns:xsi="http://www.w3.org/2001/XMLSchema-instance" xmlns="http://
      xmlns.jcp.org/xml/ns/javaee" xsi:schemaLocation=" http://xmlns.jcp.org/xml/ns/javaee
      http://xmlns.jcp.org/xml/ns/javaee/web-app_4_0.xsd" id="WebApp_ID" version="4.0">
03      <display-name>SSM01</display-name>
04      <context-param>
05        <param-name>contextConfigLocation</param-name>
06        <param-value>/WEB-INF/applicationContext.xml</param-value>
07      </context-param>
08      <listener>
09        <listener-class>org.springframework.web.context.ContextLoaderListener</listener-class>
10      </listener>
11      <servlet>
12        <servlet-name>SpringMVC</servlet-name>
13        <servlet-class>org.springframework.web.servlet.DispatcherServlet</servlet-class>
14        <init-param>
15          <param-name>contextConfigLocation</param-name>
16          <param-value>/WEB-INF/springMVC-config.xml</param-value>
17        </init-param>
18        <load-on-startup>1</load-on-startup>
19      </servlet>
20      <servlet-mapping>
21        <servlet-name>SpringMVC</servlet-name>
22        <url-pattern>/</url-pattern>
23      </servlet-mapping>
24      <welcome-file-list>
25        <welcome-file>index.jsp</welcome-file>
26      </welcome-file-list>
27    </web-app>
```

此配置文件的主要内容是配置 ContextLoaderListener 和 DispatcherServlet，包括对应的 Spring 框架的配置文件和 SpringMVC 框架的配置文件的路径设置。

2）编写 Spring 框架的配置文件代码

在 web.xml 配置文件所在的文件夹 src/main/webapp/WEB-INF 下，创建 Spring 框架的配置文件 applicationContext.xml，具体代码如下。

```
01    <?xml version="1.0" encoding="UTF-8"?>
02    <beans xmlns="http://www.springframework.org/schema/beans"
03      xmlns:xsi="http://www.w3.org/2001/XMLSchema-instance"
04      xmlns:context="http://www.springframework.org/schema/context"
05      xmlns:aop="http://www.springframework.org/schema/aop"
06      xmlns:tx="http://www.springframework.org/schema/tx"
07      xsi:schemaLocation="http://www.springframework.org/schema/beans
08        https://www.springframework.org/schema/beans/spring-beans.xsd
09        http://www.springframework.org/schema/context
10        https://www.springframework.org/schema/context/spring-context.xsd
11        http://www.springframework.org/schema/aop
12        https://www.springframework.org/schema/aop/spring-aop.xsd
13        http://www.springframework.org/schema/tx
14        https://www.springframework.org/schema/tx/spring-tx.xsd">
15      <bean name="c3p0DataSource" class="com.mchange.v2.c3p0.ComboPooledDataSource">
16        <property name="driverClass" value="com.mysql.jdbc.Driver" />
17        <property name="jdbcUrl" value="jdbc:mysql://localhost:3306/ssm?useSSL=false" />
```

```
18        < property name="user" value="root" />
19        < property name="password" value="" />
20    </bean>
21    < bean id="sessionFactory" class="org.mybatis.spring.SqlSessionFactoryBean">
22        < property name="dataSource" ref="c3p0DataSource"></property>
23    </bean>
24    < bean id = " mapperScannerConfig " class = " org. mybatis. spring. mapper. MapperScannerConfigurer">
25        < property name="basePackage" value="com.dao"></property>
26    </bean>
27    < context:component-scan base-package="com.service.impl"></context:component-scan>
28 </beans>
```

此配置文件中的主要内容包括配置数据库信息,根据数据库信息配置 sessionFactory 对象,根据 DAO 层的代码配置 mapperScannerConfig,配置业务逻辑层实现层的 Bean 对象等。

3) 编写 Web 项目的配置文件代码

在 web.xml 配置文件所在的文件夹 src/main/webapp/WEB-INF/下,另外创建 SpringMVC 框架的配置文件 springMVC-config.xml,具体代码如下。

```
01 <?xml version="1.0" encoding="UTF-8"?>
02 < beans xmlns="http://www.springframework.org/schema/beans"
03     xmlns:xsi="http://www.w3.org/2001/XMLSchema-instance"
04     xmlns:context="http://www.springframework.org/schema/context"
05     xmlns:mvc="http://www.springframework.org/schema/mvc"
06     xsi:schemaLocation="http://www.springframework.org/schema/beans
07         https://www.springframework.org/schema/beans/spring-beans.xsd
08         http://www.springframework.org/schema/context
09         https://www.springframework.org/schema/context/spring-context.xsd
10         http://www.springframework.org/schema/mvc
11         https://www.springframework.org/schema/mvc/spring-mvc.xsd">
12     < context:component-scan base-package="com.controller"></context:component-scan>
13     < bean class="org.springframework.web.servlet.view.InternalResourceViewResolver">
14         < property name="prefix" value="/WEB-INF/" />
15         < property name="suffix" value=".jsp" />
16     </bean>
17     < mvc:annotation-driven />
18     < mvc:default-servlet-handler />
19 </beans>
```

此配置文件的主要内容包括 Controller 控制器的包扫描、视图解析器的配置、静态资源的访问等。

4. 编写业务逻辑代码

1) 编写 Java 类 POJO 的代码

在项目目录 src/main/java 下,新建一个 Java 类的包 com.pojo,在包里新建一个 Java 类 Student.java,具体代码如下。

```
01 package com.pojo;
02 public class Student {
03     private int id;
04     private String name;
05     private int age;
```

```
06    private String course;
07    public Student() {
08        super();
09        //TODO Auto-generated constructor stub
10    }
11    public Student(int id, String name, int age, String course) {
12        super();
13        this.id = id;
14        this.name = name;
15        this.age = age;
16        this.course = course;
17    }
18    public int getId() {
19        return id;
20    }
21    public void setId(int id) {
22        this.id = id;
23    }
24    public String getName() {
25        return name;
26    }
27    public void setName(String name) {
28        this.name = name;
29    }
30    public int getAge() {
31        return age;
32    }
33    public void setAge(int age) {
34        this.age = age;
35    }
36    public String getCourse() {
37        return course;
38    }
39    public void setCourse(String course) {
40        this.course = course;
41    }
42    @Override
43    public String toString() {
44        return "Student [id=" + id + ", name=" + name + ", age=" + age + ", course=" + course + "]";
45    }
46 }
```

此类主要是定义 Student 类的成员变量,声明并实现各成员变量的 getter 和 setter 函数。由于 Student 类的成员变量和数据库中 student 表的字段一致,因此在使用 MyBatis 框架时,可以直接将数据库数据读取为 POJO 对象。

2) 编写控制器 Controller 的代码

在项目目录 src/main/java 下,新建一个控制器 Controller 的包 com.controller,在包里新建一个控制器类 StudentController.java,具体代码如下。

```
01    package com.controller;
02    import java.io.IOException;
03    import java.util.List;
04    import javax.servlet.http.HttpServletResponse;
05    import org.springframework.beans.factory.annotation.Autowired;
```

```
06    import org.springframework.stereotype.Controller;
07    import org.springframework.ui.Model;
08    import org.springframework.web.bind.annotation.GetMapping;
09    import org.springframework.web.bind.annotation.PostMapping;
10    import org.springframework.web.bind.annotation.RequestMapping;
11    import com.pojo.Student;
12    import com.service.StudentService;
13    @Controller
14    public class StudentController {
15        @Autowired
16        private StudentService studentService;
17        @GetMapping("/show")
18        public String showAllStudents(Model model) {
19            List<Student> students = studentService.showAllStudents();
20            model.addAttribute("allstudents", students);
21            return "show";
22        }
23        @GetMapping("/insert")
24        public String toInsertStudent() {
25            return "insert";
26        }
27        @PostMapping("/doinsertstudent")
28        public String inputOneStudent(Student stu, Model model) {
29            int resultInt = studentService.inputOneStudent(stu);
30            if (resultInt > 0) {
31                List<Student> students = studentService.showAllStudents();
32                model.addAttribute("allstudents", students);
33                return "show";
34            } else {
35                model.addAttribute("message", "## Insert Student Error !!! ##");
36                return "message";
37            }
38        }
39    }
```

此控制器中,主要实现了三个方法:请求路径为/show 的方法,功能是读取数据库中的数据并展示到页面;请求路径为/insert 的方法,功能是展示插入数据的 JSP 页面;请求路径为/doinsertstudent 的方法,功能是往后台数据库中插入数据条目的具体实现。

为实现相关数据层的方法,控制器中定义了业务逻辑层的对象 StudentService,此对象在本控制器中没有代码实现,是通过配置文件来实现依赖注入的。

3) 编写数据层 DAO 的代码

在项目目录 src/main/java 下,新建一个数据层 DAO 的包 com.dao,在包里新建一个 DAO 的类 StudentDao.java,具体代码如下。

```
01    package com.dao;
02    import java.util.List;
03    import org.apache.ibatis.annotations.Insert;
04    import org.apache.ibatis.annotations.ResultType;
05    import org.apache.ibatis.annotations.Select;
06    import com.pojo.Student;
07    public interface StudentDao {
08        @Insert("insert into student(id,name,age,course) values(#{id},#{name},#{age},#{course})")
09        int insertStudent(Student stu);
```

```
10    @Select("select * from student")
11    @ResultType(Student.class)
12    List<Student> selectAllStudents();
13  }
```

此类中,使用注解的方式来完成 MyBatis 对数据操作的 SQL 实现。包括 insertStudent 和 selectAllStudents 两个方法,功能分别是插入学生数据和查询所有学生数据。

4) 编写业务逻辑接口层 service 的代码

在项目目录 src/main/java 下,新建一个业务逻辑接口层的包 com.service,在包里新建一个业务逻辑的接口文件 StudentService.java,具体代码如下。

```
01  package com.service;
02  import java.util.List;
03  import com.pojo.Student;
04  public interface StudentService {
05    int inputOneStudent(Student student);
06    List<Student> showAllStudents();
07  }
```

文件中定义了两个接口 inputOneStudent 和 showAllStudents,分别对应插入学生数据和查询所有学生数据。

5) 编写业务逻辑实现层 service.impl 的代码

在项目目录 src/main/java 下,新建一个业务逻辑实现层的包 com.service.impl,在包里新建一个业务逻辑的实现文件 StudentService.Impljava,具体代码如下。

```
package com.service.impl;
import java.util.List;
import org.springframework.beans.factory.annotation.Autowired;
import org.springframework.stereotype.Service;
import com.dao.StudentDao;
import com.pojo.Student;
import com.service.StudentService;
@Service
public class StudentServiceImpl implements StudentService {
    @Autowired
    private StudentDao studentDao;
    @Override
    public int inputOneStudent(Student student) {
        // TODO Auto-generated method stub
        int returnInt = studentDao.insertStudent(student);
        return returnInt;
    }
    @Override
    public List<Student> showAllStudents() {
        // TODO Auto-generated method stub
        List<Student> listStudents = studentDao.selectAllStudents();
        return listStudents;
    }
}
```

这里对两个业务逻辑的接口进行了实现。由于在配置文件中启用了 MapperScannerConfigurer,对 com.dao 包进行扫描。因此框架后台自动创建了 StudentDao 对象,并导入此类的成员变量 studentDao 中,可以在实现代码中直接使用此对象。

5. 编写静态网页 JSP 的代码

1) 编写插入数据的网页代码

在 web.xml 配置文件所在的文件夹 src/main/webapp/WEB-INF/下,创建静态的 JSP 页面 insert.jsp。具体代码如下。

```
01  <%@ page language="java" contentType="text/html; charset=UTF-8"
02      pageEncoding="UTF-8"%>
03  <!DOCTYPE html>
04  <html>
05  <head>
06  <meta charset="UTF-8">
07  <title>插入学生数据</title>
08  </head>
09  <body>
10  <form action="doinsertstudent" method="post">
11  id(int)<input name="id"><br>
12  name(String)<input name="name"><br>
13  age(int)<input name="age"><br>
14  course(String)<input name="course"><br>
15  <input type="submit" value="提交学生数据">
16  </form>
17  </body>
18  </html>
```

页面主体是一个 form 表单,待用户输入学生的各项数据且提交后,后台可以将数据接收并插入数据库中。

2) 编写展示数据的网页代码

在 web.xml 配置文件所在的文件夹 src/main/webapp/WEB-INF/下,创建静态的 JSP 页面 show.jsp。具体代码如下。

```
01  <%@ page language="java" contentType="text/html; charset=UTF-8"
02      pageEncoding="UTF-8"%>
03      <%@ taglib uri="http://java.sun.com/jsp/jstl/core" prefix="c" %>
04  <!DOCTYPE html>
05  <html>
06  <head>
07  <meta charset="UTF-8">
08  <title>展示所有学生名单</title>
09  </head>
10  <body>
11  <h3>展示所有学生名单</h3>
12  <table>
13  <tr>
14      <th>id</th>
15      <th>name</th>
16      <th>age</th>
17      <th>course</th>
18  </tr>
19  <c:forEach items="${allstudents}" var="stu">
20      <tr>
21          <td>${stu.id}</td>
22          <td>${stu.name}</td>
23          <td>${stu.age}</td>
```

```
24    <td>${stu.course}</td>
25    </tr>
26  </c:forEach>
27  </table>
28  </body>
29  </html>
```

页面可以查询数据库,获取所有的学生数据,并使用表格的方式将每条数据逐行展示到页面中。

6. 项目测试结果

在完成所有的编码工作后,需要启动数据库服务。打开 MySQL 的文件夹,进入 bin 文件夹,使用管理员身份启动 mysqld.exe,命令行窗口打开后,最小化该窗口不要关闭它。此窗口就是 MySQL 的服务,测试过程中需要保持开启。

回到 Eclipse,在项目上单击右键,选择 Run As,继续选择 Run on Server。待 Tomcat 服务器正常启动后,在浏览器中输入项目的访问地址"http://localhost:8080/SSM01/show"。单击跳转,可以看到页面正常显示,如图 26-2 所示。

图 26-2 所有学生数据的列表展示页面

可以看到,系统查询了服务器数据库的 student 表的所有数据,并以表格方式将数据逐行显示。

将访问地址最后的/show 修改为插入操作的子地址/insert,单击跳转,页面显示如图 26-3 所示。

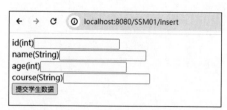

图 26-3 插入学生数据的页面

在对应的文本输入框中,分别输入学生的 id、name、age 和 course 为 57、wangjingshan、23、AIGC,单击"提交学生数据"按钮。页面跳转后,显示如图 26-4 所示。

可以看到,页面重新跳转到了所有学生数据的展示页面,刚刚提交的数据也被插入了页面下方。此时使用 HeidiSQL 客户端,打开数据库,可以看到 student 表中的数据与页面中展示的一致,SSM 框架整合后的使用正确。

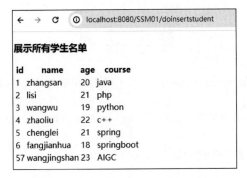

图 26-4　插入学生数据后的展示页面

小结

本章首先介绍了 MVC 设计模式的概念，分析了 SSM 框架整合的基本思路；其次介绍了 SSM 框架整合的方法，包括 SSM 框架的开发环境的搭建和 SSM 框架的准备工作；最后，通过一个完整的案例，详细讲解了 SSM 框架整合的流程和测试方法。通过本章的学习，读者可以对 MyBatis、Spring 和 SpringMVC 三个框架技术的基本情况有更深的理解，可以理解 SSM 框架整合的开发环境和准备工作，掌握在项目中使用 SSM 框架进行 Web 开发的编程实现方法。

习题

1. 在 SSM 框架的三个子框架中，与 MVC 设计模式中的数据层相对应的是（　　）。
　　A. SpringMVC　　　B. Spring　　　C. SpringBoot　　　D. MyBatis
2. 在进行 SSM 框架整合时，为了使 SpringMVC 和 Spring 框架同时生效，在项目的 web.xml 配置文件中需要添加_____组件。
3. 简述 SSM 框架整合开发 Web 应用的大致流程和步骤。

参 考 文 献

[1] 黄文毅. Web 轻量级框架 Spring＋Spring MVC＋MyBatis 整合开发实战[M]. 北京：清华大学出版社,2020.

[2] 史胜辉,王春明. Java Web 框架开发技术：Spring＋Spring MVC＋MyBatis[M]. 北京：清华大学出版社,2020.

[3] 李刚. 轻量级 Java Web 企业应用实战：Spring MVC Spring MyBatis 整合开发[M]. 北京：电子工业出版社,2020.

[4] 千锋教育高教产品研发部. Java EE(SSM)企业应用实战[M]. 北京：清华大学出版社,2019.

[5] 李冬海,靳宗信. 轻量级 Java EE Web 框架技术：Spring MVC＋Spring＋MyBatis＋Spring Boot[M]. 北京：清华大学出版社,2022.

[6] 方莹,马剑威. Java EE 企业级应用开发与实战：Spring＋Spring MVC＋MyBatis[M]. 北京：人民邮电出版社,2022.

[7] 吴志祥. Java EE 开发简明教程：基于 Eclipse＋Maven 环境的 SSM 架构[M]. 北京：电子工业出版社,2020.